『編入数学徹底研究』の復刊によせて

　本書『編入数学徹底研究』（以下『徹底研究』）は聖文新社（旧・聖文社）より 2009 年 7 月に出版されました。それは予想を超える反響をいただき，2019 年 10 月には第 7 刷が印刷されました。しかし，諸般の事情により 2020 年 7 月末日をもって聖文新社が業務終了となり，『徹底研究』も終了することとなりました。敬愛する聖文新社の業務終了によるものであったため，私は他の出版社に相談してみるという気持ちにはなれないでいました。ところが，聖文新社と金子書房のご厚意により，編入対策シリーズがごくわずかの空白期間をおいて金子書房に引き継いでいただけることになりました。これはひとえに聖文新社と金子書房のみなさま，および本書を応援してくださいました多くの読者の方々のおかげであり，心より感謝申し上げます。

　さて，『徹底研究』執筆のきっかけは次のような事情によります。私は大学編入試験対策として受験生を直接指導する立場にありましたが，教えている多くの生徒たちにとって「ちょうどいい」編入試験対策書がないことを痛感していました。当時はそもそも編入試験対策書がほとんどなく，すでに出版されていた参考書もそれを十分に使いこなすには相当に高い学力が要求されました。また，大学生のための数学の参考書の中には編入試験対策書として「ちょうどいい」ものは全くありませんでした。そのような事情を，『全国大学・数学入試問題詳解』の解答執筆で日頃からお世話になっていた聖文新社の方とお会いした際にたまたまお話しさせていただいたところ，受験生が使いやすい編入試験対策書をつくろうと提案してくださいました。豊かな教養と深い学識を有する聖文新社の　　　　　　　　　　　途中で挫折することなく順調に学習を進め　　　では強力な武器となることを徹底的に追求　　　　　　　　　　　研究』です。受験生のみなさんが『徹底研　　　　　　　　　　ことによって，よりレベルの高い参考書や　　　　　　　　　　組めるようになることを期待しました。

　幸い『徹底研究』は多くの受験生に好評をもって迎えられました。さらに，『徹底研究』を熱心に勉強してくれた受験生や塾および学校の先生方がインターネット等で詳細な解説や好意的な宣伝を行ってくださいました。『徹底研究』の早期の復刊にこのような方々のお力が影響したことは疑う余地がなく，この場を借りて感謝申し上げたいと思います。

　大学編入は，高専生にとっては自らの夢に向かって進む順当な進路の一つで

すが，大学生や社会人の方にとっては大きな進路変更ということになります。自分は何がしたいのか，自分はどこに向かって進もうとしているのか，これは必ずしもすぐに答えの出る問題ではないと思います。あとから分かってくる場合もあります。また，自分が思い描いている方向に事態が進んでくれないこともしばしばです。勇気をもって再度挑戦すること，一度進んできた道であっても納得がいかなければ何度でもやり直すことは大切なことだと思います。

　『徹底研究』が今後も引き続き大学編入を目指す多くの受験生の手助けとなり，一人でも多くの人が希望に満ちた新しい道を進んで行かれることを期待しています。

　編入対策シリーズを途絶えることなく聖文新社から引き継いでくださいました金子書房のみなさまには心より感謝申し上げます。また，金子書房の永野和也氏には引き継ぎのための準備作業だけでなく，私の希望や本書および聖文新社に対する気持ちを丁寧に聞いていただくなど，たいへんお世話になりました。ここに深く感謝の意を表します。

　　2020年9月

　　　　　　　　　　　　　　　　　　　　　　　　　桜井　基晴

は じ め に

　本書は，大学 3 年次編入を目指す高専生（高等専門学校生）および大学生の
みなさんが，編入試験突破の学力を効率よく養うことを目的として書かれたも
のです。

　編入試験の主要な内容は高専の 4・5 年あるいは大学 1・2 年で学習する微
分積分と線形代数です。さらにいくつかの大学では，確率，複素解析，フーリ
ェ解析など微分積分と線形代数以外からの出題もあります。

　さて，編入試験には一定の出題傾向があり，その傾向を十分踏まえて準備を
進めることが合格への鍵になります。本書では，著者の高専生，大学生への受
験指導の経験および編入試験過去問の詳細な分析にもとづいて，微分積分，線
形代数，応用数学（確率，複素解析，フーリエ解析など）から編入試験のため
の重要項目を選び出し，その 1 題 1 題を演習形式で丁寧に説明してあります。
本書の学習によってしっかりとした基礎学力を養うならば，どのような編入試
験にも大きな自信をもって望むことができるでしょう。

　また，編入試験の主要な内容が理工系大学 1・2 年生の学習内容であること
から，本書は理工系大学で勉強している学生の自習書としても最適であろうと
考えています。大学での勉強に困ったとき，本書の学習によって多くの困難を
解決できると思います。

　例題・類題および章末問題において相当数の編入試験過去問題をとりあげま
した。例題・類題では，学習上の都合から過去問を改題しているものもあり，
出典を記してはいませんが，章末問題では過去問題をそのままの形で出典とと
もに取り上げています。したがって，これらの問題を解くことで相当数の過去
問演習をするだけにとどまらず，編入試験の実際の様子もある程度分かること
と思います。

　大学編入を目指して頑張っているみなさんが編入試験をみごと突破し，自ら
の大きな夢に向かって新しい出発ができることを心から期待しています。

　最後になりましたが，本書の執筆を薦めてくださいました聖文新社の小松彰
氏，笹部邦雄氏にたいへんお世話になりました。ここに，感謝の意を表します。
また，本書の完成に携わってくださいました多くの方々に感謝いたします。

　2009年 6 月

桜井　基晴

目　　次

編入数学徹底研究

必修例題解説と 類題演習

第 1 章

微 分 法

要 項

1. 1　微分法

導関数　$f'(x) = \lim_{h \to 0} \dfrac{f(x+h) - f(x)}{h}$　　$f'(x)$, y', $\dfrac{dy}{dx}$ などと表す。

［公式］（積・商の微分）

　① $(f \cdot g)' = f' \cdot g + f \cdot g'$　　② $\left(\dfrac{f}{g}\right)' = \dfrac{f' \cdot g - f \cdot g'}{g^2}$

［公式］（媒介変数で表された関数の微分，逆関数の微分）

　① $\begin{cases} x = f(t) \\ y = g(t) \end{cases}$ のとき，$\dfrac{dy}{dx} = \dfrac{dy/dt}{dx/dt}$　　② $\dfrac{dy}{dx} = \dfrac{1}{dx/dy}$

［公式］（合成関数の微分）

　　$\{f(g(x))\}' = f'(g(x)) \times g'(x)$　　あるいは　$\dfrac{dy}{dx} = \dfrac{dy}{du} \cdot \dfrac{du}{dx}$

▶アドバイス◀
合成関数の微分の公式は非常に大切である。ほとんどの微分の計算でこの合成関数の微分の公式が利用される。完全に身につけよう。

1. 2　n 次導関数

n 次導関数　$f(x)$ を n 回微分したもの。　$f^{(n)}(x)$, $y^{(n)}$, $\dfrac{d^n y}{dx^n}$ などと表す。n が小さい数のときは，$f'(x)$, $f''(x)$, $f'''(x)$ のように表すことが多い。

［定理］（ライプニッツの公式）

　　$(f \cdot g)^{(n)} = \sum_{k=0}^{n} {}_n\mathrm{C}_k f^{(n-k)} \cdot g^{(k)}$

　　　　　　$= f^{(n)} \cdot g + {}_n\mathrm{C}_1 f^{(n-1)} \cdot g' + {}_n\mathrm{C}_2 f^{(n-2)} \cdot g'' + \cdots\cdots + f \cdot g^{(n)}$

▶アドバイス◀
ライプニッツの公式は複雑な式の **n** 次導関数の計算によく用いられる重要公式である。形が二項定理に似ていることに注意しよう。

1. 3 テーラーの定理，マクローリンの定理

[定理]　（テーラーの定理）

　$f(x)$ が a, b を含む区間で n 回微分可能とするとき

$$f(b) = f(a) + f'(a)(b-a) + \cdots\cdots + \frac{f^{(n-1)}(a)}{(n-1)!}(b-a)^{n-1}$$

$$+ \frac{f^{(n)}(c)}{n!}(b-a)^n$$

を満たす c $(a < c < b)$ が存在する。

　（注）　最後の項を **剰余項** という。

[定理]　（マクローリンの定理）

　$f(x)$ が 0, x を含む区間で n 回微分可能とするとき

$$f(x) = f(0) + f'(0)x + \frac{f''(0)}{2!}x^2 + \cdots\cdots + \frac{f^{(n-1)}(0)}{(n-1)!}x^{n-1} + \frac{f^{(n)}(\theta x)}{n!}x^n$$

を満たす θ $(0 < \theta < 1)$ が存在する。

　（注）　剰余項は $R_n = \dfrac{f^{(n)}(\theta x)}{n!}x^n$　◀ 剰余項は大切！

1. 4 ロピタルの定理

[定理]　（ロピタルの定理）

$$\lim_{x \to a}\frac{f(x)}{g(x)} \ \text{が} \ \frac{0}{0}, \ \frac{\infty}{\infty} \ \text{などの不定形のとき,} \ \lim_{x \to a}\frac{f(x)}{g(x)} = \lim_{x \to a}\frac{f'(x)}{g'(x)}$$

　（注）　「$x \to a$」における a は，$+\infty$ や $-\infty$ でもよい。

▶アドバイス◀-------------------------------------
　ロピタルの定理は分数形をした不定形の極限の計算に用いる。分数形でない場合は分数形にする工夫が必要。

1. 5 逆三角関数

[公式]　（逆三角関数の導関数）

① $(\sin^{-1}x)' = \dfrac{1}{\sqrt{1-x^2}}$　② $(\cos^{-1}x)' = -\dfrac{1}{\sqrt{1-x^2}}$　③ $(\tan^{-1}x)' = \dfrac{1}{1+x^2}$

▶アドバイス◀-------------------------------------
　導関数の公式は確実に覚えておくこと。証明もできるようにしておこう。証明には逆関数の微分を使う。

例題 1 － 1（n 次導関数）

次の関数 $f(x)$ の n 次導関数を求めよ。

(1)　$f(x)=\sin 2x$　　　　　　　(2)　$f(x)=\dfrac{1}{x^2-5x+6}$

解説　$f'(x)$, $f''(x)$, $f'''(x)$ あたりまでを，規則性に注意しながら計算していく。$f^{(n)}(x)$ の式が十分推測できたら結果を書き下す。厳密に言えば数学的帰納法で証明すべきところだが，成り立つことはほとんど明らかなので証明は省略してよい。

解答　(1)　$f'(x)=2\cos 2x=2\sin\left(2x+\dfrac{\pi}{2}\right)$　　　$\Leftarrow \sin\left(\theta+\dfrac{\pi}{2}\right)=\cos\theta$

$$f''(x)=2^2\cos\left(2x+\dfrac{\pi}{2}\right)=2^2\sin\left(2x+\dfrac{\pi}{2}+\dfrac{\pi}{2}\right)=2^2\sin\left(2x+2\cdot\dfrac{\pi}{2}\right)$$

$$f'''(x)=2^3\cos\left(2x+2\cdot\dfrac{\pi}{2}\right)=2^3\sin\left(2x+3\cdot\dfrac{\pi}{2}\right)$$

$$\therefore\quad f^{(n)}(x)=2^n\sin\left(2x+n\cdot\dfrac{\pi}{2}\right)=2^n\sin\left(2x+\dfrac{n}{2}\pi\right)\quad\cdots\cdots〔答〕$$

(2)　$f(x)=\dfrac{1}{x^2-5x+6}=\dfrac{1}{(x-2)(x-3)}=\dfrac{1}{x-3}-\dfrac{1}{x-2}$

　　　$=(x-3)^{-1}-(x-2)^{-1}$ より，　　　　$\Leftarrow$ まず，$f(x)$ を整理してから

　　$f'(x)=(-1)(x-3)^{-2}-(-1)(x-2)^{-2}=(-1)\{(x-3)^{-2}-(x-2)^{-2}\}$

　　$f''(x)=(-1)(-2)\{(x-3)^{-3}-(x-2)^{-3}\}$

　　　　　$=(-1)^2\cdot 2!\{(x-3)^{-3}-(x-2)^{-3}\}$

　　$f'''(x)=(-1)(-2)(-3)\{(x-3)^{-4}-(x-2)^{-4}\}$

　　　　　$=(-1)^3\cdot 3!\{(x-3)^{-4}-(x-2)^{-4}\}$

$\therefore\quad f^{(n)}(x)=(-1)^n\cdot n!\{(x-3)^{-(n+1)}-(x-2)^{-(n+1)}\}$

　　　　　　$=(-1)^n\cdot n!\left\{\dfrac{1}{(x-3)^{n+1}}-\dfrac{1}{(x-2)^{n+1}}\right\}\quad\cdots\cdots〔答〕$

類題 1 － 1　　　　　　　　　　　　　　　　　　　　　　　　　解答は p. 204

次の関数 $f(x)$ の n 次導関数を求めよ。

(1)　$f(x)=\cos 2x$　　　　　　　(2)　$f(x)=\dfrac{1}{1-x^2}$

例題 1 − 2 （ライプニッツの公式）

次の関数 $f(x)$ の n 次導関数を求めよ。

(1) $f(x) = x^2 e^{3x}$ (2) $f(x) = \dfrac{e^x}{1+x}$

解説 いくつかの関数の積によってできた関数では，$f'(x)$, $f''(x)$, $f'''(x)$, …… を計算してみても n 次導関数の形が予想できないことが多い。そのような場合，**ライプニッツの公式**が有効である。

［定理］（ライプニッツの公式）

$$(f \cdot g)^{(n)} = \sum_{k=0}^{n} {}_nC_k f^{(n-k)} \cdot g^{(k)}$$

$$= f^{(n)} \cdot g + {}_nC_1 f^{(n-1)} \cdot g' + {}_nC_2 f^{(n-2)} \cdot g'' + \cdots\cdots + f \cdot g^{(n)}$$

解答 (1) $f(x) = x^2 \cdot e^{3x}$

$(x^2)' = 2x$, $(x^2)'' = 2$, $(x^2)''' = 0$ ← $n \geqq 3$ のとき $(x^2)^{(n)} = 0$

$(e^{3x})' = 3e^{3x}$, $(e^{3x})'' = 3^2 e^{3x}$, $(e^{3x})''' = 3^3 e^{3x}$, …

∴ $(e^{3x})^{(n)} = 3^n e^{3x}$

よって，ライプニッツの公式より，

$$f^{(n)}(x) = x^2 (e^{3x})^{(n)} + {}_nC_1 (x^2)' (e^{3x})^{(n-1)} + {}_nC_2 (x^2)'' (e^{3x})^{(n-2)}$$

$$= x^2 \cdot 3^n e^{3x} + n \cdot 2x \cdot 3^{n-1} e^{3x} + \frac{n(n-1)}{2} \cdot 2 \cdot 3^{n-2} e^{3x}$$

$$= \{9x^2 + 6nx + n(n-1)\} 3^{n-2} e^{3x} \quad \cdots\cdots \text{〔答〕}$$

(2) $f(x) = e^x \cdot (1+x)^{-1}$ ← まずは積の形にする

$$(e^x)^{(n)} = e^x, \quad \{(1+x)^{-1}\}^{(n)} = \cdots = (-1)^n \frac{n!}{(1+x)^{n+1}}$$

よって，ライプニッツの公式より，

$$\{e^x \cdot (1+x)^{-1}\}^{(n)} = \sum_{k=0}^{n} {}_nC_k (e^x)^{(n-k)} \cdot \{(1+x)^{-1}\}^{(k)}$$

$$= \sum_{k=0}^{n} \frac{n!}{k! \cdot (n-k)!} \cdot e^x \cdot (-1)^k \frac{k!}{(1+x)^{k+1}}$$

$$= n! e^x \sum_{k=0}^{n} \frac{(-1)^k}{(n-k)! \cdot (1+x)^{k+1}} \quad \cdots\cdots \text{〔答〕}$$

類題 1 − 2 解答は **p. 204**

次の関数 $f(x)$ の n 次導関数を求めよ。

(1) $f(x) = x \sin 2x$ (2) $f(x) = x^2 \cos x$

┌─ **例題 1 － 3**（マクローリンの定理）─────────────

　次の関数 $f(x)$ にマクローリンの定理を適用し，4次の項を剰余項とせよ。

(1)　$f(x) = \sin x$　　　　　　　(2)　$f(x) = e^x$

└──────────────────────────────────

[解　説]　まず $f'(x)$, $f''(x)$, $f'''(x)$, $f^{(4)}(x)$ を求め，マクローリンの定理を間違いのないよう適用する。特に剰余項に注意すること。

[定理]（マクローリンの定理）

　$f(x)$ が 0, x を含む区間で n 回微分可能とするとき

$$f(x) = f(0) + f'(0)x + \frac{f''(0)}{2!}x^2 + \cdots\cdots + \frac{f^{(n-1)}(0)}{(n-1)!}x^{n-1} + \frac{f^{(n)}(\theta x)}{n!}x^n$$

を満たす θ $(0 < \theta < 1)$ が存在する。

[解　答]　(1)　$f(x) = \sin x$ より，

$$f'(x) = \cos x, \quad f''(x) = -\sin x, \quad f'''(x) = -\cos x, \quad f^{(4)}(x) = \sin x$$

　よって，マクローリンの定理より，

$$f(x) = f(0) + f'(0)x + \frac{f''(0)}{2!}x^2 + \frac{f'''(0)}{3!}x^3 + \frac{f^{(4)}(\theta x)}{4!}x^4$$

$$= 0 + 1 \cdot x + \frac{0}{2!}x^2 + \frac{-1}{3!}x^3 + \frac{\sin(\theta x)}{4!}x^4$$

$$= x - \frac{1}{3!}x^3 + \frac{\sin(\theta x)}{4!}x^4 \quad (0 < \theta < 1) \quad \cdots\cdots \text{〔答〕}$$

（注）　本問では，$f^{(n)}(x)$ の一般的な式は求めなくてもよい。

(2)　$f(x) = e^x$ より，$f^{(n)}(x) = e^x$

　よって，マクローリンの定理より，

$$f(x) = f(0) + f'(0)x + \frac{f''(0)}{2!}x^2 + \frac{f'''(0)}{3!}x^3 + \frac{f^{(4)}(\theta x)}{4!}x^4$$

$$= 1 + x + \frac{1}{2!}x^2 + \frac{1}{3!}x^3 + \frac{e^{\theta x}}{4!}x^4 \quad (0 < \theta < 1) \quad \cdots\cdots \text{〔答〕}$$

───── **類題 1 － 3** ───────────────────────── 解答は **p. 204**

次の関数 $f(x)$ にマクローリンの定理を適用し，4次の項を剰余項とせよ。

(1)　$f(x) = \cos x$　　　　　　　(2)　$f(x) = \log(1+x)$

━━ 例題 1 − 4 （ロピタルの定理 ①）━━

次の極限値を求めよ。

(1) $\displaystyle \lim_{x \to 0} \frac{e^{2x} - 1 - 2x}{1 - \cos x}$ (2) $\displaystyle \lim_{x \to +0} \frac{e^{\sqrt{x}} - 1 - \sqrt{x}}{x}$ (3) $\displaystyle \lim_{x \to +0} x^2 \log x$

解説 $\dfrac{0}{0}$ や $\dfrac{\infty}{\infty}$ の形の不定形の極限値の計算では**ロピタルの定理**が有効である。ロピタルの定理が使える形（分数形）にする工夫も大切。

解答 (1) $\displaystyle \lim_{x \to 0} \frac{e^{2x} - 1 - 2x}{1 - \cos x}$ ← $\dfrac{0}{0}$ の不定形

$\displaystyle = \lim_{x \to 0} \frac{2e^{2x} - 2}{\sin x}$ ← 不定形にはロピタルの定理

$\displaystyle = \lim_{x \to 0} \frac{4e^{2x}}{\cos x}$ ← 不定形にはロピタルの定理

$= 4$ ……〔答〕

(2) $\displaystyle \lim_{x \to +0} \frac{e^{\sqrt{x}} - 1 - \sqrt{x}}{x} = \lim_{x \to +0} \frac{e^{\sqrt{x}} \cdot \dfrac{1}{2\sqrt{x}} - \dfrac{1}{2\sqrt{x}}}{1}$ ← ロピタルの定理

$\displaystyle = \lim_{x \to +0} \frac{e^{\sqrt{x}} - 1}{2\sqrt{x}} = \lim_{x \to +0} \frac{e^{\sqrt{x}} \cdot \dfrac{1}{2\sqrt{x}}}{2 \cdot \dfrac{1}{2\sqrt{x}}}$ ← ロピタルの定理

$\displaystyle = \lim_{x \to +0} \frac{e^{\sqrt{x}}}{2} = \frac{1}{2}$ ……〔答〕

(3) $\displaystyle \lim_{x \to +0} x^2 \log x = \lim_{x \to +0} \frac{\log x}{x^{-2}}$ ← まずは分数形にする

$\displaystyle = \lim_{x \to +0} \frac{x^{-1}}{-2x^{-3}}$ ← 不定形にはロピタルの定理が使える

$\displaystyle = \lim_{x \to +0} \left(-\frac{x^2}{2} \right) = 0$ ……〔答〕

━━ 類題 1 − 4 ━━ 解答は **p. 205**

次の極限値を求めよ。

(1) $\displaystyle \lim_{x \to \infty} \frac{x^n}{e^x}$ (2) $\displaystyle \lim_{x \to +0} x \log(\sin x)$

─── **例題 1 － 5**（ロピタルの定理 ②）───────────

次の極限値を求めよ。

$$\lim_{x \to +0} \left(\frac{1}{x}\right)^{\sin x}$$

解 説　直接 $\dfrac{0}{0}$ や $\dfrac{\infty}{\infty}$ の形の不定形にならない場合でも対数をとることでこの形の不定形にできる場合も多い。

解 答　$\displaystyle\lim_{x \to +0} \log\left(\frac{1}{x}\right)^{\sin x}$　◆ $\left(\dfrac{1}{x}\right)^{\sin x}$ の対数の極限を調べる。

$= \displaystyle\lim_{x \to +0} \sin x \log\left(\frac{1}{x}\right)$　　公式：$\log M^r = r \log M$

$= \displaystyle\lim_{x \to +0} (-\sin x \log x)$

$= \displaystyle\lim_{x \to +0}\left\{ -\frac{\log x}{(\sin x)^{-1}} \right\}$　◆ ロピタルの定理が使える形 $\dfrac{\infty}{\infty}$ になった！

$= \displaystyle\lim_{x \to +0}\left\{ -\frac{x^{-1}}{-(\sin x)^{-2}\cos x} \right\}$　◆ ロピタルの定理より

$= \displaystyle\lim_{x \to +0} \frac{\sin^2 x}{x \cos x} = \lim_{x \to +0} \tan x \frac{\sin x}{x} = 0$

よって，$\displaystyle\lim_{x \to +0}\left(\frac{1}{x}\right)^{\sin x} = 1$　……〔答〕　◆ $\displaystyle\lim_{x \to +0}\log y = 0$ ならば，$\displaystyle\lim_{x \to +0} y = 1$

（注）　$y = \log x$ のグラフを考えてみよう。

$\log f(x)$ の値が $\log \alpha$ に近づくならば，$f(x)$ の値は α に近づくことが分かる。
例えば，

　　$\log f(x)$ の値が 0 に近づくならば，$f(x)$ の値は 1 に近づく。

　　$\log f(x)$ の値が 1 に近づくならば，$f(x)$ の値は e に近づく。

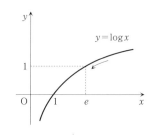

═══ **類題 1 － 5** ══════════════════════════ 解答は p. 205

次の極限値を求めよ。

(1)　$\displaystyle\lim_{x \to 1} x^{\frac{1}{1-x}}$　　　　　　　(2)　$\displaystyle\lim_{x \to \infty} (1+x)^{\frac{1}{x}}$

例題 1 − 6 （逆三角関数）

次の関数の導関数を求めよ。

(1) $\sin^{-1}2x$ (2) $\cos^{-1}\dfrac{1}{x}$ $(x>0)$ (3) $(\tan^{-1}3x)^2$

解説 逆三角関数の導関数の公式を使って計算する。なお，合成関数の微分は微分法の計算において不可欠。

解答 (1) $(\sin^{-1}2x)'=\dfrac{1}{\sqrt{1-(2x)^2}}\times 2$ ← 合成関数の微分に注意！

公式：$(\sin^{-1}x)'=\dfrac{1}{\sqrt{1-x^2}}$

$$=\frac{2}{\sqrt{1-4x^2}} \quad \cdots\cdots〔答〕$$

(2) $\left(\cos^{-1}\dfrac{1}{x}\right)'=-\dfrac{1}{\sqrt{1-\left(\dfrac{1}{x}\right)^2}}\times\left(\dfrac{1}{x}\right)'$ ← 公式：$(\cos^{-1}x)'=-\dfrac{1}{\sqrt{1-x^2}}$

$$=-\frac{1}{\sqrt{1-\dfrac{1}{x^2}}}\times\left(-\frac{1}{x^2}\right)=\frac{1}{x^2}\cdot\frac{1}{\sqrt{1-\dfrac{1}{x^2}}}$$

$$=\frac{1}{x\sqrt{x^2-1}} \quad \cdots\cdots〔答〕$$

(3) $\{(\tan^{-1}3x)^2\}'=2(\tan^{-1}3x)\times(\tan^{-1}3x)'$

$$=2(\tan^{-1}3x)\times\left(\frac{1}{1+(3x)^2}\times 3\right) \quad ← 公式：(\tan^{-1}x)'=\frac{1}{1+x^2}$$

$$=\frac{6\tan^{-1}3x}{1+9x^2} \quad \cdots\cdots〔答〕$$

（参考） 逆三角関数の導関数の導き方

【例】 $y=\sin^{-1}x$ とすると，$x=\sin y$

よって，$\dfrac{dy}{dx}=\dfrac{1}{dx/dy}=\dfrac{1}{\cos y}=\dfrac{1}{\sqrt{1-\sin^2 y}}=\dfrac{1}{\sqrt{1-x^2}}$

$\left(\text{注：} -\dfrac{\pi}{2}\leqq y\leqq\dfrac{\pi}{2} \text{ より } \cos y\geqq 0 \quad \therefore \quad \cos y=\sqrt{1-\sin^2 y}\right)$

類題 1 − 6 解答は p. 205

次の関数の導関数を求めよ。

(1) $\sin^{-1}\sqrt{x}$ (2) $(\cos^{-1}2x)^3$ (3) $\tan^{-1}\dfrac{1}{x}$

— 例題 1 － 7 （微分法の応用）

$x>0$ のとき，$x-\dfrac{x^3}{6}<\sin x<x$ が成り立つことを示せ。

解説 不等式の証明や関数の最大・最小に微分法を応用することは微分法の基本である。関数の増減の様子を調べる。

解答 まず，$\sin x<x$ について：

$f(x)=x-\sin x$ とおく。

$\qquad f'(x)=1-\cos x\geqq 0$　ゆえに $f(x)$ は単調増加。

また，$f(0)=0$

よって，$x>0$ のとき $f(x)>0$　すなわち，$\sin x<x$

次に，$x-\dfrac{x^3}{6}<\sin x$ について：

$g(x)=\sin x-x+\dfrac{x^3}{6}$ とおく。

$\qquad g'(x)=\cos x-1+\dfrac{x^2}{2}$　←$g'(x)$ の符号の様子がよくわからない。

$\qquad g''(x)=-\sin x+x>0$　←$g'(x)$ の符号が不明なときはさらに微分。

ゆえに $g'(x)$ は単調増加。

また，$g'(0)=0$

よって，$x>0$ のとき $g'(x)>0$　←$g'(x)$ の符号が判明。

ゆえに $g(x)$ は単調増加。

また，$g(0)=0$

よって，$x>0$ のとき $g(x)>0$　すなわち，$x-\dfrac{x^3}{6}<\sin x$

以上より，$x>0$ のとき，$x-\dfrac{x^3}{6}<\sin x<x$ が成り立つ。

類題 1 － 7　解答は p. 205

$x>0$ のとき，$\dfrac{x}{1+x^2}<\tan^{-1}x<x$ が成り立つことを示せ。

■ 第 1 章　章末問題

▶解答は p. 205

1 (1)　$y = \sin(a \sin^{-1} x)$ （a は定数）は

$$(1-x^2)y'' - xy' + a^2 y = 0 \quad (-1 < x < 1)$$

を満たすことを示せ。

(2)　$y^{(n)}(0)$ （$n = 1,\ 2,\ \cdots$）を求めよ。

〈京都工芸繊維大学〉

2　n を正の整数とする。実数 x に対し

$$e^x = 1 + x + \frac{x^2}{2!} + \cdots\cdots + \frac{x^{n-1}}{(n-1)!} + R_n$$

とする。

(1)　R_n を $0 < \theta < 1$ を満たす θ を用いて表せ。

(2)　$\displaystyle\lim_{n \to \infty} R_n = 0$ を示せ。

(3)　$2 < e < 3$ を示せ。

〈神戸大学－工学部〉

3　平面上の動点 P の時刻 t での位置ベクトルが $\boldsymbol{x}(t) = (f(t),\ g(t))$ で与えられている。ただし，$f(t),\ g(t)$ は閉区間 $[0,\ 1]$ を含む開区間で定義された微分可能な関数であり，それらの導関数 $f'(t),\ g'(t)$ は同じ開区間で連続である。

さて，動点 P が時刻 $t = 0$ に原点 O$(0,\ 0)$ を出発して時刻 $t = 1$ に点 A$(1,\ 1)$ に到着するとせよ。このとき，途中のある時刻で速度ベクトル $\dfrac{d\boldsymbol{x}}{dt}(t) = (f'(t),\ g'(t))$ がベクトル $\overrightarrow{\mathrm{OA}}$ の定数倍になることを証明せよ。

〈信州大学－理学部〉

4　x を実数とし，関数 $f(x),\ g(x),\ h(x)$ を

$$f(x) = \frac{x}{\sqrt{x^2+1}}, \quad g(x) = \sin^{-1} \frac{x}{\sqrt{x^2+1}}, \quad h(x) = \cos\left(\sin^{-1} \frac{x}{\sqrt{x^2+1}}\right)$$

と定義する。

(1)　$f(x),\ g(x)$ が単調増加関数であることを示せ。

(2)　$h(x)$ の導関数を計算せよ。

(3)　$F(x) = h(x) - \dfrac{1}{\sqrt{x^2+1}}$ とするとき，$F(x)$ が恒等的に 0 であることを示せ。

〈東北大学－工学部〉

第 2 章

不 定 積 分

2. 1 不定積分

$F'(x)=f(x)$ であるとき，$F(x)$ を $f(x)$ の不定積分（または原始関数）とい
い，$\displaystyle\int f(x)\,dx$ と表す。

2. 2 部分積分法と置換積分法

[定理]（部分積分法）

$$\int f(x)g'(x)\,dx = f(x)g(x) - \int f'(x)g(x)\,dx$$

[定理]（置換積分法）

$$\int f(g(x))g'(x)\,dx = \int f(t)\,dt$$

すなわち，$g(x)=t$ とおくとき　$g'(x)\,dx = dt$

> ▶アドバイス◀
> 積分計算において，部分積分法と置換積分法の2つは重要である。

2. 3 有理関数・三角関数・無理関数の不定積分

A 有理関数の不定積分

有理関数 $f(x)$ の不定積分は，$f(x)$ を**部分分数分解**することによって計算
する。

B 三角関数の不定積分

三角関数の不定積分は，$t=\tan\dfrac{x}{2}$ とおくと有理関数の積分に帰着される。

このとき，$\sin x=\dfrac{2t}{1+t^2}$，$\cos x=\dfrac{1-t^2}{1+t^2}$，$dx=\dfrac{2}{1+t^2}\,dt$

ただし，$t=\sin x$，$t=\cos x$，$t=\tan x$ などの置きかえの方が計算しやすい場合も多い。また，2倍角公式や和積公式などの三角関数の公式を活用した計算も重要。

C　無理関数の不定積分

適当な変数変換によって，有理関数の積分に帰着させる。以下，$f(u, v)$ を u，v の有理関数とする。

（ⅰ）$f\left(x, \sqrt[n]{\dfrac{ax+b}{cx+d}}\right)$ の不定積分：

　　　$t=\sqrt[n]{\dfrac{ax+b}{cx+d}}$ とおく。

（ⅱ）$f(x, \sqrt{ax^2+bx+c})$ の不定積分：

　　①　$a>0$ の場合：$\sqrt{ax^2+bx+c}=t-\sqrt{a}\,x$ とおく。

　　②　$a<0$ の場合：$t=\sqrt{\dfrac{a(x-\beta)}{x-\alpha}}$ とおく。

　　　　ただし，α，$\beta(\alpha<\beta)$ は $ax^2+bx+c=0$ の解。

（ⅲ）$f(x, \sqrt{a^2-x^2})$，$f(x, \sqrt{a^2+x^2})$ の不定積分：

　　①　$f(x, \sqrt{a^2-x^2})$ の場合：$x=a\sin t$

　　②　$f(x, \sqrt{a^2+x^2})$ の場合：$x=a\tan t$

▶アドバイス◀
　不定積分の計算は機械的に覚えるようなものではなく，数多く練習することで身につくものである。できる限りたくさん練習すること。

■ ちょっと一言　不定積分と原始関数

　本源的な言葉の使い方としては，$F'(x)=f(x)$ を満たす $F(x)$ を $f(x)$ の**原始関数**という。一方，本源的な意味での**不定積分**の概念はもう少し複雑である。まず，定積分 $\displaystyle\int_a^b f(x)dx$ が定義され，その後，$F(x)=\displaystyle\int_a^x f(t)dt$ を不定積分と定義する。このように本来まったく異なる概念であるが，$\dfrac{d}{dx}\displaystyle\int_a^x f(t)dt=f(x)$ であることが示され，不定積分は原始関数と同一であることが明らかとなる。この不定積分と原始関数とが同一であることの発見こそ，微分積分が数学史上にもたらした革命の本質なのである。

┌─── 例題 2 － 1 （部分積分法）────────────────────

　　次の不定積分を求めよ。

　(1) $\displaystyle\int x\sin 2x\,dx$　　　(2) $\displaystyle\int\log x\,dx$　　　(3) $\displaystyle\int\frac{x^2}{(1+x^2)^2}\,dx$

└────────────────────────────────────

解説　部分積分法の公式は，$\displaystyle\int f\cdot g'\,dx = f\cdot g - \int f'\cdot g\,dx$

"微分役" と "積分役" の役割分担をきちんと判断する。

解答　以下，C は積分定数を表す。

(1)　$\displaystyle\int x\sin 2x\,dx = x\left(-\frac{1}{2}\cos 2x\right) - \int 1\cdot\left(-\frac{1}{2}\cos 2x\right)dx$　←$x'=1$ より x が
　　　　　　　　　　　　　　　　　　　　　　　　　　　　　　　"微分役"

　　　　　　　　　　　$= -\frac{1}{2}x\cos 2x + \frac{1}{2}\int\cos 2x\,dx$

　　　　　　　　　　　$= -\frac{1}{2}x\cos 2x + \frac{1}{4}\sin 2x + C$　……〔答〕

(2)　$\displaystyle\int\log x\,dx = \int 1\cdot\log x\,dx$　←$\log x$ を $1\cdot\log x$ と考える。

　　　　　　　　　$= x\log x - \int x\cdot\frac{1}{x}\,dx$　←1 が "積分役"，$\log x$ は "微分役" 専門

　　　　　　　　　$= x\log x - x + C$　……〔答〕

(3)　$\displaystyle\int\frac{x^2}{(1+x^2)^2}\,dx = \int x\cdot\frac{x}{(1+x^2)^2}\,dx$　←部分積分法の利用を工夫する。

　　　　　　　$= x\left(-\frac{1}{2}\frac{1}{1+x^2}\right) - \int 1\cdot\left(-\frac{1}{2}\frac{1}{1+x^2}\right)dx$　←$\left(\frac{1}{1+x^2}\right)' = -2\frac{x}{(1+x^2)^2}$

　　　　　　　$= -\frac{1}{2}\frac{x}{1+x^2} + \frac{1}{2}\tan^{-1}x + C$　……〔答〕

（注）　$\dfrac{x}{(1+x^2)^2}$ などただちに積分が思い浮かぶようにしておきたい。

　　積分の計算が無理なくできるためには合成関数の微分の習得は不可欠である。

───── **類題 2 － 1** // 解答は **p. 207**

次の不定積分を求めよ。

(1) $\displaystyle\int x^2\cos x\,dx$　　　(2) $\displaystyle\int x^2\log x\,dx$　　　(3) $\displaystyle\int\tan^{-1}x\,dx$

例題 2 – 2 （置換積分法）

次の不定積分を求めよ。

(1) $\displaystyle\int \frac{1}{1+\sqrt{x}}\,dx$ (2) $\displaystyle\int \frac{1}{e^x+1}\,dx$

解説 置換積分法の公式は，$\displaystyle\int f(g(x))g'(x)\,dx=\int f(t)\,dt$

すなわち，$g(x)=t$ とおくとき $g'(x)\,dx=dt$

置換積分法も具体的な計算の中で身につけていくこと。

解答 以下，C は積分定数を表す。

(1) $\sqrt{x}=t$ とおくと，$x=t^2$ $\quad\therefore\quad dx=2t\,dt$

$$\begin{aligned}
\text{よって，}\int \frac{1}{1+\sqrt{x}}\,dx &= \int \frac{1}{1+t}\,2t\,dt = 2\int \frac{t}{1+t}\,dt \\
&= 2\int\left(1-\frac{1}{1+t}\right)dt \\
&= 2(t-\log|1+t|)+C \\
&= 2\sqrt{x}-2\log|1+\sqrt{x}|+C \quad\text{← } x \text{ の式になおす。}\\
&= 2\sqrt{x}-2\log(1+\sqrt{x})+C \quad\cdots\cdots\text{〔答〕}
\end{aligned}$$

（注） 絶対値記号の中が負にならないときは絶対値記号ははずしておこう。

(2) $e^x=t$ とおくと，$e^x\,dx=dt$ $\quad\therefore\quad t\,dx=dt$ $\quad dx=\dfrac{1}{t}\,dt$

$$\begin{aligned}
\text{よって，}\int \frac{1}{e^x+1}\,dx &= \int \frac{1}{t+1}\,\frac{1}{t}\,dt \\
&= \int\left(\frac{1}{t}-\frac{1}{t+1}\right)dt \quad\text{← 部分分数分解}\\
&= \log|t|-\log|t+1|+C \\
&= \log\left|\frac{t}{t+1}\right|+C = \log\frac{e^x}{e^x+1}+C \quad\cdots\cdots\text{〔答〕}
\end{aligned}$$

類題 2 – 2 解答は **p. 207**

次の不定積分を求めよ。

(1) $\displaystyle\int \frac{1}{x\sqrt{x+1}}\,dx$ (2) $\displaystyle\int \frac{e^x}{\sqrt{e^x-1}}\,dx$

--- 例題 2 − 3 （有理関数の積分） ---

次の不定積分を求めよ。

(1) $\displaystyle \int \frac{1}{4x^2-1}\,dx$　　　　(2) $\displaystyle \int \frac{1}{x^3-x}\,dx$

[解説] 有理関数の積分は，被積分関数（積分の中身）を**部分分数分解**する。

[解答] 以下，C は積分定数を表す。

(1) $\displaystyle \int \frac{1}{4x^2-1}\,dx = \int \frac{1}{(2x+1)(2x-1)}\,dx = \int \frac{1}{2}\left(\frac{1}{2x-1} - \frac{1}{2x+1}\right)dx$

$\displaystyle \qquad\qquad = \frac{1}{2}\left(\frac{1}{2}\log|2x-1| - \frac{1}{2}\log|2x+1|\right)+C$

↑ この程度の部分分数
分解は暗算で

$\displaystyle \qquad\qquad = \frac{1}{4}\log\left|\frac{2x-1}{2x+1}\right|+C$　……〔答〕

(2)　$\displaystyle \frac{1}{x^3-x} = \frac{1}{x(x+1)(x-1)} = a\frac{1}{x} + b\frac{1}{x+1} + c\frac{1}{x-1}$　とすると，

$\displaystyle \quad 1 = a(x+1)(x-1) + bx(x-1) + cx(x+1)$

$\displaystyle \qquad = (a+b+c)x^2 + (-b+c)x + (-a)$

係数を比較して，$a+b+c=0,\ \ -b+c=0,\ \ -a=1$

これを解くと，$\displaystyle a=-1,\ \ b=\frac{1}{2},\ \ c=\frac{1}{2}$

$\displaystyle \quad \therefore\ \ \frac{1}{x^3-x} = -\frac{1}{x} + \frac{1}{2}\frac{1}{x+1} + \frac{1}{2}\frac{1}{x-1}$

よって，$\displaystyle \int \frac{1}{x^3-x}\,dx = \int\left(-\frac{1}{x} + \frac{1}{2}\frac{1}{x+1} + \frac{1}{2}\frac{1}{x-1}\right)dx$

$\displaystyle \qquad\qquad = -\log|x| + \frac{1}{2}\log|x+1| + \frac{1}{2}\log|x-1| + C$

$\displaystyle \qquad\qquad = \frac{1}{2}(\log|x+1| + \log|x-1| - 2\log|x|) + C$

$\displaystyle \qquad\qquad = \frac{1}{2}\log\frac{|x^2-1|}{x^2} + C$　……〔答〕

////// 類題 2 − 3 // 解答は **p. 207**

次の不定積分を求めよ。

(1) $\displaystyle \int \frac{1}{x^3+3x}\,dx$　　　　(2) $\displaystyle \int \frac{1}{x^3+8}\,dx$

例題 2－4（三角関数の積分①）

次の不定積分を求めよ。

$$\int \frac{1}{\cos x + 2}\, dx$$

解 説　三角関数の積分の原則は，置換 $\tan\dfrac{x}{2}=t$。このとき次が成り立つ。

$$\sin x = \frac{2t}{1+t^2}, \quad \cos x = \frac{1-t^2}{1+t^2}, \quad dx = \frac{2}{1+t^2}\, dt$$

（証明）　2倍角公式など三角関数の基本公式を用いて示す。

$$\sin x = 2\sin\frac{x}{2}\cos\frac{x}{2} = 2\tan\frac{x}{2}\cos^2\frac{x}{2}$$

$$= \frac{2\tan(x/2)}{1/\cos^2(x/2)} = \frac{2\tan(x/2)}{1+\tan^2(x/2)} = \frac{2t}{1+t^2}$$

$$\cos x = 2\cos^2\frac{x}{2} - 1 = \frac{2}{1/\cos^2(x/2)} - 1$$

$$= \frac{2}{1+\tan^2(x/2)} - 1 = \frac{2}{1+t^2} - 1 = \frac{1-t^2}{1+t^2}$$

$\tan\dfrac{x}{2}=t$ より，$\dfrac{1}{2}\dfrac{1}{\cos^2(x/2)}\, dx = dt$　　$\therefore$　$\dfrac{1+\tan^2(x/2)}{2}\, dx = dt$

$\therefore$　$\dfrac{1+t^2}{2}\, dx = dt$　　　よって，$dx = \dfrac{2}{1+t^2}\, dt$

解 答　$\tan\dfrac{x}{2}=t$ とおくと，$\cos x = \dfrac{1-t^2}{1+t^2}$，$dx = \dfrac{2}{1+t^2}\, dt$ であるから，

$$\int \frac{1}{\cos x + 2}\, dx = \int \frac{1}{\dfrac{1-t^2}{1+t^2}+2}\,\frac{2}{1+t^2}\, dt = \int \frac{2}{3+t^2}\, dt = \frac{2}{3}\int \frac{1}{1+\left(\dfrac{t}{\sqrt{3}}\right)^2}\, dt$$

$$= \frac{2}{3}\cdot\sqrt{3}\,\tan^{-1}\frac{t}{\sqrt{3}} + C = \frac{2\sqrt{3}}{3}\tan^{-1}\frac{\tan\dfrac{x}{2}}{\sqrt{3}} + C \quad \cdots\cdots〔答〕$$

（注）　C は積分定数を表す。

////// **類題 2－4** // 解答は **p. 207**

次の不定積分を求めよ。

(1) $\displaystyle\int \frac{\sin x}{1+\sin x}\, dx$　　　　　　　　(2) $\displaystyle\int \frac{1}{3\sin x + 4\cos x}\, dx$

── 例題 2 − 5 （三角関数の積分②）──

次の不定積分を求めよ。

(1) $\displaystyle\int \sin^2 x\, dx$ 　　　(2) $\displaystyle\int \frac{1}{\cos x}\, dx$ 　　　(3) $\displaystyle\int \cos 3x \sin 2x\, dx$

解説 　三角関数の積分の原則は**置換 $\tan\dfrac{x}{2} = t$** であるが，実際の計算においては他の計算方法で行うことが多い。

解答 　以下，C は積分定数を表す。

(1) $\displaystyle\int \sin^2 x\, dx = \int \frac{1-\cos 2x}{2}\, dx$ 　←2倍角公式：$\cos 2x = 1 - 2\sin^2 x$

$\displaystyle\qquad\qquad = \frac{1}{2}x - \frac{1}{4}\sin 2x + C$ 　……〔答〕

(2) $\displaystyle\int \frac{1}{\cos x}\, dx = \int \frac{\cos x}{\cos^2 x}\, dx = \int \frac{\cos x}{1-\sin^2 x}\, dx$ 　←公式：$\sin^2 x + \cos^2 x = 1$

$\displaystyle\qquad = \int \frac{\cos x}{(1+\sin x)(1-\sin x)}\, dx = \int \frac{1}{2}\left(\frac{\cos x}{1+\sin x} + \frac{\cos x}{1-\sin x} \right) dx$

$\displaystyle\qquad = \frac{1}{2}\{\log(1+\sin x) - \log(1-\sin x)\} + C$

$\displaystyle\qquad = \frac{1}{2}\log \frac{1+\sin x}{1-\sin x} + C$ 　……〔答〕

(3) $\displaystyle\int \cos 3x \sin 2x\, dx = \int \frac{1}{2}\{\sin(3x+2x) - \sin(3x-2x)\}\, dx$ 　←和積公式

$\displaystyle\qquad = \int \frac{1}{2}(\sin 5x - \sin x)\, dx = -\frac{1}{10}\cos 5x + \frac{1}{2}\cos x + C$ 　……〔答〕

（注） 　**和積公式**は暗記する必要は全くない。必要なときに必要な式だけ導く。

$\sin(\alpha+\beta) = \sin\alpha\cos\beta + \cos\alpha\sin\beta$ 　……①

$\sin(\alpha-\beta) = \sin\alpha\cos\beta - \cos\alpha\sin\beta$ 　……②

①−② より，$\sin(\alpha+\beta) - \sin(\alpha-\beta) = 2\cos\alpha\sin\beta$

よって，$\cos\alpha\sin\beta = \dfrac{1}{2}\{\sin(\alpha+\beta) - \sin(\alpha-\beta)\}$

類題 2 − 5 　　　　　　　　　　　　　　　　　　　　　　　　　　　　　　　　　　　　解答は p. 208

次の不定積分を求めよ。

(1) $\displaystyle\int \cos^2 2x\, dx$ 　　　(2) $\displaystyle\int \sin^3 x\, dx$ 　　　(3) $\displaystyle\int \cos 4x \cos 3x\, dx$

─── 例題 2－6 （無理関数の積分①）───

次の不定積分を求めよ。

$$\int \frac{1}{x\sqrt{x^2-x+2}}\,dx$$

[解説]　無理関数の積分における注意すべき置換を取り上げる。ただし，この場合も原則的でない計算の方がよい場合もあるので，具体的な計算によって計算力を養おう。

[解答]　以下，C は積分定数を表す。

$\sqrt{x^2-x+2}=t-x$ とおくと，$x^2-x+2=t^2-2tx+x^2$

$\therefore$　$(2t-1)x=t^2-2$　$\therefore$　$x=\dfrac{t^2-2}{2t-1}$

$\therefore$　$\dfrac{dx}{dt}=\dfrac{2t\cdot(2t-1)-(t^2-2)\cdot 2}{(2t-1)^2}=\dfrac{2(t^2-t+2)}{(2t-1)^2}$

$\therefore$　$dx=\dfrac{2(t^2-t+2)}{(2t-1)^2}\,dt$

また，$\sqrt{x^2-x+2}=t-x=t-\dfrac{t^2-2}{2t-1}=\dfrac{t^2-t+2}{2t-1}$

よって

$$\int \frac{1}{x\sqrt{x^2-x+2}}\,dx = \int \frac{1}{\dfrac{t^2-2}{2t-1}\dfrac{t^2-t+2}{2t-1}}\frac{2(t^2-t+2)}{(2t-1)^2}\,dt = \int \frac{2}{t^2-2}\,dt$$

$$= \int \frac{1}{\sqrt{2}}\left(\frac{1}{t-\sqrt{2}}-\frac{1}{t+\sqrt{2}}\right)dt$$

$$= \frac{1}{\sqrt{2}}(\log|t-\sqrt{2}|-\log|t+\sqrt{2}|)+C$$

$$= \frac{1}{\sqrt{2}}\log\left|\frac{t-\sqrt{2}}{t+\sqrt{2}}\right|+C = \frac{1}{\sqrt{2}}\log\left|\frac{\sqrt{x^2-x+2}+x-\sqrt{2}}{\sqrt{x^2-x+2}+x+\sqrt{2}}\right|+C \quad \cdots\cdots〔答〕$$

╌╌╌╌ **類題 2－6** ╌╌╌ 解答は **p. 208**

次の不定積分を求めよ。

(1)　$\displaystyle\int \frac{1}{1+\sqrt{x^2+1}}\,dx$　　　　　(2)　$\displaystyle\int \frac{1}{x\sqrt{x^2+1}}\,dx$

例題 2 − 7（無理関数の積分②）

次の不定積分を求めよ。

(1) $\displaystyle\int \frac{1}{\sqrt{2-x-x^2}}\,dx$　　　　(2) $\displaystyle\int \sqrt{4-x^2}\,dx$

[解説] 無理関数の積分法には，やや分かりにくい置換をするものがある。しかし具体的な計算においては，原則通りでない計算をした方が計算しやすい場合が多い。いろいろ練習して効率的な方法を身につけよう。

[解答] 以下，C は積分定数を表す。

(1) $\displaystyle\int \frac{1}{\sqrt{2-x-x^2}}\,dx = \int \frac{1}{\sqrt{\dfrac{9}{4}-\left(x+\dfrac{1}{2}\right)^2}}\,dx = \int \frac{1}{\dfrac{3}{2}\sqrt{1-\left(\dfrac{2x+1}{3}\right)^2}}\,dx$

$\displaystyle\qquad\qquad = \frac{2}{3}\int \frac{1}{\sqrt{1-\left(\dfrac{2x+1}{3}\right)^2}}\,dx$

$\displaystyle\qquad\qquad = \sin^{-1}\frac{2x+1}{3}+C \quad\cdots\cdots〔答〕$

(2) $x=2\sin\theta \left(-\dfrac{\pi}{2}\le\theta\le\dfrac{\pi}{2}\right)$ とおくと，$dx=2\cos\theta\,d\theta$

$\displaystyle\therefore \int \sqrt{4-x^2}\,dx = \int \sqrt{4(1-\sin^2\theta)}\,2\cos\theta\,d\theta = 4\int \cos^2\theta\,d\theta$

$\displaystyle\quad = 4\int \frac{1+\cos 2\theta}{2}\,d\theta$　**← 2 倍角公式：$\cos 2\theta = 2\cos^2\theta - 1$**

$\displaystyle\quad = 2\theta + \sin 2\theta + C$

$\displaystyle\quad = 2\theta + 2\sin\theta\cos\theta + C$　**← 2 倍角公式：$\sin 2\theta = 2\sin\theta\cos\theta$**

$\displaystyle\quad = 2\theta + 2\sin\theta\sqrt{1-\sin^2\theta} + C$

$\displaystyle\quad = 2\sin^{-1}\frac{x}{2} + 2\cdot\frac{x}{2}\sqrt{1-\left(\frac{x}{2}\right)^2} + C$

$\displaystyle\quad = 2\sin^{-1}\frac{x}{2} + \frac{x}{2}\sqrt{4-x^2} + C \quad\cdots\cdots〔答〕$

類題 2 − 7　　　　　　　　　　　　　　　　　　　　　解答は p. 209

次の不定積分を求めよ。

(1) $\displaystyle\int \frac{1}{\sqrt{3-2x-x^2}}\,dx$　　　　(2) $\displaystyle\int \sqrt{2x-x^2}\,dx$

1 次の不定積分を求めよ。

(1) $\displaystyle\int \arcsin x\, dx$

(2) $\displaystyle\int \frac{1}{\sin x}\, dx$ 　　　〈お茶の水女子大学－理学部数学科〉

2 次の関数を積分せよ。

(1) $x\log x$

(2) $\displaystyle\frac{x^2-x+1}{(x-1)(x-2)^2}$ 　　　〈首都大学東京－都市環境学部〉

3 次の不定積分の値を求めよ。

$$\int \frac{x}{x^2+2x+2}\, dx$$ 　　　〈京都工芸繊維大学〉

4 次の不定積分を求めよ。

$$\int \frac{1}{x^4-1}\, dx$$ 　　　〈名古屋大学－情報文化学部〉

5 不定積分 $\displaystyle\int \frac{6x^2+2x}{x^3+3x^2-x-3}\, dx$ を求めよ。 　　　〈名古屋大学－工学部〉

6 $L_n=\displaystyle\int (\log x)^n dx$ とする。

(1) $L_n=x(\log x)^n-nL_{n-1}$ $(n\geqq 1)$ を示せ。

(2) L_n を求めよ。 　　　〈神戸大学－工学部〉

第3章

定 積 分

要 項

3.1 定積分

定積分は不定積分を用いて次のように計算される。

$$\int_a^b f(x)\,dx = \Big[\,F(x)\,\Big]_a^b = F(b) - F(a)$$

$f(x)$ が非負連続関数の場合，定積分 $\displaystyle\int_a^b f(x)\,dx$ は図のような面積を表す。

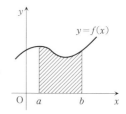

[定理] （部分積分法）

$$\int_a^b f(x)g'(x)\,dx = \Big[\,f(x)g(x)\,\Big]_a^b - \int_a^b f'(x)g(x)\,dx$$

[定理] （置換積分法）

$$\int_a^b f(g(x))g'(x)\,dx = \int_\alpha^\beta f(t)\,dt \quad (\text{ただし，} x : a \to b \text{ のとき } t : \alpha \to \beta)$$

すなわち，$g(x) = t$ とおくとき $g'(x)\,dx = dt$

3.2 広義積分

関数 $f(x)$ が $[a,\ b)$ で定義されているとき

$$\lim_{\beta \to b-0} \int_a^\beta f(x)\,dx$$

が収束するならば，$f(x)$ は $[a,\ b)$ で**積分可能**であるといい，

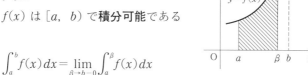

$$\int_a^b f(x)\,dx = \lim_{\beta \to b-0} \int_a^\beta f(x)\,dx$$

と表す。

同様にして，$(a,\ b]$ あるいは $(a,\ b)$ 上で定義された関数 $f(x)$ の広義積分も定義される。また，区間の端が $+\infty$ あるいは $-\infty$ の場合も同様である。

3. 3 ベータ関数とガンマ関数

次の 2 つはいずれも収束する広義積分であり，応用上重要な関数である。

ベータ関数　$B(p, \ q) = \displaystyle\int_0^1 x^{p-1}(1-x)^{q-1}dx$　$(p>0, \ q>0)$

ガンマ関数　$\Gamma(s) = \displaystyle\int_0^\infty e^{-x}x^{s-1}dx$　$(s>0)$

■ しっかりと理解しよう！　ガンマ関数の収束

ガンマ関数：$\Gamma(s) = \displaystyle\int_0^\infty e^{-x}x^{s-1}dx \ (s>0)$ は収束することを示せ。

（解） $\displaystyle\int_0^\infty e^{-x}x^{s-1}dx = \int_0^1 e^{-x}x^{s-1}dx + \int_1^\infty e^{-x}x^{s-1}dx = I_1 + I_2$ とおく。

（i）$I_1 = \displaystyle\lim_{\alpha \to +0}\int_\alpha^1 e^{-x}x^{s-1}dx$　（$0<s<1$ のときは広義積分）

$x>0$ のとき　$e^{-x}<1$　　$\therefore \ \displaystyle\int_\alpha^1 e^{-x}x^{s-1}dx < \int_\alpha^1 x^{s-1}dx$

ここで，$\displaystyle\lim_{\alpha \to +0}\int_\alpha^1 x^{s-1}dx = \lim_{\alpha \to +0}\left[\frac{x^s}{s}\right]_\alpha^1 = \lim_{\alpha \to +0}\left(\frac{1}{s} - \frac{\alpha^s}{s}\right) = \frac{1}{s}$　$(\because \ s>0)$

よって，I_1 は収束する。

（ii）$\displaystyle\lim_{x \to +\infty}(x^2 \cdot e^{-x}x^{s-1}) = \lim_{x \to +\infty}\frac{x^{s+1}}{e^x} = 0$　であるから，

十分大きな x に対して，$x^2 \cdot e^{-x}x^{s-1} < 1$　　すなわち，$e^{-x}x^{s-1} < \dfrac{1}{x^2}$

ここで，$\displaystyle\int_1^\infty \frac{1}{x^2}dx = \lim_{\beta \to +\infty}\int_1^\beta \frac{1}{x^2}dx = \lim_{\beta \to +\infty}\left[-\frac{1}{x}\right]_1^\beta = \lim_{\beta \to +\infty}\left(-\frac{1}{\beta} + 1\right) = 1$

よって，I_2 は収束する。

以上より，$\Gamma(s) = \displaystyle\int_0^\infty e^{-x}x^{s-1}dx \ (s>0)$ は収束する。　　（証明終）

発展　次のような判定法もある（編入試験では乱用しないこと！）。

判定法　1　$\displaystyle\int_a^\infty f(x)dx$：$\displaystyle\lim_{x \to \infty}x^\alpha f(x) = l$ とするとき，

（i）$\alpha>1$，$|l|<\infty$ ならば収束　　（ii）$0<\alpha \leq 1$，$|l|>0$ ならば発散

判定法　2　$\displaystyle\int_a^b f(x)dx$　（b が特異点）：$\displaystyle\lim_{x \to b-0}(b-x)^\alpha f(x) = l$ とするとき，

（i）$0<\alpha<1$，$|l|<\infty$ ならば収束　　（ii）$\alpha \geq 1$，$|l|>0$ ならば発散

━ 例題 3 − 1 （定積分の計算） ━

次の定積分の値を求めよ。

(1) $\displaystyle\int_0^1 x^2 \tan^{-1}x\,dx$　　　(2) $\displaystyle\int_0^1 \log(1+\sqrt{x}\,)\,dx$　　　(3) $\displaystyle\int_0^{\frac{\pi}{2}} \sin^2 x\,dx$

[解 説]　部分積分法，置換積分法，その他いろいろな式変形を工夫して計算する。定積分の計算は不定積分ができてさえいれば何の問題もない。

[解 答]　(1)　$\displaystyle\int_0^1 x^2 \tan^{-1}x\,dx = \left[\frac{x^3}{3}\tan^{-1}x\right]_0^1 - \int_0^1 \frac{x^3}{3}\frac{1}{1+x^2}\,dx$　◆ 部分積分法

$\displaystyle = \frac{1}{3}\tan^{-1}1 - \frac{1}{3}\int_0^1 \frac{x(1+x^2)-x}{1+x^2}\,dx$

$\displaystyle = \frac{1}{3}\cdot\frac{\pi}{4} - \frac{1}{3}\int_0^1 \left(x - \frac{x}{1+x^2}\right)dx$　◆ $\tan^{-1}1 = \dfrac{\pi}{4}\ \left(\tan\theta=1\ \text{なら}\ \theta=\dfrac{\pi}{4}\right)$

$\displaystyle = \frac{\pi}{12} - \frac{1}{3}\left[\frac{x^2}{2} - \frac{1}{2}\log(1+x^2)\right]_0^1 = \frac{\pi}{12} - \frac{1}{6} + \frac{1}{6}\log 2$　……〔答〕

(2)　$\displaystyle\int_0^1 \log(1+\sqrt{x}\,)\,dx$　　$\sqrt{x}=t$ とおくと，$x=t^2$　∴　$dx=2t\,dt$

また，$x:0\to 1$ のとき $t:0\to 1$　◆ 置換積分法，積分範囲もきちんと確認

よって，

$\displaystyle\int_0^1 \log(1+\sqrt{x}\,)\,dx = \int_0^1 \log(1+t)\cdot 2t\,dt = \int_0^1 2t\log(1+t)\,dt$

$\displaystyle = \left[t^2\log(1+t)\right]_0^1 - \int_0^1 t^2 \frac{1}{1+t}\,dt = \log 2 - \int_0^1 \left(\frac{1}{1+t} - 1 + t\right)dt$

$\displaystyle = \log 2 - \left[\log(1+t) - t + \frac{t^2}{2}\right]_0^1 = \log 2 - \left(\log 2 - 1 + \frac{1}{2}\right) = \frac{1}{2}$　……〔答〕

(3)　$\displaystyle\int_0^{\frac{\pi}{2}} \sin^2 x\,dx = \int_0^{\frac{\pi}{2}} \frac{1-\cos 2x}{2}\,dx$

$\displaystyle = \left[\frac{1}{2}x - \frac{1}{4}\sin 2x\right]_0^{\frac{\pi}{2}} = \frac{\pi}{4}$　……〔答〕

〜〜〜 **類題 3 − 1** 〜〜〜〜〜〜〜〜〜〜〜〜〜〜〜〜〜〜〜〜〜〜〜〜〜〜〜〜〜〜〜解答は **p. 210**

次の定積分の値を求めよ。

(1) $\displaystyle\int_0^1 (\sin^{-1}x)^2\,dx$　　　(2) $\displaystyle\int_0^{\sqrt{3}} \frac{1}{\sqrt{3+x^2}}\,dx$　　　(3) $\displaystyle\int_0^{\frac{\pi}{3}} \sin 3x \sin 2x\,dx$

─── 例題 3 － 2 （広義積分①：無限区間） ───

次の広義積分を計算せよ。

(1) $\displaystyle\int_1^\infty \frac{x^2}{(1+x^2)^2}\,dx$　　　　　(2) $\displaystyle\int_1^\infty \frac{1}{x(1+x^2)}\,dx$

[解 説]　広義積分の概念は，定積分の概念の自然な拡張である。原則として**広義積分の定義**に従って，きちんと計算していこう。すなわち，積分範囲を適当に制限した定積分の値をまず計算し，最後にその極限を調べる。

[解 答]　(1)　$\displaystyle\int_1^\infty \frac{x^2}{(1+x^2)^2}\,dx = \lim_{\beta\to\infty}\int_1^\beta \frac{x^2}{(1+x^2)^2}\,dx$

$\displaystyle = \lim_{\beta\to\infty}\int_1^\beta x\cdot\frac{x}{(1+x^2)^2}\,dx$

$\displaystyle = \lim_{\beta\to\infty}\left(\left[x\cdot\left(-\frac{1}{2}\frac{1}{1+x^2}\right)\right]_1^\beta - \int_1^\beta 1\cdot\left(-\frac{1}{2}\frac{1}{1+x^2}\right)dx\right)$　← 部分積分法

$\displaystyle = \lim_{\beta\to\infty}\left(-\frac{1}{2}\frac{\beta}{1+\beta^2}+\frac{1}{4}+\frac{1}{2}(\tan^{-1}\beta-\tan^{-1}1)\right)$

$\displaystyle = \frac{1}{4}+\frac{1}{2}\left(\frac{\pi}{2}-\frac{\pi}{4}\right)=\frac{1}{4}+\frac{\pi}{8}$　……〔答〕

(2)　$\displaystyle\int_1^\infty \frac{1}{x(1+x^2)}\,dx = \lim_{\beta\to\infty}\int_1^\beta \frac{1}{x(1+x^2)}\,dx$

$\displaystyle = \lim_{\beta\to\infty}\int_1^\beta\left(\frac{1}{x}-\frac{x}{1+x^2}\right)dx$

$\displaystyle = \lim_{\beta\to\infty}\left[\log x - \frac{1}{2}\log(1+x^2)\right]_1^\beta$

$\displaystyle = \lim_{\beta\to\infty}\left[\frac{1}{2}\log\frac{x^2}{1+x^2}\right]_1^\beta = \lim_{\beta\to\infty}\frac{1}{2}\left(\log\frac{\beta^2}{1+\beta^2}-\log\frac{1}{2}\right)$

$\displaystyle = \frac{1}{2}\left(\log 1 - \log\frac{1}{2}\right)=\frac{1}{2}\log 2$　……〔答〕

///// 類題 3 － 2 // 解答は **p. 211**

次の広義積分を計算せよ。

(1) $\displaystyle\int_1^\infty \frac{dx}{\sqrt{x}\,(1+x)}$　　　　　(2) $\displaystyle\int_{-\infty}^\infty \frac{dx}{\pi+x^2}$

例題 3 － 3 （広義積分②：有限区間）

次の広義積分を計算せよ。

(1) $\displaystyle\int_0^1 \log x\, dx$ (2) $\displaystyle\int_1^3 \frac{1}{\sqrt{x^2-1}}\, dx$

解説 有限区間の広義積分も，無限区間の場合と本質的に同じである。すなわち，積分範囲を適当に制限した定積分の値をまず計算し，最後にその極限を調べる。

解答 (1) $\displaystyle\int_0^1 \log x\, dx = \lim_{\alpha\to+0}\int_\alpha^1 \log x\, dx = \lim_{\alpha\to+0}\int_\alpha^1 1\cdot\log x\, dx$ ← $x=0$ が特異点

$$= \lim_{\alpha\to+0}\left(\Big[x\cdot\log x\Big]_\alpha^1 - \int_\alpha^1 x\cdot\frac{1}{x}\,dx\right)$$

$$= \lim_{\alpha\to+0}(-\alpha\log\alpha - 1 + \alpha)$$

ここで，$\displaystyle\lim_{\alpha\to+0}\alpha\log\alpha = \lim_{\alpha\to+0}\frac{\log\alpha}{\alpha^{-1}} = \lim_{\alpha\to+0}\frac{\alpha^{-1}}{-\alpha^{-2}} = \lim_{\alpha\to+0}(-\alpha)=0$ であるから，

$$\int_0^1 \log x\, dx = \lim_{\alpha\to+0}\int_\alpha^1 \log x\, dx = -1 \quad \cdots\cdots〔答〕$$

(2) $\sqrt{x^2-1}=t-x$ とおくと，

$$x=\frac{t^2+1}{2t}, \quad dx=\frac{t^2-1}{2t^2}\,dt, \quad \frac{1}{\sqrt{x^2-1}}=\frac{1}{t-x}=\frac{2t}{t^2-1}$$

$$\therefore \quad \int\frac{1}{\sqrt{x^2-1}}\,dx = \int\frac{2t}{t^2-1}\frac{t^2-1}{2t^2}\,dt = \int\frac{1}{t}\,dt = \log|t|+C$$

$$= \log|x+\sqrt{x^2-1}|+C \quad ← まず不定積分を確認$$

$$\therefore \quad \int_1^3 \frac{1}{\sqrt{x^2-1}}\,dx = \lim_{\alpha\to1+0}\int_\alpha^3 \frac{1}{\sqrt{x^2-1}}\,dx \quad ← x=1 が特異点$$

$$= \lim_{\alpha\to1+0}\Big[\log|x+\sqrt{x^2-1}|\Big]_\alpha^3$$

$$= \lim_{\alpha\to1+0}\{\log(3+2\sqrt{2}) - \log|\alpha+\sqrt{\alpha^2-1}|\}$$

$$= \log(3+2\sqrt{2}) \quad \cdots\cdots〔答〕$$

類題 3 － 3   解答は p. 211

次の広義積分を計算せよ。

(1) $\displaystyle\int_0^1 \sqrt{\frac{x}{1-x}}\,dx$ (2) $\displaystyle\int_0^1 \frac{1}{\sqrt{x(1-x)}}\,dx$

┌─── **例題 3－4**（広義積分③：収束・発散の判定）──────────┐

次の広義積分の収束・発散を調べよ。

(1) $\displaystyle\int_0^\infty e^{-x^2}dx$　　　　　　　(2) $\displaystyle\int_0^{\frac{\pi}{2}}\frac{1}{\sin x}dx$

└──┘

解 説　広義積分は極限に関する内容であるから，当然収束・発散の問題が生じる。いろいろな判定法が知られているが，収束・発散が既知の他の積分との比較が基本である。

解 答　(1)　$\displaystyle\lim_{x\to\infty}x^2\cdot e^{-x^2}=\lim_{t\to\infty}t\cdot e^{-t}=\lim_{t\to\infty}\frac{t}{e^t}=\lim_{t\to\infty}\frac{1}{e^t}=0$

よって，十分大きな x に対して，$x^2\cdot e^{-x^2}<1$　　すなわち，$e^{-x^2}<\dfrac{1}{x^2}$

そこで，$x>c$ のとき $e^{-x^2}<\dfrac{1}{x^2}$ であるとする。

$$\int_0^\infty e^{-x^2}dx=\int_0^c e^{-x^2}dx+\int_c^\infty e^{-x^2}dx$$　←**2つの部分に分けて考える。**

第1項は普通の定積分で明らかに収束である。第2項が収束することを示す。

$$\int_c^\infty e^{-x^2}dx\leqq\int_c^\infty\frac{1}{x^2}dx=\lim_{\beta\to\infty}\int_c^\beta\frac{1}{x^2}dx=\lim_{\beta\to\infty}\left[-\frac{1}{x}\right]_c^\beta$$

$$=\lim_{\beta\to\infty}\left(\frac{1}{c}-\frac{1}{\beta}\right)=\frac{1}{c}<\infty$$

よって，広義積分 $\displaystyle\int_0^\infty e^{-x^2}dx$ は収束する。　……〔答〕

(2)　$0<x<\dfrac{\pi}{2}$ のとき $0<\sin x<x$　　∴　$\dfrac{1}{\sin x}>\dfrac{1}{x}>0$

$$\int_0^{\frac{\pi}{2}}\frac{1}{\sin x}dx\geqq\int_0^{\frac{\pi}{2}}\frac{1}{x}dx=\lim_{\alpha\to+0}\int_\alpha^{\frac{\pi}{2}}\frac{1}{x}dx$$

$$=\lim_{\alpha\to+0}\left[\log x\right]_\alpha^{\frac{\pi}{2}}=\lim_{\alpha\to+0}\left(\log\frac{\pi}{2}-\log\alpha\right)=+\infty$$

よって，広義積分 $\displaystyle\int_0^{\frac{\pi}{2}}\frac{1}{\sin x}dx$ は発散する。　……〔答〕

////// **類題 3－4** // 解答は p. 211

次の広義積分の収束・発散を調べよ。

(1)　$\displaystyle\int_1^\infty\frac{\tan^{-1}x}{x}dx$　　　　　　(2)　$\displaystyle\int_1^\infty\left(\frac{\pi}{2}\cdot\frac{1}{x}-\frac{\tan^{-1}x}{x}\right)dx$

──　例題 3 − 5 （広義積分④：いろいろな広義積分）　──────

a を正の定数，b を実数とするとき，

$$I=\int_0^\infty e^{-ax}\cos bx\,dx,\ \ J=\int_0^\infty e^{-ax}\sin bx\,dx$$

を求めよ。

[解 説]　次の形の積分は頻出であるが，その不定積分はただちに分かる。

①　$\displaystyle\int e^{ax}\sin bx\,dx$　　　　　　②　$\displaystyle\int e^{ax}\cos bx\,dx$

部分積分法を繰り返し利用する方法もあるが，微分の計算だけで求めるほうが早い。

[解 答]　微分すると $e^{-ax}\cos bx$ や $e^{-ax}\sin bx$ になる関数は容易に見つけることができる。

$$(e^{-ax}\sin bx)'=-ae^{-ax}\sin bx+be^{-ax}\cos bx\quad\cdots\cdots①$$

$$(e^{-ax}\cos bx)'=-be^{-ax}\sin bx-ae^{-ax}\cos bx\quad\cdots\cdots②$$

①×b−②×a より，$\{e^{-ax}(b\sin bx-a\cos bx)\}'=(b^2+a^2)e^{-ax}\cos bx$

$$\therefore\ \ \int e^{-ax}\cos bx\,dx=\frac{1}{a^2+b^2}e^{-ax}(b\sin bx-a\cos bx)+C$$

①×a+②×b より，$\{e^{-ax}(a\sin bx+b\cos bx)\}'=-(a^2+b^2)e^{-ax}\sin bx$

$$\therefore\ \ \int e^{-ax}\sin bx\,dx=-\frac{1}{a^2+b^2}e^{-ax}(a\sin bx+b\cos bx)+C$$

よって，a が正の定数であることに注意して

$$I=\lim_{\beta\to\infty}\int_0^\beta e^{-ax}\cos bx\,dx=\lim_{\beta\to\infty}\left[\frac{1}{a^2+b^2}e^{-ax}(b\sin bx-a\cos bx)\right]_0^\beta$$

$$=\lim_{\beta\to\infty}\left(\frac{1}{a^2+b^2}e^{-a\beta}(b\sin b\beta-a\cos b\beta)-\frac{1}{a^2+b^2}(-a)\right)=\frac{a}{a^2+b^2}\quad\cdots\cdots〔答〕$$

$$J=\lim_{\beta\to\infty}\int_0^\beta e^{-ax}\sin bx\,dx=\lim_{\beta\to\infty}\left[-\frac{1}{a^2+b^2}e^{-ax}(a\sin bx+b\cos bx)\right]_0^\beta$$

$$=\lim_{\beta\to\infty}\left(-\frac{1}{a^2+b^2}e^{-a\beta}(a\sin b\beta+b\cos b\beta)+\frac{1}{a^2+b^2}b\right)=\frac{b}{a^2+b^2}\quad\cdots\cdots〔答〕$$

░░░░░ 類題 3 − 5 ░░░ 解答は p. 212

次の積分を計算せよ。

(1)　$\displaystyle\int e^{-x}\sin x\,dx$　　　　　　　　(2)　$\displaystyle\int_0^\infty e^{-x}|\sin x|\,dx$

┏━━ 例題 3 − 6 （ガンマ関数・ベータ関数） ━━━━━━━━━━━━

　　実数 $s>0$ について $\Gamma(s)=\displaystyle\int_0^\infty e^{-x}x^{s-1}dx$ とおく。次の(1), (2)を証明せ

よ。

(1) $\displaystyle\lim_{x\to\infty}\frac{x^a}{e^x}=0$ （ただし，a は実数）　　(2) $\Gamma(s+1)=s\Gamma(s)$

┗━━━━━━━━━━━━━━━━━━━━━━━━━━━━━━━━━━

[解説] 次の2つの広義積分は応用上重要な関数である。

　ベータ関数 $B(p,\ q)=\displaystyle\int_0^1 x^{p-1}(1-x)^{q-1}dx$　$(p>0,\ q>0)$

　ガンマ関数 $\Gamma(s)=\displaystyle\int_0^\infty e^{-x}x^{s-1}dx$　$(s>0)$

いずれも収束する広義積分である。

[解答] (1) $\displaystyle\lim_{x\to\infty}\log\frac{x^a}{e^x}=\lim_{x\to\infty}(\log x^a-\log e^x)$　← 対数の極限を調べる。

$$=\lim_{x\to\infty}(a\log x-x)=\lim_{x\to\infty}x\left(a\frac{\log x}{x}-1\right)=-\infty$$ **(注)** $\displaystyle\lim_{x\to\infty}\frac{\log x}{x}=0$

　よって，$\displaystyle\lim_{x\to\infty}\frac{x^a}{e^x}=0$　　（証明終）

(2) $\Gamma(s+1)=\displaystyle\int_0^\infty x^s e^{-x}dx=\lim_{\beta\to\infty}\int_0^\beta x^s e^{-x}dx$

$$=\lim_{\beta\to\infty}\left(\left[x^s(-e^{-x})\right]_0^\beta-\int_0^\beta sx^{s-1}(-e^{-x})dx\right)$$ ← 部分積分法

$$=\lim_{\beta\to\infty}\left(\beta^s(-e^{-\beta})+s\int_0^\beta x^{s-1}e^{-x}dx\right)$$

$$=\lim_{\beta\to\infty}\left(-\frac{\beta^s}{e^\beta}+s\int_0^\beta x^{s-1}e^{-x}dx\right)\ \ \left((1)より，\lim_{\beta\to\infty}\frac{\beta^s}{e^\beta}=0\right)$$

$$=0+s\int_0^\infty x^{s-1}e^{-x}dx=s\Gamma(s)$$

　よって，$\Gamma(s+1)=s\Gamma(s)$　　（証明終）

━━━ 類題 3 − 6 ━━━━━━━━━━━━━━━━━━━━━━━━━━━━━━ 解答は **p. 212**

　自然数 $m,\ n>0$ と $a>0$ に対し，$B_a(m,\ n)=\displaystyle\int_0^a x^{m-1}(a-x)^{n-1}dx$ とする。

(1) $B_a(m,\ n+1)=\dfrac{n}{m}B_a(m+1,\ n)$ を示せ　(2) $B_a(m,\ n)$ の値を求めよ。

例題 3 − 7 （定積分と漸化式）

$n=0,\ 1,\ 2,\ \cdots\cdots$ に対して, $I_n=\displaystyle\int_0^{\frac{\pi}{2}}\sin^n x\,dx,\ J_n=\displaystyle\int_0^{\frac{\pi}{2}}\cos^n x\,dx$ とおく。
次の(1), (2)を証明せよ。

(1) $I_n=J_n$
(2) $I_n=\dfrac{n-1}{n}I_{n-2}\quad(n\geqq2)$

[解 説] 定積分と漸化式は応用上も重要であり頻出項目である。主に部分積分法や置換積分法を用いて式を変形していく。

[解 答] (1) $I_n=\displaystyle\int_0^{\frac{\pi}{2}}\sin^n x\,dx$ において $x=\dfrac{\pi}{2}-t$ とおくと, $dx=-dt$

また, $x:0\to\dfrac{\pi}{2}$ のとき $t:\dfrac{\pi}{2}\to0$

$\therefore\ I_n=\displaystyle\int_0^{\frac{\pi}{2}}\sin^n x\,dx=\int_{\frac{\pi}{2}}^{0}\left\{\sin\left(\dfrac{\pi}{2}-t\right)\right\}^n(-1)\,dt=\int_0^{\frac{\pi}{2}}\left\{\sin\left(\dfrac{\pi}{2}-t\right)\right\}^n dt$

$\qquad=\displaystyle\int_0^{\frac{\pi}{2}}(\cos t)^n dt=J_n$ （証明終）

(2) $I_n=\displaystyle\int_0^{\frac{\pi}{2}}\sin^n x\,dx=\int_0^{\frac{\pi}{2}}\sin x\cdot\sin^{n-1}x\,dx$

$\qquad=\left[(-\cos x)\cdot\sin^{n-1}x\right]_0^{\frac{\pi}{2}}-\displaystyle\int_0^{\frac{\pi}{2}}(-\cos x)\cdot(n-1)\sin^{n-2}x\cos x\,dx$

$\qquad=0+(n-1)\displaystyle\int_0^{\frac{\pi}{2}}\sin^{n-2}x\cos^2 x\,dx=(n-1)\int_0^{\frac{\pi}{2}}\sin^{n-2}x(1-\sin^2 x)\,dx$

$\qquad=(n-1)\displaystyle\int_0^{\frac{\pi}{2}}(\sin^{n-2}x-\sin^n x)\,dx$

$\qquad=(n-1)(I_{n-2}-I_n)$

$\therefore\ I_n=(n-1)I_{n-2}-(n-1)I_n\quad\therefore\ nI_n=(n-1)I_{n-2}$

$\therefore\ I_n=\dfrac{n-1}{n}I_{n-2}$ （証明終）

////// 類題 3 − 7 // 解答は **p. 212**

$I_n=\displaystyle\int_0^1\dfrac{1}{(x^2+1)^n}\,dx$ とおくとき

(1) I_{n+1} を I_n で表せ。
(2) $\displaystyle\int_0^1\dfrac{1}{(x^2+1)^3}\,dx$ の値を求めよ。

■ 第 3 章　章末問題 ▶解答は p. 213

1 実数全体で定義された連続関数 $f(x)$ に対して $g(x)$ を $g(x)=\displaystyle\int_0^x t\cdot f(x-t)dt$ で定めるとき，次の(1), (2), (3)に答えよ。

(1) $f(x)$ が奇関数ならば $g(x)$ も奇関数であり，$f(x)$ が偶関数ならば $g(x)$ も偶関数であることを示せ。

(2) $f(x)=\cos x$ のとき，$g(x)$, $g'(x)$, $g''(x)$ を求めよ。

(3) $f(0)>0$ のとき，$g(x)$ は $x=0$ で極小値をとることを示せ。

〈大阪大学－基礎工学部〉

2 (1) $u=\tan\dfrac{x}{2}$ とおくとき，$\sin x$, $\cos x$ を u を用いて表せ。

(2) $I_1=\displaystyle\int_0^{\frac{\pi}{2}}\dfrac{\sin x}{1+\sin x}dx$, $I_2=\displaystyle\int_0^{\frac{\pi}{2}}\dfrac{\cos x}{1+\cos x}dx$ を求めよ。　　〈電気通信大学〉

3 次の問いに答えよ。

(1) $n=0$, 1, 2 に対して，次の不定積分を求めよ。

$$\int\dfrac{x^n}{x^2+1}dx$$

(2) n を負でない整数とするとき，次の広義積分は収束するか発散するか，いずれかであるかを判定せよ。収束する場合には広義積分の値を求め，発散する場合にはその理由を示せ。

$$\int_1^\infty\dfrac{x^n}{x^2+1}dx$$

〈九州大学－芸術工学部〉

4 次の各問に答えよ。

(1) n を正の整数とする。このとき，$\sin^{2n+1}x\leqq\sin^{2n}x\leqq\sin^{2n-1}x$ $\left(0\leqq x\leqq\dfrac{\pi}{2}\right)$ が成り立つことを示せ。

(2) $\sin^0 x=1$ $\left(0\leqq x\leqq\dfrac{\pi}{2}\right)$ と定め，$n=0$, 1, 2, …… に対して，$I_n=\displaystyle\int_0^{\frac{\pi}{2}}\sin^n x\,dx$ とおく。このとき，$I_n=\dfrac{n-1}{n}I_{n-2}$ $(n\geqq 2)$ が成り立つことを示せ。

(3) 極限値 $\displaystyle\lim_{n\to\infty}\dfrac{1}{n}\left(\dfrac{2\cdot4\cdots\cdots(2n)}{1\cdot3\cdots\cdots(2n-1)}\right)^2$ を求めよ。　　〈岡山大学－理学部数学科〉

第 4 章

定積分の応用

4.1　面　積

(1)　曲線 $y=f(x)$, $y=g(x)$ および直線 $x=a$, $x=b$
で囲まれる図形の面積 S は,

$$S=\int_a^b |f(x)-g(x)|\,dx$$

(2) 曲線 $r=f(\theta)$ と直線 $\theta=\theta_1$, $\theta=\theta_2$
で囲まれる図形の面積 S は,

$$S=\int_{\theta_1}^{\theta_2} \frac{1}{2} r^2 d\theta = \frac{1}{2}\int_{\theta_1}^{\theta_2} \{f(\theta)\}^2 d\theta$$

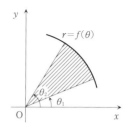

4.2　体　積

(1)　体積

立体の体積は切り口の面積を積分することで
求められる。

$$V=\int_a^b S(x)\,dx$$

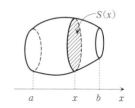

(2)　回転体の体積

曲線 $y=f(x)$, x 軸, 直線 $x=a$, $x=b$ で囲
まれた図形を x 軸のまわりに 1 回転してでき
る回転体の体積 V は,

$$V=\pi\int_a^b \{f(x)\}^2 dx$$

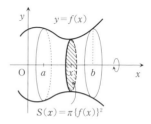

4.3　曲線の長さ

(1)　曲線 $x=\varphi(t)$, $y=\phi(t)$ ($\alpha\leq t\leq\beta$) の長さ L は,

$$L=\int_\alpha^\beta \sqrt{\left(\frac{dx}{dt}\right)^2+\left(\frac{dy}{dt}\right)^2}\,dt = \int_\alpha^\beta \sqrt{\{\varphi'(t)\}^2+\{\phi'(t)\}^2}\,dt$$

(2) 曲線 $y = f(x)$ $(a \leqq x \leqq b)$ の長さ L は,

$$L = \int_a^b \sqrt{1 + \left(\frac{dy}{dx}\right)^2}\, dx = \int_a^b \sqrt{1 + \{f'(x)\}^2}\, dx$$

(3) 曲線 $r = f(\theta)$ $(\theta_1 \leqq \theta \leqq \theta_2)$ の長さ L は,

$$L = \int_{\theta_1}^{\theta_2} \sqrt{r^2 + \left(\frac{dr}{d\theta}\right)^2}\, d\theta = \int_{\theta_1}^{\theta_2} \sqrt{\{f(\theta)\}^2 + \{f'(\theta)\}^2}\, d\theta$$

4. 4 回転体の表面積

曲線 $y = f(x)$, x 軸, $x = a$, $x = b$ で囲まれた
図形を x 軸のまわりに 1 回転してできる回転体
の側面積 S は

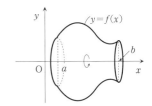

$$S = \int_a^b 2\pi f(x) \sqrt{1 + \{f'(x)\}^2}\, dx$$

4. 5 区分求積法

数列の和の極限ではしばしば**区分求積法**が用い
られる。

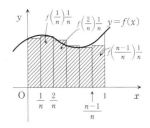

$$\lim_{n \to \infty} \frac{1}{n} \sum_{k=1}^{n} f\left(\frac{k}{n}\right) = \int_0^1 f(x)\, dx$$

（**注**）　積分範囲は分点の x 座標の極限を考え
るとよい。

すなわち, $\dfrac{1}{n} \to 0$, $\dfrac{n}{n} \to 1$ というように。

■ 知っておこう！　**極座標と極方程式**

極座標　直交座標 $(x,\ y)$ に対して，次で定ま
る座標 $(r,\ \theta)$ を**極座標**という。

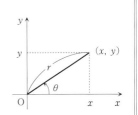

$$x = r\cos\theta,\ \ y = r\sin\theta$$

ただし, $r \geqq 0$, $0 \leqq \theta < 2\pi$

[**公式**]　（直交座標と極座標の関係）

$$x = r\cos\theta,\ \ y = r\sin\theta,\ \ x^2 + y^2 = r^2$$

極方程式　極座標を用いて表した図形の方程式を**極方程式**という。

┌─ **例題 4 - 1（面積①）** ─────────────

曲線 C が $\begin{cases} x = a(t - \sin t) \\ y = a(1 - \cos t) \end{cases}$ $(0 \le t \le 2\pi)$

で与えられている $(a > 0)$ とき，曲線 C と x 軸で囲まれる領域の面積 S を求めよ。

[解 説] 曲線 C は**サイクロイド**とよばれる有名曲線である。媒介変数で表された曲線で囲まれた面積は自動的に置換積分になる。

[解 答] $\dfrac{dx}{dt} = a(1 - \cos t), \quad \dfrac{dy}{dt} = a \sin t$

増減表およびグラフは次のようになる。

t	0	$\cdots$	π	$\cdots$	2π
$\dfrac{dx}{dt}$		$+$	$+$	$+$	
$\dfrac{dy}{dt}$		$+$	0	$-$	
x	0	↗	πa	↗	$2\pi a$
y	0	↗	$2a$	↘	0

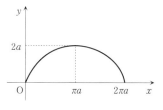

よって，

$$S = \int_0^{2\pi a} y\, dx$$

$$= \int_0^{2\pi} a(1 - \cos t) \cdot a(1 - \cos t)\, dt \quad \leftarrow 自動的に置換積分$$

$$= a^2 \int_0^{2\pi} (1 - 2\cos t + \cos^2 t)\, dt$$

$$= a^2 \int_0^{2\pi} \left(1 - 2\cos t + \frac{1 + \cos 2t}{2} \right) dt$$

$$= a^2 \int_0^{2\pi} \left(\frac{3}{2} - 2\cos t + \frac{1}{2}\cos 2t \right) dt$$

$$= a^2 \left[\frac{3}{2}t - 2\sin t + \frac{1}{4}\sin 2t \right]_0^{2\pi} = 3\pi a^2 \quad \cdots\cdots 〔答〕$$

╌╌╌ **類題 4 - 1** ╌╌╌ 解答は **p. 215**

曲線 C が $\begin{cases} x = \cos 2t \\ y = \sin 3t \end{cases}$ $\left(0 \le t \le \dfrac{\pi}{3} \right)$

で与えられているとき，曲線 C と x 軸で囲まれる領域の面積 S を求めよ。

例題 4 − 2（面積②）

曲線 C が極方程式 $r=a(1+\cos\theta)$ $(a>0)$ で与えられているとき，曲線 C で囲まれる領域の面積 S を求めよ。

解説 曲線は**カージオイド**とよばれる有名曲線である。極座標で表された曲線によって囲まれる面積の公式に注意しよう。

〔公式〕 曲線 $r=f(\theta)$ と直線 $\theta=\theta_1$，$\theta=\theta_2$ で囲まれる図形の面積 S は，

$$S=\int_{\theta_1}^{\theta_2}\frac{1}{2}r^2d\theta$$
$$=\int_{\theta_1}^{\theta_2}\frac{1}{2}\{f(\theta)\}^2d\theta$$

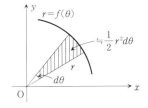

$dS=\dfrac{1}{2}r^2d\theta$ が微小面積を表していることに注意して公式を覚えよう。

解答 曲線 C の概形は右のようになる。
曲線 C の対称性に注意すると，

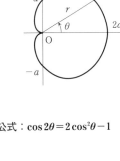

$$S=2\int_0^\pi\frac{1}{2}r^2d\theta$$
$$=\int_0^\pi\{a(1+\cos\theta)\}^2d\theta$$
$$=a^2\int_0^\pi(1+2\cos\theta+\cos^2\theta)d\theta$$
$$=a^2\int_0^\pi\left(1+2\cos\theta+\frac{1+\cos2\theta}{2}\right)d\theta \quad\leftarrow\text{2倍角公式：}\cos2\theta=2\cos^2\theta-1$$
$$=a^2\int_0^\pi\left(\frac{3}{2}+2\cos\theta+\frac{1}{2}\cos2\theta\right)d\theta$$
$$=a^2\left[\frac{3}{2}\theta+2\sin\theta+\frac{1}{4}\sin2\theta\right]_0^\pi=\frac{3}{2}\pi a^2 \quad\cdots\cdots\text{〔答〕}$$

類題 4 − 2 解答は p. 215

曲線 $r^2=2a^2\cos2\theta$ $(a>0)$（**レムニスケート**）によって囲まれる領域の面積 S を求めよ。

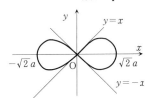

例題 4 - 3（体積）

(1)　2つの円柱 $x^2+y^2=1$, $x^2+z^2=1$ で囲まれる部分の体積を求めよ。

(2)　$y=\sin x$（$0\leqq x\leqq\pi$）と x 軸とで囲まれた部分を y 軸のまわりに1回転してできる立体の体積を求めよ。

解説　体積計算の本質は**切り口の面積**を積分することである。積分計算がしやすい切り方を工夫する。(2)は特殊な例で円筒形の切り口を考える場合（いわゆる**バームクーヘン型求積法**）である。

解答　(1) 立体を平面 $x=t$ で切る。

$x^2+y^2=1$ に $x=t$ を代入すると，$y=\pm\sqrt{1-t^2}$

$x^2+z^2=1$ に $x=t$ を代入すると，$z=\pm\sqrt{1-t^2}$

平面 $x=t$ による立体の切り口の面積を $S(t)$

とすると，

$$S(t)=(2\sqrt{1-t^2})^2=4(1-t^2)$$

よって，求める体積 V は，

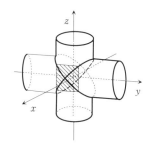

$$V=\int_{-1}^{1}S(t)\,dt=\int_{-1}^{1}4(1-t^2)\,dt=8\int_{0}^{1}(1-t^2)\,dt$$

$$=8\left[t-\frac{t^3}{3}\right]_{0}^{1}=\frac{16}{3}\quad\cdots\cdots〔答〕$$

(2)　立体を「y 軸を中心軸とする半径 x の円筒」

で切る。このとき，立体の切り口の面積を

$S(x)$ とすると，

$$S(x)=2\pi x\cdot\sin x\quad\text{← 切り口の展開図は長方形！}$$

よって，求める体積 V は，

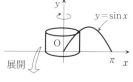

$$V=\int_{0}^{\pi}S(x)\,dx=\int_{0}^{\pi}2\pi x\cdot\sin x\,dx$$

$$=2\pi\left(\left[x\cdot(-\cos x)\right]_{0}^{\pi}-\int_{0}^{\pi}1\cdot(-\cos x)\,dx\right)=2\pi^2\quad\cdots\cdots〔答〕$$

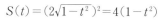 **類題 4 - 3** 解答は p.216

2つの曲線 $(y-1)^2=1+x$, $(y-1)^2=1-x$ で囲まれる領域 D をとる。

(1)　領域 D を y 軸のまわりに1回転してできる立体の体積 V_y を求めよ。

(2)　領域 D を x 軸のまわりに1回転してできる立体の体積 V_x を求めよ。

例題 4 − 4 （曲線の長さ）

次の曲線の長さを求めよ。

(1) $\begin{cases} x = \cos t + t \sin t \\ y = \sin t - t \cos t \end{cases}$ $(0 \leqq t \leqq \pi)$　　(2) $y = \dfrac{e^x + e^{-x}}{2}$ $(0 \leqq x \leqq 1)$

[解説] 曲線の長さは公式にそのまま当てはめて計算する。

(1) 曲線 $x = \varphi(t)$, $y = \phi(t)$ $(\alpha \leqq t \leqq \beta)$ の長さ L は,

$$L = \int_\alpha^\beta \sqrt{\left(\frac{dx}{dt}\right)^2 + \left(\frac{dy}{dt}\right)^2}\, dt$$

⇒ 〈物理的イメージ〉

速度 : $\left(\dfrac{dx}{dt},\ \dfrac{dy}{dt}\right)$, 速さ : $\sqrt{\left(\dfrac{dx}{dt}\right)^2 + \left(\dfrac{dy}{dt}\right)^2}$, L は道のり

(2) 曲線 $y = f(x)$ $(a \leqq x \leqq b)$ の長さ L は, $L = \int_a^b \sqrt{1 + \left(\dfrac{dy}{dx}\right)^2}\, dx$

⇒ 〈微小部分の長さのイメージ〉 $\sqrt{(dx)^2 + (dy)^2} = \sqrt{1 + \left(\dfrac{dy}{dx}\right)^2}\, dx$

[解答] (1) $x = \cos t + t \sin t$, $y = \sin t - t \cos t$ より,

$\dfrac{dx}{dt} = -\sin t + (\sin t + t \cos t) = t \cos t$, $\dfrac{dy}{dt} = \cos t - (\cos t - t \sin t) = t \sin t$

∴ $\sqrt{\left(\dfrac{dx}{dt}\right)^2 + \left(\dfrac{dy}{dt}\right)^2} = \sqrt{(t \cos t)^2 + (t \sin t)^2} = t$ ← 積分の中身をまず計算

求める曲線の長さは, $L = \int_0^\pi t\, dt = \left[\dfrac{t^2}{2}\right]_0^\pi = \dfrac{\pi^2}{2}$ ……〔答〕

(2) $y = \dfrac{e^x + e^{-x}}{2}$ より, $\dfrac{dy}{dx} = \dfrac{e^x - e^{-x}}{2}$ ∴ $\sqrt{1 + \left(\dfrac{dy}{dx}\right)^2} = \dfrac{e^x + e^{-x}}{2}$

求める曲線の長さは,

$$L = \int_0^1 \frac{e^x + e^{-x}}{2}\, dx = \left[\frac{e^x - e^{-x}}{2}\right]_0^1 = \frac{e - e^{-1}}{2} \quad \text{……〔答〕}$$

〰〰 **類題 4 − 4** 〰〰〰〰〰〰〰〰〰〰〰〰〰〰〰〰〰〰〰〰〰〰〰〰〰〰〰〰〰〰〰〰 解答は p. 216

次の曲線の長さを求めよ。

(1) $\begin{cases} x = t - \sin t \\ y = 1 - \cos t \end{cases}$ $(0 \leqq t \leqq 2\pi)$　　(2) $y = \dfrac{2}{3} x \sqrt{x}$ $(0 \leqq x \leqq 1)$

┌─── 例題 4 － 5 （回転体の表面積）───────────────

　次の曲線を x 軸のまわりに回転してできる立体の表面積を求めよ。

　(1)　$x^2+(y-a)^2=r^2$　$(0<r<a)$　　(2)　$\begin{cases} x=a(t-\sin t) \\ y=a(1-\cos t) \end{cases}$　$(0\leqq t\leqq 2\pi)$

└──────────────────────────────────────

【解 説】　回転体の表面積も曲線の長さと同様，公式に機械的に当てはめて計算すればよい。回転体の表面積の公式も式の意味を理解すればただちに覚えることができる。

【解 答】　(1)　$x^2+(y-a)^2=r^2$ より，$y=a\pm\sqrt{r^2-x^2}$　　∴　$y'=\mp\dfrac{x}{\sqrt{r^2-x^2}}$

　いずれの場合も，$\sqrt{1+(y')^2}=\sqrt{1+\dfrac{x^2}{r^2-x^2}}=\dfrac{r}{\sqrt{r^2-x^2}}$

　求める表面積は，

$$S=\int_{-r}^{r}2\pi(a+\sqrt{r^2-x^2})\frac{r}{\sqrt{r^2-x^2}}\,dx+\int_{-r}^{r}2\pi(a-\sqrt{r^2-x^2})\frac{r}{\sqrt{r^2-x^2}}\,dx$$

$$=4\pi\int_{-r}^{r}a\frac{r}{\sqrt{r^2-x^2}}\,dx=4\pi a\int_{-r}^{r}\frac{1}{\sqrt{1-\left(\dfrac{x}{r}\right)^2}}\,dx=4\pi a\left[r\sin^{-1}\frac{x}{r}\right]_{-r}^{r}$$

$$=4\pi^2 ar　\cdots\cdots〔答〕$$

(2)　$\sqrt{\left(\dfrac{dx}{dt}\right)^2+\left(\dfrac{dy}{dt}\right)^2}=\sqrt{\{a(1-\cos t)\}^2+(a\sin t)^2}=a\sqrt{2(1-\cos t)}=2a\sin\dfrac{t}{2}$

　求める表面積は，

$$S=\int_{0}^{2\pi}2\pi\cdot a(1-\cos t)\cdot 2a\sin\frac{t}{2}\,dt=\int_{0}^{2\pi}2\pi\cdot 2a\sin^2\frac{t}{2}\cdot 2a\sin\frac{t}{2}\,dt$$

$$=8\pi a^2\int_{0}^{2\pi}\left(1-\cos^2\frac{t}{2}\right)\cdot\sin\frac{t}{2}\,dt=8\pi a^2\left[-2\cos\frac{t}{2}+\frac{2}{3}\cos^3\frac{t}{2}\right]_{0}^{2\pi}$$

$$=8\pi a^2\left\{\left(2-\frac{2}{3}\right)-\left(-2+\frac{2}{3}\right)\right\}=\frac{64}{3}\pi a^2　\cdots\cdots〔答〕$$

〰〰 類題 4 － 5 〰〰〰〰〰〰〰〰〰〰〰〰〰〰〰〰〰〰〰〰〰〰〰〰〰〰〰〰〰〰〰　解答は p. 216

次の曲線を x 軸のまわりに回転してできる立体の表面積を求めよ。

(1)　$\dfrac{x^2}{a^2}+\dfrac{y^2}{b^2}=1$　$(a>b>0)$　　　　(2)　$\begin{cases} x=a\cos^3 t \\ y=a\sin^3 t \end{cases}$　$(a>0,\ 0\leqq t\leqq 2\pi)$

■ 第4章　章末問題

▶解答は p.217

1 関数 $y=f(x)$ のグラフ C が

$$(x,\ y)=(\sin t,\ t\cos t),\ \left(0\leq t\leq\frac{\pi}{2}\right)$$

と表されるとする。$t=\dfrac{\pi}{4}$ のときの C 上の点を P$(x_0,\ y_0)$ とおく。次の問いに答えよ。

(1) $f'(x_0)$ を計算し，点 P における C の接線の方程式を求めよ。

(2) $f''(x_0)$ を計算せよ。

(3) 曲線 C と x 軸とが囲む部分の面積を求めよ。　　　　　　〈電気通信大学〉

2 関数 $f(x)=e^{\frac{x}{2}}\sin\dfrac{\sqrt{3}}{2}x$ について，以下の設問に答えよ。

(1) 第 n 次導関数 $f^{(n)}(x)$ を求めよ。

(2) 関数 $f(x)$ の原始関数を1つ答えよ。

(3) $x\leq 0$ において，曲線 $y=f(x)$ と x 軸で囲まれた領域の面積が有限か否か，理由をつけて答えよ。　　　　　〈筑波大学－第三学群・工学システム学類〉

3 以下の問いに答えよ。

(1) $(x-a)^2+y^2=r^2$ で与えられる図形の概形を描け（$a>r>0$）。

(2) この図形を y 軸のまわりに回転して得られるドーナツ型の回転体（トーラス）の体積 V を求めよ。　　　　　〈筑波大学－第三学群・工学基礎学類〉

4 $0\leq x\leq\dfrac{\pi}{3}$ で定義された2つの関数

$$f(x)=-\log(\cos x),\ g(x)=\log\left(\frac{\cos\dfrac{x}{2}+\sin\dfrac{x}{2}}{\cos\dfrac{x}{2}-\sin\dfrac{x}{2}}\right)$$

に対して，以下の問いに答えよ。

(1) $g(x)$ の導関数 $g'(x)$ を $\cos x$ を用いて表せ。

(2) 曲線 $y=f(x)$ $\left(0\leq x\leq\dfrac{\pi}{3}\right)$ の長さを求めよ。　　　　〈九州大学－芸術工学部〉

5 球 $x^2+y^2+z^2\leq a^2$ の体積および表面積を積分を使って求めよ。ただし，$a>0$ とする。　　　　　　　　　　　　　　　　　　　　　　〈九州大学－芸術工学部〉

第 5 章

級　　数

■■■ 要　項 ■■■

5.1　級　数

級数 $\sum\limits_{n=1}^{\infty} a_n = a_1 + a_2 + \cdots + a_n + \cdots$ に対して，部分和 $\sum\limits_{k=1}^{n} a_k = a_1 + a_2 + \cdots + a_n$ が収束するとき，級数は**収束**するといい，そうでないとき，級数は**発散**するという。級数が収束するとき，部分和の極限値を級数の**和**という。

5.2　ゼータ級数

[公式]　**ゼータ級数**：$\sum\limits_{n=1}^{\infty} \dfrac{1}{n^p} = \dfrac{1}{1^p} + \dfrac{1}{2^p} + \dfrac{1}{3^p} + \cdots + \dfrac{1}{n^p} + \cdots$ （$p>0$）について，

（i）　$p>1$ ならば収束する。　　　　　　　（ii）　$p \leq 1$ ならば発散する。

　（注）　特に，$p=1$ のときは**調和級数**と呼ばれ，調和級数は発散する。

▶アドバイス◀
収束・発散が既知の正項級数としてこのゼータ級数は重要である。

5.3　正項級数の収束判定

すべての n で $a_n > 0$ である級数 $\sum\limits_{n=1}^{\infty} a_n$ を**正項級数**という。正項級数については以下に示す**収束発散の判定法**が重要である。

[定理]　（比較判定法）

(1)　$a_n \leq b_n$（$n=1, 2, \cdots$）かつ $\sum\limits_{n=1}^{\infty} b_n$ が収束するならば，$\sum\limits_{n=1}^{\infty} a_n$ は収束する。

(2)　$b_n \leq a_n$（$n=1, 2, \cdots$）かつ $\sum\limits_{n=1}^{\infty} b_n$ が発散するならば，$\sum\limits_{n=1}^{\infty} a_n$ は発散する。

　（注）　この判定では，収束・発散が既知の正項級数 $\sum\limits_{n=1}^{\infty} b_n$ を基準にして判定している。

41

[定理]（ダランベールの判定法）

（ⅰ）　$\lim_{n\to\infty}\dfrac{a_{n+1}}{a_n}<1$ ならば，収束する。

（ⅱ）　$\lim_{n\to\infty}\dfrac{a_{n+1}}{a_n}>1$ ならば，発散する。

　（注）　$\lim_{n\to\infty}\dfrac{a_{n+1}}{a_n}=1$ のときは，この方法では判定不能。

[定理]（コーシーの判定法）

（ⅰ）　$\lim_{n\to\infty}\sqrt[n]{a_n}<1$ ならば，収束する。

（ⅱ）　$\lim_{n\to\infty}\sqrt[n]{a_n}>1$ ならば，発散する。

　（注）　$\lim_{n\to\infty}\sqrt[n]{a_n}=1$ のときは，　この方法では判定不能。

5.4　交代級数の収束判定

　正項数列 $\{a_n\}$ に対して，級数 $\sum_{n=1}^{\infty}(-1)^{n-1}a_n$ を**交代級数**という。

[定理]（ライプニッツの定理）

　交代級数 $\sum_{n=1}^{\infty}(-1)^{n-1}a_n$ は，$\{a_n\}$ が単調減少 かつ $\lim_{n\to\infty}a_n=0$ ならば，収束する。

> ▶アドバイス◀
> 　ライプニッツの定理は交代級数の収束発散の判定法である。交代級数の収束発散の判定は整級数の収束域の判断でしばしば重要となる。

5.5　絶対収束

　級数 $\sum_{n=1}^{\infty}a_n$ において，$\sum_{n=1}^{\infty}|a_n|$ が収束するとき，$\sum_{n=1}^{\infty}a_n$ は**絶対収束**するという。

[定理]　絶対収束する級数は，収束する。

5.6　整級数

$$\sum_{n=0}^{\infty}a_nx^n=a_0+a_1x+a_2x^2+\cdots+a_nx^n+\cdots$$

を x の**整級数**または**ベキ級数**という。

[定理]　整級数 $\sum\limits_{n=0}^{\infty} a_n x^n$ に対して，次のような r $(0 \leqq r \leqq \infty)$ が存在する。

$$\sum_{n=0}^{\infty} a_n x^n \text{ は，} |x| < r \text{ のとき絶対収束し，} |x| > r \text{ のとき発散する。}$$

　このような r を整級数 $\sum\limits_{n=0}^{\infty} a_n x^n$ の**収束半径**という。また，整級数 $\sum\limits_{n=0}^{\infty} a_n x^n$ が収束する x の範囲を**収束域**という。

■収束半径の求め方■

　級数 $\sum\limits_{n=0}^{\infty} a_n x^n$ の収束半径と正項級数 $\sum\limits_{n=0}^{\infty} |a_n x^n|$ の "収束半径" とは一致する。したがって，$\sum\limits_{n=0}^{\infty} a_n x^n$ の収束半径を調べるには，正項級数 $\sum\limits_{n=0}^{\infty} |a_n x^n|$ に，**ダランベールの判定法**あるいは**コーシーの判定法**を用いればよい。

5. 7　テーラー展開・マクローリン展開 ────────────

テーラー展開：

$$f(x) = f(a) + f'(a)(x-a) + \frac{f''(a)}{2!}(x-a)^2 + \cdots + \frac{f^{(n)}(a)}{n!}(x-a)^n + \cdots$$

マクローリン展開：

$$f(x) = f(0) + f'(0)x + \frac{f''(0)}{2!}x^2 + \cdots + \frac{f^{(n)}(0)}{n!}x^n + \cdots$$

　（注）　テーラー展開もマクローリン展開も $f(x)$ に対して**ただ一通り**に定まる。

5. 8　項別微分・項別積分 ────────────

[定理]　（項別微分・項別積分）

　$f(x) = \sum\limits_{n=0}^{\infty} a_n x^n$ のとき，収束半径の内部 $(|x| < r)$ において次が成り立つ。

項別微分：$f'(x) = \sum\limits_{n=1}^{\infty} n a_n x^{n-1}$　　　　項別積分：$\displaystyle\int_0^x f(t)\,dt = \sum_{n=0}^{\infty} \frac{a_n}{n+1} x^{n+1}$

■ 知っておこう！　数列の基本事項と無限等比級数

[公式]　初項 a，公差 d の**等差数列**において

① $a_n = a + (n-1)d$

② $S_n = \dfrac{n}{2}(a_1 + a_n) = \dfrac{n}{2}\{2a + (n-1)d\}$

[公式]　初項 a，公比 r の**等比数列**において

① $a_n = a \cdot r^{n-1}$

② $S_n = \begin{cases} \dfrac{a(1-r^n)}{1-r} & (r \neq 1) \\[2mm] na & (r=1) \end{cases}$

[公式]　（シグマの公式）

① $\displaystyle\sum_{k=1}^{n} k = \dfrac{1}{2}n(n+1)$

② $\displaystyle\sum_{k=1}^{n} k^2 = \dfrac{1}{6}n(n+1)(2n+1)$

③ $\displaystyle\sum_{k=1}^{n} k^3 = \left\{\dfrac{1}{2}n(n+1)\right\}^2$

[公式]　（階差数列）

数列 $\{a_n\}$ の**階差数列**を $\{b_n\}$ とするとき，$a_n = a_1 + \displaystyle\sum_{k=1}^{n-1} b_k$　$(n \geqq 2)$

[公式]　（無限等比級数）

無限等比級数：$a + ar + ar^2 + \cdots + ar^{n-1} + \cdots$　$(a \neq 0)$ について

$-1 < r < 1$ のときに収束して，和は $\dfrac{a}{1-r}$

▶アドバイス◀
無限等比級数の公式はマクローリン展開でしばしば活躍する。

（例）　$\dfrac{1}{1+x}$ のマクローリン展開：

$\dfrac{1}{1+x} = \dfrac{1}{1-(-x)}$　← 初項 1，公比 $-x$ の無限等比級数の和

$= 1 - x + x^2 - x^3 + \cdots + (-1)^{n-1}x^{n-1} + \cdots$　（ただし，$-1 < x < 1$）

さらにこれを**項別積分**すれば次のマクローリン展開も得られる。

$\log(1+x) = x - \dfrac{1}{2}x^2 + \dfrac{1}{3}x^3 - \dfrac{1}{4}x^4 + \cdots + (-1)^{n-1}\dfrac{1}{n}x^n + \cdots$

例題 5 − 1 （級数と部分和）

次の級数は収束するか。収束するときはその和を求めよ。

(1) $\displaystyle\sum_{n=1}^{\infty}\frac{1}{4n^2-1}$　　　　　　(2) $\displaystyle\sum_{n=1}^{\infty}\frac{n+1}{2^n}$

解説 級数 $\displaystyle\sum_{n=1}^{\infty}a_n=a_1+a_2+\cdots+a_n+\cdots$ に対して $\displaystyle\sum_{k=1}^{n}a_k=a_1+a_2+\cdots+a_n$ を
その**部分和**という。部分和が収束するとき級数は**収束**するといい，そうでない
とき**発散**するという。まず部分和を考えることが級数の基本であり，和の計算
が重要である。

解答 (1) 部分和を S_n とする。

$$S_n=\sum_{k=1}^{n}\frac{1}{(2k+1)(2k-1)}=\frac{1}{2}\sum_{k=1}^{n}\left(\frac{1}{2k-1}-\frac{1}{2k+1}\right)$$

$$=\frac{1}{2}\left(1-\frac{1}{2n+1}\right)$$ ← 分数式の和の計算方法

よって，収束して和は $\dfrac{1}{2}$ ……〔答〕

(2) 部分和を S_n とする。

$$S_n=2\left(\frac{1}{2}\right)+3\left(\frac{1}{2}\right)^2+\cdots+(n+1)\left(\frac{1}{2}\right)^n \quad\cdots\cdots①$$

$$\frac{1}{2}S_n=\qquad 2\left(\frac{1}{2}\right)^2+\cdots\cdots+n\left(\frac{1}{2}\right)^n+(n+1)\left(\frac{1}{2}\right)^{n+1}\quad\cdots\cdots②$$

①−② より，　← $S-rS$ 法

$$\frac{1}{2}S_n=2\left(\frac{1}{2}\right)+\left(\frac{1}{2}\right)^2+\cdots+\left(\frac{1}{2}\right)^n-(n+1)\left(\frac{1}{2}\right)^{n+1}$$

$$=\frac{1}{2}+\frac{\frac{1}{2}\left\{1-\left(\frac{1}{2}\right)^n\right\}}{1-\frac{1}{2}}-(n+1)\left(\frac{1}{2}\right)^{n+1}$$

$$\therefore\quad S_n=3-2\left(\frac{1}{2}\right)^n-\frac{n+1}{2^n}\qquad よって，収束して和は 3 \quad\cdots\cdots〔答〕$$

類題 5 − 1 　解答は **p. 219**

次の級数は収束するか。収束するときはその和を求めよ。

(1) $\displaystyle\sum_{n=1}^{\infty}\frac{1}{n^2+4n+3}$　　　　　　(2) $\displaystyle\sum_{n=1}^{\infty}nr^{n-1}\quad(-1<r<1)$

― 例題 5 − 2 （正項級数の収束・発散の判定①） ―――――

次の級数の収束・発散を調べよ。

(1) $\displaystyle\sum_{n=1}^{\infty}\frac{1}{n^2+1}$ 　　　　　(2) $\displaystyle\sum_{n=1}^{\infty}\frac{n+1}{n^2}$

[解説] 級数の和を求めることは一般には困難である。そのような場合でも収束するか発散するかだけなら判断できることは多い。まずは**正項級数**の収束・発散を調べる。収束・発散の判定における最初の方法は**収束・発散が既知の級数との比較による判定（比較判定法）**である。収束・発散が既知の級数のうち特に重要なものが**ゼータ級数**である。

> **ゼータ級数**： $\displaystyle\sum_{n=1}^{\infty}\frac{1}{n^p}=\frac{1}{1^p}+\frac{1}{2^p}+\frac{1}{3^p}+\cdots+\frac{1}{n^p}+\cdots$ （$p>0$）について，
> 　（ⅰ）$p>1$ ならば収束する。　　　（ⅱ）$p\leqq1$ ならば発散する。
> 特に，$p=1$ のときは調和級数と呼ばれ，これは発散する級数である。
> **調和級数**： $\displaystyle\sum_{n=1}^{\infty}\frac{1}{n}=1+\frac{1}{2}+\frac{1}{3}+\cdots+\frac{1}{n}+\cdots$

[解答] (1) $\dfrac{1}{n^2+1}<\dfrac{1}{n^2}$ であり，$\displaystyle\sum_{n=1}^{\infty}\frac{1}{n^2}$ は収束する。

したがって，$\displaystyle\sum_{n=1}^{\infty}\frac{1}{n^2+1}$ は収束する。　……〔答〕　← $\displaystyle\sum_{n=1}^{\infty}\frac{1}{n^2+1}\leqq\sum_{n=1}^{\infty}\frac{1}{n^2}$

(2) $\dfrac{n+1}{n^2}>\dfrac{n}{n^2}=\dfrac{1}{n}$ であり，$\displaystyle\sum_{n=1}^{\infty}\frac{1}{n}$ は発散する。

したがって，$\displaystyle\sum_{n=1}^{\infty}\frac{n+1}{n^2}$ は発散する。　……〔答〕　← $\displaystyle\sum_{n=1}^{\infty}\frac{n+1}{n^2}\geqq\sum_{n=1}^{\infty}\frac{1}{n}$

（**参考**） 比較判定法のアイデアは広義積分の収束・発散の判定においてもそのまま用いられる。

―――― **類題 5 − 2** ―――――――――――――――――――――― 解答は p. 219

次の級数の収束・発散を調べよ。

(1) $\displaystyle\sum_{n=1}^{\infty}\frac{1}{\sqrt{n}+1}$ 　　　　　(2) $\displaystyle\sum_{n=1}^{\infty}\frac{n}{n^3+1}$

━━ 例題 5 − 3 （正項級数の収束・発散の判定②）━━━━━━━━

　次の級数の収束・発散を調べよ。

(1) $\displaystyle\sum_{n=1}^{\infty}\frac{1}{n!}$　　　　　　(2) $\displaystyle\sum_{n=1}^{\infty}\left(1+\frac{1}{n}\right)^{n^2}$

[解説]　比較判定法が**収束・発散が既知の級数**を前提とする判定法であったのに対し，他の級数を前提としない判定法がいろいろ知られている。正項級数の収束・発散の判定法で特に有名なものに**ダランベールの判定法**と**コーシーの判定法**がある。

　ダランベールの判定法：$\displaystyle\lim_{n\to\infty}\frac{a_{n+1}}{a_n}$ が 1 より大か小かをチェックする。

　コーシーの判定法：$\displaystyle\lim_{n\to\infty}\sqrt[n]{a_n}$ が 1 より大か小かをチェックする。

　（注）　いずれの判定法も極限が 1 になった場合はこの判定法では判定不能。

[解答]　(1)　$a_n=\dfrac{1}{n!}$ とおく。

$$\lim_{n\to\infty}\frac{a_{n+1}}{a_n}=\lim_{n\to\infty}\frac{1}{(n+1)!}\cdot\frac{n!}{1}=\lim_{n\to\infty}\frac{1}{n+1}=0<1$$

　ダランベールの判定法により，正項級数 $\displaystyle\sum_{n=1}^{\infty}\frac{1}{n!}$ は収束する。　……〔答〕

(2)　$a_n=\left(1+\dfrac{1}{n}\right)^{n^2}$ とおく。

$$\lim_{n\to\infty}\sqrt[n]{a_n}=\lim_{n\to\infty}(a_n)^{\frac{1}{n}}=\lim_{n\to\infty}\left\{\left(1+\frac{1}{n}\right)^{n^2}\right\}^{\frac{1}{n}}=\lim_{n\to\infty}\left(1+\frac{1}{n}\right)^{n}=e>1$$

コーシーの判定法により，正項級数 $\displaystyle\sum_{n=1}^{\infty}\left(1+\frac{1}{n}\right)^{n^2}$ は発散する。　……〔答〕

　（注）　この場合，$\displaystyle\lim_{n\to\infty}a_n\neq0$ であるから，級数は明らかに発散する。

////////// 類題 5 − 3 // 解答は p. 220

　次の級数の収束・発散を調べよ。

(1) $\displaystyle\sum_{n=1}^{\infty}\frac{1\cdot2\cdot3\cdots\cdots n}{1\cdot3\cdot5\cdots\cdots(2n-1)}$　　　　(2) $\displaystyle\sum_{n=1}^{\infty}\left(1-\frac{1}{n}\right)^{n^2}$

┌─── 例題 5 − 4 （整級数の収束半径）─────────

 次の整級数の収束半径を求めよ。

(1) $\sum_{n=0}^{\infty} \dfrac{(-1)^n}{3^n} x^n$　　　　　(2) $\sum_{n=1}^{\infty} \left(-\dfrac{2n}{n+1}\right)^n x^n$
└──────────────────────────────

[解説]　正項級数における収束・発散の判定法を応用して，整級数の収束半径を求める。その際，次の事実に注意する。

> 整級数 $\sum_{n=0}^{\infty} a_n x^n$ に対して，次のような r $(0 \leqq r \leqq \infty)$ が存在する。
> $|x| < r$ のとき絶対収束し，$|x| > r$ のとき発散する。

よって，収束半径を求めるには，正項級数 $\sum_{n=0}^{\infty} |a_n x^n|$ の収束・発散を調べればよい。

[解答]　(1)　$u_n = \left| \dfrac{(-1)^n}{3^n} x^n \right| = \dfrac{|x|^n}{3^n}$ とおく。

$\displaystyle \lim_{n \to \infty} \dfrac{u_{n+1}}{u_n} = \lim_{n \to \infty} \dfrac{|x|^{n+1}}{3^{n+1}} \dfrac{3^n}{|x|^n} = \lim_{n \to \infty} \dfrac{|x|}{3} = \dfrac{|x|}{3}$　　$\dfrac{|x|}{3} = 1$ とすると $|x| = 3$

よって，**ダランベールの判定法**より，$\sum_{n=0}^{\infty} \dfrac{(-1)^n}{3^n} x^n$ の収束半径は 3 ……〔答〕

(2)　$u_n = \left| \left(-\dfrac{2n}{n+1}\right)^n x^n \right| = \left(\dfrac{2n}{n+1}\right)^n |x|^n$ とおく。

$\displaystyle \lim_{n \to \infty} \sqrt[n]{u_n} = \lim_{n \to \infty} \dfrac{2n}{n+1} |x| = \lim_{n \to \infty} \dfrac{2}{1 + \dfrac{1}{n}} |x| = 2|x|$

$2|x| = 1$ とすると $|x| = \dfrac{1}{2}$

よって，**コーシーの判定法**より，$\sum_{n=1}^{\infty} \left(-\dfrac{2n}{n+1}\right)^n x^n$ の収束半径は $\dfrac{1}{2}$……〔答〕

////// 類題 5 − 4 ///////////////////////////// 解答は **p. 220**

次の整級数の収束半径を求めよ。

(1) $\sum_{n=0}^{\infty} \dfrac{(n+1)^n}{n!} x^n$　　　　(2) $\sum_{n=1}^{\infty} \dfrac{1}{(n+1) \cdot 2^n} x^{2n-1}$

例題5 - 5 （整級数の収束域）

次の整級数の収束域を求めよ。

$$\sum_{n=0}^{\infty} \frac{1}{\sqrt{n+1}} x^n$$

[解説]　整級数の収束域を求めるには，まず収束半径 r を求め，次に $x=r$ および $x=-r$ における収束・発散を調べる。その際，以下に示す**交代級数**に関する**ライプニッツの定理**がしばしば用いられる。

交代級数 $\sum_{n=1}^{\infty} (-1)^{n-1} a_n$ は，$\{a_n\}$ が単調に減少して $\lim_{n \to \infty} a_n = 0$ ならば，収束する。

[解答]　まず，与えられた級数の収束半径を求める。

$u_n = \left| \dfrac{1}{\sqrt{n+1}} x^n \right| = \dfrac{1}{\sqrt{n+1}} |x|^n$ とおく。

$$\lim_{n \to \infty} \frac{u_{n+1}}{u_n} = \lim_{n \to \infty} \frac{|x|^{n+1}}{\sqrt{n+2}} \frac{\sqrt{n+1}}{|x|^n} = \lim_{n \to \infty} \sqrt{\frac{n+1}{n+2}} |x| = |x|$$

よって，収束半径は 1

次に，$x=1$ および $x=-1$ における収束・発散を調べる。

（ i ）　$x=1$ のとき；

$$\sum_{n=0}^{\infty} \frac{1}{\sqrt{n+1}} x^n = \sum_{n=0}^{\infty} \frac{1}{\sqrt{n+1}} = \sum_{n=1}^{\infty} \frac{1}{\sqrt{n}} = \sum_{n=1}^{\infty} \frac{1}{n^{\frac{1}{2}}}$$

これは**ゼータ級数**で $p = \dfrac{1}{2} \leqq 1$ の場合だから発散する。

（ ii ）　$x=-1$ のとき；

$$\sum_{n=0}^{\infty} \frac{1}{\sqrt{n+1}} x^n = \sum_{n=0}^{\infty} \frac{1}{\sqrt{n+1}} (-1)^n$$

これは交代級数で**ライプニッツの定理**により収束する。

以上より，求める収束域は，$-1 \leqq x < 1$　……〔答〕

類題5 - 5　　　　　　　　　　　　　　　　　　　　　　　　　　　　　　　解答は p. 220

次の整級数の収束域を求めよ。

$$\sum_{n=0}^{\infty} (\sqrt{n+1} - \sqrt{n}) x^n$$

┌─ 例題 5 − 6 （マクローリン展開①） ──────────

次の関数のマクローリン展開を求めよ。

(1) $f(x) = \log(1+x)$ (2) $f(x) = \dfrac{1}{1+x^2}$

└──────────────────────────────────

解説 関数 $f(x)$ の**マクローリン展開**は次のような形である。

$$f(x) = f(0) + f'(0)x + \frac{f''(0)}{2!}x^2 + \cdots + \frac{f^{(n)}(0)}{n!}x^n + \cdots$$

マクローリン展開を求めるには $f(x)$ の n 次導関数が分かればよいが，関数 $f(x)$ の整級数展開はマクローリン展開ただ一通りであることに注意すれば $f(x)$ の**整級数展開**が求まればそれがマクローリン展開であると断定してよい。

解答 (1) $f(x) = \log(1+x)$ より，

$$f'(x) = \frac{1}{1+x}, \quad f''(x) = -\frac{1}{(1+x)^2}, \quad f'''(x) = \frac{1\cdot 2}{(1+x)^3}, \quad \cdots,$$

$$f^{(n)}(x) = (-1)^{n-1}\frac{(n-1)!}{(1+x)^n} \quad \text{←} n \text{ 次導関数を計算}$$

よって，$f(x) = x - \dfrac{1}{2}x^2 + \dfrac{1}{3}x^3 + \cdots + (-1)^{n-1}\dfrac{1}{n}x^n + \cdots$　……〔答〕

(2) 無限等比級数の和の公式に注意すると，

$$f(x) = \frac{1}{1+x^2} = \frac{1}{1-(-x^2)} = 1 + (-x^2) + (-x^2)^2 + \cdots + (-x^2)^{n-1} + \cdots$$

$$= 1 - x^2 + x^4 + \cdots + (-1)^{n-1}x^{2n-2} + \cdots \quad ……〔答〕$$

（注 1） この整級数の収束域は**無限等比級数の収束条件**より $-1 < x < 1$

（注 2） $\dfrac{1}{1+x^2} = 1 - x^2 + x^4 + \cdots + (-1)^{n-1}x^{2n-2} + \cdots$ を**項別積分**することにより，

$$\tan^{-1}x = x - \frac{x^3}{3} + \frac{x^5}{5} + \cdots + (-1)^{n-1}\frac{x^{2n-1}}{2n-1} + \cdots \quad (\text{注}) \quad \tan^{-1}0 = 0$$

〜〜〜 **類題 5 − 6** 〜〜〜〜〜〜〜〜〜〜〜〜〜〜〜〜〜〜〜〜〜〜〜〜〜 解答は **p. 220**

次の関数 $f(x)$ のマクローリン展開を求めよ。

(1) $f(x) = \sin^2 x$ (2) $f(x) = \log\dfrac{1+x}{1-x}$

─── 例題 5 － 7 （マクローリン展開②）───────────

(1)　関数 e^x，$\sin x$ をそれぞれ 3 次の項までマクローリン展開せよ。

(2)　次の極限を求めよ。

$$\lim_{x \to 0} \frac{e^x - e^{-x}}{\sin x}$$

[解説]　マクローリン展開を**関数の極限値**を求めるのに利用することは常套手段である。関数の極限値の計算ではロピタルの定理とマクローリン展開を自由に使えるようにしておこう。

[解答]　(1)　$(e^x)^{(n)} = e^x$ より，　　←e^x は微分しても e^x のまま

$e^x = 1 + x + \dfrac{1}{2!}x^2 + \dfrac{1}{3!}x^3 + \cdots$　……〔答〕

$(\sin x)' = \cos x$，$(\sin x)'' = -\sin x$，$(\sin x)''' = -\cos x$ より，

$\sin x = x - \dfrac{1}{6}x^3 + \cdots$　……〔答〕

(2)　(1)の結果より，

$\displaystyle\lim_{x \to 0} \frac{e^x - e^{-x}}{\sin x}$　←それぞれの関数をそのマクローリン展開に置き換える。

$$= \lim_{x \to 0} \frac{\left(1 + x + \dfrac{1}{2!}x^2 + \dfrac{1}{3!}x^3 + \cdots\right) - \left(1 - x + \dfrac{1}{2!}x^2 - \dfrac{1}{3!}x^3 + \cdots\right)}{x - \dfrac{1}{6}x^3 + \cdots\cdots}$$

$$= \lim_{x \to 0} \frac{2x + \dfrac{2}{3!}x^3 + \cdots}{x - \dfrac{1}{6}x^3 + \cdots} = \lim_{x \to 0} \frac{2 + \dfrac{2}{3!}x^2 + \cdots}{1 - \dfrac{1}{6}x^2 + \cdots} = 2$$　……〔答〕

━━━ 類題 5 － 7 ━━━━━━━━━━━━━━━━━━━━━━━━━━━　解答は **p. 221**

(1)　関数 $x\cos x$，$\log(1 + 3x)$ をそれぞれ 3 次の項までマクローリン展開せよ。

(2)　次の極限を求めよ。

$$\lim_{x \to 0} \left\{ \frac{1}{\log(1 + 3x)} - \frac{1}{3x\cos x} \right\}$$

■ 第 5 章　章末問題　　　　　　　▶解答は p. 221

1 次の無限級数の第 N 項までの部分和 $S_N = \sum_{n=1}^{N} u_n$ を求めよ。また，$\lim_{N \to \infty} S_N = S$ として無限級数の和 S を求めよ。

(1) $\displaystyle\sum_{n=1}^{\infty} u_n = \sum_{n=1}^{\infty} \frac{1}{n(n+1)(n+3)}$

$\qquad = \dfrac{1}{1 \cdot 2 \cdot 4} + \dfrac{1}{2 \cdot 3 \cdot 5} + \dfrac{1}{3 \cdot 4 \cdot 6} + \dfrac{1}{4 \cdot 5 \cdot 7} + \cdots + \dfrac{1}{n(n+1)(n+3)} + \cdots$

(2) $\displaystyle\sum_{n=1}^{\infty} u_n = \sum_{n=1}^{\infty} (n+2) r^n = 3r + 4r^2 + 5r^3 + 6r^4 + \cdots + (n+2) r^n + \cdots$

$\qquad$ ただし，$|r| < 1$ とする。必要ならば，$\lim_{n \to \infty} nr^n = 0$ なる関係を用いてもよい。

$\langle$大阪大学－工学部$\rangle$

2 べき級数 $\displaystyle\sum_{n=1}^{\infty} \frac{(-1)^n x^n}{2^n \sqrt{n}}$ が収束する x の範囲を求めよ。　　$\langle$関西大学－工学部$\rangle$

3 関数 $f(x) = \sqrt{1+x}$，$|x| < 1$ とするとき，次の各問に答えよ。

(1) n 次導関数 $f^{(n)}(x)$，$n \geqq 1$ を求めよ。

(2) $f(x)$ のマクローリン（Maclaurin）展開を求めよ。

(3) (2)を利用して，$\sqrt{101}$ を小数第 5 位まで求めよ。　　$\langle$神戸大学－工学部$\rangle$

4 (1) 関数 $f(x) = x \cos x$ のマクローリン展開を x^3 の項まで求めよ。

(2) 関数 $g(x) = \log(1+x)$ のマクローリン展開を x^3 の項まで求めよ。

(3) 次の極限値を求めよ。

$\qquad \displaystyle\lim_{x \to 0} \frac{x \cos x - \log(1+x)}{x \sin x}, \quad \lim_{x \to 0} \frac{x \log(1+x)}{e^{x^2} - 1}$

$\langle$電気通信大学$\rangle$

第6章

偏　微　分

⟹ 要　項 ⟹

6.1　偏微分

偏導関数の定義　$f_x(x,\ y)=\displaystyle\lim_{h\to 0}\frac{f(x+h,\ y)-f(x,\ y)}{h}$

$f_x(x,\ y),\ \dfrac{\partial f}{\partial x},\ \dfrac{\partial}{\partial x}f(x,\ y)$ などと表す。$f_y(x,\ y)$ についても同様。

（注）　**偏導関数の図形的意味**

$f_x(x,\ y),\ f_y(x,\ y)$ はそれぞれ，x 軸方向，y 軸方向に沿っての接線の傾きを表している。

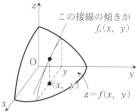

2次偏導関数　$\dfrac{\partial}{\partial x}\left(\dfrac{\partial f}{\partial x}\right),\ \dfrac{\partial}{\partial y}\left(\dfrac{\partial f}{\partial x}\right),\ \dfrac{\partial}{\partial x}\left(\dfrac{\partial f}{\partial y}\right),\ \dfrac{\partial}{\partial y}\left(\dfrac{\partial f}{\partial y}\right)$ は，それぞれ，

$\dfrac{\partial^2 f}{\partial x^2},\ \dfrac{\partial^2 f}{\partial y\partial x},\ \dfrac{\partial^2 f}{\partial x\partial y},\ \dfrac{\partial^2 f}{\partial y^2}$ あるいは $f_{xx},\ f_{xy},\ f_{yx},\ f_{yy}$

などと表される。

［定理］　$f_{xy},\ f_{yx}$ がともに連続ならば，$f_{xy}=f_{yx}$

6.2　接平面の方程式

［公式］　（接平面の方程式①）

曲面 $z=f(x,\ y)$ の $(x,\ y)=(a,\ b)$ における接平面の方程式は，

$z-f(a,\ b)=f_x(a,\ b)(x-a)+f_y(a,\ b)(y-b)$

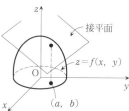

（参考）　1変数関数の接線の方程式と比較してしっかりと理解しよう。

曲線 $y=f(x)$ の $x=a$ における接線の方程式は，

$y-f(a)=f'(a)(x-a)$

[公式]　（接平面の方程式②）

　曲面 $F(x,\ y,\ z)=0$ の $(a,\ b,\ c)$ における接平面の方程式は，

　　$F_x(a,\ b,\ c)(x-a)+F_y(a,\ b,\ c)(y-b)+F_z(a,\ b,\ c)(z-c)=0$

　（注） $(F_x,\ F_y,\ F_z)$ は，$F(x,\ y,\ z)=0$ の接平面の法線ベクトルを表している。

> ▶アドバイス◀
> 　接平面の理解のためには空間における直線の方程式，平面の方程式の基礎知識が必要である。下の解説を参照。

全微分　$(x,\ y)=(a,\ b)$ で $z=f(x,\ y)$ の接平面が定まるとき，$z=f(x,\ y)$ は $(a,\ b)$ で**全微分可能**であるといい，$f(x,\ y)$ が $(a,\ b)$ で全微分可能であるとき，

$$df=f_x(a,\ b)dx+f_y(a,\ b)dy$$

と表し，これを f の**全微分**という。

[定理]　$f_x,\ f_y$ がともに存在して連続ならば，$f(x,\ y)$ は全微分可能である。

■ 知っておこう！　空間図形の方程式

◇直線の方程式◇

　点 $\mathrm{A}(x_0,\ y_0,\ z_0)$ を通り，$\vec{l}=(a,\ b,\ c)$ に平行な直線を l とする。

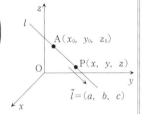

$$\overrightarrow{\mathrm{OP}}=\overrightarrow{\mathrm{OA}}+t\vec{l} \qquad \therefore\ \begin{pmatrix} x \\ y \\ z \end{pmatrix}=\begin{pmatrix} x_0 \\ y_0 \\ z_0 \end{pmatrix}+t\begin{pmatrix} a \\ b \\ c \end{pmatrix}$$

$$\therefore\ \frac{x-x_0}{a}=\frac{y-y_0}{b}=\frac{z-z_0}{c}$$

　　　（ただし，分母が 0 のとき分子も 0 と約束）

◇平面の方程式◇

　点 $\mathrm{A}(x_0,\ y_0,\ z_0)$ を通り，$\vec{n}=(a,\ b,\ c)$ に垂直な平面を α とする。

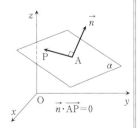

　　$\vec{n}\cdot\overrightarrow{\mathrm{AP}}=0$

　$\therefore\ a(x-x_0)+b(y-y_0)+c(z-z_0)=0$

　$\therefore\ ax+by+cz+d=0$

6.3 2変数関数の合成関数の微分（チェイン・ルール）

[定理]（チェイン・ルール）

(1) $z=f(x, y)$ が全微分可能で，x，y がともに t の関数で微分可能ならば，

$$\frac{dz}{dt}=\frac{\partial z}{\partial x}\frac{dx}{dt}+\frac{\partial z}{\partial y}\frac{dy}{dt}$$

(2) $z=f(x, y)$ が全微分可能で，x，y がともに u，v の関数で偏微分可能ならば，

$$\frac{\partial z}{\partial u}=\frac{\partial z}{\partial x}\frac{\partial x}{\partial u}+\frac{\partial z}{\partial y}\frac{\partial y}{\partial u}, \quad \frac{\partial z}{\partial v}=\frac{\partial z}{\partial x}\frac{\partial x}{\partial v}+\frac{\partial z}{\partial y}\frac{\partial y}{\partial v}$$

▶アドバイス◀
　　チェイン・ルールは非常に大切である。簡単そうだが正確に使いこなすのは意外と難しい。完全に使えるようにしておこう。

6.4 2変数関数の極値

2変数関数の極値　関数 $f(x, y)$ を点 (a, b) の十分近くで考えたとき，点 (a, b) 以外のすべての点 (x, y) に対して，

　　　　$f(a, b)>f(x, y)$ ならば，$f(x, y)$ は点 (a, b) で**極大**

　　　　$f(a, b)<f(x, y)$ ならば，$f(x, y)$ は点 (a, b) で**極小**

であるという。

　　このときの $f(a, b)$ の値をそれぞれ**極大値**，**極小値**といい，2つをまとめていう場合は単に**極値**という。

[定理]（極値をとる必要条件）

　　$f(x, y)$ が点 (a, b) で極値をとるならば，

　　　　$f_x(a, b)=0$ かつ $f_y(a, b)=0$

　　（**注**）　$f_x(a, b)=0$ かつ $f_y(a, b)=0$ となる点 (a, b) を**停留点**という。

極大

水平なところ

極小

[定理]（極値の判定）

　　$f(x, y)$ は連続な2次偏導関数をもち，

　　　　$f_x(a, b)=0$ かつ $f_y(a, b)=0$

であるとする。（すなわち，(a, b) が停留点。）

$H(a, b)\equiv f_{xx}(a, b)\cdot f_{yy}(a, b)-\{f_{xy}(a, b)\}^2$ とするとき，次が成り立つ。

（ⅰ）　$H(a, b)>0$　のとき

　　①　$f_{xx}(a, b)>0$ ならば，$f(a, b)$ は極小値

　　②　$f_{xx}(a, b)<0$ ならば，$f(a, b)$ は極大値

（ⅱ）　$H(a, b)<0$ のとき

　　$f(a, b)$ は極値でない。

（ⅲ）　$H(a, b)=0$ のとき

　　これだけでは $f(a, b)$ は極値かどうか判定不能。

（注）　$H(x, y) \equiv f_{xx} \cdot f_{yy} - (f_{xy})^2 = \begin{vmatrix} f_{xx} & f_{xy} \\ f_{yx} & f_{yy} \end{vmatrix}$ を**ヘッシアン**という。

■ しっかりと理解しよう！　　f_{xx}, f_{yy} の意味

　1変数関数 $f(x)$ において2次導関数 $f''(x)$ の符号はグラフの凹凸に関係していたことを思い出そう。

　　$f''(x)>0$ であればグラフは下に凸，

　　$f''(x)<0$ であればグラフは上に凸

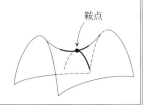

$y=f(x)$　下に凸

$f'(x)$ が増加 $\Rightarrow$ $f''(x)>0$

である。

　同様に，f_{xx} の符号は x 軸方向に沿って曲面を触った場合の曲面の凹凸を表し，f_{yy} の符号は y 軸方向に沿って曲面を触った場合の曲面の凹凸を表している。したがって，

　　$f_{xx}>0$ であれば x 軸方向に沿って曲面を触ると曲面は下に凸，

　　$f_{xx}<0$ であれば x 軸方向に沿って曲面を触ると曲面は上に凸

である。このことに注意すれば，定理の

　（ⅰ）　$H(a, b)>0$ のとき

　　① $f_{xx}(a, b)>0$ ならば，極小，② $f_{xx}(a, b)<0$ ならば，極大

が自然に納得できるだろう。

　また，いわゆる鞍点（suddle point）は極値でない典型例であるが，鞍点において f_{xx} と f_{yy} が異符号であることに注意すれば，定理の

　（ⅱ）　$H(a, b)<0$ のとき

　　$f(a, b)$ は極値でない。

鞍点

も自然に納得できるだろう。

6. 5 ラグランジュの乗数法

[定理]（ラグランジュの乗数法）

　条件 $g(x,\ y)=0$ のもとで，関数 $f(x,\ y)$ は点 $(a,\ b)$ で極値をとるとする。
「$g_x(a,\ b)\neq0$ または $g_y(a,\ b)\neq0$」であれば，次を満たす定数 λ が存在する。

$$f_x(a,\ b)=\lambda\cdot g_x(a,\ b)\quad\cdots\cdots①$$
$$f_y(a,\ b)=\lambda\cdot g_y(a,\ b)\quad\cdots\cdots②$$

（注）　さらに，$(a,\ b)$ は，$g(a,\ b)=0$ ……③　を当然満たしている。

■ しっかりと理解しよう！　ラグランジュの乗数法

　少し厳密に，まず**広義の極大・極小**の概念について確認しておこう。

　関数 $f(x,\ y)$ が点 $(a,\ b)$ の十分近くでつねに $f(x,\ y)\leqq f(a,\ b)$ が成り立つとき，$f(x,\ y)$ は点 $(a,\ b)$ で**広義の極大**であるという。**広義の極小**についても同様。

　ラグランジュの乗数法は，極値をとる点の**候補**を見つけるのに便利な定理である。あくまでも候補を見つける仕事をするだけである。ラグランジュの乗数法を以下のように少し精密に述べておこう。

定理（ラグランジュの乗数法）

　条件 $g(x,\ y)=0$ のもとで，関数 $f(x,\ y)$ は点 $(a,\ b)$ で<u>広義の極値を</u>とるとする。

　「$g_x(a,\ b)\neq0$ または $g_y(a,\ b)\neq0$」であれば，次を満たす定数 λ が存在する。

$$f_x(a,\ b)=\lambda\cdot g_x(a,\ b)\quad\cdots\cdots①$$
$$f_y(a,\ b)=\lambda\cdot g_y(a,\ b)\quad\cdots\cdots②$$

　ラグランジュの乗数法は，極値をとる点の**候補**や，最大値・最小値をとる点の**候補**を求めるのに力を発揮する。したがって，「候補が見つかりさえすれば後の話は早い」というような問題においてありがたい定理である（例題・類題で確認）。ところで，編入試験においてラグランジュの乗数法を用いる問題の場合，「候補が見つかりさえすれば後の話は早い」という問題がほとんどである。

6.6　2変数のテーラーの定理 (参考)

　2変数のテーラーの定理も編入試験で出題されることもあるので確認しておく。

　準備として，以下のような偏微分作用素 $D^n = \left(h \dfrac{\partial}{\partial x} + k \dfrac{\partial}{\partial y} \right)^n$ を定義する。

$$Df = \left(h \frac{\partial}{\partial x} + k \frac{\partial}{\partial y} \right) f = h \frac{\partial f}{\partial x} + k \frac{\partial f}{\partial y}$$

によって，偏微分作用素 $D = h \dfrac{\partial}{\partial x} + k \dfrac{\partial}{\partial y}$ を定義する。さらに，

$$D^2 f = \left(h \frac{\partial}{\partial x} + k \frac{\partial}{\partial y} \right)^2 f = \left(h \frac{\partial}{\partial x} + k \frac{\partial}{\partial y} \right) \left(h \frac{\partial f}{\partial x} + k \frac{\partial f}{\partial y} \right)$$

$$= h^2 \frac{\partial^2 f}{\partial x^2} + 2hk \frac{\partial^2 f}{\partial x \partial y} + k^2 \frac{\partial^2 f}{\partial y^2}$$

によって，偏微分作用素 $D^2 = \left(h \dfrac{\partial}{\partial x} + k \dfrac{\partial}{\partial y} \right)^2$ を定義する。

以下，同様にして，偏微分作用素 $D^n = \left(h \dfrac{\partial}{\partial x} + k \dfrac{\partial}{\partial y} \right)^n$ が定義される。

関数 $D^n f$ の点 $(a,\ b)$ における値を $D^n f(a,\ b)$ と表す。

[定理]　(2変数のテーラーの定理)

　$f(x,\ y)$ が n 次までの連続な偏導関数をもつならば，

$$f(a+h,\ b+k) = f(a,\ b) + \frac{1}{1!} Df(a,\ b) + \frac{1}{2!} D^2 f(a,\ b) +$$

$$\cdots + \frac{1}{(n-1)!} D^{n-1} f(a,\ b) + \frac{1}{n!} D^n f(a+\theta h,\ b+\theta k)$$

を満たす $\theta\ (0 < \theta < 1)$ が存在する。

　(注)　特に，$a=0,\ b=0$ のときを**マクローリンの定理**という。

― 例題 6 ― 1 （偏微分）―

次の関数の第1次，第2次の偏導関数を求めよ。

(1) $z = 3x^2 - xy + 2y^2$　　　　　　(2) $z = \sin(x^2 y)$

解説　偏微分の計算は簡単。x で偏微分するときは“単に x の関数だ”と思って微分，y で偏微分するときは“単に y の関数だ”と思って微分すればよい。

$\dfrac{\partial z}{\partial x}$, $\dfrac{\partial z}{\partial y}$, $\dfrac{\partial^2 z}{\partial x^2}$, $\dfrac{\partial^2 z}{\partial y^2}$, $\dfrac{\partial^2 z}{\partial y \partial x}$ を簡単のため z_x, z_y, z_{xx}, z_{yy}, z_{xy} と表す。

解答　(1)　第1次偏導関数：$z_x = 6x - y$, $z_y = -x + 4y$

第2次偏導関数：$z_{xx} = 6$, $z_{yy} = 4$, $z_{xy} = z_{yx} = -1$

（注）　z_{xy}, z_{yx} がともに連続ならば，$z_{xy} = z_{yx}$

(2)　第1次偏導関数：

$$z_x = \cos(x^2 y) \times (x^2 y)_x = \cos(x^2 y) \times 2xy = 2xy \cos(x^2 y)$$

$$z_y = \cos(x^2 y) \times (x^2 y)_y = \cos(x^2 y) \times x^2 = x^2 \cos(x^2 y)$$

第2次偏導関数：

$$\begin{aligned}
z_{xx} &= (z_x)_x = \{2xy \cdot \cos(x^2 y)\}_x \\
&= (2xy)_x \cdot \cos(x^2 y) + 2xy \cdot \{\cos(x^2 y)\}_x \\
&= 2y \cdot \cos(x^2 y) + 2xy \cdot (-2xy \cdot \sin(x^2 y)) \\
&= 2y \cos(x^2 y) - 4x^2 y^2 \sin(x^2 y)
\end{aligned}$$

$$\begin{aligned}
z_{yy} &= (z_y)_y = \{x^2 \cdot \cos(x^2 y)\}_y \\
&= x^2 \cdot \{\cos(x^2 y)\}_y \\
&= x^2 \cdot \{-x^2 \cdot \sin(x^2 y)\} = -x^4 \sin(x^2 y)
\end{aligned}$$

$$\begin{aligned}
z_{xy} &= (z_x)_y = \{2xy \cdot \cos(x^2 y)\}_y \\
&= (2xy)_y \cdot \cos(x^2 y) + 2xy \cdot \{\cos(x^2 y)\}_y \\
&= 2x \cdot \cos(x^2 y) + 2xy \cdot \{-x^2 \cdot \sin(x^2 y)\} \\
&= 2x \cos(x^2 y) - 2x^3 y \sin(x^2 y) \quad (= z_{yx})
\end{aligned}$$

類題 6 ― 1　　　　　　　　　　　　　　　　　　　　解答は **p. 223**

次の関数の第1次，第2次の偏導関数を求めよ。

(1)　$z = x^y$　$(x > 0)$　　　　　　　　(2)　$z = \tan^{-1} \dfrac{y}{x}$

━━ 例題 6－2（接平面①）━━━━━━━━━━━

次の曲面の与えられた点における接平面および法線の方程式を求めよ。

(1) $z=x^2+y^2$　点 $(1,\ 2,\ 5)$　　　(2) $z=\dfrac{x}{x+y}$　点 $(-2,\ 1,\ 2)$

[解説]　曲面が $z=f(x,\ y)$ で与えられているとき，**接平面の方程式**は，

$$z-f(a,\ b)=f_x(a,\ b)(x-a)+f_y(a,\ b)(y-b)$$

で与えられる。ただし，接点の座標は $(a,\ b,\ f(a,\ b))$ である。

なお，空間における**平面の方程式**，**直線の方程式**については**要項**を確認しておこう。

[解答]　(1) $z=x^2+y^2$ より，$z_x=2x$，$z_y=2y$

点 $(1,\ 2,\ 5)$ において，$z_x=2$，$z_y=4$ であるから，接平面の方程式は，

$$z-5=2(x-1)+4(y-2)　　\therefore\ \ 2x+4y-z-5=0　\cdots\cdots〔答〕$$

接平面の法線ベクトルが $\vec{n}=(2,\ 4,\ -1)$ であるから，法線の方程式は，

$$\dfrac{x-1}{2}=\dfrac{y-2}{4}=\dfrac{z-5}{-1}　\cdots\cdots〔答〕$$

（注）　点 $(x_0,\ y_0,\ z_0)$ を通り，方向ベクトルが $\vec{v}=(a,\ b,\ c)$ である直線の方程式は，

$$\dfrac{x-x_0}{a}=\dfrac{y-y_0}{b}=\dfrac{z-z_0}{c}　（ただし，分母が 0 のときは分子も 0 と約束）$$

(2)　$z=\dfrac{x}{x+y}$ より，$z_x=\dfrac{y}{(x+y)^2}$，$z_y=-\dfrac{x}{(x+y)^2}$

点 $(-2,\ 1,\ 2)$ において，$z_x=1$，$z_y=2$ であるから，接平面の方程式は，

$$z-2=1\cdot(x+2)+2\cdot(y-1)　　\therefore\ \ x+2y-z+2=0　\cdots\cdots〔答〕$$

接平面の法線ベクトルが $\vec{n}=(1,\ 2,\ -1)$ であるから，法線の方程式は，

$$\dfrac{x+2}{1}=\dfrac{y-1}{2}=\dfrac{z-2}{-1}　\cdots\cdots〔答〕$$

〜〜 **類題 6－2** 〜〜〜〜〜〜〜〜〜〜〜〜〜〜〜〜〜解答は p. 223

次の曲面の与えられた点における接平面および法線の方程式を求めよ。

(1) $z=3x^2y+xy$　点 $(1,\ -1,\ -4)$　　(2) $z=\sqrt{9-x^2-y^2}$　点 $(1,\ 2,\ 2)$

例題 6－3（接平面②）

次の曲面の与えられた点における接平面および法線の方程式を求めよ。

(1) $xyz=6$ 点 $(1, 2, 3)$ (2) $\dfrac{x^2}{2}+\dfrac{y^2}{3}+\dfrac{z^2}{6}=1$ 点 $(1, 1, 1)$

解説 曲面が $F(x, y, z)=0$ で与えられているとき，**接平面の方程式**は，

$$F_x(a, b, c)(x-a)+F_y(a, b, c)(y-b)+F_z(a, b, c)(z-c)=0$$

で与えられる。ただし，接点の座標は (a, b, c) である。

接平面の方程式は大切な形が2種類あるので注意しよう。

解答 (1) $F(x, y, z)=xyz-6$ とおくと，曲面の方程式は $F(x, y, z)=0$

$$F_x(x, y, z)=yz, \quad F_y(x, y, z)=xz, \quad F_z(x, y, z)=xy$$

$\therefore$ $F_x(1, 2, 3)=6, \quad F_y(1, 2, 3)=3, \quad F_z(1, 2, 3)=2$

よって，接平面の方程式は，

$$6(x-1)+3(y-2)+2(z-3)=0 \quad \therefore \quad 6x+3y+2z-18=0 \quad \cdots\cdots〔答〕$$

また，法線の方程式は，

$$\frac{x-1}{6}=\frac{y-2}{3}=\frac{z-3}{2} \quad \cdots\cdots〔答〕$$

(2) $\dfrac{x^2}{2}+\dfrac{y^2}{3}+\dfrac{z^2}{6}=1$ より，$3x^2+2y^2+z^2=6$

$F(x, y, z)=3x^2+2y^2+z^2-6$ とおくと，曲面の方程式は $F(x, y, z)=0$

$$F_x(x, y, z)=6x, \quad F_y(x, y, z)=4y, \quad F_z(x, y, z)=2z$$

$\therefore$ $F_x(1, 1, 1)=6, \quad F_y(1, 1, 1)=4, \quad F_z(1, 1, 1)=2$

よって，接平面の方程式は，

$$6(x-1)+4(y-1)+2(z-1)=0 \quad \therefore \quad 3x+2y+z-6=0 \quad \cdots\cdots〔答〕$$

また，法線の方程式は，

$$\frac{x-1}{3}=\frac{y-1}{2}=\frac{z-1}{1} \quad \cdots\cdots〔答〕$$

類題 6－3 解答は p. 223

次の曲面の与えられた点における接平面および法線の方程式を求めよ。

(1) $\sqrt{x}+\sqrt{y}+\sqrt{z}=1$ 点 $\left(\dfrac{1}{4}, \dfrac{1}{9}, \dfrac{1}{36}\right)$ (2) $x^2+y^2+z^2=9$ 点 $(1, 2, 2)$

例題 6－4（チェイン・ルール①）

次の関数について，$\dfrac{dz}{dt}$，$\dfrac{d^2z}{dt^2}$ を求めよ。

$$z = x^2 + y^2, \quad x = t - \cos t, \quad y = 1 - \sin t$$

解説 **チェイン・ルール**を利用する。すなわち，

> $z = f(x, y)$, $x = x(t)$, $y = y(t)$ のとき，
>
> $$\frac{dz}{dt} = \frac{\partial z}{\partial x}\frac{dx}{dt} + \frac{\partial z}{\partial y}\frac{dy}{dt}$$

また，2 次導関数 $\dfrac{d^2z}{dt^2} = \dfrac{d}{dt}\left(\dfrac{dz}{dt}\right)$ の計算も要注意！

$\dfrac{d^2z}{dt^2}$ と $\left(\dfrac{dz}{dt}\right)^2$ とは意味が違うので誤解しないこと！

解答 $z = x^2 + y^2$ より，$\dfrac{\partial z}{\partial x} = 2x$，$\dfrac{\partial z}{\partial y} = 2y$

また，$x = t - \cos t$，$y = 1 - \sin t$ より，$\dfrac{dx}{dt} = 1 + \sin t$，$\dfrac{dy}{dt} = -\cos t$

$$\therefore \quad \frac{dz}{dt} = \frac{\partial z}{\partial x}\frac{dx}{dt} + \frac{\partial z}{\partial y}\frac{dy}{dt} = 2x(1 + \sin t) + 2y(-\cos t)$$

$$= 2(t - \cos t)(1 + \sin t) + 2(1 - \sin t)(-\cos t)$$

$$= 2(t - \cos t + t\sin t - \sin t\cos t - \cos t + \sin t\cos t)$$

$$= 2(t - 2\cos t + t\sin t) \quad \cdots\cdots \text{〔答〕}$$

次に，

$$\frac{d^2z}{dt^2} = \frac{d}{dt}\left(\frac{dz}{dt}\right) = \frac{d}{dt}\{2(t - 2\cos t + t\sin t)\} \quad \Leftarrow \frac{d^2z}{dt^2} = \frac{d}{dt}\left(\frac{dz}{dt}\right) \text{ に注意！}$$

$$= 2\{1 + 2\sin t + (\sin t + t\cos t)\}$$

$$= 2(1 + 3\sin t + t\cos t) \quad \cdots\cdots \text{〔答〕}$$

類題 6－4 解答は p. 224

次の C^2 級関数 $z = f(x, y)$ について，$\dfrac{dz}{dt}$，$\dfrac{d^2z}{dt^2}$ を求めよ。

$$z = f(x, y), \quad x = \cos t, \quad y = \sin t$$

ただし，必要ならば z_x, z_y, z_{xx}, z_{yy}, z_{xy} を用いてよい。

例題 6 − 5 （チェイン・ルール②）

次の関数について，z_u, z_v を求めよ。

(1) $z = \sin(x-y)$, $x = u^2 + v^2$, $y = 2uv$　　(2) $z = x^y$, $x = u+v$, $y = uv$

【解 説】 **チェイン・ルール**を利用する。すなわち，

> $z = f(x, y)$, $x = x(u, v)$, $y = y(u, v)$ のとき，
>
> $$\frac{\partial z}{\partial u} = \frac{\partial z}{\partial x}\frac{\partial x}{\partial u} + \frac{\partial z}{\partial y}\frac{\partial y}{\partial u}, \quad \frac{\partial z}{\partial v} = \frac{\partial z}{\partial x}\frac{\partial x}{\partial v} + \frac{\partial z}{\partial y}\frac{\partial y}{\partial v}$$

ただし，この書き方は面倒なので次のように書いて計算するとよい。

$$z_u = z_x x_u + z_y y_u, \quad z_v = z_x x_v + z_y y_v$$

【解 答】 (1) $z = \sin(x-y)$, $x = u^2 + v^2$, $y = 2uv$ より，

$z_u = z_x x_u + z_y y_u$

$\quad = \cos(x-y) \cdot 2u + \{-\cos(x-y)\} \cdot 2v$

$\quad = 2(u-v)\cos(x-y) = 2(u-v)\cos(u-v)^2$　……〔答〕

$z_v = z_x x_v + z_y y_v$

$\quad = \cos(x-y) \cdot 2v + \{-\cos(x-y)\} \cdot 2u$

$\quad = 2(v-u)\cos(x-y) = -2(u-v)\cos(u-v)^2$　……〔答〕

(2) $z = x^y$, $x = u+v$, $y = uv$ より，

$z_u = z_x x_u + z_y y_u$

$\quad = yx^{y-1} \cdot 1 + x^y \log x \cdot v$

$\quad = uv(u+v)^{uv-1} + (u+v)^{uv} \log(u+v) \cdot v$

$\quad = v(u+v)^{uv-1}\{u + (u+v)\log(u+v)\}$　……〔答〕

$z_v = z_x x_v + z_y y_v$

$\quad = yx^{y-1} \cdot 1 + x^y \log x \cdot u$

$\quad = uv(u+v)^{uv-1} + (u+v)^{uv} \log(u+v) \cdot u$

$\quad = u(u+v)^{uv-1}\{v + (u+v)\log(u+v)\}$　……〔答〕

類題 6 − 5　解答は **p. 224**

次の関数について，z_u, z_v を求めよ。

(1) $z = e^{-x}\sin y$, $x = u^2 + v^2$, $y = u - v$

(2) $z = \sin x \cos y$, $x = u+v$, $y = uv$

┌─ **例題 6－6**（チェイン・ルール③：等式の証明）─

$z=f(x,\ y),\ x=u\cos\alpha-v\sin\alpha,\ y=u\sin\alpha+v\cos\alpha$ とするとき，

$$\frac{\partial^2 z}{\partial x^2}+\frac{\partial^2 z}{\partial y^2}=\frac{\partial^2 z}{\partial u^2}+\frac{\partial^2 z}{\partial v^2}$$

が成り立つことを示せ。

└─────────

解説 チェイン・ルールの問題として**等式の証明問題**は頻出である。チェイン・ルールを完璧に使えるようにしておこう。

解答 チェイン・ルールを使って，$z_{uu},\ z_{vv}$ を計算していく。

$z_u=z_x\cdot x_u+z_y\cdot y_u=z_x\cdot\cos\alpha+z_y\cdot\sin\alpha$

$z_v=z_x\cdot x_v+z_y\cdot y_v=z_x\cdot(-\sin\alpha)+z_y\cdot\cos\alpha=-z_x\cdot\sin\alpha+z_y\cdot\cos\alpha$

$z_{uu}=(z_u)_u=(z_x\cdot\cos\alpha+z_y\cdot\sin\alpha)_u=(z_x)_u\cdot\cos\alpha+(z_y)_u\cdot\sin\alpha$

$\quad=(z_{xx}\cdot\cos\alpha+z_{xy}\cdot\sin\alpha)\cdot\cos\alpha+(z_{yx}\cdot\cos\alpha+z_{yy}\cdot\sin\alpha)\cdot\sin\alpha$

$\quad=z_{xx}\cdot\cos^2\alpha+z_{yy}\cdot\sin^2\alpha+2z_{xy}\cdot\sin\alpha\cos\alpha\quad\cdots\cdots①$

$z_{vv}=(z_v)_v=(-z_x\cdot\sin\alpha+z_y\cdot\cos\alpha)_v=-(z_x)_v\cdot\sin\alpha+(z_y)_v\cdot\cos\alpha$

$\quad=-(-z_{xx}\cdot\sin\alpha+z_{xy}\cdot\cos\alpha)\cdot\sin\alpha+(-z_{yx}\cdot\sin\alpha+z_{yy}\cdot\cos\alpha)\cdot\cos\alpha$

$\quad=z_{xx}\cdot\sin^2\alpha+z_{yy}\cdot\cos^2\alpha-2z_{xy}\cdot\sin\alpha\cos\alpha\quad\cdots\cdots②$

①＋② より，$z_{uu}+z_{vv}=z_{xx}(\cos^2\alpha+\sin^2\alpha)+z_{yy}(\sin^2\alpha+\cos^2\alpha)=z_{xx}+z_{yy}$

$\therefore\quad z_{uu}+z_{vv}=z_{xx}+z_{yy}\qquad$ すなわち，$\dfrac{\partial^2 z}{\partial x^2}+\dfrac{\partial^2 z}{\partial y^2}=\dfrac{\partial^2 z}{\partial u^2}+\dfrac{\partial^2 z}{\partial v^2}$

（参考） 本問において次の等式も成り立つ。

$$\left(\frac{\partial z}{\partial x}\right)^2+\left(\frac{\partial z}{\partial y}\right)^2=\left(\frac{\partial z}{\partial u}\right)^2+\left(\frac{\partial z}{\partial v}\right)^2$$

（証明） 上の計算より，

$(z_u)^2+(z_v)^2=(z_x\cos\alpha+z_y\sin\alpha)^2+(-z_x\sin\alpha+z_y\cos\alpha)^2$

$\qquad=(z_x)^2(\cos^2\alpha+\sin^2\alpha)+(z_y)^2(\sin^2\alpha+\cos^2\alpha)=(z_x)^2+(z_y)^2$

$\therefore\quad(z_x)^2+(z_y)^2=(z_u)^2+(z_v)^2\quad$ すなわち，$\left(\dfrac{\partial z}{\partial x}\right)^2+\left(\dfrac{\partial z}{\partial y}\right)^2=\left(\dfrac{\partial z}{\partial u}\right)^2+\left(\dfrac{\partial z}{\partial v}\right)^2$

〰〰 **類題 6－6** 〰〰〰〰〰〰〰〰〰〰〰〰〰〰〰〰〰〰〰〰〰〰 解答は **p. 224**

$z=f(x,\ y)$ を C^2 級，$x=r\cos\theta,\ y=r\sin\theta$ とするとき，次の等式を示せ。

$$\frac{\partial^2 z}{\partial x^2}+\frac{\partial^2 z}{\partial y^2}=\frac{\partial^2 z}{\partial r^2}+\frac{1}{r}\frac{\partial z}{\partial r}+\frac{1}{r^2}\frac{\partial^2 z}{\partial\theta^2}$$

例題6－7（チェイン・ルール④：証明問題）

(1) $z=f(x,\ y)$, $u=x+y$, $v=x-y$ のとき, z_u, z_v を f_x, f_y を用いて表せ。

(2) $z=f(x,\ y)$ が1変数の関数 $g(t)$ を用いて, $z=g(x+y)$ と書ける必要十分条件は, $f_x(x,\ y)=f_y(x,\ y)$ であることを示せ。

解 説 偏微分に関する証明問題は練習していないと難しいものが結構多い。繰り返し練習して流れを覚えるようにしよう。

解 答 (1) $u=x+y$, $v=x-y$ より, $x=\dfrac{u+v}{2}$, $y=\dfrac{u-v}{2}$

$$z_u=z_x\cdot x_u+z_y\cdot y_u=\frac{f_x+f_y}{2}, \quad z_v=z_xx_v+z_yy_v=\frac{f_x-f_y}{2}$$

(2) （ⅰ） $z=f(x,\ y)$ が1変数の関数 $g(t)$ を用いて, $z=g(x+y)$ と書けるとする。

$f(x,\ y)=g(x+y)$ より,

$$f_x(x,\ y)=g'(x+y)\cdot\frac{\partial}{\partial x}(x+y)=g'(x+y)\cdot1=g'(x+y)$$

$$f_y(x,\ y)=g'(x+y)\cdot\frac{\partial}{\partial y}(x+y)=g'(x+y)\cdot1=g'(x+y)$$

よって, $f_x(x,\ y)=f_y(x,\ y)$

（ⅱ） $f_x(x,\ y)=f_y(x,\ y)$ であるとする。

$u=x+y$, $v=x-y$ とおくと, (1)より, $z_u=\dfrac{f_x+f_y}{2}$, $z_v=\dfrac{f_x-f_y}{2}$

$f_x(x,\ y)=f_y(x,\ y)$ だから, $z_v=\dfrac{f_x-f_y}{2}=0$

よって, z は $u=x+y$ のみの関数である。

すなわち, 1変数の関数 $g(t)$ を用いて, $z=g(x+y)$ と書ける。

類題6－7 解答は p. 225

$z=f(x,\ y)$ が1変数の関数 $g(t)$, $h(t)$ を用いて, $z=g(x)+h(y)$ と書けるための必要十分条件は, $\dfrac{\partial^2 z}{\partial x\partial y}=0$ であることを示せ。

┌─ **例題 6 - 8**（2 変数関数の極値①）─────
│
│ 関数 $f(x, y) = 3x^2 + y^3 - 6xy$ を考える。
│ (1) $f(x, y)$ の 1 階および 2 階の偏導関数をすべて求めよ。
│ (2) $f(x, y)$ の極値を求めよ。
└──────────────────────────

解説　2 変数関数の極値を求める問題は頻出問題である。確実に解けるようにしよう。手順は簡単である。まず，水平な場所（**停留点**）を求める。これが**極値をとる点の候補**である。次に，その 1 つ 1 つについて極値をとる点かどうかを調べていく。そのとき必要となる道具が**ヘッシアン**である。

ヘッシアン： $H(x, y) = \begin{vmatrix} f_{xx} & f_{xy} \\ f_{yx} & f_{yy} \end{vmatrix} = f_{xx} \cdot f_{yy} - (f_{xy})^2$

解答　(1) $f_x(x, y) = 6x - 6y$, $f_y(x, y) = 3y^2 - 6x$

　　　$f_{xx}(x, y) = 6$, $f_{xy}(x, y) = f_{yx}(x, y) = -6$, $f_{yy}(x, y) = 6y$

(2) $f_x(x, y) = 6x - 6y = 0$ とすると， $x - y = 0$　……①

　　　$f_y(x, y) = 3y^2 - 6x = 0$ とすると， $y^2 - 2x = 0$　……②

　①より， $y = x$　　これを②に代入すると，

　　$x^2 - 2x = 0$　　$x(x - 2) = 0$　　∴　$x = 0, 2$

よって，極値をとる点の候補は，$(0, 0)$ と $(2, 2)$　← まず極値をとる点の候補

次に，$H(x, y) = f_{xx} \cdot f_{yy} - (f_{xy})^2$ とおくと，

　　$H(x, y) = 6 \cdot 6y - (-6)^2 = 36(y - 1)$　← 最終チェックの道具はヘッシアン

（ⅰ）点 $(0, 0)$ について

　　$H(0, 0) = 36 \cdot (0 - 1) = -36 < 0$

　　よって，$f(x, y)$ は点 $(0, 0)$ において極値をとらない。

（ⅱ）点 $(2, 2)$ について

　　$H(2, 2) = 36 \cdot (2 - 1) = 36 > 0$

さらに，$f_{xx}(2, 2) = 6 > 0$ であるから，$f(x, y)$ は点 $(2, 2)$ において極小値をとる。

以上より，$f(x, y)$ は点 $(2, 2)$ において極小値 $f(2, 2) = -4$ をとる。

類題 6 - 8　　　　　　　　　　　　　　　　　解答は **p. 225**

関数 $f(x, y) = x^4 + y^4 - 4xy$ の極値および極値を与える点を求めよ。

例題6－9（2変数関数の極値②）

関数 $f(x, y) = x^4 + y^4 - 2x^2 + 4xy - 2y^2$ の極値を求めよ。

[解説] 極値をとる点の候補が求まった後はヘッシアンを用いて個別にチェックするが，**ヘッシアンの値が0になったとき**はヘッシアンが役に立たない。このようなときは手探りで調べなければならない。

[解答] $f_x(x, y) = 4x^3 - 4x + 4y = 0$, $f_y(x, y) = 4y^3 - 4y + 4x = 0$

極値をとる点の候補は，$(\sqrt{2}, -\sqrt{2})$, $(-\sqrt{2}, \sqrt{2})$, $(0, 0)$ の3点。

$$f_{xx}(x, y) = 12x^2 - 4, \quad f_{yy}(x, y) = 12y^2 - 4, \quad f_{xy}(x, y) = 4$$

$H(x, y) = f_{xx} \cdot f_{yy} - (f_{xy})^2$ とおく。

（ⅰ）$(\sqrt{2}, -\sqrt{2})$, $(-\sqrt{2}, \sqrt{2})$ について：

$H(\pm\sqrt{2}, \mp\sqrt{2}) = 20 \cdot 20 - 4^2 > 0$ かつ $f_{xx}(\pm\sqrt{2}, \mp\sqrt{2}) = 20 > 0$ だから，$(\sqrt{2}, -\sqrt{2})$, $(-\sqrt{2}, \sqrt{2})$ において極小値をとる。

極小値は $f(\pm\sqrt{2}, \mp\sqrt{2}) = -8$

（ⅱ）$(0, 0)$ について：

$H(0, 0) = (-4) \cdot (-4) - 4^2 = 0$（極値かどうかこれだけでは判定できない。）

そこで，$(0, 0)$ の近くを適当に動いてみて $f(x, y)$ の値の様子を調べる。

直線 $y = x$ に沿って

少し動いてみると，

$$f(x, x) = 2x^4 > 0$$

直線 $y = -x$ に沿って

少し動いてみると

$$f(x, -x) = 2x^2(x^2 - 4) < 0$$

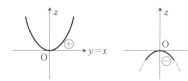

したがって，$(0, 0)$ において極値をとらない。

以上より，$(\sqrt{2}, -\sqrt{2})$, $(-\sqrt{2}, \sqrt{2})$ において極小値 -8 をとる。

（注） ヘッシアンの値が0になったときに「判定不能」などと答案に書かないように！ この場合にはヘッシアンが役に立たないということである。

類題6－9 解答は **p.225**

関数 $z = x(x^2 + y^2 - 1)$ を考える。以下の各問に答えよ。

(1) z の極値を求めよ。

(2) z は $(x, y) = (0, 1)$ において極値をとらない，その理由を極値の定義に戻って説明せよ。

― 例題 6 ー10（最大・最小①）―

　x, y, z がすべて正で $x+y+z=a$（a は定数）のとき，積 x^2y^3z の最大値を求めよ。

[解説] 関数 $f(x, y)$ において**最大値・最小値の存在**および**最大・最小となる点が極大・極小であること**が明らかな場合がある。しかも極大・極小となる点の候補がごく限られているならば，ただちに最大・最小が求まる。

[解答] $x+y+z=a$ より，$z=a-x-y$

$z=a-x-y>0$ より，$x+y<a$

よって，x, y が満たすべき条件は，

　　$x>0$, $y>0$, $x+y<a$

この不等式によって表される領域を D とおく。

また，$x^2y^3z=x^2y^3(a-x-y)=ax^2y^3-x^3y^3-x^2y^4$

$f(x, y)=ax^2y^3-x^3y^3-x^2y^4$ とおく。

$f(x, y)$ は D 上の連続関数で，かつ，D の境界上で値は 0 となり最大とはならない。よって，D の内部で必ず最大となる。したがって，最大となる点は停留点である。

　　$f_x(x, y)=2axy^3-3x^2y^3-2xy^4=xy^3(2a-3x-2y)$

　　$f_y(x, y)=3ax^2y^2-3x^3y^2-4x^2y^3=x^2y^2(3a-3x-4y)$

$f_x(x, y)=0$ かつ $f_y(x, y)=0$ とすると，

　　$2a-3x-2y=0$ かつ $3a-3x-4y=0$

　これを解くと，$x=\dfrac{a}{3}$, $y=\dfrac{a}{2}$

よって，最大となる点の候補は $\left(\dfrac{a}{3}, \dfrac{a}{2}\right)$ のみであるから，$f(x, y)$ は

$(x, y)=\left(\dfrac{a}{3}, \dfrac{a}{2}\right)$ において最大となる。

最大値は，$f\left(\dfrac{a}{3}, \dfrac{a}{2}\right)=\dfrac{a^6}{432}$

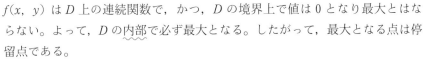

――― **類題 6 ー10** ――――――――――――――――――――――― 解答は **p. 226**

　長さが L の線分を 3 つの部分に分けるとき，おのおのの長さの 3 乗の和が最小になるのはいつか。

── 例題 6 −11（最大・最小②：ラグランジュの乗数法）─

条件 $x^2+y^2-1=0$ の下で，関数 $f(x, y)=3x-y$ が極値をとり得る点をすべて求めよ。また，その点で極大か極小かも判定せよ。

[解 説] **ラグランジュの乗数法**は，極値をとる点の**候補**や，最大値・最小値をとる点の**候補**を求めるのに力を発揮する。したがって，「候補が見つかりさえすれば後の話は早い」というような問題においてありがたい定理である。

[解 答] (x, y) が条件 $x^2+y^2=1$ を満たして動くとき，関数 $f(x, y)=3x-y$ は明らかに<u>極大値と極小値をもつ</u>。

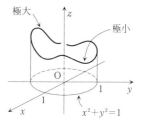

$g(x, y)=x^2+y^2-1=0$ とおく。

$g_x(x, y)=2x,\ g_y(x, y)=2y$ より，

$x^2+y^2-1=0$ の下では，

$g_x(x, y) \neq 0$ または $g_y(x, y) \neq 0$ が成り立つ。

したがって，**ラグランジュの乗数法**より，$f(x, y)=3x-y$ が点 (a, b) で極値をとるとすると，

次を満たす λ が存在する。

$$3=\lambda \cdot 2a \ \cdots\cdots ① \quad かつ \quad -1=\lambda \cdot 2b \ \cdots\cdots ②$$

さらに，(a, b) は $a^2+b^2=1 \ \cdots\cdots ③$ を満たしている。

①より，$a=\dfrac{3}{2\lambda}$ ②より，$b=-\dfrac{1}{2\lambda}$ これらを③に代入すると，$\lambda=\pm\dfrac{\sqrt{5}}{\sqrt{2}}$

よって，極値をとり得る点は $(a, b)=\left(\dfrac{3}{\sqrt{10}},\ -\dfrac{1}{\sqrt{10}}\right),\ \left(-\dfrac{3}{\sqrt{10}},\ \dfrac{1}{\sqrt{10}}\right)$

の2点だけ。

$$f\left(\dfrac{3}{\sqrt{10}},\ -\dfrac{1}{\sqrt{10}}\right)=\sqrt{10},\ f\left(-\dfrac{3}{\sqrt{10}},\ \dfrac{1}{\sqrt{10}}\right)=-\sqrt{10}$$

より，$\left(\dfrac{3}{\sqrt{10}},\ -\dfrac{1}{\sqrt{10}}\right)$ で極大，$\left(-\dfrac{3}{\sqrt{10}},\ \dfrac{1}{\sqrt{10}}\right)$ で極小と分かる。

類題 6 −11 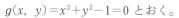 解答は p.226

条件 $\dfrac{x^2}{a^2}+\dfrac{y^2}{b^2}+\dfrac{z^2}{c^2}=1$ の下で，$F(x, y, z)=lx+my+nz$ の最大値，最小値を求めよ。

■ 第 6 章　章末問題 ▶解答は p. 227

1 曲面 $\{(x,\ y,\ z)\in \boldsymbol{R}^3\,|\,xyz=1,\ x>0,\ y>0,\ z>0\}$ の接平面と xy 平面，yz 平面，zx 平面とで囲まれる三角錐の体積は，接平面の取り方によらず一定であることを示せ。〈京都工芸繊維大学〉

2 C^2 級の関数 $f(x,\ y,\ z)$ が $r=\sqrt{x^2+y^2+z^2}$ だけの関数 $g(r)$ を用いて

$f(x,\ y,\ z)=g(r)$ と表されるとする。$\Delta f=\dfrac{\partial^2 f}{\partial x^2}+\dfrac{\partial^2 f}{\partial y^2}+\dfrac{\partial^2 f}{\partial z^2}$ とおくとき，次の

問いに答えよ。

(1) Δf を $g'(r),\ g''(r)$ を用いて表せ。

(2) $\Delta f=0,\ g(1)=1,\ g'(1)=2$ のとき，$g(r)$ を求めよ。〈電気通信大学〉

3 2 変数関数 $\varphi(x,\ y)=x-y+e^y\sin x$ と全微分可能な関数 $\phi(x,\ y)$ に対して，次の各問に答えよ。

(1) 偏導関数，$\dfrac{\partial \varphi}{\partial x},\ \dfrac{\partial \varphi}{\partial y}$ を求めよ。

(2) $x=0$ の近傍で定義された微分可能な関数 $f(x)$ が $\varphi(x,\ f(x))=0$ を満たすとし，$g(x)=\phi(x,\ f(x))$ とおく。微分係数 $f'(0)$ を求めよ。

　　また，$a=\dfrac{\partial \phi}{\partial x}(0,\ 0),\ b=\dfrac{\partial \phi}{\partial y}(0,\ 0)$ とおくとき，$g'(0)$ を $a,\ b$ を用いて表せ。

〈京都工芸繊維大学〉

4 C^1 級関数 $z=z(x,\ y)$ に対して，$z=z(x,\ y)$ の値が積 xy の値だけによって決まるための必要十分条件は，z が

$$x\frac{\partial z}{\partial x}=y\frac{\partial z}{\partial y}$$

を満たすことである。これを示せ。〈神戸大学－工学部〉

5 $f(x,\ y,\ z)=x^{-1}+y^{-1}+z^{-1}+1$ で与えられる関数 $f(x,\ y,\ z)$ の極値とその座標 $(x,\ y,\ z)$ を求めよ。ただし，$x>0,\ y>0,\ z>0$ であり，かつ $x+4y+9z=6$ の付加条件があるものとする。〈筑波大学－第三学群・工学基礎学類〉

第 7 章

重　積　分

■ 要　項 ■

7. 1　重積分

$f(x,\ y)$ が領域 D 上で非負連続関数の場合，

2 重積分 $\iint_D f(x,\ y)dxdy$ は図のような**体積**を表

す。

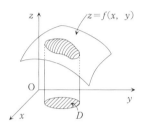

7. 2　重積分の具体的計算（逐次積分または累次積分）

(1)　$D=\{(x,\ y)\,|\,a\leqq x\leqq b,\ \varphi_1(x)\leqq y\leqq\varphi_2(x)\}$ の

　　とき，

$$\iint_D f(x,\ y)dxdy=\int_a^b\left(\int_{\varphi_1(x)}^{\varphi_2(x)}f(x,\ y)dy\right)dx$$

(2)　$D=\{(x,\ y)\,|\,\phi_1(y)\leqq x\leqq\phi_2(y),\ c\leqq y\leqq d\}$ の

　　とき，

$$\iint_D f(x,\ y)dxdy=\int_c^d\left(\int_{\phi_1(y)}^{\phi_2(y)}f(x,\ y)dx\right)dy$$

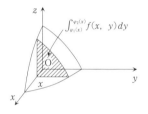

（注）　$\displaystyle\int_a^b\left(\int_{\varphi_1(x)}^{\varphi_2(x)}f(x,\ y)dy\right)dx$ を $\displaystyle\int_a^b dx\int_{\varphi_1(x)}^{\varphi_2(x)}f(x,\ y)dy$ と表現することも

　　ある。

> ▶アドバイス◀
> 　体積の計算を思い出せばよい。1 変数の積分における体積の計算は切り口の
> 面積を積分することによって得られた。これと同じである。

7. 3　変数変換

[定理]　（変数変換）

$f(x,\ y)$ は D 上連続とする。変数変換 $x=\varphi(u,\ v),\ y=\phi(u,\ v)$ によって，

領域 D が領域 E に 1 対 1 対応で移り，$\varphi,\ \phi$ がともに連続な偏導関数をもつ

ならば，

$$\iint_D f(x,\ y)\,dxdy = \iint_E f(\varphi(u,\ v),\ \phi(u,\ v)) \left| \frac{\partial(x,\ y)}{\partial(u,\ v)} \right| dudv$$

（注）　関数行列式 $\dfrac{\partial(x,\ y)}{\partial(u,\ v)} = \det \begin{pmatrix} x_u & x_v \\ y_u & y_v \end{pmatrix} = \begin{vmatrix} x_u & x_v \\ y_u & y_v \end{vmatrix}$ は**ヤコビアン**とよば

れる。

7.4　2変数の広義積分

　領域 D 内の有限閉領域の増加列 $D_1 \subset D_2 \subset \cdots \subset D_n \subset \cdots$ が，D 内の任意の閉領域 E に対して $E \subset D_n$ を満たす n が存在するとき，$\{D_n\}$ を D の**近似増加列**という。

　D の近似増加列 $\{D_n\}$ に対して，

$$\lim_{n \to \infty} \iint_{D_n} f(x,\ y)\,dxdy$$

が近似増加列の選び方に関係なく一定の値に収束するとき，$f(x,\ y)$ は D 上で**積分可能**であるといい，

$$\iint_D f(x,\ y)\,dxdy = \lim_{n \to \infty} \iint_{D_n} f(x,\ y)\,dxdy$$

と定義する。

［定理］　D 上で $f(x,\ y) \geqq 0$ であるとき，D のある1つ近似増加列 $\{D_n\}$ に対して，

$$\lim_{n \to \infty} \iint_{D_n} f(x,\ y)\,dxdy$$

が収束するならば，$f(x,\ y)$ は D 上で積分可能である。

　（注）　近似増加列 $\{D_n\}$ については，最後に極限値を計算する都合上，連続的なパラメータ a を用いて $\{D_a\}$ としてよい。こうすれば極限値の計算のとき普通にロピタルの定理が利用できる。

7.5　微分と積分の順序交換

［定理］　$a \leqq x \leqq b,\ c \leqq y \leqq d$ で定義された関数 $f(x,\ y)$ について次が成り立つ。

（ⅰ）　$f(x,\ y)$ が連続ならば，$F(x) = \displaystyle\int_c^d f(x,\ y)\,dy$ は x の連続関数である。

（ⅱ）　$\dfrac{\partial f}{\partial x}(x,\ y)$ が連続ならば，$\dfrac{d}{dx} \displaystyle\int_c^d f(x,\ y)\,dy = \int_c^d \dfrac{\partial f}{\partial x}(x,\ y)\,dy$

例題 7 − 1 （逐次積分）

次の 2 重積分を計算せよ。

(1) $\displaystyle\iint_D \sin(x+y)\,dxdy,\quad D:x\geqq0,\ y\geqq0,\ x+y\leqq\dfrac{\pi}{2}$

(2) $\displaystyle\iint_D \dfrac{x}{\sqrt{x^2+y^2}}\,dxdy,\quad,\quad D:0\leqq x\leqq y,\ 1\leqq y\leqq2$

[解説] 2 重積分の計算の基本は**逐次積分**（累次積分，繰り返し積分ともいう）である。名前は大げさだが要は体積の計算（切り口の面積を積分）と同じである。

[解答] (1) $\displaystyle\iint_D \sin(x+y)\,dxdy$

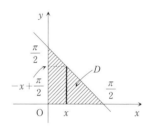

$$=\int_0^{\frac{\pi}{2}}\left(\int_0^{-x+\frac{\pi}{2}}\sin(x+y)\,dy\right)dx$$

$$=\int_0^{\frac{\pi}{2}}\Big[-\cos(x+y)\Big]_{y=0}^{y=-x+\frac{\pi}{2}}dx$$

$$=\int_0^{\frac{\pi}{2}}\left(-\cos\frac{\pi}{2}+\cos x\right)dx=\int_0^{\frac{\pi}{2}}\cos x\,dx$$

$$=1\quad\cdots\cdots〔答〕$$

(2) 積分領域 D の形から，まず x 軸方向に積分する。

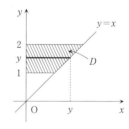

$$\iint_D \frac{x}{\sqrt{x^2+y^2}}\,dxdy$$

$$=\int_1^2\left(\int_0^y \frac{x}{\sqrt{x^2+y^2}}\,dx\right)dy$$

$$=\int_1^2\Big[\sqrt{x^2+y^2}\Big]_{x=0}^{x=y}dy=\int_1^2(\sqrt{2}-1)y\,dy$$

$$=\left[\frac{\sqrt{2}-1}{2}y^2\right]_1^2=\frac{3}{2}(\sqrt{2}-1)\quad\cdots\cdots〔答〕$$

~~~~~~~ **類題 7 − 1** ~~~~~~ 解答は **p. 229**

次の 2 重積分を計算せよ。

(1) $\displaystyle\iint_D \dfrac{x}{1+y}\,dxdy,\ D:0\leqq x\leqq1,\ 0\leqq y\leqq x^2$

(2) $\displaystyle\iint_D y\,dxdy,\ D:(0,\ 0),\ (1,\ 0),\ (3,\ 1),\ (2,\ 2),\ (0,\ 2)$ を頂点とする 5 角形がつくる閉領域

───── 例題 7 － 2 （変数変換①：一般の変数変換）─────

次の 2 重積分を計算せよ。

$$\iint_D (x-y)^2\sqrt{1-(x+y)^2}\,dxdy, \quad D:|x+y|\leq 1, \ |x-y|\leq 1$$

[解説] 重積分の計算において**変数変換**は重要である。具体的な計算においてはどのような変数変換が適当であるかを判断しなければならないが，それは積分領域の形および被積分関数の形から考える。**ヤコビアンの絶対値**をかけるのを忘れないように注意しよう。

[解答] $\iint_D (x-y)^2\sqrt{1-(x+y)^2}\,dxdy, \ D:|x+y|\leq 1, \ |x-y|\leq 1$

$u=x+y, \ v=x-y$ とおくと，

$D:|x+y|\leq 1, \ |x-y|\leq 1$ は，$E:|u|\leq 1, \ |v|\leq 1$ に移る。

このとき，$x=\dfrac{u+v}{2}, \ y=\dfrac{u-v}{2}$ より，$\dfrac{\partial(x, \ y)}{\partial(u, \ v)}=\begin{vmatrix} \dfrac{1}{2} & \dfrac{1}{2} \\ \dfrac{1}{2} & -\dfrac{1}{2} \end{vmatrix}=-\dfrac{1}{2}$

$\therefore \ \left|\dfrac{\partial(x, \ y)}{\partial(u, \ v)}\right|=\dfrac{1}{2}$ ◀ヤコビアンの絶対値

よって，

$$\iint_D (x-y)^2\sqrt{1-(x+y)^2}\,dxdy$$

$$=\iint_E v^2\sqrt{1-u^2}\cdot\frac{1}{2}\,dudv \quad ◀D\text{上の2重積分が}E\text{上の2重積分に変わる}$$

$$=\frac{1}{2}\cdot\int_{-1}^1 \sqrt{1-u^2}\,du\cdot\int_{-1}^1 v^2\,dv \quad ◀E\text{上の2重積分が逐次積分で計算される}$$

$$=\frac{1}{2}\cdot\frac{\pi}{2}\cdot\frac{2}{3} \quad ◀\text{半円の積分}\int_{-1}^1\sqrt{1-u^2}\,du\text{はどんな面積か考えればすぐ分かる}$$

$$=\frac{\pi}{6} \quad \cdots\cdots〔答〕$$

░░░ **類題 7 － 2** ░░░░░░░░░░░░░░░░░░░░░░░░░ 解答は p. 229

次の 2 重積分を計算せよ。

(1) $\iint_D (x+y)^4\,dxdy, \ D:x^2+2xy+2y^2\leq 1$

(2) $\iint_D e^{(x+y)^2}\,dxdy, \ D:0\leq x\leq 1, \ 0\leq y\leq 1-x$

― 例題 7 － 3 （変数変換②：極座標変換） ―――――

次の 2 重積分の値を求めよ。

$$\iint_D \sqrt{\frac{1-x^2-y^2}{1+x^2+y^2}}\,dxdy,\ \ D:x^2+y^2\leqq1$$

[解説]　変数変換の中でも特に**極座標変換**は頻出である。$x=r\cos\theta,\ y=r\sin\theta$ のときの**ヤコビアンの絶対値が r であること**は覚えておいてもよい。

[解答]　$x=r\cos\theta,\ y=r\sin\theta$ とおくと，D は $E:0\leqq r\leqq1,\ 0\leqq\theta\leqq2\pi$ に移る。

また，$\dfrac{\partial(x,\ y)}{\partial(r,\ \theta)}=\begin{vmatrix}\cos\theta & -r\sin\theta\\ \sin\theta & r\cos\theta\end{vmatrix}=r$ より，$\left|\dfrac{\partial(x,\ y)}{\partial(r.\ \theta)}\right|=r$

よって，$\displaystyle\iint_D\sqrt{\frac{1-x^2-y^2}{1+x^2+y^2}}\,dxdy=\iint_E\sqrt{\frac{1-r^2}{1+r^2}}\cdot rdrd\theta$　←E 上の 2 重積分に変換

$$=\int_0^{2\pi}\left(\int_0^1\sqrt{\frac{1-r^2}{1+r^2}}\cdot rdr\right)d\theta$$　←逐次積分で計算

$$=2\pi\int_0^1\sqrt{\frac{1-r^2}{1+r^2}}\cdot rdr$$

ここで，置換積分法により，

$$\int_0^1\sqrt{\frac{1-r^2}{1+r^2}}\cdot rdr=\frac{1}{2}\int_0^1\sqrt{\frac{1-t}{1+t}}\,dt=\frac{1}{2}\int_0^1\frac{1-t}{\sqrt{1-t^2}}\,dt$$

$$=\frac{1}{2}\int_0^1\left(\frac{1}{\sqrt{1-t^2}}-\frac{t}{\sqrt{1-t^2}}\right)dt$$

$$=\frac{1}{2}\left[\sin^{-1}t+\sqrt{1-t^2}\right]_0^1=\frac{1}{2}\left(\frac{\pi}{2}-1\right)$$

よって，

$$\iint_D\sqrt{\frac{1-x^2-y^2}{1+x^2+y^2}}\,dxdy=2\pi\cdot\frac{1}{2}\left(\frac{\pi}{2}-1\right)=\frac{1}{2}\pi^2-\pi\ \ \cdots\cdots〔答〕$$

〰〰 類題 7 － 3 〰〰〰〰〰〰〰〰〰〰〰〰〰〰〰〰〰〰〰〰〰〰〰〰〰〰〰〰〰〰〰 解答は p. 229

次の 2 重積分の値を求めよ。

(1)　$\displaystyle\iint_D\frac{x^2}{\sqrt{1+x^2+y^2}}\,dxdy,\ \ D:x^2+y^2\leqq8,\ \ y\geqq0$

(2)　$\displaystyle\iint_D x^2\sin(x^2+y^2)dxdy,\ \ D:x^2+y^2\leqq\pi$

— 例題 7 － 4 （広義積分①）—

次の 2 重積分の値を求めよ。

$$\iint_D \log(x^2+y^2)\,dxdy, \quad D:x^2+y^2\leqq 1$$

[解説]　**2 重積分における広義積分**も本質的には 1 変数の場合と同じである。ただし， 2 重積分の場合，**積分領域の制限の仕方**がいろいろ考えられる点に注意。

[解答]　被積分関数は $\log(x^2+y^2)$ であり，原点 $(0, 0)$ が特異点の広義積分である。
$D_a : a^2\leqq x^2+y^2\leqq 1$ とおく。ただし，$a>0$
$x=r\cos\theta, \ y=r\sin\theta$ とおくと，D_a は
$E_a : a\leqq r\leqq 1, \ 0\leqq\theta\leqq 2\pi$ に移る。
よって，

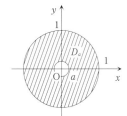

$$\iint_{D_a}\log(x^2+y^2)\,dxdy=\iint_{E_a}\log r^2\cdot r\,drd\theta=\int_0^{2\pi}\left(\int_a^1\log r^2\cdot r\,dr\right)d\theta$$

$$=2\pi\int_a^1\log r^2\cdot r\,dr=4\pi\int_a^1 r\log r\,dr=\cdots=4\pi\left(-\frac{1}{2}a^2\log a-\frac{1}{4}+\frac{a^2}{4}\right)$$

ここで，ロピタルの定理により，

$$\lim_{a\to+0}a^2\log a=\lim_{a\to+0}\frac{\log a}{a^{-2}}=\lim_{a\to+0}\frac{a^{-1}}{-2a^{-3}}=\lim_{a\to+0}\left(-\frac{a^2}{2}\right)=0$$

よって，

$$\lim_{a\to+0}\iint_{D_a}\log(x^2+y^2)\,dxdy$$

$$=\lim_{a\to+0}4\pi\left(-\frac{1}{2}a^2\log a-\frac{1}{4}+\frac{a^2}{4}\right)=-\pi$$

すなわち，$\displaystyle\iint_D\log(x^2+y^2)\,dxdy=-\pi$　……〔答〕

///////// 類題 7 － 4 /// 解答は p. 230

次の 2 重積分を計算せよ。

(1)　$\displaystyle\iint_D\frac{1}{\sqrt{1-x^2-y^2}}\,dxdy, \quad D:x^2+y^2\leqq 1$

(2)　$\displaystyle\iint_D\frac{1}{\sqrt{x-y}}\,dxdy, \quad D:0\leqq y\leqq x, \ 0\leqq x\leqq 1$

例題 7－5 （広義積分②）

(1)　次の 2 重積分を計算せよ。

$$\iint_D e^{-x^2-y^2}dxdy, \quad D:x\geqq0, \ y\geqq0$$

(2)　上の結果を用いて，次の積分の値を求めよ。

$$\int_0^\infty e^{-x^2}dx$$

解 説　2 重積分における広義積分も積分領域が**有限のもの以外に無限のもの**もある。また，2 重積分の計算から難解な 1 変数積分の結果が導けることがある。

解 答　(1)　$D_n:x\geqq0, \ y\geqq0, \ x^2+y^2\leqq n^2$ とおく。

$x=r\cos\theta, \ y=r\sin\theta$ とおくと，D_n は，

$E_n:0\leqq r\leqq n, \ 0\leqq\theta\leqq\dfrac{\pi}{2}$ に移る。また，

$$\left|\frac{\partial(x, \ y)}{\partial(r, \ \theta)}\right|=r$$

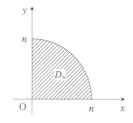

$$\therefore \ \iint_{D_n}e^{-x^2-y^2}dxdy=\iint_{E_n}e^{-r^2}rdrd\theta=\int_0^n\left(\int_0^{\frac{\pi}{2}}e^{-r^2}rd\theta\right)dr$$

$$=\int_0^n e^{-r^2}rdr\cdot\int_0^{\frac{\pi}{2}}d\theta=\left[-\frac{1}{2}e^{-r^2}\right]_0^n\cdot\frac{\pi}{2}=\frac{\pi}{4}(1-e^{-n^2})$$

よって，$\displaystyle\iint_D e^{-x^2-y^2}dxdy=\lim_{n\to\infty}\iint_{D_n}e^{-x^2-y^2}dxdy=\lim_{n\to\infty}\frac{\pi}{4}(1-e^{-n^2})=\frac{\pi}{4}$

……〔答〕

(2)　$F_n:0\leqq x\leqq n, \ 0\leqq y\leqq n$ とおく。

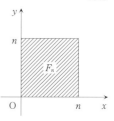

$$\iint_{F_n}e^{-x^2-y^2}dxdy=\int_0^n\left(\int_0^n e^{-x^2-y^2}dx\right)dy$$

$$=\int_0^n\left(\int_0^n e^{-x^2}e^{-y^2}dx\right)dy=\int_0^n e^{-x^2}dx\cdot\int_0^n e^{-y^2}dy$$

$$=\int_0^n e^{-x^2}dx\cdot\int_0^n e^{-x^2}dx=\left(\int_0^n e^{-x^2}dx\right)^2$$

$$\therefore \ \left(\int_0^\infty e^{-x^2}dx\right)^2=\frac{\pi}{4} \quad よって，\int_0^\infty e^{-x^2}dx=\frac{\sqrt{\pi}}{2} \ ……〔答〕$$

類題 7－5　　　　　　　　　　　　　　　　　　　　　　　　　解答は **p. 231**

次の 2 重積分を計算せよ。

$$\iint_D\frac{1}{(x+y+1)^3}dxdy, \quad D:x\geqq0, \ y\geqq0$$

─── 例題 7 − 6 （体積）─────────────

　球面 $x^2+y^2+z^2=4$ と円柱 $(x-1)^2+y^2=1$ で囲まれた立体の体積を求めよ。

解 説　1変数の積分が「グラフの下の面積」を表すように，2重積分は「**グラフの下の体積**」を表す。(上の式)−(下の式) を積分すれば体積が求まる。積分範囲をしっかりと確認すること。

解 答　$D:(x-1)^2+y^2\leq 1$ とおく。

$x^2+y^2+z^2=4$ より，$z=\pm\sqrt{4-x^2-y^2}$

求める体積を V とすると，

$$V=2\iint_D \sqrt{4-x^2-y^2}\,dxdy$$

$x=r\cos\theta,\ y=r\sin\theta$ とおくと，D は

$E:0\leq r\leq 2\cos\theta,\ \ -\dfrac{\pi}{2}\leq\theta\leq\dfrac{\pi}{2}$ に移る。

よって，

$$V=2\iint_D \sqrt{4-x^2-y^2}\,dxdy$$

$$=2\iint_E \sqrt{4-r^2}\cdot r\,drd\theta$$

$$=2\int_{-\frac{\pi}{2}}^{\frac{\pi}{2}}\left(\int_0^{2\cos\theta} r\sqrt{4-r^2}\,dr\right)d\theta=2\int_{-\frac{\pi}{2}}^{\frac{\pi}{2}}\left[-\frac{1}{3}(4-r^2)^{\frac{3}{2}}\right]_{r=0}^{r=2\cos\theta}d\theta$$

$$=2\int_{-\frac{\pi}{2}}^{\frac{\pi}{2}}\left\{-\frac{1}{3}(4\sin^2\theta)^{\frac{3}{2}}+\frac{1}{3}4^{\frac{3}{2}}\right\}d\theta=4\int_0^{\frac{\pi}{2}}\left\{-\frac{1}{3}(4\sin^2\theta)^{\frac{3}{2}}+\frac{1}{3}4^{\frac{3}{2}}\right\}d\theta$$

$$=\frac{32}{3}\int_0^{\frac{\pi}{2}}(-\sin^3\theta+1)d\theta=\frac{32}{3}\int_0^{\frac{\pi}{2}}\{-(1-\cos^2\theta)\sin\theta+1\}d\theta$$

$$=\frac{32}{3}\int_0^{\frac{\pi}{2}}(-\sin\theta+\cos^2\theta\cdot\sin\theta+1)d\theta=\frac{32}{3}\left[\cos\theta-\frac{1}{3}\cos^3\theta+\theta\right]_0^{\frac{\pi}{2}}$$

$$=\frac{32}{3}\left(\frac{\pi}{2}-\frac{2}{3}\right)\quad\cdots\cdots〔答〕$$

///////// **類題 7 − 6** /// 解答は **p. 231**

　曲面 $z=x^2+y^2$ と平面 $z=2x$ で囲まれた立体の体積を求めよ。

━━ **例題 7 － 7**（3重積分）━━━━━━━━━━

次の3重積分の値を求めよ。ただし，a は正定数である。

$$\iiint_D (x^2+y^2)\,dx\,dy\,dz, \quad D: x^2+y^2+z^2 \leq a^2$$

[解説]　**3重積分**も基本的には2重積分と全く同じである。注意すべき点は**空間座標**における**極座標**である。式を丸暗記したりせず，**極座標の定め方**をよく理解しよう。

図のように極座標 $(r,\ \theta,\ \varphi)$ を定める。

このとき，図から分かるように，

$$x = r\sin\theta\cos\varphi,\ \ y = r\sin\theta\sin\varphi,\ \ z = r\cos\theta$$

$r \geq 0,\ \ 0 \leq \theta \leq \pi,\ \ 0 \leq \varphi \leq 2\pi$ である。

また，ヤコビアンは，

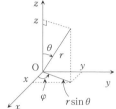

$$\frac{\partial(x,\ y,\ z)}{\partial(r,\ \theta,\ \varphi)} = \begin{vmatrix} \sin\theta\cos\varphi & r\cos\theta\cos\varphi & -r\sin\theta\sin\varphi \\ \sin\theta\sin\varphi & r\cos\theta\sin\varphi & r\sin\theta\cos\varphi \\ \cos\theta & -r\sin\theta & 0 \end{vmatrix} = \cdots\cdots = r^2\sin\theta$$

[解答]　$x = r\sin\theta\cos\varphi,\ \ y = r\sin\theta\sin\varphi,\ \ z = r\cos\theta$ とおくと，D は

$E: 0 \leq r \leq a,\ \ 0 \leq \theta \leq \pi,\ \ 0 \leq \varphi \leq 2\pi$ に移る。また，$\left| \dfrac{\partial(x,\ y,\ z)}{\partial(r,\ \theta,\ \varphi)} \right| = r^2\sin\theta$

よって，

$$\iiint_D (x^2+y^2)\,dx\,dy\,dz$$

$$= \iiint_E (r^2\sin^2\theta\cos^2\varphi + r^2\sin^2\theta\sin^2\varphi)\,r^2\sin\theta\,dr\,d\theta\,d\varphi \quad \leftarrow 極座標に変換$$

$$= \iiint_E r^4\sin^3\theta\,dr\,d\theta\,d\varphi$$

$$= \int_0^{2\pi}\left(\int_0^{\pi}\left(\int_0^a r^4\sin^3\theta\,dr\right)d\theta\right)d\varphi \quad \leftarrow \int_0^{2\pi}\int_0^{\pi}\int_0^a r^4\sin^3\theta\,dr\,d\theta\,d\varphi \ \text{と略記してよい。}$$

$$= \int_0^a r^4\,dr \cdot \int_0^{\pi}\sin^3\theta\,d\theta \cdot \int_0^{2\pi}d\varphi = \frac{a^5}{5}\cdot\frac{4}{3}\cdot 2\pi = \frac{8}{15}\pi a^5 \quad \cdots\cdots〔答〕$$

〰〰〰 **類題 7 － 7** 〰〰〰〰〰〰〰〰〰〰〰〰〰〰〰〰〰〰〰〰〰〰〰〰〰〰〰〰　解答は p.231

3重積分により，楕円体 $\dfrac{x^2}{a^2}+\dfrac{y^2}{b^2}+\dfrac{z^2}{c^2} \leq 1\ \ (a>0,\ b>0,\ c>0)$ の体積を求めよ。

■ 第7章 章末問題 ▶解答は p. 231

1 次の2重積分を計算せよ。

$$\iint_D \frac{x\,dx\,dy}{\sqrt{4x^2-y^2}}, \quad D=\left\{(x,\ y)\,\middle|\,x\le y\le 2x\sin x,\ \frac{\pi}{6}\le x\le\frac{\pi}{2}\right\}$$

〈同志社大学－工学部〉

2 以下の各問に答えよ。

(1) 次の2重積分を求めよ。

$$\iint_D x^2\,dx\,dy, \quad D=\{(x,\ y)\,|\,x^2+y^2\le 1,\ x+y\ge 1\}$$

(2) 変数変換 $u=xy,\quad v=\dfrac{y}{x}$ を用いて，次の2重積分を求めよ。

$$\iint_D x^2 e^{-x^2y^2}\,dx\,dy, \quad D=\{(x,\ y)\,|\,x\le y\le 4x,\ 1\le xy\le 3\}$$
〈神戸大学－工学部〉

3 次の各問いに答えよ。

(1) 積分 $\displaystyle\int_0^{\frac{\pi}{2}}\cos^6\theta\,d\theta$ の値を求めよ。

(2) 次の D 上の重積分を，$x=r\cos\theta,\ y=r\sin\theta$ と変数変換することにより求めよ。

$$\iint_D x^2\,dx\,dy, \quad D=\{(x,\ y)\,|\,x^2+y^2\le x\}$$
〈神戸大学－工学部〉

4 媒介変数表示された曲線 $C:x=3\cos t,\ y=2\sin t\ (0\le t\le 2\pi)$ を図示し，この曲線で囲まれた図形 D 上の重積分

$$\iint_D (xy+1)\,dx\,dy$$

の値を求めよ。 〈京都工芸繊維大学〉

5 重積分に関する以下の問いに答えよ。

(1) 領域 $D=\left\{(x,\ y,\ z)\,\middle|\,x,\ y,\ z\ge 0,\ x+y+z\le\dfrac{\pi}{2}\right\}$ を図示せよ。

(2) 次の不定積分を求めよ。ただし，a は定数である。

$$\int x\sin(a+x)\,dx$$

(3) D を積分領域として，次の3重積分の値を求めよ。

$$\iiint_D z\sin(x+y+z)\,dx\,dy\,dz$$
〈千葉大学－工学部〉

第8章

微分方程式

要　項

8.1　微分方程式の一般解・特殊解

x の関数 y に対して，x，y とその導関数 y'，y''，… を含む方程式

$$F(x, y, y', y'', \cdots) = 0$$

を**微分方程式**といい，含まれる導関数の最大階数を微分方程式の**階数**という。

微分方程式を満たす関数 y を求めることを，微分方程式を**解く**といい，その y を微分方程式の**解**という。n 階の微分方程式の解で，n 個の任意定数を含む解を**一般解**，一般解の n 個の任意定数に特殊な値を代入して得られる解を**特殊解**という。

8.2　1階線形微分方程式：$y' + p(x)y = f(x)$

$f(x) = 0$ の場合を**同次（斉次）**，$f(x) \neq 0$ の場合を**非同次（非斉次）**という。

（ⅰ）　同次の場合；

$$y' + p(x)y = 0 \quad \text{より，} \quad \frac{1}{y}\frac{dy}{dx} = -p(x)$$

両辺を x で積分すると，

$$\int \frac{1}{y}dy = -\int p(x)dx \quad \therefore \quad \log|y| = -\int p(x)dx$$

よって，一般解は，$y = Ce^{-\int p(x)dx}$　（C は任意定数）

（注）　公式の中の不定積分は，不定積分のどれか1つを表す。

（ⅱ）　非同次の場合；

[公式]　$y' + p(x)y = f(x)$ の一般解は，

$$y = \left(\int f(x)e^{\int p(x)dx}dx + C \right)e^{-\int p(x)dx} \quad （C \text{ は任意定数}）$$

▶**アドバイス**◀
　編入試験においては，一般解の公式は使わず，変数分離形の解法および定数変化法などの方法で解くようにしよう。

8.3 定数変化法

同次方程式 $y'+p(x)y=0$ の一般解

$$y=Ae^{-\int p(x)dx} \quad (A \text{ は任意定数})$$

において，任意定数 A を x の関数 $A(x)$ と考える。

$$y=A(x)e^{-\int p(x)dx}$$

このとき，

$$y'=A'(x)e^{-\int p(x)dx}+A(x)\left(e^{-\int p(x)dx}\cdot(-p(x))\right)$$

$$=A'(x)e^{-\int p(x)dx}-p(x)A(x)e^{-\int p(x)dx}$$

$$=A'(x)e^{-\int p(x)dx}-p(x)y \quad \therefore \quad y'+p(x)y=A'(x)e^{-\int p(x)dx}$$

よって，これが非同次方程式 $y'+p(x)y=f(x)$ の解になっているとすると，

$$A'(x)e^{-\int p(x)dx}=f(x) \quad \therefore \quad A'(x)=f(x)e^{\int p(x)dx}$$

$$\therefore \quad A(x)=\int f(x)e^{\int p(x)dx}dx+C \quad (C \text{ は任意定数})$$

以上より，

$$y=A(x)e^{-\int p(x)dx}$$

$$=\left(\int f(x)e^{\int p(x)dx}dx+C\right)e^{-\int p(x)dx} \quad (C \text{ は任意定数})$$

▶アドバイス◀
定数変化法は微分方程式の学習において根幹となる重要事項の1つである。しっかりと理解しよう。

8.4 ベルヌーイの微分方程式（1階線形微分方程式の応用）

ベルヌーイの微分方程式：$y'+p(x)y=f(x)y^m \quad (m=2, 3, \cdots)$
これは $z=y^{1-m}$ とおくことにより，1階線形微分方程式になる。

解説 $z=y^{1-m}$ より，$z'=(1-m)y^{-m}\cdot y'$

$y'+p(x)y=f(x)y^m$ の両辺に $(1-m)y^{-m}$ をかけると，

$$(1-m)y^{-m}\cdot y'+(1-m)p(x)y^{1-m}=(1-m)f(x)$$

$$\therefore \quad z'+(1-m)p(x)z=(1-m)f(x) \quad \leftarrow 1\text{階線形微分方程式}$$

8. 5 2階線形定数係数微分方程式：$y'' + ay' + by = f(x)$

（ⅰ）　同次の場合：$y'' + ay' + by = 0$

同次の場合の一般解は次の公式によって求める。

[公式]　特性方程式 $t^2 + at + b = 0$ の解を α, β とする。

(ア)　α, β が相異なる2つの実数解のとき，$y = C_1 e^{\alpha x} + C_2 e^{\beta x}$

(イ)　α, β が重解（$\alpha = \beta$）のとき，$y = C_1 e^{\alpha x} + C_2 x e^{\alpha x}$

(ウ)　α, β が虚数解 $p \pm qi$ のとき，$y = C_1 e^{px} \cos qx + C_2 e^{px} \sin qx$

（ⅱ）　非同次の場合：$y'' + ay' + by = f(x)$

$y'' + ay' + by = f(x)$ の特殊解を y_0，$y'' + ay' + by = 0$ の一般解を $C_1 y_1 + C_2 y_2$
とするとき，$y'' + ay' + by = f(x)$ の一般解は次で与えられる。

$$y = C_1 y_1 + C_2 y_2 + y_0$$

線形微分方程式の性質：

　　（非同次の一般解）＝（同次の一般解）＋（非同次の特殊解）

> ▶アドバイス◀
> 　特殊解の求め方は，特殊解の形を推測して係数合わせをする方法（未定係数法）がよく使われる。

8. 6　オイラーの微分方程式
　　　（2階線形定数係数微分方程式の応用）

オイラーの微分方程式：$x^2 y'' + axy' + by = f(x)$

これは $x = e^t$ とおくことにより，2階線形定数係数微分方程式になる。

解説　$\dfrac{dy}{dt}$，$\dfrac{d^2 y}{dt^2}$ を計算すると次が得られる。

$$\frac{dy}{dt} = xy' \quad \cdots\cdots① \qquad \frac{d^2 y}{dt^2} = xy' + x^2 y'' \quad \cdots\cdots②$$

②＋①×$(a-1)$ より，$\dfrac{d^2 y}{dt^2} + (a-1)\dfrac{dy}{dt} = x^2 y'' + axy' = f(x) - by$

$$\therefore \quad \frac{d^2 y}{dt^2} + (a-1)\frac{dy}{dt} + by = f(x) \quad \text{←2階線形定数係数微分方程式}$$

8.7 変数分離形の解法

【例】 $y' + 2y = 0$

（解） $y' + 2y = 0$ より，$\dfrac{dy}{dx} = -2y$ ∴ $\dfrac{1}{y}\dfrac{dy}{dx} = -2$

両辺を x で積分すると，

$$\int \frac{1}{y}\frac{dy}{dx}dx = \int(-2)dx \quad ∴ \quad \int\frac{1}{y}dy = \int(-2)dx$$

$$∴ \quad \log|y| = -2x + C \quad ∴ \quad y = \pm e^{-2x+C} = \pm e^{C}e^{-2x}$$

よって，一般解は，$y = Ae^{-2x}$ （A は任意定数）

▶アドバイス◀
変数分離形の解法は微分方程式の土台である。

8.8 同次形とその解法

1 階微分方程式で，次の形のものを**同次形**という。

$$\frac{dy}{dx} = f\left(\frac{y}{x}\right)$$

これは $\dfrac{y}{x} = u$ とおくと**変数分離形**に帰着できる。

8.9 完全微分形とその解法

$$\frac{dy}{dx} = -\frac{f(x,\ y)}{g(x,\ y)} \quad \text{あるいは} \quad f(x,\ y)dx + g(x,\ y)dy = 0$$

の形の 1 階微分方程式で，次の条件を満たすものを**完全微分形**という。

$$\frac{\partial f}{\partial y} = \frac{\partial g}{\partial x}$$

一般解は次の式で与えられる。

$$\int f(x,\ y)dx + \int\left(g(x,\ y) - \frac{\partial}{\partial y}\int f(x,\ y)dx\right)dy = C \quad （C は任意定数）$$

（注） 公式の中の不定積分は，不定積分のうちの 1 つを表す。

▶アドバイス◀
編入試験で完全微分形はめったに出ないが，自分が受ける大学の過去問にあればチェックしておこう。

例題 8 − 1（1階・線形：$y' + p(x)y = f(x)$）

次の微分方程式を解け。

(1)　$y' - 3y = 0$　　　　　　　　　(2)　$y' + 2y = x$

解説　まず初めに**線形微分方程式**の解法を取り上げる。線形微分方程式の解法はすっきりしているので，ここから始めると無用の混乱に陥ることを防げる。最初に登場する**変数分離形**および**定数変化法**は微分方程式の土台である。

解答　(1)　$y' - 3y = 0$ より，$\dfrac{dy}{dx} = 3y$

$\therefore$　$\dfrac{1}{y}\dfrac{dy}{dx} = 3$　← $y = 0$ が勝手に無視されているがこのように書いてよい。

両辺を x で積分すると，

$$\int \frac{1}{y}dy = \int 3dx$$　← 置換積分法により，$\displaystyle\int \frac{1}{y}\frac{dy}{dx}dx = \int \frac{1}{y}dy$

$\therefore$　$\log|y| = 3x + C$　　$\therefore$　$y = \pm e^{3x+C} = \pm e^C e^{3x}$

よって，$y = Ae^{3x}$（A は任意定数）　……〔答〕　← 最後に $y = 0$ も仲間入り。

(注)　このような微分方程式は**変数分離形**といわれる。

(2)　(1)と同様にして同次の場合 $y' + 2y = 0$ の解を求めると，$y = Ae^{-2x}$

ここで，任意定数 A を関数 $A(x)$ と考えて，$y = A(x)e^{-2x}$ とすると，

$y' = A'(x)e^{-2x} + A(x)(-2e^{-2x}) = A'(x)e^{-2x} - 2y$　　$\therefore$　$y' + 2y = A'(x)e^{-2x}$

よって，$y = A(x)e^{-2x}$ が $y' + 2y = x$ を満たすとすれば，$A'(x)e^{-2x} = x$

$\therefore$　$A'(x) = xe^{2x}$

$\therefore$　$A(x) = \displaystyle\int xe^{2x}dx = x \cdot \frac{1}{2}e^{2x} - \int 1 \cdot \frac{1}{2}e^{2x}dx = \frac{1}{2}xe^{2x} - \frac{1}{4}e^{2x} + C$

以上より，

$$y = \left(\frac{1}{2}xe^{2x} - \frac{1}{4}e^{2x} + C\right)e^{-2x}$$

$$= \frac{1}{2}x - \frac{1}{4} + Ce^{-2x}\quad（C は任意定数）　……〔答〕$$

(注)　非同次の場合のこのような解法は**定数変化法**といわれる。

類題 8 − 1　　　　　　　　　　　　　　　　　　　　　　解答は p.233

次の微分方程式を解け。

(1)　$(1+x)y' + (1+y) = 0$　$(x > -1)$　　　　(2)　$y' + 2xy = x$

例題 8－2 （ベルヌーイの微分方程式：$y'+p(x)y=f(x)y^m$）

微分方程式 $y'+y=xy^3$ について，以下の問いに答えよ。

(1) $z=y^{-2}$ とおくとき，z が満たすべき微分方程式を求めよ。

(2) 微分方程式 $y'+y=xy^3$ の一般解を求めよ。

[解説] **ベルヌーイの微分方程式：$y'+p(x)y=f(x)y^m$ （$m=2,\ 3,\ \cdots$）は
1階線形微分方程式の応用である。**$z=y^{1-m}$ の置き換えにより，1階線形微分
方程式になる。

[解答] (1) $z=y^{-2}$ より，$z'=-2y^{-3}y'$　　$\therefore$　$y^{-3}y'=-\dfrac{1}{2}z'$

さて，$y'+y=xy^3$ の両辺を y^3 で割ると，$y^{-3}y'+y^{-2}=x$

$\therefore$　$-\dfrac{1}{2}z'+z=x$　　よって，$z'-2z=-2x$　……〔答〕　←1階線形になった！

(2) $z'-2z=0$ とすると，$\dfrac{dz}{dx}=2z$　　$\therefore$　$\dfrac{1}{z}\dfrac{dz}{dx}=2$

両辺を x で積分すると，$\displaystyle\int\dfrac{1}{z}dz=\int 2dx$

$\therefore$　$\log|z|=2x+C$　　$z=Ae^{2x}$

そこで，$z=A(x)e^{2x}$ とすると，

$z'=A'(x)e^{2x}+2z$ より，$z'-2z=A'(x)e^{2x}$

よって，$z'-2z=-2x$ の一般解を $z=A(x)e^{2x}$ とすれば，

　　$A'(x)e^{2x}=-2x$　　$\therefore$　$A'(x)=-2xe^{-2x}$

$\therefore$　$A(x)=\displaystyle\int(-2xe^{-2x})dx=xe^{-2x}+\dfrac{1}{2}e^{-2x}+C$

よって，$z=\left(xe^{-2x}+\dfrac{1}{2}e^{-2x}+C\right)e^{2x}=x+\dfrac{1}{2}+Ce^{2x}$

$z=y^{-2}=\dfrac{1}{y^2}$ より，$\left(x+\dfrac{1}{2}+Ce^{2x}\right)y^2=1$　……〔答〕　←このままの形でよい。

〰〰 **類題 8－2** 〰〰〰〰〰〰〰〰〰〰〰〰〰〰〰〰〰〰〰〰〰〰〰〰〰〰〰〰〰〰〰〰解答は p. 234

次の微分方程式の一般解を求めよ。

(1) $y'+(\sin x)y=(\sin x)y^2$　　　　(2) $xy'+y=y^2\log x$

┌─ **例題 8－3**（2 階・線形・定数係数・同次：$y'' + ay' + by = 0$）─

次の微分方程式を解け。

(1) $y'' - 3y' + 2y = 0$ (2) $y'' - 4y' + 4y = 0$ (3) $y'' + 2y' + 5y = 0$

[解説] **2 階・線形・定数係数・同次**：$y'' + ay' + by = 0$ の微分方程式の一般解は公式により求める。公式は次の内容で，完全に**暗記**すること。

> 特性方程式 $t^2 + at + b = 0$ の解を α，β とする。
> (ア) α，β が相異なる 2 つの実数解のとき，$y = C_1 e^{\alpha x} + C_2 e^{\beta x}$
> (イ) α，β が重解（$\alpha = \beta$）のとき，$y = C_1 e^{\alpha x} + C_2 x e^{\alpha x}$
> (ウ) α，β が虚数解 $p \pm qi$ のとき，$y = C_1 e^{px} \cos qx + C_2 e^{px} \sin qx$
> ここで，C_1，C_2 は任意定数を表す。

[解答] 同次の場合は公式からただちに一般解を書き下すだけである。以下，C_1，C_2 は任意定数を表す。

(1) 特性方程式は，$t^2 - 3t + 2 = 0$

∴ $(t-1)(t-2) = 0$ ∴ $t = 1, 2$ （異なる 2 つの実数解）

よって，求める一般解は，

$$y = C_1 e^x + C_2 e^{2x} \quad \cdots\cdots〔答〕$$

(2) 特性方程式は，$t^2 - 4t + 4 = 0$

∴ $(t-2)^2 = 0$ ∴ $t = 2$ （重解）

よって，求める一般解は，

$$y = C_1 e^{2x} + C_2 x e^{2x} \quad \cdots\cdots〔答〕$$

(3) 特性方程式は，$t^2 + 2t + 5 = 0$

∴ $t = -1 \pm 2i$ （虚数解）

よって，求める一般解は，

$$y = C_1 e^{-x} \cos 2x + C_2 e^{-x} \sin 2x \quad \cdots\cdots〔答〕$$

──── **類題 8－3** ──────────────────────── 解答は **p. 234**

次の微分方程式を解け。

(1) $y'' - 2y' - 2y = 0$ (2) $y'' - 2y' + y = 0$ (3) $y'' + 3y = 0$

┌─── **例題 8 − 4** （2階・線形・定数係数・非同次：$y'' + ay' + by = f(x)$）─┐

次の微分方程式を解け。

(1) $y'' - 3y' + 2y = e^{-x}$ (2) $y'' - 4y' + 4y = \sin x$

└──┘

[解 説] 非同次の場合は**線形微分方程式の基本性質**に着目する。すなわち，

$y'' + ay' + by = f(x)$ の特殊解を y_0，$y'' + ay' + by = 0$ の一般解を $C_1 y_1 + C_2 y_2$

とするとき，$y'' + ay' + by = f(x)$ の一般解は $y = C_1 y_1 + C_2 y_2 + y_0$ で与えられる。

線形微分方程式の基本性質：

      （非同次の一般解）＝（同次の一般解）＋（非同次の特殊解）

なお，特殊解は元の微分方程式の右辺の内容に注意して適当な形を予想する。

予想した式がきちんと解（特殊解）になるように係数を定める（**未定係数法**）。

[解 答] 以下，C_1，C_2 は任意定数を表す。

(1) $y'' - 3y' + 2y = 0$ 一般解は，$y = C_1 e^x + C_2 e^{2x}$（例題 8 − 3 参照）

   よって，$y'' - 3y' + 2y = e^{-x}$ の特殊解を求めればよい。

    $y = A e^{-x}$ とおくと，$y' = -A e^{-x}$，$y'' = A e^{-x}$ $\therefore$ $y'' - 3y' + 2y = 6A e^{-x}$

    $6A = 1$ より，$A = \dfrac{1}{6}$ $\therefore$ $y = \dfrac{1}{6} e^{-x}$ は $y'' - 3y' + 2y = e^{-x}$ の特殊解

   よって，求める一般解は，$y = C_1 e^x + C_2 e^{2x} + \dfrac{1}{6} e^{-x}$ ……〔答〕

(2) $y'' - 4y' + 4y = 0$ の一般解は，$y = C_1 e^{2x} + C_2 x e^{2x}$（例題 8 − 3 参照）

   よって，$y'' - 4y' + 4y = \sin x$ の特殊解を求めればよい。

   $y = A \sin x + B \cos x$ とおくと，

   $y' = A \cos x - B \sin x$，$y'' = -A \sin x - B \cos x$

   $\therefore$ $y'' - 4y' + 4y = (3A + 4B) \sin x + (-4A + 3B) \cos x$

   $3A + 4B = 1$ かつ $-4A + 3B = 0$ より，$A = \dfrac{3}{25}$，$B = \dfrac{4}{25}$

   $\therefore$ $y = \dfrac{3}{25} \sin x + \dfrac{4}{25} \cos x$ は $y'' - 4y' + 4y = \sin x$ の特殊解

   よって，求める一般解は，$y = C_1 e^{2x} + C_2 x e^{2x} + \dfrac{3}{25} \sin x + \dfrac{4}{25} \cos x$ ……〔答〕

〰〰 **類題 8 − 4** 〰〰〰〰〰〰〰〰〰〰〰〰〰〰〰〰〰〰〰〰〰〰〰 解答は p. 234

次の微分方程式を解け。

(1) $y'' - y' - 2y = 6 e^{2x}$ (2) $y'' + 4y = 4\cos 2x$

┌─── **例題 8 − 5　（オイラーの微分方程式：$x^2y'' + axy' + by = f(x)$）** ───┐

微分方程式 $x^2y'' - 3xy' - 12y = 0$ について，以下の問いに答えよ。

(1)　$x = e^u$ とおくことにより，u の関数 y が満たすべき微分方程式を求めよ。

(2)　微分方程式 $x^2y'' - 3xy' - 12y = 0$ の一般解を求めよ。

└──┘

解 説　2 階・線形・定数係数の微分方程式の応用として，オイラーの微分方程式：$x^2y'' + axy' + by = f(x)$ が重要である。これは $x = e^t$ とおくことにより，2 階・線形・定数係数の微分方程式になる。

解 答　(1)　$x = e^u$ より，$\dfrac{dy}{du} = \dfrac{dy}{dx} \cdot \dfrac{dx}{du} = \dfrac{dy}{dx} \cdot e^u = \dfrac{dy}{dx} \cdot x = x\dfrac{dy}{dx}$

また，$\dfrac{d^2y}{du^2} = \dfrac{d}{du}\left(\dfrac{dy}{du}\right) = \dfrac{d}{du}\left(x \cdot \dfrac{dy}{dx}\right) = \dfrac{d}{du}x \cdot \dfrac{dy}{dx} + x \cdot \dfrac{d}{du}\left(\dfrac{dy}{dx}\right)$

$= e^u \cdot \dfrac{dy}{dx} + x \cdot \left\{\dfrac{d}{dx}\left(\dfrac{dy}{dx}\right) \cdot \dfrac{dx}{du}\right\}$

$= x\dfrac{dy}{dx} + x \cdot \dfrac{d^2y}{dx^2} \cdot e^u = x\dfrac{dy}{dx} + x^2\dfrac{d^2y}{dx^2}$

以上より，

$$x\dfrac{dy}{dx} = \dfrac{dy}{du}, \quad x^2\dfrac{d^2y}{dx^2} = \dfrac{d^2y}{du^2} - x\dfrac{dy}{dx} = \dfrac{d^2y}{du^2} - \dfrac{dy}{du}$$

これらを $x^2\dfrac{d^2y}{dx^2} - 3x\dfrac{dy}{dx} - 12y = 0$ に代入すると，

$$\left(\dfrac{d^2y}{du^2} - \dfrac{dy}{du}\right) - 3\dfrac{dy}{du} - 12y = 0$$

よって，

$$\dfrac{d^2y}{du^2} - 4\dfrac{dy}{du} - 12y = 0 \quad \cdots\cdots〔答〕 \quad \leftarrow 2 階・線形・定数係数になった！$$

(2)　$t^2 - 4t - 12 = 0$ とすると，$(t+2)(t-6) = 0$　　∴　$t = -2,\ 6$

よって，求める一般解は，

$$y = C_1e^{-2u} + C_2e^{6u} = C_1\dfrac{1}{x^2} + C_2x^6 \quad \cdots\cdots〔答〕$$

〰〰〰 **類題 8 − 5** 〰〰〰〰〰〰〰〰〰〰〰〰〰〰〰〰〰〰〰〰〰〰〰 解答は **p. 235**

次の微分方程式の一般解を求めよ。

(1)　$x^2y'' + xy' + y = 0$　　　　　　　　(2)　$x^2y'' - xy' + y = \log x$

── **例題 8 − 6 （変数分離形①）** ────────

次の微分方程式を解け。

(1) $x^3 y' + y^2 = 0$　　　　　　　(2) $y' = y^2 - y$

解 説　1階・線形の微分方程式のところでも述べたように，**変数分離形**は微分方程式の基礎である。変数分離形の解法は完全に身につけなければならない。

解 答　(1) $x^3 y' + y^2 = 0$ より，$x^3 \dfrac{dy}{dx} = -y^2$　　$\therefore$　$\dfrac{1}{y^2} \dfrac{dy}{dx} = -\dfrac{1}{x^3}$

両辺を x で積分すると，

$$\int \frac{1}{y^2} \frac{dy}{dx} dx = \int \left(-\frac{1}{x^3} \right) dx$$

$\therefore$　$\displaystyle\int \frac{1}{y^2} dy = \int \left(-\frac{1}{x^3} \right) dx$　← 左辺は y だけ，右辺は x だけに変数が分離！

$\therefore$　$-\dfrac{1}{y} = \dfrac{1}{2x^2} + C$　　$\therefore$　$\dfrac{1}{y} = -\dfrac{1 + 2Cx^2}{2x^2}$

よって，$y = -\dfrac{2x^2}{1 + Ax^2}$　（A は任意定数）　……〔答〕

(2) $y' = y^2 - y$ より，$\dfrac{dy}{dx} = y^2 - y$　　$\therefore$　$\dfrac{1}{y^2 - y} \dfrac{dy}{dx} = 1$

両辺を x で積分すると，

$$\int \frac{1}{y^2 - y} dy = \int dx$$　← 左辺は y だけ，右辺は x だけに変数が分離！

$\therefore$　$\displaystyle\int \left(\frac{1}{y-1} - \frac{1}{y} \right) dy = \int dx$

$\therefore$　$\log|y-1| - \log|y| = x + C$　　$\therefore$　$\log\left| \dfrac{y-1}{y} \right| = x + C$

よって，$\dfrac{y-1}{y} = Ae^x$　　$\therefore$　$y = \dfrac{1}{1 - Ae^x}$　（A は任意定数）　……〔答〕

〰〰 **類題 8 − 6** 〰〰〰〰〰〰〰〰〰〰〰〰〰〰〰〰〰〰〰〰 解答は p. 235

次の微分方程式を解け。

(1) $y\sqrt{1+x^2}\, y' = -x\sqrt{1+y^2}$　　　　(2) $(1+x^2)y' + x\tan y = 0$

━━ 例題 8 − 7 （変数分離形②） ━━━━━━━━

次の微分方程式を解け。

(1)　$y' = \dfrac{x-y}{x+y}$　　　　　　(2)　$y' = \dfrac{1}{(x+y)^2}$

[解 説]　ただちに変数分離形に変形できない場合でも，**適当な変数変換**をすることによって変数分離形にできることがある。

[解 答]　(1)　$y' = \dfrac{x-y}{x+y}$ より，$\dfrac{dy}{dx} = \dfrac{1-\dfrac{y}{x}}{1+\dfrac{y}{x}}$

$z = \dfrac{y}{x}$ とおくと，$y = xz$　$\therefore$　$\dfrac{dy}{dx} = z + x\dfrac{dz}{dx}$　よって，$z + x\dfrac{dz}{dx} = \dfrac{1-z}{1+z}$

$\therefore$　$x\dfrac{dz}{dx} = \dfrac{1-z}{1+z} - z = \dfrac{1-2z-z^2}{1+z}$　$\therefore$　$\dfrac{z+1}{z^2+2z-1}\dfrac{dz}{dx} = -\dfrac{1}{x}$

両辺を x で積分すると，$\displaystyle\int \dfrac{z+1}{z^2+2z-1}dz = -\int \dfrac{1}{x}dx$

$\therefore$　$\dfrac{1}{2}\log|z^2+2z-1| = -\log x + C$　$\therefore$　$\log x^2 + \log|z^2+2z-1| = 2C$

$\therefore$　$x^2(z^2+2z-1) = A$

よって，$y^2 + 2xy - x^2 = A$（A は任意定数）……〔答〕

(2)　$z = x+y$ とおくと，$\dfrac{dz}{dx} = 1 + \dfrac{dy}{dx}$

$y' = \dfrac{1}{(x+y)^2}$ より，$\dfrac{dz}{dx} - 1 = \dfrac{1}{z^2}$　$\therefore$　$\dfrac{dz}{dx} = \dfrac{1+z^2}{z^2}$　$\therefore$　$\dfrac{z^2}{1+z^2}\dfrac{dz}{dx} = 1$

両辺を x で積分すると，$\displaystyle\int \dfrac{z^2}{1+z^2}dz = \int dx$

$\therefore$　$\displaystyle\int \left(1 - \dfrac{1}{1+z^2}\right)dz = \int dx$

$\therefore$　$z - \tan^{-1}z = x + C$

よって，$y - \tan^{-1}(x+y) = C$（C は任意定数）……〔答〕

〰〰 類題 8 − 7 〰〰〰〰〰〰〰〰〰〰〰〰〰〰〰〰〰〰〰〰〰〰〰〰〰〰〰〰〰〰〰〰　解答は p. 235

次の微分方程式を解け。

(1)　$(x^2-y^2)y' = 2xy$　　　　　　(2)　$y' = \tan(x+y) - 1$

■ 第 8 章　章末問題 ▶解答は p.236

1 (1)　次の線形非同次微分方程式 $\dfrac{dy}{dx}+P(x)y=Q(x)$ の一般解は

$$y=e^{-\int P(x)dx}\left(\int Q(x)e^{\int P(x)dx}dx+c\right)$$

で与えられることを示せ。ただし，$P(x)$，$Q(x)$ は x の連続関数であり，c は任意の定数である。

(2)　次の微分方程式の一般解を求めよ。

$$x\frac{dy}{dx}-y=x(1+2x^2)$$

(3)　適切な変数変換を利用して，次の微分方程式の一般解を求めよ。さらに，$x=1$ のとき $y=1$ となるような解を求めよ。

$$\frac{dy}{dx}-\frac{y}{2x}=\frac{\log x}{2x}y^3$$

〈九州大学－工学部〉

2 (1)　微分方程式 $\dfrac{d^2y}{dx^2}+3\dfrac{dy}{dx}+2y=0$ の一般解を求めよ。

(2)　微分方程式 $\dfrac{d^2y}{dx^2}+3\dfrac{dy}{dx}+2y=1$ の解で，初期条件 $y(0)=1$，$y'(0)=0$ を満たすものを求めよ。

〈京都工芸繊維大学〉

3 (1)　関数 $y(x)$ に関する微分方程式：$y''+2y'+y=0$ の一般解を求めよ。

(2)　関数 $z(x)(x>0)$ に関する微分方程式：$x^2z''+3xz'+z=0$ ……(*)　を考える。$x=e^t$，すなわち $t=\log x$ と変数変換したとき $z(e^t)=w(t)$ の満たす微分方程式を求めよ。

(3)　微分方程式(*)の一般解を求めよ。

(4)　(*)の解でさらに条件：$z(1)=0$, $\displaystyle\int_1^e z(x)dx=1$　を満たすものを求めよ。

〈大阪大学－基礎工学部〉

4　xy 平面で $y=f(x)$，$x>0$ で与えられる曲線を C とする。C 上の各点 P における C の法線に原点から下ろした垂線の長さが P の y 座標の絶対値に等しいとき，次の各問いに答えよ。

(1)　$y=f(x)$ は微分方程式　(*)　$\dfrac{dy}{dx}=\dfrac{y^2-x^2}{2xy}$ を満たすことを示せ。

(2)　$u=\dfrac{y}{x}$ とおいて(*)を u についての微分方程式で表せ。

(3)　点(1, 1)を通る曲線 C を求めよ。

〈岡山大学－理学部数学科〉

第9章

行　　列

9.1 行列の基礎概念

⑴　行列の定義

行列　mn 個の数（実数または複素数）$a_{ij}(i=1, \cdots, m ; j=1, \cdots, n)$ を

$$\begin{pmatrix} a_{11} & a_{12} & \cdots & a_{1n} \\ a_{21} & a_{22} & \cdots & a_{2n} \\ \vdots & \vdots & \ddots & \vdots \\ a_{m1} & a_{m2} & \cdots & a_{mn} \end{pmatrix} \qquad \text{(注)} \begin{bmatrix} a_{11} & a_{12} & \cdots & a_{1n} \\ a_{21} & a_{22} & \cdots & a_{2n} \\ \vdots & \vdots & \ddots & \vdots \\ a_{m1} & a_{m2} & \cdots & a_{mn} \end{bmatrix} \text{とも表す。}$$

のように配列したものを **$m \times n$ 行列**といい，数 a_{ij} をこの行列の **(i, j) 成分**
という。横の並びを**行（行ベクトル）**といい，縦の並びを**列（列ベクトル）**と
いう。
上の行列を簡単に $A=(a_{ij})$ と表す。

⑵　いろいろな行列

零行列　すべての成分が 0 の行列を**零行列**といい，O で表す。

正方行列　$n \times n$ 行列 を n 次**正方行列**といい，成分 $a_{11}, a_{22}, \cdots, a_{nn}$ を**対角
成分**という。

対角行列　正方行列で対角成分以外はすべて 0 である行列を**対角行列**という。

単位行列　対角行列で対角成分がすべて 1 であるものを**単位行列**といい，E で
表す。

⑶　行列の転置と対称行列

$m \times n$ 行列 $\begin{pmatrix} a_{11} & a_{12} & \cdots & a_{1n} \\ a_{21} & a_{22} & \cdots & a_{2n} \\ \vdots & \vdots & \ddots & \vdots \\ a_{m1} & a_{m2} & \cdots & a_{mn} \end{pmatrix}$ に対して，$n \times m$ 行列 $\begin{pmatrix} a_{11} & a_{21} & \cdots & a_{m1} \\ a_{12} & a_{22} & \cdots & a_{m2} \\ \vdots & \vdots & \ddots & \vdots \\ a_{1n} & a_{2n} & \cdots & a_{mn} \end{pmatrix}$ を

もとの $m \times n$ 行列の**転置行列**といい，行列 A の転置行列を ${}^t\!A$（または A^T）

で表す。

対称行列　正方行列 A が $A={}^t\!A$ を満たすとき，A を**対称行列**という。

⑷　**行列の演算**

①　$m\times n$ 行列 $A=(a_{ij})$，$B=(b_{ij})$ に対して，**和・差・スカラー倍**が定義される。

　　和　$A+B=(a_{ij}+b_{ij})$　　**差**　$A-B=(a_{ij}-b_{ij})$　　**スカラー倍**　$kA=(ka_{ij})$

②　$l\times m$ 行列 $A=(a_{ij})$ と $m\times n$ 行列 $B=(b_{ij})$ に対して，積が定義される。

　　積　$AB=(c_{ij})$ とするとき，

$$c_{ij}=\begin{pmatrix} a_{i1} & a_{i2} & \cdots & a_{im} \end{pmatrix}\begin{pmatrix} b_{1j} \\ b_{2j} \\ \vdots \\ b_{mj} \end{pmatrix}=a_{i1}b_{1j}+a_{i2}b_{2j}+\cdots+a_{im}b_{mj}=\sum_{k=1}^{m} a_{ik}b_{kj}$$

⑸　**逆行列と正則行列**

逆行列　n 次正方行列 A に対して，$AX=XA=E$ を満たす n 次正方行列 X が存在するとき，X を A の**逆行列**といい，A^{-1} で表す。

正則行列　正方行列 A が逆行列 A^{-1} をもつとき，A を**正則行列**という。

9.2　行基本変形と階数

> ▶アドバイス◀
> 　行基本変形をしっかり理解することは線形代数を理解するためのカギである。
> 行基本変形は連立方程式における加減法の抽象化である。

主成分　行列の零ベクトルでない行ベクトルの 0 でない成分のうち，最も左にある成分をその行の**主成分**という。

階段行列　次の性質（ⅰ）〜（ⅳ）を満たす行列を**階段行列**という。

（ⅰ）　零ベクトルがあれば，それは零ベクトルでないものよりも下の行にある。

（ⅱ）　各行の主成分は，下の行になるほど右にある。

（ⅲ）　各行の主成分を含む列は，主成分以外の成分はすべて 0 である。

（ⅳ）　零ベクトルでない行の主成分は 1 である。

【例】 $\begin{pmatrix} 1 & 0 & 3 & 4 & 0 & 8 \\ 0 & 1 & 4 & 7 & 0 & 5 \\ 0 & 0 & 0 & 0 & 1 & 3 \end{pmatrix}$, $\begin{pmatrix} 0 & 1 & 5 & 0 & 2 \\ 0 & 0 & 0 & 1 & 3 \\ 0 & 0 & 0 & 0 & 0 \end{pmatrix}$, $\begin{pmatrix} 0 & 0 & 1 & 0 & 7 \\ 0 & 0 & 0 & 0 & 0 \\ 0 & 0 & 0 & 0 & 0 \end{pmatrix}$

行基本変形　与えられた行列に対する次の 3 つの変形を **行基本変形** という。

（Ⅰ）　ある行に他の行の k 倍をたす。

（Ⅱ）　ある行を k 倍する（ただし，$k \neq 0$）。

（Ⅲ）　2 つの行を入れ替える。

［定理］　（変形定理）

　任意の行列 A は適当な行基本変形を繰り返すことによって，階段行列 A_0 にただ一通りに変形できる。

階数（rank）　行列 A を階段行列 A_0 に変形したとき，A_0 の行のうち零ベクトルでないものの個数を行列 A の **階数（rank）** といい，$\mathrm{rank}\, A$ と表す。零行列の階数は 0 と約束する。変形定理により，行列の階数は与えられた行列に対してただ一つ定まる。

9. 3　連立 1 次方程式と行列

$$連立 1 次方程式：\begin{cases} a_{11}x_1 + a_{12}x_2 + \cdots + a_{1n}x_n = b_1 \\ a_{21}x_1 + a_{22}x_2 + \cdots + a_{2n}x_n = b_2 \\ \qquad\qquad \cdots\cdots\cdots\cdots\cdots \\ a_{m1}x_1 + a_{m2}x_2 + \cdots + a_{mn}x_n = b_m \end{cases}$$

を行列を用いて表すと，

$$\begin{pmatrix} a_{11} & a_{12} & \cdots & a_{1n} \\ a_{21} & a_{22} & \cdots & a_{2n} \\ \vdots & \vdots & \ddots & \vdots \\ a_{m1} & a_{m2} & \cdots & a_{mn} \end{pmatrix} \begin{pmatrix} x_1 \\ x_2 \\ \vdots \\ x_n \end{pmatrix} = \begin{pmatrix} b_1 \\ b_2 \\ \vdots \\ b_m \end{pmatrix}$$

ここで，$A = \begin{pmatrix} a_{11} & a_{12} & \cdots & a_{1n} \\ a_{21} & a_{22} & \cdots & a_{2n} \\ \vdots & \vdots & \ddots & \vdots \\ a_{m1} & a_{m2} & \cdots & a_{mn} \end{pmatrix}$, $\boldsymbol{x} = \begin{pmatrix} x_1 \\ x_2 \\ \vdots \\ x_n \end{pmatrix}$, $\boldsymbol{b} = \begin{pmatrix} b_1 \\ b_2 \\ \vdots \\ b_m \end{pmatrix}$ とおくと，

この連立 1 次方程式は，$A\boldsymbol{x} = \boldsymbol{b}$ と表すことができる。

A を **係数行列** といい，右辺 $\boldsymbol{b}$ を付け加えた $(A \quad \boldsymbol{b})$ を **拡大係数行列** という。

　（注）　連立 1 次方程式は拡大係数行列または係数行列に **行基本変形** を行って
　　　　解くことができる。行基本変形で問題を解くことを **掃き出し法** という。

➡ 例題・類題参照

9.4 同次連立1次方程式

連立1次方程式 $Ax=0$ を**同次連立1次方程式**という。解 $x=0$ を**自明な解**といい，自明でない解を**非自明な解**という。自明な解は必ず存在する。

[定理] 未知数 n 個の同次連立1次方程式 $Ax=0$ において次が成り立つ。

(1) $Ax=0$ が自明な解 $x=0$ しかもたないための必要十分条件は，
   $\operatorname{rank} A = n$

(2) $Ax=0$ が無数の解をもつための必要十分条件は，$\operatorname{rank} A < n$

9.5 逆行列と行基本変形

行基本変形を行うことはある正方行列を左からかけることに相当する。

$AA^{-1}=E$ の両辺に左側から P をかけると，$PAA^{-1}=PE$

ここで，$PA=E$ ならば $A^{-1}=PE$ となり，A の逆行列 A^{-1} が求まる。

A の逆行列 A^{-1} は次の行基本変形により求まる。

$$(A \quad E) \to (PA \quad PE) = (E \quad A^{-1})$$

[定理] n 次正方行列 A が逆行列をもつ（正則である）ための必要十分条件は，
   $\operatorname{rank} A = n$

9.6 行列のブロック分割

1つの行列をいくつかの小行列に分割して表すと便利なことが多い。

$A=\begin{pmatrix} P & Q \\ R & S \end{pmatrix}$, $B=\begin{pmatrix} T & U \\ V & W \end{pmatrix}$ とするとき，次が成り立つ。

ただし，分割は各々の演算が成立するような分割になっているものとする。

転置 $A=\begin{pmatrix} P & Q \\ R & S \end{pmatrix}$ に対して，${}^tA=\begin{pmatrix} {}^tP & {}^tR \\ {}^tQ & {}^tS \end{pmatrix}$

和 $A+B=\begin{pmatrix} P+T & Q+U \\ R+V & S+W \end{pmatrix}$, **差** $A-B=\begin{pmatrix} P-T & Q-U \\ R-V & S-W \end{pmatrix}$

スカラー倍 $kA=\begin{pmatrix} kP & kQ \\ kR & kS \end{pmatrix}$, **積** $AB=\begin{pmatrix} PT+QV & PU+QW \\ RT+SV & RU+SW \end{pmatrix}$

(注) 上の事実は行列の演算から明らかに成り立つということを理解しよう。

┌─ **例題 9 － 1（行列の演算）** ─────────────

次の行列の計算をせよ。

(1) $\begin{pmatrix} -1 & 0 & 3 \\ 2 & 1 & 1 \end{pmatrix} \begin{pmatrix} 1 & 2 \\ 3 & 4 \\ -2 & 1 \end{pmatrix}$ (2) $\begin{pmatrix} 2 \\ -1 \\ 4 \end{pmatrix} (3 \quad 1 \quad -2)$ (3) $(3 \quad 1 \quad -2) \begin{pmatrix} 2 \\ -1 \\ 4 \end{pmatrix}$

└──────────────────────────────

[解説] 行列の演算から始めよう。特に**積**についてはきちんと理解しておくこと。抽象的に表現すれば次のように難しく感じるが，理論的な問題も出てくるので理解しておく必要がある。A の行と B の列の内積をとるのである。

$A = (a_{ij})$, $B = (b_{ij})$ とするとき，AB の (i, j) 成分 c_{ij} は $c_{ij} = \sum_{k=1}^{n} a_{ik} b_{kj}$

積が定義できるための条件を確認しておく。行列 A, B の積 AB が定義できるためには，（A の**列**の個数）＝（B の**行**の個数）でなければならない。

A が l 行 m 列（$l \times m$ 型），B が m 行 n 列（$m \times n$ 型）であれば，積 AB は定まって，AB は l 行 n 列（$l \times n$ 型）となる。

[解答] (1) （2×3 型）と（3×2 型）の積だから計算できて，（2×2 型）

$$\begin{pmatrix} -1 & 0 & 3 \\ 2 & 1 & 1 \end{pmatrix} \begin{pmatrix} 1 & 2 \\ 3 & 4 \\ -2 & 1 \end{pmatrix} = \begin{pmatrix} -7 & 1 \\ 3 & 9 \end{pmatrix} \quad \cdots\cdots 〔答〕$$

(2) （3×1 型）と（1×3 型）の積だから計算できて，（3×3 型）

$$\begin{pmatrix} 2 \\ -1 \\ 4 \end{pmatrix} (3 \quad 1 \quad -2) = \begin{pmatrix} 6 & 2 & -4 \\ -3 & -1 & 2 \\ 12 & 4 & -8 \end{pmatrix} \quad \cdots\cdots 〔答〕$$

(3) （1×3 型）と（3×1 型）の積だから計算できて，（1×1 型）

$$(3 \quad 1 \quad -2) \begin{pmatrix} 2 \\ -1 \\ 4 \end{pmatrix} = -3 \quad \cdots\cdots 〔答〕$$

〰〰〰 **類題 9 － 1** 〰〰〰〰〰〰〰〰〰〰〰〰〰〰〰〰〰〰〰〰〰〰〰〰〰〰〰 解答は p. 238

次の行列の計算をせよ。

(1) $\begin{pmatrix} 1 & 2 & 3 \\ 4 & 5 & 6 \end{pmatrix} \begin{pmatrix} 2 & 1 \\ 1 & 0 \\ 0 & 2 \end{pmatrix}$ (2) $\begin{pmatrix} 2 & 1 \\ 1 & 0 \\ 0 & 2 \end{pmatrix} \begin{pmatrix} 1 & 2 & 3 \\ 4 & 5 & 6 \end{pmatrix}$ (3) $\begin{pmatrix} 1 \\ 8 \\ 3 \end{pmatrix} (1 \quad -3 \quad 4)$

── 例題 9 − 2 （行基本変形と階数） ───────

次の行列 A の階段行列を求めよ。また，階数 $\operatorname{rank} A$ も答えよ。

$$A = \begin{pmatrix} 1 & 2 & 3 & 2 \\ 1 & -1 & -3 & -1 \\ -2 & 1 & 4 & -1 \end{pmatrix}$$

[解 説] **行基本変形**を完全に身につけることは線形代数を理解するためのカギである。行基本変形は連立方程式の解法である**加減法**の抽象化である。**列基本変形**ではなく**行基本変形**であることに注意しよう。行基本変形とは次に示す 3 つの操作である。

（Ⅰ） **ある行に他の行の k 倍をたす。**

（Ⅱ） **ある行を k 倍する**（ただし，$k \neq 0$）。

（Ⅲ） **2 つの行を入れ替える。**

すべての行列 A は行基本変形により**階段行列** A_0 に一意的に変形されるが，その階段行列の主成分の個数をもとの行列の**階数**といい，$\operatorname{rank} A$ と表す。

[解 答] 各行を①，②，… で表す。

$$A = \begin{pmatrix} 1 & 2 & 3 & 2 \\ 1 & -1 & -3 & -1 \\ -2 & 1 & 4 & -1 \end{pmatrix} \xrightarrow[\substack{②-① \\ ③+①\times 2}]{} \begin{pmatrix} 1 & 2 & 3 & 2 \\ 0 & -3 & -6 & -3 \\ 0 & 5 & 10 & 3 \end{pmatrix} \xrightarrow[②\div(-3)]{} \begin{pmatrix} 1 & 2 & 3 & 2 \\ 0 & 1 & 2 & 1 \\ 0 & 5 & 10 & 3 \end{pmatrix}$$

$$\xrightarrow[\substack{①-②\times 2 \\ ③-②\times 5}]{} \begin{pmatrix} 1 & 0 & -1 & 0 \\ 0 & 1 & 2 & 1 \\ 0 & 0 & 0 & -2 \end{pmatrix} \xrightarrow[③\div(-2)]{} \begin{pmatrix} 1 & 0 & -1 & 0 \\ 0 & 1 & 2 & 1 \\ 0 & 0 & 0 & 1 \end{pmatrix} \xrightarrow[②-③]{} \begin{pmatrix} 1 & 0 & -1 & 0 \\ 0 & 1 & 2 & 0 \\ 0 & 0 & 0 & 1 \end{pmatrix}$$

よって，行列 A の階段行列は $\begin{pmatrix} 1 & 0 & -1 & 0 \\ 0 & 1 & 2 & 0 \\ 0 & 0 & 0 & 1 \end{pmatrix}$ ……〔答〕

また，$\operatorname{rank} A = 3$ ……〔答〕

（**注**） 階段行列にする変形の仕方は何通りもあるが，結果はただ 1 通りである。

〰〰〰 **類題 9 − 2** 〰〰〰〰〰〰〰〰〰〰〰〰〰〰〰〰〰〰〰〰〰 解答は **p. 238**

次の行列 A の階段行列を求めよ。また，階数 $\operatorname{rank} A$ も答えよ。

(1) $A = \begin{pmatrix} 0 & 1 & 3 & 1 \\ 1 & 0 & 1 & 1 \\ 1 & -2 & -5 & -1 \end{pmatrix}$ (2) $A = \begin{pmatrix} 1 & 0 & -2 \\ 2 & -3 & 2 \\ 0 & 3 & -6 \end{pmatrix}$

例題 9 − 3（行基本変形と連立 1 次方程式：非同次）

次の連立 1 次方程式を解け。

$$\begin{cases} x - y + 6z = 5 \\ 5x - 2y + 12z = 4 \\ 3x - y + 6z = 1 \end{cases}$$

[解 説]　連立 1 次方程式を行列を利用して解く。解のパターンとしては,

　（ⅰ）　ただ 1 つの解　　（ⅱ）　無数の解　　（ⅲ）　解なし

があり得る。行基本変形によって問題を解くことを**掃き出し法**という。

[解 答]　与式を行列を用いて表すと,

$$\begin{pmatrix} 1 & -1 & 6 \\ 5 & -2 & 12 \\ 3 & -1 & 6 \end{pmatrix}\begin{pmatrix} x \\ y \\ z \end{pmatrix} = \begin{pmatrix} 5 \\ 4 \\ 1 \end{pmatrix}$$　**拡大係数行列**は $(A \ \boldsymbol{b}) = \begin{pmatrix} 1 & -1 & 6 & 5 \\ 5 & -2 & 12 & 4 \\ 3 & -1 & 6 & 1 \end{pmatrix}$

拡大係数行列を行基本変形により**階段行列**にする。

$$(A \ \boldsymbol{b}) = \begin{pmatrix} 1 & -1 & 6 & 5 \\ 5 & -2 & 12 & 4 \\ 3 & -1 & 6 & 1 \end{pmatrix} \underset{\substack{②-①×5 \\ ③-①×3}}{\longrightarrow} \begin{pmatrix} 1 & -1 & 6 & 5 \\ 0 & 3 & -18 & -21 \\ 0 & 2 & -12 & -14 \end{pmatrix} \underset{\substack{②÷3 \\ ③÷2}}{\longrightarrow} \begin{pmatrix} 1 & -1 & 6 & 5 \\ 0 & 1 & -6 & -7 \\ 0 & 1 & -6 & -7 \end{pmatrix}$$

$$\underset{\substack{①+② \\ ③-②}}{\longrightarrow} \begin{pmatrix} 1 & 0 & 0 & -2 \\ 0 & 1 & -6 & -7 \\ 0 & 0 & 0 & 0 \end{pmatrix}$$　よって, 与式は $\begin{pmatrix} 1 & 0 & 0 \\ 0 & 1 & -6 \\ 0 & 0 & 0 \end{pmatrix}\begin{pmatrix} x \\ y \\ z \end{pmatrix} = \begin{pmatrix} -2 \\ -7 \\ 0 \end{pmatrix}$

となる。すなわち, $\begin{cases} x \qquad\quad = -2 \\ y - 6z = -7 \end{cases}$　　◀（注）　上の行列の式の 3 行目は恒等式

よって, 求める解は,

$$\begin{pmatrix} x \\ y \\ z \end{pmatrix} = \begin{pmatrix} -2 \\ 6a-7 \\ a \end{pmatrix} = a\begin{pmatrix} 0 \\ 6 \\ 1 \end{pmatrix} + \begin{pmatrix} -2 \\ -7 \\ 0 \end{pmatrix}$$　（a は任意）　……〔答〕

類題 9 − 3　　　　　　　　　　　　　　　　　　　　　　　　　解答は p. 238

次の連立 1 次方程式を解け。

(1)　$\begin{cases} x + 2y - z + 3w = -3 \\ 2x + 3y \qquad + 4w = -2 \\ \qquad y - 2z + 2w = -4 \end{cases}$　　　　(2)　$\begin{cases} x + 3y + 5z = -8 \\ 2x - y - 4z = 5 \\ 3x + y - z = 1 \end{cases}$

┌─ **例題 9 − 4**（行基本変形と連立 1 次方程式：同次）─────┐

次の連立 1 次方程式を解け。

$$\begin{cases} 2x - y + 9z = 0 \\ x - y + 3z = 0 \\ x - 3y - 3z = 0 \end{cases}$$

└───┘

解説 同次連立 1 次方程式を解く場合は拡大係数行列を計算する必要はない。なぜなら右辺は常に零ベクトルのままだからである。したがって，**係数行列を計算する**。同次の場合，零ベクトルは明らかに解（**自明な解**）である。解のパターンとしては，

（ i ）**自明な解しか存在しない**　　（ ii ）**自明な解以外の解も存在する**

がある。

解答 与式を行列を用いて表すと，

$$\begin{pmatrix} 2 & -1 & 9 \\ 1 & -1 & 3 \\ 1 & -3 & -3 \end{pmatrix} \begin{pmatrix} x \\ y \\ z \end{pmatrix} = \begin{pmatrix} 0 \\ 0 \\ 0 \end{pmatrix} \qquad 係数行列は A = \begin{pmatrix} 2 & -1 & 9 \\ 1 & -1 & 3 \\ 1 & -3 & -3 \end{pmatrix}$$

係数行列を行基本変形により**階段行列**にする。

$$A = \begin{pmatrix} 2 & -1 & 9 \\ 1 & -1 & 3 \\ 1 & -3 & -3 \end{pmatrix} \xrightarrow{①↔②} \begin{pmatrix} 1 & -1 & 3 \\ 2 & -1 & 9 \\ 1 & -3 & -3 \end{pmatrix} \xrightarrow[③-①]{②-①×2} \begin{pmatrix} 1 & -1 & 3 \\ 0 & 1 & 3 \\ 0 & -2 & -6 \end{pmatrix} \xrightarrow[③+②×2]{①+②} \begin{pmatrix} 1 & 0 & 6 \\ 0 & 1 & 3 \\ 0 & 0 & 0 \end{pmatrix}$$

よって，与式は $\begin{pmatrix} 1 & 0 & 6 \\ 0 & 1 & 3 \\ 0 & 0 & 0 \end{pmatrix} \begin{pmatrix} x \\ y \\ z \end{pmatrix} = \begin{pmatrix} 0 \\ 0 \\ 0 \end{pmatrix}$ となる。すなわち，$\begin{cases} x \quad + 6z = 0 \\ \quad y + 3z = 0 \end{cases}$

よって，求める解は，

$$\begin{pmatrix} x \\ y \\ z \end{pmatrix} = \begin{pmatrix} -6a \\ -3a \\ a \end{pmatrix} = a \begin{pmatrix} -6 \\ -3 \\ 1 \end{pmatrix} \quad (a は任意) \quad \cdots\cdots〔答〕$$

///// **類題 9 − 4** /// 解答は **p. 239**

次の連立 1 次方程式を解け。

(1) $\begin{cases} 3x + y + 4z + 2w = 0 \\ 2x - y + z - 2w = 0 \\ 8x + y + 9z + 2w = 0 \end{cases}$ 　　(2) $\begin{cases} 2x - y + 3z = 0 \\ 3x - 2y + 4z = 0 \\ x - 4y + 10z = 0 \end{cases}$

例題 9 − 5（行基本変形と連立 1 次方程式：文字を含む場合）

　次の連立 1 次方程式が解をもつように定数 k の値を定め，そのときの解を求めよ。

$$\begin{cases} x+\ y+\ 3z=k+7 \\ 3x+4y+11z=k \\ 2x+5y+12z=k+1 \end{cases}$$

解説　連立 1 次方程式がどのような種類の解（ただ 1 つの解，無数の解，解なし）をもつかは，行列を応用することによって明瞭となる。

解答　**拡大係数行列**を行基本変形により変形していく。

$$\begin{pmatrix} 1 & 1 & 3 & k+7 \\ 3 & 4 & 11 & k \\ 2 & 5 & 12 & k+1 \end{pmatrix} \underset{②-③}{\to} \begin{pmatrix} 1 & 1 & 3 & k+7 \\ 1 & -1 & -1 & -1 \\ 2 & 5 & 12 & k+1 \end{pmatrix} \underset{③-①}{\to} \begin{pmatrix} 1 & 1 & 3 & k+7 \\ 1 & -1 & -1 & -1 \\ 1 & 4 & 9 & -6 \end{pmatrix}$$

$$\underset{①↔②}{\to} \begin{pmatrix} 1 & -1 & -1 & -1 \\ 1 & 1 & 3 & k+7 \\ 1 & 4 & 9 & -6 \end{pmatrix} \underset{\substack{②-① \\ ③-①}}{\to} \begin{pmatrix} 1 & -1 & -1 & -1 \\ 0 & 2 & 4 & k+8 \\ 0 & 5 & 10 & -5 \end{pmatrix} \underset{③÷5}{\to} \begin{pmatrix} 1 & -1 & -1 & -1 \\ 0 & 2 & 4 & k+8 \\ 0 & 1 & 2 & -1 \end{pmatrix}$$

$$\underset{②↔③}{\to} \begin{pmatrix} 1 & -1 & -1 & -1 \\ 0 & 1 & 2 & -1 \\ 0 & 2 & 4 & k+8 \end{pmatrix} \underset{\substack{①+② \\ ③-②×2}}{\to} \begin{pmatrix} 1 & 0 & 1 & -2 \\ 0 & 1 & 2 & -1 \\ 0 & 0 & 0 & k+10 \end{pmatrix}$$

よって，与式は

$$\begin{pmatrix} 1 & 0 & 1 \\ 0 & 1 & 2 \\ 0 & 0 & 0 \end{pmatrix}\begin{pmatrix} x \\ y \\ z \end{pmatrix}=\begin{pmatrix} -2 \\ -1 \\ k+10 \end{pmatrix}$$
　　すなわち，
$$\begin{cases} x\ \ \ +z=-2 \\ \ \ \ y+2z=-1 \\ 0\cdot x+0\cdot y+0\cdot z=k+10 \end{cases}$$

これが解をもつためには，$k=-10$　……〔答〕

このとき，$\begin{cases} x\ \ \ +z=-2 \\ \ \ \ y+2z=-1 \end{cases}$ より，$\begin{pmatrix} x \\ y \\ z \end{pmatrix}=\begin{pmatrix} -a-2 \\ -2a-1 \\ a \end{pmatrix}$　（a は任意）　……〔答〕

//// **類題 9 − 5** *//* 解答は **p. 240**

　次の連立 1 次方程式が解をもたないように定数 k の値を定めよ。

$$\begin{cases} x-\ y+\ z=1 \\ x+3y+kz=2 \\ 2x+ky+3z=3 \end{cases}$$

―――― 例題 9 − 6 （行基本変形と逆行列）――――

次の行列の逆行列を求めよ。

$$A = \begin{pmatrix} 1 & 2 & 1 \\ 2 & 7 & 4 \\ 2 & 2 & 1 \end{pmatrix}$$

[解説] 行基本変形によって逆行列を求めることを考える。行列 A と同じ型の単位行列を E とし，この2つを並べてできる横長の行列 $(A \quad E)$ に行基本変形を施す。行基本変形を施すことは**その変形に対応するある行列を左側から掛けることに相当し**，その行列を P とすると，$(A \quad E) \rightarrow (PA \quad PE)$ となる。そこで，左半分：$PA = E$ となったころには右半分：$PE = P = A^{-1}$ という具合に逆行列が出来上がっているという単純な筋書きである。

[解答] $(A \quad E)$ を行基本変形する。

$$(A \quad E) = \begin{pmatrix} 1 & 2 & 1 & 1 & 0 & 0 \\ 2 & 7 & 4 & 0 & 1 & 0 \\ 2 & 2 & 1 & 0 & 0 & 1 \end{pmatrix} \underset{\substack{②-①\times 2 \\ ③-①\times 2}}{\rightarrow} \begin{pmatrix} 1 & 2 & 1 & 1 & 0 & 0 \\ 0 & 3 & 2 & -2 & 1 & 0 \\ 0 & -2 & -1 & -2 & 0 & 1 \end{pmatrix}$$

$$\underset{②+③}{\rightarrow} \begin{pmatrix} 1 & 2 & 1 & 1 & 0 & 0 \\ 0 & 1 & 1 & -4 & 1 & 1 \\ 0 & -2 & -1 & -2 & 0 & 1 \end{pmatrix} \underset{\substack{①-②\times 2 \\ ③+②\times 2}}{\rightarrow} \begin{pmatrix} 1 & 0 & -1 & 9 & -2 & -2 \\ 0 & 1 & 1 & -4 & 1 & 1 \\ 0 & 0 & 1 & -10 & 2 & 3 \end{pmatrix}$$

$$\underset{\substack{①+③ \\ ②-③}}{\rightarrow} \begin{pmatrix} 1 & 0 & 0 & -1 & 0 & 1 \\ 0 & 1 & 0 & 6 & -1 & -2 \\ 0 & 0 & 1 & -10 & 2 & 3 \end{pmatrix} \text{よって，} A^{-1} = \begin{pmatrix} -1 & 0 & 1 \\ 6 & -1 & -2 \\ -10 & 2 & 3 \end{pmatrix} \cdots\cdots〔答〕$$

（注） 逆行列の求め方には掃き出し法の他にあとで学ぶ**余因子行列**を利用した求め方がある。掃き出し法は計算ミスをしやすいという難点がある。
3次の場合には余因子行列を利用した求め方が手間もかからずミスも少ないのでお勧めである。

///// 類題 9 − 6 /// 解答は **p. 240**

次の行列の逆行列を求めよ。

(1) $A = \begin{pmatrix} 2 & -1 & 0 & 0 \\ -1 & 2 & -1 & 0 \\ 0 & -1 & 2 & -1 \\ 0 & 0 & -1 & 1 \end{pmatrix}$ (2) $A = \begin{pmatrix} 5 & -2 & 4 \\ -2 & 1 & -2 \\ 4 & -2 & 5 \end{pmatrix}$

┌─ **例題 9 － 7**（行列のブロック分割）────────────

　A を m 次正則行列，D を n 次正則行列とするとき，次の等式を証明
せよ。

$$\begin{pmatrix} A & O \\ C & D \end{pmatrix}^{-1} = \begin{pmatrix} A^{-1} & O \\ -D^{-1}CA^{-1} & D^{-1} \end{pmatrix}$$

└──────────────────────────────────

〔解説〕 行列の計算において，行列をいくつかの**ブロックに分割**して計算する
と便利な場合がある。基本的には行列の演算を正しく理解していることが重要
である。

〔解答〕 行列をブロックに分割した形で計算すればよい。なお，行列の型はす
べて適当な型で考えているものとする。

$$\begin{pmatrix} A & O \\ C & D \end{pmatrix}\begin{pmatrix} A^{-1} & O \\ -D^{-1}CA^{-1} & D^{-1} \end{pmatrix} = \begin{pmatrix} AA^{-1}+O & O+O \\ CA^{-1}+D(-D^{-1}CA^{-1}) & O+DD^{-1} \end{pmatrix}$$

$$= \begin{pmatrix} E & O \\ CA^{-1}-CA^{-1} & E \end{pmatrix} = \begin{pmatrix} E & O \\ O & E \end{pmatrix} = E$$

よって，$\begin{pmatrix} A & O \\ C & D \end{pmatrix}^{-1} = \begin{pmatrix} A^{-1} & O \\ -D^{-1}CA^{-1} & D^{-1} \end{pmatrix}$

━━━ **類題 9 － 7** ━━━━━━━━━━━━━━━━━━━━━━━━━━━ 解答は **p. 241**

　A を m 次正則行列，D を n 次正則行列とするとき，任意の $m \times n$ 行列 B に
対して，次の行列 X が正則であることを示せ。また，X^{-1} を求めよ。

$$X = \begin{pmatrix} A & B \\ O & D \end{pmatrix}$$

■ **知っておこう！**　　**複素行列**

┌──────────────────────────────────

　編入試験で**複素行列**が出題されることがあるので念のため注意すべき用
語だけ確認しておこう。定義さえ知っていれば問題ない。実行列と比較し
て整理しておこう。

・**共役転置行列**：$A^* = {}^t\overline{A}$　　（$\overline{A}$ は各成分を共役複素数に置き換えたもの）

・A が**エルミート行列**：$A^* = A$　　（対称行列：${}^tA = A$ に対応）

・A が**歪エルミート行列**：$A^* = -A$　　（交代行列：${}^tA = -A$ に対応）

・A が**ユニタリー行列**：$AA^* = A^*A = E$（直交行列：$A\,{}^tA = {}^tA\,A = E$ に対応）

└──────────────────────────────────

■ 第9章　章末問題　　▶解答は p. 241

1 正方行列 M の対角成分の和を $\mathrm{tr}(M)$ と表すとき，n 次正方行列 A，B に対して
$$\mathrm{tr}(AB)=\mathrm{tr}(BA)$$
であることを示せ。　　　　　　　　　　　〈筑波大学－第三学群・工学システム学類〉

2 次の連立1次方程式を解け。
$$\begin{cases} x+2y+\ \ z=a \\ 2x+3y-\ \ z=-1 \\ 3x+ay-12z=-12 \end{cases}$$
〈信州大学－理学部〉

3 行列 $A=\begin{pmatrix} 1 & 1 & a+1 & 2 \\ 1 & 0 & a & 3 \\ 1 & 2 & a+2 & a \end{pmatrix}$ を考える。ただし，a は定数である。

(1) 行列 A の階数を求めよ。

(2) 次の連立1次方程式が解をもつように a の値を定め，その解を求めよ。
$$\begin{cases} x+\ y+(a+1)z=2 \\ x\ \ \ \ \ \ +\ az=3 \\ x+2y+(a+2)z=a \end{cases}$$
〈京都工芸繊維大学〉

4 次の問いに答えよ。

(1) 行列 A の階数の定義について，以下の下線部に適切な単語を記入せよ。

　(a) A の 0 でない小行列式の＿＿＿＿＿

　(b) A の＿＿＿＿＿な列ベクトルの最大個数

　(c) A の＿＿＿＿＿な行ベクトルの最大個数

　(d) A で定まる線形変換の値域の＿＿＿＿＿

(2) 行列
$$A=\begin{pmatrix} 1 & 0 & 4 & 2 \\ 3 & 1 & 2 & 6 \\ 1 & -2 & -1 & 2 \end{pmatrix}$$
の階数を求めよ。

(3) 次の連立方程式に解があれば，そのすべてを求めよ。
$$\begin{cases} x_1\ \ \ \ \ +4x_3+2x_4=2 \\ 3x_1+\ x_2+2x_3+6x_4=3 \\ x_1-2x_2-\ x_3+2x_4=-1 \end{cases}$$
〈九州大学－工学部〉

第10章

行 列 式

⫸ 要 項 ⫷

10. 1 行列式の定義

n 次正方行列 $A = \begin{pmatrix} a_{11} & a_{12} & \cdots & a_{1n} \\ a_{21} & a_{22} & \cdots & a_{2n} \\ \vdots & \vdots & \ddots & \vdots \\ a_{n1} & a_{n2} & \cdots & a_{nn} \end{pmatrix}$ に対して,

$$\sum \varepsilon(p_1, \ p_2, \ \cdots, \ p_n) a_{1p_1} a_{2p_2} \cdots a_{np_n}$$

を A の **行列式** といい, $\det A$, $|A|$ などと表す。

(注) $(p_1, \ p_2, \ \cdots, \ p_n)$ は $(1, \ 2, \ \cdots, \ n)$ の順列であり, $\varepsilon(p_1, \ p_2, \ \cdots,$ $p_n)$ は順列 $(p_1, \ p_2, \ \cdots, \ p_n)$ の符号を表す。また, 和はすべての順列に対してとるものとする。

10. 2 サラスの方法

3 次正方行列の場合, 行列式の定義により,

$$|A| = \varepsilon(1, \ 2, \ 3) a_{11} a_{22} a_{33} + \varepsilon(1, \ 3, \ 2) a_{11} a_{23} a_{32} + \varepsilon(2, \ 1, \ 3) a_{12} a_{21} a_{33}$$
$$+ \varepsilon(2, \ 3, \ 1) a_{12} a_{23} a_{31} + \varepsilon(3, \ 1, \ 2) a_{13} a_{21} a_{32} + \varepsilon(3, \ 2, \ 1) a_{13} a_{22} a_{31}$$

$$= a_{11} a_{22} a_{33} - a_{11} a_{23} a_{32} - a_{12} a_{21} a_{33} + a_{12} a_{23} a_{31} + a_{13} a_{21} a_{32} - a_{13} a_{22} a_{31}$$

$$= a_{11} a_{22} a_{33} + a_{12} a_{23} a_{31} + a_{13} a_{21} a_{32} - a_{11} a_{23} a_{32} - a_{12} a_{21} a_{33} - a_{13} a_{22} a_{31}$$

この結果は, 下の図に示すように簡単に利用できる。

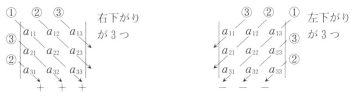

▶アドバイス◀
　このように定義に従った計算が簡単なのは 3 次までである。4 次以上になると定義に従って行列式を計算することは面倒である。

10.3 行列式の基本性質と行列式の計算

[定理] 任意の正方行列 A に対して，$|{}^tA|=|A|$ （${}^tA$ は A の転置行列）

▶アドバイス◀-------------------------------------
　この定理により，行列式の計算においては，「行」に関して成り立つことは同様に「列」に関しても成り立つ。

[定理] （次数下げの公式）

$$\begin{vmatrix} a_{11} & a_{12} & \cdots & a_{1n} \\ \hline 0 & a_{22} & \cdots & a_{2n} \\ \vdots & \vdots & \ddots & \vdots \\ 0 & a_{n2} & \cdots & a_{nn} \end{vmatrix} = a_{11} \begin{vmatrix} a_{22} & \cdots & a_{2n} \\ \vdots & \ddots & \vdots \\ a_{n2} & \cdots & a_{nn} \end{vmatrix}$$

▶アドバイス◀-------------------------------------
　4次以上の行列式の計算は，3次以下まで次数を落として計算する。

（注）　この公式から**三角行列**の行列式はただちに計算できることが分かる。

$$\begin{vmatrix} a_{11} & a_{12} & \cdots & a_{1n} \\ 0 & a_{22} & \cdots & a_{2n} \\ & & \ddots & \vdots \\ O & & & a_{nn} \end{vmatrix} = a_{11} \begin{vmatrix} a_{22} & \cdots & a_{2n} \\ & \ddots & \vdots \\ O & & a_{nn} \end{vmatrix} = a_{11} \cdot a_{22} \cdot \cdots \cdot a_{nn}$$

[定理] （基本変形と行列式の値）

① ある行に他の行の k 倍をたしても，行列式の値は変わらない。

② ある行を k 倍すると，行列式の値は k 倍になる。

③ 2つの行を入れ替えると，行列式の値は (-1) 倍になる。

　（注）　③の性質より，2つの行が一致すると行列式の値は 0 となる。

[定理] （多重線形性）

① $|\boldsymbol{a}_1 \ \cdots \ (\boldsymbol{a}_i+\boldsymbol{a}_i{}') \ \cdots \ \boldsymbol{a}_n| = |\boldsymbol{a}_1 \ \cdots \ \boldsymbol{a}_i \ \cdots \ \boldsymbol{a}_n| + |\boldsymbol{a}_1 \ \cdots \ \boldsymbol{a}_i{}' \ \cdots \ \boldsymbol{a}_n|$

② $|\boldsymbol{a}_1 \ \cdots \ k\boldsymbol{a}_i \ \cdots \ \boldsymbol{a}_n| = k|\boldsymbol{a}_1 \ \cdots \ \boldsymbol{a}_i \ \cdots \ \boldsymbol{a}_n|$

[定理] 正方行列 A，B に対して，
$$|AB|=|A||B|$$

10. 4 ブロック分割による行列式の計算

[定理] 正方行列 A, D に対して,

① $\begin{vmatrix} A & B \\ O & D \end{vmatrix} = |A||D|$ ② $\begin{vmatrix} A & O \\ C & D \end{vmatrix} = |A||D|$

(注) $\begin{vmatrix} A & B \\ C & D \end{vmatrix} = |A||D| - |B||C|$ は一般には成り立たない! 自分勝手な公式を編み出さないようにしよう。

10. 5 クラーメルの公式

[定理] (クラーメルの公式)

A が n 次の正則行列であるとき, 連立 1 次方程式 $A\boldsymbol{x} = \boldsymbol{b}$ の解は次の式で与えられる。

$$x_1 = \frac{|\boldsymbol{b} \quad \boldsymbol{a}_2 \quad \cdots \quad \boldsymbol{a}_n|}{|A|}, \quad x_2 = \frac{|\boldsymbol{a}_1 \quad \boldsymbol{b} \quad \cdots \quad \boldsymbol{a}_n|}{|A|}, \quad \cdots, \quad x_n = \frac{|\boldsymbol{a}_1 \quad \boldsymbol{a}_2 \quad \cdots \quad \boldsymbol{b}|}{|A|}$$

ただし, $A = (\boldsymbol{a}_1 \quad \boldsymbol{a}_2 \quad \cdots \quad \boldsymbol{a}_n)$, $\boldsymbol{x} = {}^t(x_1 \quad x_2 \quad \cdots \quad x_n)$

▶アドバイス◀
クラーメルの公式は連立 1 次方程式の一般的な解法を表しているのではないことに注意しよう。一般的な解法は掃き出し法である。

10. 6 余因子とその応用

余因子 n 次の正方行列 A の第 i 行と第 j 列を取り去ってできる $(n-1)$ 次の行列の行列式を $(-1)^{i+j}$ 倍したものを A の (i, j) **余因子**といい, A_{ij} で表す。

余因子行列 余因子を転置に配列してできる次の行列を**余因子行列**といい, $\tilde{A}$ と表す。

$$\tilde{A} = \begin{pmatrix} A_{11} & A_{21} & \cdots & A_{n1} \\ A_{12} & A_{22} & \cdots & A_{n2} \\ \vdots & \vdots & \ddots & \vdots \\ A_{1n} & A_{2n} & \cdots & A_{nn} \end{pmatrix}$$

[定理] （逆行列の公式）

A が正則行列であるとき，$A^{-1} = \dfrac{1}{|A|}\tilde{A}$

（注） 特に2次の場合を書けば次のようになる（公式として覚えておくこと）。

$$A = \begin{pmatrix} a & b \\ c & d \end{pmatrix} \text{ が } |A| = ad - bc \neq 0 \text{ を満たすとき,} \quad A^{-1} = \frac{1}{|A|}\begin{pmatrix} d & -b \\ -c & a \end{pmatrix}$$

▶アドバイス◀-------------------------------
　逆行列の公式は3次以下では便利である。計算ミスの可能性も低い。4次に
なると余因子は3次の行列式が16個となり，面倒である。

[定理] （余因子展開）

$$|A| = a_{11}A_{11} + a_{12}A_{12} + \cdots + a_{1n}A_{1n}$$

（注） 上の定理は第1行での展開を記したが実際はどの行でもどの列でも展
開できる。

▶アドバイス◀-------------------------------
　余因子展開は次数下げの公式を一般化したもので，行列式の計算において非
常に大切である。特に，一般的な $\boldsymbol{n}$ 次の行列式の問題で不可欠となることが多
い。

10.7　行列の階数と行列式

$m \times n$ 行列 A から p 個の行と列を用いて p 次の**小行列式**

$$\begin{vmatrix} a_{i_1 j_1} & \cdots & a_{i_1 j_p} \\ \vdots & \ddots & \vdots \\ a_{i_p j_1} & \cdots & a_{i_p j_p} \end{vmatrix}$$

をつくる。このとき，次が成り立つ。

[定理]　$\mathrm{rank}\,A = r$ であるための必要十分条件は，次の（ⅰ）（ⅱ）が成り立つ
ことである。

（ⅰ）　r 次の小行列式で，値が0でないものが存在する。

（ⅱ）　r より次数が大きい小行列式は，すべて値が0である。

　（注）　n 次の正方行列 A が $|A| \neq 0$ を満たせば，$\mathrm{rank}\,A = n$ である。

─── 例題10－1 （3次以下の行列式：サラスの方法）───────

次の行列式の値を求めよ。

$$(1)\quad \begin{vmatrix} 8 & 5 \\ 3 & 2 \end{vmatrix} \qquad (2)\quad \begin{vmatrix} 1 & 2 & 4 \\ 2 & 1 & -2 \\ 3 & 5 & 3 \end{vmatrix} \qquad (3)\quad \begin{vmatrix} 2 & -1 & 2 \\ 4 & 0 & -3 \\ -1 & 2 & 1 \end{vmatrix}$$

[解 説]　次数の低い行列式は定義に従って容易に計算することができる。3次までの行列式は定義に従った計算式が簡単に使える。その規則性は**サラスの方法**として知られている。

$$\begin{vmatrix} a_{11} & a_{12} \\ a_{21} & a_{22} \end{vmatrix} = a_{11}a_{22} - a_{12}a_{21} \quad \text{あるいは} \quad \begin{vmatrix} a & b \\ c & d \end{vmatrix} = ad - bc$$

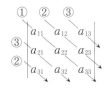

$$= a_{11}a_{22}a_{33} + a_{12}a_{23}a_{31} + a_{13}a_{21}a_{32} \quad ← \text{右下がり3つ（＋）}$$
$$- a_{11}a_{23}a_{32} - a_{12}a_{21}a_{33} - a_{13}a_{22}a_{31} \quad ← \text{左下がり3つ（－）}$$

[解 答]　$(1)\quad \begin{vmatrix} 8 & 5 \\ 3 & 2 \end{vmatrix} = 8\cdot2 - 5\cdot3 = 1$　……〔答〕

$(2)\quad \begin{vmatrix} 1 & 2 & 4 \\ 2 & 1 & -2 \\ 3 & 5 & 3 \end{vmatrix} = 3 + (-12) + 40 - 12 - 12 - (-10) = 53 - 36 = 17$　……〔答〕

$(3)\quad \begin{vmatrix} 2 & -1 & 2 \\ 4 & 0 & -3 \\ -1 & 2 & 1 \end{vmatrix} = 0 + (-3) + 16 - 0 - (-4) - (-12) = 29$　……〔答〕

━━━ 類題10－1 ━━━━━━━━━━━━━━━━━━━━━━━━━━━━━━━　解答は p. 243

次の行列式の値を求めよ。

$$(1)\quad \begin{vmatrix} 6 & -2 \\ 3 & 5 \end{vmatrix} \qquad (2)\quad \begin{vmatrix} 1 & 5 & 2 \\ 4 & -3 & 6 \\ -1 & 2 & 1 \end{vmatrix} \qquad (3)\quad \begin{vmatrix} 3 & -1 & -2 \\ -5 & 2 & 0 \\ 0 & -1 & 8 \end{vmatrix}$$

┌─── **例題10－2**（4次以上の行列式：公式の利用）─────

次の行列式の値を求めよ。

$$\begin{vmatrix} 3 & 1 & 0 & 2 \\ 1 & -1 & 1 & 0 \\ 0 & 1 & 0 & 1 \\ -1 & -1 & 1 & 1 \end{vmatrix}$$

└──────────────────────────────────

解説 4次以上の行列式になると定義に従って計算することは面倒になる。そこで，行列式のいろいろな性質を利用して**3次にまで次数を下げて**計算する。このとき，行列の基本変形が利用されるが，$|{}^t\!A|=|A|$ であることから，**行に関して成り立つ性質はそのまま列に関しても成り立つ**。したがって，行列式の計算においては，行基本変形だけでなく列基本変形も必要に応じて利用しながら計算を進める。

基本変形と行列式の値の関係は注意を要する。

① ある行(列)に他の行(列)の k 倍をたしても，行列式の値は**変わらない**。

② ある行(列)を k 倍すると，行列式の値は **k 倍**になる。

③ 2つの行(列)を入れ替えると，行列式の値は**マイナス倍**になる。

解答 各行を①，②，…，各列を$\boxed{1}$，$\boxed{2}$，… で表す。

$$\begin{vmatrix} 3 & 1 & 0 & 2 \\ 1 & -1 & 1 & 0 \\ 0 & 1 & 0 & 1 \\ -1 & -1 & 1 & 1 \end{vmatrix} \underset{①\leftrightarrow②}{=} -\begin{vmatrix} 1 & -1 & 1 & 0 \\ 3 & 1 & 0 & 2 \\ 0 & 1 & 0 & 1 \\ -1 & -1 & 1 & 1 \end{vmatrix} \underset{\substack{②-①\times3 \\ ④+①}}{=} -\begin{vmatrix} 1 & -1 & 1 & 0 \\ 0 & 4 & -3 & 2 \\ 0 & 1 & 0 & 1 \\ 0 & -2 & 2 & 1 \end{vmatrix}$$

$$= -\begin{vmatrix} 4 & -3 & 2 \\ 1 & 0 & 1 \\ -2 & 2 & 1 \end{vmatrix} \quad (\because \ \text{次数下げの公式})$$

$$= -\{0+6+4-0-(-3)-8\} = -5 \quad \cdots\cdots〔答〕$$

〰〰〰 **類題10－2** 〰〰〰〰〰〰〰〰〰〰〰〰〰〰〰〰〰〰〰〰〰〰〰〰〰 解答は p. 243

次の行列式の値を求めよ。

(1) $\begin{vmatrix} 1 & 2 & 0 & 1 \\ 3 & 4 & 1 & -4 \\ 1 & 0 & 1 & 2 \\ -4 & 1 & 3 & 4 \end{vmatrix}$

(2) $\begin{vmatrix} 1 & 2 & 3 & 4 \\ 2 & 3 & 4 & 1 \\ 3 & 4 & 1 & 2 \\ 4 & 1 & 2 & 3 \end{vmatrix}$

--- 例題10－3 （いろいろな行列式①） ---

次の行列式を因数分解せよ。

$$(1)\quad \begin{vmatrix} a & a^2 & b+c \\ b & b^2 & c+a \\ c & c^2 & a+b \end{vmatrix} \qquad (2)\quad \begin{vmatrix} b+c+2a & b & c \\ a & c+a+2b & c \\ a & b & a+b+2c \end{vmatrix}$$

[解説]　行列式のいろいろな性質を利用することによって，行列式をきれいな形にまとめやすくなることが多い。どのような基本変形が適切であるか注意して計算すること。

[解答]　(1)　（与式）$\underset{①+③}{=} \begin{vmatrix} a+b+c & a^2 & b+c \\ a+b+c & b^2 & c+a \\ a+b+c & c^2 & a+b \end{vmatrix} = (a+b+c)\begin{vmatrix} 1 & a^2 & b+c \\ 1 & b^2 & c+a \\ 1 & c^2 & a+b \end{vmatrix}$

$$\underset{\substack{②-① \\ ③-①}}{=} (a+b+c)\begin{vmatrix} 1 & a^2 & b+c \\ 0 & b^2-a^2 & a-b \\ 0 & c^2-a^2 & a-c \end{vmatrix} = (a+b+c)\begin{vmatrix} b^2-a^2 & a-b \\ c^2-a^2 & a-c \end{vmatrix}$$

$$= (a+b+c)(a-b)(b-c)(c-a) \quad \cdots\cdots 〔答〕$$

(2)　（与式）$\underset{①+②+③}{=} \begin{vmatrix} 2a+2b+2c & b & c \\ 2a+2b+2c & c+a+2b & c \\ 2a+2b+2c & b & a+b+2c \end{vmatrix}$

$$= 2(a+b+c)\begin{vmatrix} 1 & b & c \\ 1 & c+a+2b & c \\ 1 & b & a+b+2c \end{vmatrix}$$

$$\underset{\substack{②-① \\ ③-①}}{=} 2(a+b+c)\begin{vmatrix} 1 & b & c \\ 0 & c+a+b & 0 \\ 0 & 0 & a+b+c \end{vmatrix}$$

$$= 2(a+b+c)(a+b+c)^2 = 2(a+b+c)^3 \quad \cdots\cdots 〔答〕$$

〰〰 類題10－3 〰〰〰〰〰〰〰〰〰〰〰〰〰〰〰〰〰〰〰〰〰〰〰〰〰〰〰〰〰〰〰〰 解答は **p. 244**

次の行列式を因数分解せよ。

$$(1)\quad \begin{vmatrix} x & 1 & a & b \\ y^2 & y & 1 & c \\ yz^2 & z^2 & z & 1 \\ yzt & zt & t & 1 \end{vmatrix} \qquad (2)\quad \begin{vmatrix} a & b & \cdots & b \\ b & a & \cdots & b \\ \vdots & \vdots & \ddots & \vdots \\ b & b & \cdots & a \end{vmatrix} \quad (n\,次)$$

―― 例題10－4 （いろいろな行列式②） ――

行列式に関する公式 $|AB|=|A||B|$ を利用して次の行列式を計算せよ。

$$\begin{vmatrix} b^2+c^2 & ab & ca \\ ab & c^2+a^2 & bc \\ ca & bc & a^2+b^2 \end{vmatrix}$$

[解 説] 行列式に関する公式 $|AB|=|A||B|$ も重要である。この性質を利用して行列式の計算をすることもある。

[解 答] まず，行列を積 AB の形に分解することを考える。

$$\begin{pmatrix} b^2+c^2 & ab & ca \\ ab & c^2+a^2 & bc \\ ca & bc & a^2+b^2 \end{pmatrix} = \begin{pmatrix} b & c & 0 \\ a & 0 & c \\ 0 & a & b \end{pmatrix}\begin{pmatrix} b & a & 0 \\ c & 0 & a \\ 0 & c & b \end{pmatrix}$$ であるから，

$$\begin{vmatrix} b^2+c^2 & ab & ca \\ ab & c^2+a^2 & bc \\ ca & bc & a^2+b^2 \end{vmatrix} = \begin{vmatrix} b & c & 0 \\ a & 0 & c \\ 0 & a & b \end{vmatrix}\begin{vmatrix} b & a & 0 \\ c & 0 & a \\ 0 & c & b \end{vmatrix}$$

ここで，サラスの方法により，

$$\begin{vmatrix} b & c & 0 \\ a & 0 & c \\ 0 & a & b \end{vmatrix} = -2abc, \quad \begin{vmatrix} b & a & 0 \\ c & 0 & a \\ 0 & c & b \end{vmatrix} = -2abc$$

よって，

$$\begin{vmatrix} b^2+c^2 & ab & ca \\ ab & c^2+a^2 & bc \\ ca & bc & a^2+b^2 \end{vmatrix} = (-2abc)(-2abc) = 4a^2b^2c^2 \quad \cdots\cdots〔答〕$$

〃〃〃〃 類題10－4 〃〃〃 解答は p. 244

$$A = \begin{pmatrix} a & b & c \\ c & a & b \\ b & c & a \end{pmatrix}, \ B = \begin{pmatrix} 1 & 1 & 1 \\ 1 & \omega & \omega^2 \\ 1 & \omega^2 & \omega \end{pmatrix}$$ とおく。ただし，$\omega = \dfrac{-1+\sqrt{3}\,i}{2}$ とする。

このとき，$|AB|=|A||B|$ を利用して，

$|A| = (a+b+c)(a+b\omega+c\omega^2)(a+b\omega^2+c\omega)$ であることを示せ。

── 例題10－5 （クラーメルの公式） ─────────────

次の連立1次方程式をクラーメルの公式を用いて解け。

$$\begin{cases} 3x - y + 3z = 1 \\ -x + 5y - 2z = 1 \\ x - y + 3z = 2 \end{cases}$$

[解説]　連立1次方程式の一般的解法は**掃き出し法**であるが，ある特殊な場合には**クラーメルの公式**が有効である。また，クラーメルの公式は線形代数において理論的意義をもつ。

[解答]　与式を行列を用いて表すと，

$$\begin{pmatrix} 3 & -1 & 3 \\ -1 & 5 & -2 \\ 1 & -1 & 3 \end{pmatrix}\begin{pmatrix} x \\ y \\ z \end{pmatrix} = \begin{pmatrix} 1 \\ 1 \\ 2 \end{pmatrix}$$ ← $A\begin{pmatrix} x \\ y \\ z \end{pmatrix} = b,\ A = (a_1\ \ a_2\ \ a_3)$ とおく。

$$|A| = |a_1\ \ a_2\ \ a_3| = \begin{vmatrix} 3 & -1 & 3 \\ -1 & 5 & -2 \\ 1 & -1 & 3 \end{vmatrix} = 45 + 2 + 3 - 15 - 3 - 6 = 26 \neq 0$$

また，$|b\ \ a_2\ \ a_3|,\ |a_1\ \ b\ \ a_3|,\ |a_1\ \ a_2\ \ b|$ をそれぞれ計算すると，

$$\begin{vmatrix} 1 & -1 & 3 \\ 1 & 5 & -2 \\ 2 & -1 & 3 \end{vmatrix} = -13, \quad \begin{vmatrix} 3 & 1 & 3 \\ -1 & 1 & -2 \\ 1 & 2 & 3 \end{vmatrix} = 13, \quad \begin{vmatrix} 3 & -1 & 1 \\ -1 & 5 & 1 \\ 1 & -1 & 2 \end{vmatrix} = 26$$

よって，クラーメルの公式により，

$$x = \frac{-13}{26} = -\frac{1}{2},\ y = \frac{13}{26} = \frac{1}{2},\ z = \frac{26}{26} = 1$$

$$\therefore\ (x,\ y,\ z) = \left(-\frac{1}{2},\ \frac{1}{2},\ 1\right)\ \ \cdots\cdots〔答〕$$

ポイント：$x = \dfrac{|b\ \ a_2\ \ a_3|}{|A|},\ y = \dfrac{|a_1\ \ b\ \ a_3|}{|A|},\ z = \dfrac{|a_1\ \ a_2\ \ b|}{|A|}$

╱╱╱ 類題10－5 ╱╱╱╱╱╱╱╱╱╱╱╱╱╱╱╱╱╱╱╱╱╱╱╱╱╱╱╱╱╱╱╱╱╱ 解答は p. 244

次の連立1次方程式をクラーメルの公式を用いて解け。

(1) $\begin{cases} x - 2y + z = 0 \\ x + y - z = 1 \\ 2x - y + 3z = 2 \end{cases}$
(2) $\begin{cases} x + y + z = 1 \\ ax + by + cz = d \\ a^2x + b^2y + c^2z = d^2 \end{cases}$

　　　　　　　　　　　　　　　　　　($a,\ b,\ c$ は互いに異なる)

── 例題10－6 （余因子行列と逆行列）

次の行列の逆行列を余因子行列を利用して求めよ。

$$A = \begin{pmatrix} 1 & 0 & 2 \\ 0 & 1 & 0 \\ 3 & -1 & 1 \end{pmatrix}$$

解説 逆行列の求め方として**掃き出し法**があった。逆行列の計算にはこの他に**余因子行列を利用した方法**もよく使われる。特に3次以下の場合には掃き出し法よりも余因子行列を利用した方が計算ミスが少ない。ただし，4次以上になると行列式の計算がたいへんになるため掃き出し法が望ましい。

解答 $|A| = 1 + 0 + 0 - 6 - 0 - 0 = -5 \neq 0$

次に，9つの**余因子**を計算し**余因子行列**を求める。

$$A_{11} = (-1)^{1+1} \begin{vmatrix} 1 & 0 \\ -1 & 1 \end{vmatrix} = 1, \quad A_{12} = (-1)^{1+2} \begin{vmatrix} 0 & 0 \\ 3 & 1 \end{vmatrix} = 0,$$

$$A_{13} = (-1)^{1+3} \begin{vmatrix} 0 & 1 \\ 3 & -1 \end{vmatrix} = -3, \quad A_{21} = (-1)^{2+1} \begin{vmatrix} 0 & 2 \\ -1 & 1 \end{vmatrix} = -2,$$

$$A_{22} = (-1)^{2+2} \begin{vmatrix} 1 & 2 \\ 3 & 1 \end{vmatrix} = -5, \quad A_{23} = (-1)^{2+3} \begin{vmatrix} 1 & 0 \\ 3 & -1 \end{vmatrix} = 1$$

$$A_{31} = (-1)^{3+1} \begin{vmatrix} 0 & 2 \\ 1 & 0 \end{vmatrix} = -2, \quad A_{32} = (-1)^{3+2} \begin{vmatrix} 1 & 2 \\ 0 & 0 \end{vmatrix} = 0, \quad A_{33} = (-1)^{3+3} \begin{vmatrix} 1 & 0 \\ 0 & 1 \end{vmatrix} = 1$$

よって，行列 A の余因子行列は，$\widetilde{A} = \begin{pmatrix} A_{11} & A_{21} & A_{31} \\ A_{12} & A_{22} & A_{32} \\ A_{13} & A_{23} & A_{33} \end{pmatrix} = \begin{pmatrix} 1 & -2 & -2 \\ 0 & -5 & 0 \\ -3 & 1 & 1 \end{pmatrix}$

したがって，

$$A^{-1} = \frac{1}{|A|}\widetilde{A} = \frac{1}{-5} \begin{pmatrix} 1 & -2 & -2 \\ 0 & -5 & 0 \\ -3 & 1 & 1 \end{pmatrix} = \frac{1}{5} \begin{pmatrix} -1 & 2 & 2 \\ 0 & 5 & 0 \\ 3 & -1 & -1 \end{pmatrix} \quad \cdots\cdots 〔答〕$$

類題10－6 解答は p. 245

次の行列の逆行列を余因子行列を利用して求めよ。

$$A = \begin{pmatrix} 2 & 4 & 1 \\ 1 & -2 & 1 \\ 0 & 5 & -1 \end{pmatrix}$$

例題10－7（余因子展開とその応用）

$$n \text{ 次行列式}: D_n = \begin{vmatrix} 1+x^2 & x & 0 & \cdots & 0 \\ x & 1+x^2 & x & \cdots & 0 \\ 0 & x & 1+x^2 & \cdots & 0 \\ \vdots & \vdots & \vdots & \ddots & \vdots \\ 0 & 0 & 0 & \cdots & 1+x^2 \end{vmatrix} \text{ を求めよ。}$$

解説 余因子展開は次数下げの公式の一般化である。余因子展開は行列式の理論的な計算においてしばしば重要な道具となる。どの行，どの列で展開することもできる。

解答 まず，D_1，D_2 を求める。

$$D_1 = 1+x^2, \quad D_2 = \begin{vmatrix} 1+x^2 & x \\ x & 1+x^2 \end{vmatrix} = (1+x^2)^2 - x^2 = 1+x^2+x^4$$

次に，D_n が満たす漸化式を求める。第 1 行で**余因子展開**する。

$$D_n = (1+x^2)A_{11} + xA_{12} + 0 \cdot A_{13} + \cdots + 0 \cdot A_{1n} = (1+x^2)A_{11} + xA_{12}$$

$$= (1+x^2)(-1)^{1+1} \begin{vmatrix} 1+x^2 & x & \cdots & 0 \\ x & 1+x^2 & \cdots & 0 \\ \vdots & \vdots & \ddots & \vdots \\ 0 & 0 & \cdots & 1+x^2 \end{vmatrix} + x(-1)^{1+2} \begin{vmatrix} x & x & \cdots & 0 \\ 0 & 1+x^2 & \cdots & 0 \\ \vdots & \vdots & \ddots & \vdots \\ 0 & 0 & \cdots & 1+x^2 \end{vmatrix}$$

$$\text{（行列式は } n-1 \text{ 次）}$$

$$= (1+x^2)D_{n-1} - x \cdot xD_{n-2} = (1+x^2)D_{n-1} - x^2 D_{n-2} \text{ より，}$$

$$D_n - D_{n-1} = x^2(D_{n-1} - D_{n-2}) \quad \therefore \quad D_{n+1} - D_n = x^4(x^2)^{n-1} \quad \text{（初項は } D_2 - D_1 = x^4\text{）}$$

よって，

$$D_n = D_1 + (D_2 - D_1) + \cdots + (D_n - D_{n-1})$$
$$= 1 + x^2 + x^4 + \cdots + x^{2n} \quad \cdots\cdots〔答〕$$

類題10－7 解答は **p. 245**

n を自然数として，次の等式を示せ。

$$\begin{vmatrix} a_0 & -1 & 0 & \cdots & 0 \\ a_1 & x & -1 & \cdots & 0 \\ a_2 & 0 & x & \cdots & 0 \\ \vdots & \vdots & \vdots & \ddots & \vdots \\ a_n & 0 & 0 & \cdots & x \end{vmatrix} = a_0 x^n + a_1 x^{n-1} + \cdots + a_n$$

┌─ 例題10－8 （行列の階数と行列式）

$$\begin{pmatrix} x & x+1 & x^2 \\ 1 & x^2+1 & 1 \\ x & x^2+x & x^2 \end{pmatrix} の階数を求めよ。$$

[解説] 行列の階数 r は行列式を用いて次のように表現することもできる。

（ⅰ） r 次の小行列式で，値が 0 でないものが存在する。

（ⅱ） r より次数が大きい小行列式は，すべて値が 0 である。

[解答] まず，行列式を計算する。

$$\begin{vmatrix} x & x+1 & x^2 \\ 1 & x^2+1 & 1 \\ x & x^2+x & x^2 \end{vmatrix} \underset{③-①}{=} \begin{vmatrix} x & x+1 & x^2 \\ 1 & x^2+1 & 1 \\ 0 & x^2-1 & 0 \end{vmatrix} = 0+0+x^2(x^2-1)-0-0-x(x^2-1)$$

$$= (x^2-x)(x^2-1) = x(x+1)(x-1)^2$$

（ⅰ） $x \neq 1,\ 0,\ -1$ のとき；（行列式）$\neq 0$ だから，階数は 3

（ⅱ） $x=1$ のとき；（与式）$= \begin{pmatrix} 1 & 2 & 1 \\ 1 & 2 & 1 \\ 1 & 2 & 1 \end{pmatrix} \to \begin{pmatrix} 1 & 2 & 1 \\ 0 & 0 & 0 \\ 0 & 0 & 0 \end{pmatrix}$ ∴ 階数は 1

（ⅲ） $x=0$ のとき；（与式）$= \begin{pmatrix} 0 & 1 & 0 \\ 1 & 1 & 1 \\ 0 & 0 & 0 \end{pmatrix} \to \begin{pmatrix} 1 & 0 & 1 \\ 0 & 1 & 0 \\ 0 & 0 & 0 \end{pmatrix}$ ∴ 階数は 2

（ⅳ） $x=-1$ のとき；

$$（与式）= \begin{pmatrix} -1 & 0 & 1 \\ 1 & 2 & 1 \\ -1 & 0 & 1 \end{pmatrix} \to \cdots\cdots \to \begin{pmatrix} 1 & 0 & -1 \\ 0 & 1 & 1 \\ 0 & 0 & 0 \end{pmatrix} \quad ∴ \quad 階数は 2$$

以上より，求める階数は，

（ア） $x \neq 1,\ 0,\ -1$ のとき 3 （イ） $x=1$ のとき 1 （ウ） $x=0,\ -1$ のとき 2

類題10－8　解答は p. 246

$$\begin{pmatrix} a & b & b & b \\ b & a & b & b \\ b & b & a & b \\ b & b & b & a \end{pmatrix} の階数を求めよ。$$

例題10−9 （ブロック分割と行列式）

n 次正方行列 A, B に対して，次の等式を示せ。

$$\begin{vmatrix} A & B \\ B & A \end{vmatrix} = |A+B||A-B|$$

解説 正方行列 A, D に対して次が成り立つ。

① $\begin{vmatrix} A & B \\ O & D \end{vmatrix} = |A||D|$ ② $\begin{vmatrix} A & O \\ C & D \end{vmatrix} = |A||D|$

(証明) ① $\begin{pmatrix} A & B \\ O & D \end{pmatrix} = \begin{pmatrix} E & B \\ O & D \end{pmatrix}\begin{pmatrix} A & O \\ O & E \end{pmatrix}$ より，

$$\begin{vmatrix} A & B \\ O & D \end{vmatrix} = \begin{vmatrix} E & B \\ O & D \end{vmatrix}\begin{vmatrix} A & O \\ O & E \end{vmatrix} = |D||A|$$

②も同様。

解答 ブロック単位で基本変形すると考える。

$$\begin{vmatrix} A & B \\ B & A \end{vmatrix} = \begin{vmatrix} A+B & B \\ A+B & A \end{vmatrix}$$ ←第1列ブロックに第2列ブロックを足した。

　（つまり，第 1 列に第 $n+1$ 列を，…，第 n 列に第 $n+n$ 列を足した。）

$$= \begin{vmatrix} A+B & B \\ O & A-B \end{vmatrix}$$ ←第2行ブロックから第1行ブロックを引いた。

　（つまり，第 $n+1$ 行から第 1 行を，…，第 $n+n$ 行から第 n 行を引いた。）

$$= |A+B||A-B|$$

よって，$\begin{vmatrix} A & B \\ B & A \end{vmatrix} = |A+B||A-B|$

類題10−9 解答は p. 247

(1) 次の行列式の値を求めよ。

$$\begin{vmatrix} 10 & 12 & 13 & 17 \\ 4 & 5 & 7 & 11 \\ 0 & 0 & -5 & 7 \\ 0 & 0 & 2 & -3 \end{vmatrix}$$

(2) n 次正方行列 A, B に対して，次の等式を示せ。

$$\begin{vmatrix} A & -A \\ B & B \end{vmatrix} = 2^n |A||B|$$

■ 第10章　章末問題　　　　　　　　▶解答は p. 247

1 連立1次方程式

$$\begin{cases} y - 2z = 1 \\ 2x + 2y + az = b \\ 4x + 3y = b \\ 2x + y + z = c \end{cases} \quad \cdots\cdots(*)$$

に関して，以下の問に答えよ。ただし，a, b, c は実数であるとする。

(1) 方程式$(*)$の解がただ1つ存在するとき，a, b, c の間に成り立つ関係を述べよ。また，その解を求めよ。

(2) 方程式$(*)$の解の全体が3次元ユークリッド空間内の直線になっているとき，a, b, c の間に成り立つ関係を述べよ。また，その直線を表す方程式を求めよ。

〈岡山大学－理学部数学科〉

2 次の連立1次方程式を考える。

$$\begin{cases} (1+\lambda_1)x_1 + \lambda_1 x_2 + \lambda_1 x_3 + \cdots + \lambda_1 x_n = \lambda_1 \\ \lambda_2 x_1 + (1+\lambda_2)x_2 + \lambda_2 x_3 + \cdots + \lambda_2 x_n = \lambda_2 \\ \vdots \qquad \vdots \qquad \vdots \qquad \vdots \qquad \vdots \\ \lambda_n x_1 + \lambda_n x_2 + \lambda_n x_3 + \cdots + (1+\lambda_n)x_n = \lambda_n \end{cases}$$

(1) この連立1次方程式の係数行列を A とする。A の行列式 $|A|$ を求めよ。

(2) $|A| \neq 0$ のとき，この連立1次方程式の解を求めよ。　〈神戸大学－工学部〉

3 (1) n 行 m 列の行列 A と n 次の単位行列 E に対し，n 行 $(m+n)$ 列の行列 $[A|E]$ に行基本変形を繰り返し施して $[B|P]$ が得られるとき，$B = PA$ となることを示せ。

(2) 5次の正方行列 A と5次の単位行列 E に対し，$[A|E]$ に行基本変形を繰り返し施して次の $[B|P]$ が得られた。

$$[B|P] = \begin{pmatrix} 2 & 1 & -1 & 1 & -1 & 1 & 0 & 0 & 0 & 0 \\ 0 & 1 & -2 & -1 & 1 & 2 & 1 & 0 & 0 & 0 \\ 0 & 0 & 1 & 1 & -1 & 1 & -5 & -2 & 0 & 0 \\ 0 & 0 & 0 & -2 & 1 & \dfrac{2}{3} & 1 & \dfrac{1}{3} & 1 & 0 \\ 0 & 0 & 0 & 0 & 1 & 1 & 4 & -1 & 1 & 3 \end{pmatrix}$$

(a) A の行列式 $|A|$ の値を求めよ。

(b) 次の式を満たす列ベクトル $\boldsymbol{x}$ を求めよ。

$$A\boldsymbol{x} = {}^t(1 \ \ 0 \ \ 1 \ \ 0 \ \ 1) \quad ({}^t \text{は転置})$$

〈神戸大学－工学部〉

第11章

ベクトル空間と線形写像

▰ 要 項 ▰

11. 1　ベクトル空間と部分空間

ベクトル空間　空でない集合 V に，**和**および**スカラー倍**が定義されているとき，V を**ベクトル空間**，V の要素を**ベクトル**という。すなわち，

（ⅰ）　$\boldsymbol{a}$, $\boldsymbol{b} \in V$ に対して，$\boldsymbol{a} + \boldsymbol{b} \in V$

（ⅱ）　$\boldsymbol{a} \in V$ と $k \in K$ に対して，$k\boldsymbol{a} \in V$

が定義されている。

（**注**）　K が実数体のとき V を**実ベクトル空間**，K が複素数体のとき V を**複素ベクトル空間**という。

数ベクトル　n 次の列ベクトル $\boldsymbol{a} = {}^t(a_1 \quad a_2 \quad \cdots \quad a_n)$ の全体からなるベクトル空間を n **次元数ベクトル空間**といい，その要素 $\boldsymbol{a}$ を**数ベクトル**という。

部分空間　ベクトル空間 V の空でない部分集合 W が和およびスカラー倍に関して閉じているとき，W を V の**部分空間**という。すなわち，次が成り立つ。

（ⅰ）　$\boldsymbol{0} \in W$

（ⅱ）　$\boldsymbol{a}$, $\boldsymbol{b} \in W$ ならば，$\boldsymbol{a} + \boldsymbol{b} \in W$

（ⅲ）　$\boldsymbol{a} \in W$ ならば，$k\boldsymbol{a} \in W$ （$k \in K$）

> ▶アドバイス◀
> 　部分空間であることの証明問題では，この条件（ⅰ），（ⅱ），（ⅲ）が成り立つことを確認すればよい。

11. 2　ベクトルの1次結合とベクトル空間の生成

1次結合　$\boldsymbol{a}_1$, $\boldsymbol{a}_2, \cdots, \boldsymbol{a}_n \in V$, k_1, k_2, $\cdots$, $k_n \in K$ に対して，

$$k_1\boldsymbol{a}_1 + k_2\boldsymbol{a}_2 + \cdots + k_n\boldsymbol{a}_n$$

を $\boldsymbol{a}_1$, $\boldsymbol{a}_2$, $\cdots$, $\boldsymbol{a}_n$ の**1次結合**という。

ベクトル空間の生成　$V = \{k_1\boldsymbol{a}_1 + k_2\boldsymbol{a}_2 + \cdots + k_n\boldsymbol{a}_n \mid k_1$, k_2, $\cdots$, $k_n \in K\}$ のとき，

V は a_1, a_2, $\cdots$, a_n によって**生成される**という。

11. 3 1次独立

1次独立 a_1, a_2, $\cdots$, a_n が **1次独立**であるとは,

$$k_1 a_1 + k_2 a_2 + \cdots + k_n a_n = 0 \text{ ならば } k_1 = k_2 = \cdots = k_n = 0$$

であることをいう。1次独立でないときを**1次従属**という。

> ▶アドバイス◀-------------------------------
> 1次独立の定義は非常に大切！ また，この定義の意味をしっかりと考えよう。「どのベクトルも残りのものでは表されない」ということ。

1次関係 $k_1 a_1 + k_2 a_2 + \cdots + k_n a_n = 0$ を a_1, a_2, $\cdots$, a_n の**1次関係**という。

[定理] （ベクトルの1次独立・1次関係の判定）

(1) $\{a_1$, a_2, $\cdots$, $a_n\}$ が1次独立であるための必要十分条件は,

$$\mathrm{rank}(a_1 \quad a_2 \quad \cdots \quad a_n) = n$$

(2) 行列 $(a_1 \quad a_2 \quad \cdots \quad a_n)$ の階段行列への変形を $(b_1 \quad b_2 \quad \cdots \quad b_n)$ とするとき, a_1, a_2, $\cdots$, a_n の1次関係と b_1, b_2, $\cdots$, b_n の1次関係とは同じである。

11. 4 基底・次元・座標

基底 次の条件(ⅰ), (ⅱ)を満たす a_1, a_2, $\cdots$, a_n を V の**基底**という。

（ⅰ） V は a_1, a_2, $\cdots$, a_n によって生成される

（ⅱ） a_1, a_2, $\cdots$, a_n は1次独立

次元 ベクトル空間 V に含まれる1次独立なベクトルの最大個数を V の**次元**といい，$\dim V$ で表す。

座標 x をベクトル空間 V の任意のベクトルとし，$\{a_1$, a_2, $\cdots$, $a_n\}$ を V の基底とする。このとき，x は $x = x_1 a_1 + x_2 a_2 + \cdots + x_n a_n$ と，a_1, a_2, $\cdots$, a_n の1次結合で一意的に表される。${}^t(x_1 \quad x_2 \quad \cdots \quad x_n)$ を，基底 $\{a_1$, a_2, $\cdots$, $a_n\}$ に関する x の**座標**という。

11. 5 線形写像

線形写像 V, W を K 上のベクトル空間とする。

写像 $f : V \to W$ が次の(ⅰ), (ⅱ)を満たすとき V から W への**線形写像**という。

（ⅰ） $f(\boldsymbol{a}+\boldsymbol{b})=f(\boldsymbol{a})+f(\boldsymbol{b})$　　（$\boldsymbol{a}$, $\boldsymbol{b}\in V$）

（ⅱ） $f(k\boldsymbol{a})=kf(\boldsymbol{a})$　　　　　（$\boldsymbol{a}\in V$, $k\in K$）

特に $V=W$ のとき，**線形変換（1次変換）** という。

> ▶アドバイス◀-------------------------------
> 線形写像の概念も非常に重要である。線形性：条件(ⅰ)，(ⅱ)はしっかり覚えておくこと。

同型写像　$f:V\to W$ が全単射のとき，f は V から W への**同型写像**という。また，V から W への同型写像が存在するとき，V と W は互いに**同型である**という。

■ 知っておこう！　　集合と写像

写像　A, B 集合とする。

　$f:A\to B$ が**写像**であるとは，任意の $a\in A$ に対して $f(a)=b$ を満たす $b\in B$ がただ1つ存在することをいう。

全射　写像 $f:A\to B$ が**全射**であるとは，任意の $b\in B$ に対して $f(a)=b$ を満たす $a\in A$ が存在することをいう。

単射　写像 $f:A\to B$ が**単射**であるとは，任意の a_1, $a_2\in A$ に対して，$a_1\neq a_2$ ならば $f(a_1)\neq f(a_2)$ であることをいう。

全単射　写像 $f:A\to B$ が全射かつ単射のとき**全単射**という。

---

11. 6　線形写像の表現行列

表現行列　f が V から W への線形写像とする。V の基底を $\{\boldsymbol{v}_1, \cdots, \boldsymbol{v}_n\}$，$W$ の基底を $\{\boldsymbol{w}_1, \cdots, \boldsymbol{w}_m\}$ とするとき，

$$(f(\boldsymbol{v}_1)\quad\cdots\quad f(\boldsymbol{v}_n))=(\boldsymbol{w}_1\quad\cdots\quad \boldsymbol{w}_m)A$$

を満たす行列 A を，V の基底 $\{\boldsymbol{v}_1, \cdots, \boldsymbol{v}_n\}$，$W$ の基底 $\{\boldsymbol{w}_1, \cdots, \boldsymbol{w}_m\}$ に関する，f の**表現行列**という。

> ▶アドバイス◀-------------------------------
> この表現行列の定義は意味が分かりにくいと思うが，とりあえず覚えておこう。次の定理が成り立つことで一応納得することにしよう。

［定理］（表現行列と座標）

　V の基底 $\{\boldsymbol{v}_1, \cdots, \boldsymbol{v}_n\}$，$W$ の基底 $\{\boldsymbol{w}_1, \cdots, \boldsymbol{w}_m\}$ に関する，f の表現行列

を A とし，$\boldsymbol{y}=f(\boldsymbol{x})$ とする。

$\boldsymbol{x}$ の基底 $\{\boldsymbol{v}_1, \cdots, \boldsymbol{v}_n\}$ に関する座標を ${}^t(x_1 \ \cdots \ x_n)$，

$\boldsymbol{y}$ の基底 $\{\boldsymbol{w}_1, \cdots, \boldsymbol{w}_m\}$ に関する座標を ${}^t(y_1 \ \cdots \ y_m)$

とするとき，次が成り立つ。

$$\begin{pmatrix} y_1 \\ \vdots \\ y_m \end{pmatrix} = A \begin{pmatrix} x_1 \\ \vdots \\ x_n \end{pmatrix}$$

11.7 像と核

像と核 f が V から W への**線形写像**のとき，

$$\operatorname{Im} f = \{f(\boldsymbol{v}) \in W \,|\, \boldsymbol{v} \in V\}$$

を f の**像**といい，

$$\operatorname{Ker} f = \{\boldsymbol{v} \in V \,|\, f(\boldsymbol{v}) = \boldsymbol{0}\}$$

を f の**核**という。

▶アドバイス◀--------------------------------------
　像と核は編入試験でもよく出題される。特に像については問題を解きながら十分理解するように。

11.8 基底の取り替え

基底 $\{\boldsymbol{a}_1, \boldsymbol{a}_2, \cdots, \boldsymbol{a}_n\}$ から基底 $\{\boldsymbol{b}_1, \boldsymbol{b}_2, \cdots, \boldsymbol{b}_n\}$ への取り替え行列を P とすると，

$$(\boldsymbol{b}_1 \ \boldsymbol{b}_2 \ \cdots \ \boldsymbol{b}_n) = (\boldsymbol{a}_1 \ \boldsymbol{a}_2 \ \cdots \ \boldsymbol{a}_n)P$$

11.9 平面上の線形変換（1次変換）

回転 原点のまわりの θ 回転を表す1次変換は

$$A = \begin{pmatrix} \cos\theta & -\sin\theta \\ \sin\theta & \cos\theta \end{pmatrix}$$

（**注**） $A\begin{pmatrix} 1 \\ 0 \end{pmatrix} = \begin{pmatrix} \cos\theta \\ \sin\theta \end{pmatrix}$, $A\begin{pmatrix} 0 \\ 1 \end{pmatrix} = \begin{pmatrix} -\sin\theta \\ \cos\theta \end{pmatrix}$ より，$A = \begin{pmatrix} \cos\theta & -\sin\theta \\ \sin\theta & \cos\theta \end{pmatrix}$

とわかる。

--- 例題11－1 （ベクトル空間と部分空間） -------

　次の集合はベクトル空間 $\boldsymbol{R}^2$ の部分空間であるか。

(1)　$V_1=\left\{\begin{pmatrix}x\\y\end{pmatrix}\in\boldsymbol{R}^2\middle|y=3x\right\}$　　　(2)　$V_2=\left\{\begin{pmatrix}x\\y\end{pmatrix}\in\boldsymbol{R}^2\middle|(x-1)^2+y^2=1\right\}$

[解 説]　**ベクトル空間**についてはまずその定義を覚えることが大切。すなわち，**和とスカラー倍が定義されている空でない集合**ということである。また，部分空間とは**与えられたベクトル空間の部分集合でそれ自身がまたベクトル空間になっているもの**のことである。空集合でないことを確認するために零ベクトルが属していることをチェックする。

[解 答]　部分空間であることの条件をチェックする。

(1)　（ⅰ）　$0=3\cdot0$ であるから，$\boldsymbol{0}=\begin{pmatrix}0\\0\end{pmatrix}\in V_1$　← 零ベクトルが属していることを確認

　　（ⅱ）　$\boldsymbol{a}=\begin{pmatrix}x_1\\y_1\end{pmatrix}$, $\boldsymbol{b}=\begin{pmatrix}x_2\\y_2\end{pmatrix}\in V_1$ とする。← 和について閉じていることを確認

　　　　　　$\boldsymbol{a}+\boldsymbol{b}=\begin{pmatrix}x_1+x_2\\y_1+y_2\end{pmatrix}$ であり，$y_1+y_2=3x_1+3x_2=3(x_1+x_2)$

　　　　　　$\therefore$　$\boldsymbol{a}+\boldsymbol{b}\in V_1$

　　（ⅲ）　$\boldsymbol{a}=\begin{pmatrix}x\\y\end{pmatrix}\in V_1$ とする。　← スカラー倍について閉じていることを確認

　　　　　　$k\boldsymbol{a}=\begin{pmatrix}kx\\ky\end{pmatrix}$ であり，$ky=k(3x)=3(kx)$　　$\therefore$　$k\boldsymbol{a}\in V_1$

　（ⅰ）～（ⅲ）より，V_1 は $\boldsymbol{R}^2$ の部分空間である。　……〔答〕

(2)　$\boldsymbol{a}=\begin{pmatrix}2\\0\end{pmatrix}\in V_2$ とするとき，$3\boldsymbol{a}=\begin{pmatrix}6\\0\end{pmatrix}\notin V_2$

　ゆえに，条件（ⅲ）を満たしていない。

　よって，V_2 は $\boldsymbol{R}^2$ の部分空間ではない。　……〔答〕

~~~~~~ 類題11－1 ~~~~~~ 解答は p.248

　次の集合は2次正方行列の全体からなるベクトル空間 $\boldsymbol{M}$ の部分空間であるか。

(1)　$V_1=\{X\in\boldsymbol{M}\,|\,AX=XA\}$　$(A\in\boldsymbol{M})$　　　(2)　$V_2=\{X\in\boldsymbol{M}\,|\,\det X=0\}$

例題11－2（1次独立）

a_1, a_2, a_3 をベクトル空間 V のベクトルとする。a_1+a_2, a_2+a_3, a_3+a_1 が1次独立ならば, a_1, a_2, a_3 は1次独立であることを示せ。

解説 n 個のベクトル a_1, $\cdots$, a_n が**1次独立**であるとは, **このうちのどのベクトルも残りの $n-1$ 個を用いて表せない**ということである。整理すれば次のようになる。

$$k_1a_1+k_2a_2+\cdots+k_na_n=0 \quad ならば \quad k_1=k_2=\cdots=k_n=0$$

デタラメな答案を書かないよう, 1次独立の定義を正しく理解しよう！

解答 $k_1a_1+k_2a_2+k_3a_3=0$ とする。　←これがスタート！

$b_1=a_1+a_2$, $b_2=a_2+a_3$, $b_3=a_3+a_1$ とおくと,

$$b_1+b_2+b_3=2(a_1+a_2+a_3) \qquad \therefore \quad a_1+a_2+a_3=\frac{b_1+b_2+b_3}{2}$$

$$\therefore \quad a_1=\frac{b_1-b_2+b_3}{2}, \quad a_2=\frac{b_1+b_2-b_3}{2}, \quad a_3=\frac{-b_1+b_2+b_3}{2}$$

よって, $k_1a_1+k_2a_2+k_3a_3=0$ のとき,

$$k_1(b_1-b_2+b_3)+k_2(b_1+b_2-b_3)+k_3(-b_1+b_2+b_3)=0$$

$$\therefore \quad (k_1+k_2-k_3)b_1+(-k_1+k_2+k_3)b_2+(k_1-k_2+k_3)b_3=0$$

ここで, b_1, b_2, b_3 は1次独立だから,

$$\begin{cases} k_1+k_2-k_3=0 \\ -k_1+k_2+k_3=0 \\ k_1-k_2+k_3=0 \end{cases} \qquad \therefore \quad \begin{pmatrix} 1 & 1 & -1 \\ -1 & 1 & 1 \\ 1 & -1 & 1 \end{pmatrix}\begin{pmatrix} k_1 \\ k_2 \\ k_3 \end{pmatrix}=\begin{pmatrix} 0 \\ 0 \\ 0 \end{pmatrix} \quad \cdots\cdots①$$

（①の係数行列の行列式）$=4\neq0$ より, 同次連立1次方程式①は**自明な解**しかもたない。

$$\therefore \quad k_1=k_2=k_3=0 \quad ←これがゴール！$$

以上より, a_1, a_2, a_3 は1次独立である。

類題11－2 解答は p. 249

ベクトル a, b, c が1次独立であるとき, 次の x, y, z は1次独立か, 1次従属か。

$$x=a+b-2c, \quad y=a-b-c, \quad z=a+c$$

┌─ **例題11－3（1次関係）** ─────────────────────

$$a_1 = \begin{pmatrix} 1 \\ 1 \\ 1 \end{pmatrix}, \quad a_2 = \begin{pmatrix} 0 \\ -2 \\ 1 \end{pmatrix}, \quad a_3 = \begin{pmatrix} 2 \\ 0 \\ 3 \end{pmatrix}, \quad a_4 = \begin{pmatrix} 3 \\ 0 \\ 1 \end{pmatrix}, \quad a_5 = \begin{pmatrix} 1 \\ 4 \\ -4 \end{pmatrix} \text{の中から}$$

1次独立なベクトルの組を選び出し，残りのベクトルをその1次結合で
表せ。

└──

[**解 説**]　行列（a_1　a_2　$\cdots$　a_n）の階段行列への変形を（b_1　b_2　$\cdots$　b_n）と
するとき，a_1，a_2，$\cdots$，a_n の1次関係と b_1，b_2，$\cdots$，b_n の1次関係とは同じ
である。すなわち，**行基本変形によって各列の間の1次関係は変化しない。**

[**解 答**]　**行基本変形**により，

$$(a_1 \ \ a_2 \ \ a_3 \ \ a_4 \ \ a_5) = \begin{pmatrix} 1 & 0 & 2 & 3 & 1 \\ 1 & -2 & 0 & 0 & 4 \\ 1 & 1 & 3 & 1 & -4 \end{pmatrix} \to \cdots\cdots \to \begin{pmatrix} 1 & 0 & 2 & 0 & -2 \\ 0 & 1 & 1 & 0 & -3 \\ 0 & 0 & 0 & 1 & 1 \end{pmatrix}$$

$$b_1 = \begin{pmatrix} 1 \\ 0 \\ 0 \end{pmatrix}, \quad b_2 = \begin{pmatrix} 0 \\ 1 \\ 0 \end{pmatrix}, \quad b_3 = \begin{pmatrix} 2 \\ 1 \\ 0 \end{pmatrix}, \quad b_4 = \begin{pmatrix} 0 \\ 0 \\ 1 \end{pmatrix}, \quad b_5 = \begin{pmatrix} -2 \\ -3 \\ 1 \end{pmatrix} \text{とおくと，}$$

明らかに，

　　b_1，b_2，b_4 が1次独立であり，$b_3 = 2b_1 + b_2$，$b_5 = -2b_1 - 3b_2 + b_4$

行基本変形によって各列の間の1次関係は変化しないので，

　　a_1，a_2，a_4 が1次独立であり，$a_3 = 2a_1 + a_2$，$a_5 = -2a_1 - 3a_2 + a_4$

▓▓▓ **類題11－3** ▓▓▓▓▓▓▓▓▓▓▓▓▓▓▓▓▓▓▓▓▓▓▓▓▓▓▓▓▓▓▓▓▓▓ 解答は p.249

$$a_1 = \begin{pmatrix} 1 \\ 0 \\ 0 \\ -1 \end{pmatrix}, \quad a_2 = \begin{pmatrix} -1 \\ 1 \\ -1 \\ 1 \end{pmatrix}, \quad a_3 = \begin{pmatrix} 2 \\ 0 \\ 1 \\ -3 \end{pmatrix}, \quad b_1 = \begin{pmatrix} 1 \\ 2 \\ 1 \\ 3 \end{pmatrix}, \quad b_2 = \begin{pmatrix} 0 \\ 1 \\ -2 \\ 1 \end{pmatrix}$$

とおく。次の問いに答えよ。

(1)　a_1，a_2，a_3 は1次独立であることを証明せよ。

(2)　b_1，b_2 はそれぞれ a_1，a_2，a_3 の1次結合で表されるか表されないかを判
　　定し，表される場合は a_1，a_2，a_3 の1次結合で表せ。

━━ 例題11－4 （基底と次元） ━━━━━━━━━━━━━━━━━━━━━━

次の同次連立1次方程式の解空間 W の基底と次元を求めよ。

$$\begin{cases} x+y-z+w=0 \\ 3x+y+z-3w=0 \\ 2x+y-w=0 \end{cases}$$

解説 次の条件（ⅰ），（ⅱ）を満たす $\boldsymbol{a}_1,\ \boldsymbol{a}_2,\ \cdots,\ \boldsymbol{a}_n$ を V の**基底**という。

（ⅰ） V は $\boldsymbol{a}_1,\ \boldsymbol{a}_2,\ \cdots,\ \boldsymbol{a}_n$ によって生成される

（ⅱ） $\boldsymbol{a}_1,\ \boldsymbol{a}_2,\ \cdots,\ \boldsymbol{a}_n$ は1次独立

解答 係数行列を行基本変形すると，

$$\begin{pmatrix} 1 & 1 & -1 & 1 \\ 3 & 1 & 1 & -3 \\ 2 & 1 & 0 & -1 \end{pmatrix} \to \begin{pmatrix} 1 & 1 & -1 & 1 \\ 0 & -2 & 4 & -6 \\ 0 & -1 & 2 & -3 \end{pmatrix} \to \begin{pmatrix} 1 & 1 & -1 & 1 \\ 0 & 1 & -2 & 3 \\ 0 & -1 & 2 & -3 \end{pmatrix}$$

$$\to \begin{pmatrix} 1 & 0 & 1 & -2 \\ 0 & 1 & -2 & 3 \\ 0 & 0 & 0 & 0 \end{pmatrix}$$ よって，与式は $$\begin{pmatrix} 1 & 0 & 1 & -2 \\ 0 & 1 & -2 & 3 \\ 0 & 0 & 0 & 0 \end{pmatrix}\begin{pmatrix} x \\ y \\ z \\ w \end{pmatrix}=\begin{pmatrix} 0 \\ 0 \\ 0 \end{pmatrix}$$

すなわち，$\begin{cases} x+z-2w=0 \\ y-2z+3w=0 \end{cases}$ **◆ 係数行列の階段行列からきちんと判断**

したがって，解は，$$\begin{pmatrix} x \\ y \\ z \\ w \end{pmatrix}=\begin{pmatrix} -a+2b \\ 2a-3b \\ a \\ b \end{pmatrix}=a\begin{pmatrix} -1 \\ 2 \\ 1 \\ 0 \end{pmatrix}+b\begin{pmatrix} 2 \\ -3 \\ 0 \\ 1 \end{pmatrix}$$ （$a,\ b$ は任意）

以上より，W の基底は $$\left\{\begin{pmatrix} -1 \\ 2 \\ 1 \\ 0 \end{pmatrix},\ \begin{pmatrix} 2 \\ -3 \\ 0 \\ 1 \end{pmatrix}\right\},$$ 次元は2である。 ……〔答〕

〜〜〜 **類題11－4** 〜〜〜〜〜〜〜〜〜〜〜〜〜〜〜〜〜〜〜〜〜〜〜〜〜〜〜〜〜 解答は **p. 249**

次の同次連立1次方程式の解空間 W の基底と次元を求めよ。

$$\begin{cases} 5x+y+8z+6v+3w=0 \\ x+y+3z+2v+w=0 \\ 3x-y+2z+2v+w=0 \end{cases}$$

┌─ 例題11－5 （線形写像①：表現行列（その1）） ──────────

次の線形写像の与えられた基底に関する表現行列 F を求めよ。

線形写像 $f : \boldsymbol{R}^3 \to \boldsymbol{R}^2$, $f\left(\begin{pmatrix} x \\ y \\ z \end{pmatrix}\right) = \begin{pmatrix} 6 & 5 & 4 \\ -1 & -1 & -1 \end{pmatrix} \begin{pmatrix} x \\ y \\ z \end{pmatrix}$

$\boldsymbol{R}^3 : \left\{ \begin{pmatrix} -1 \\ 1 \\ 1 \end{pmatrix}, \begin{pmatrix} 1 \\ -1 \\ 1 \end{pmatrix}, \begin{pmatrix} 1 \\ 1 \\ -1 \end{pmatrix} \right\}$　　$\boldsymbol{R}^2 : \left\{ \begin{pmatrix} -1 \\ 1 \end{pmatrix}, \begin{pmatrix} 2 \\ -1 \end{pmatrix} \right\}$

└──────────────────────────────────

[解説]　線形写像 $f : V \to W$ の表現行列は次のように定義されている。
V の基底を $\{\boldsymbol{v}_1, \cdots, \boldsymbol{v}_n\}$, W の基底を $\{\boldsymbol{w}_1, \cdots, \boldsymbol{w}_m\}$ とするとき,

$$(f(\boldsymbol{v}_1) \quad \cdots \quad f(\boldsymbol{v}_n)) = (\boldsymbol{w}_1 \quad \cdots \quad \boldsymbol{w}_m) A$$

を満たす行列 A を，与えられた基底に関する f の**表現行列**という。

[解答]　表現行列の定義に従う。

$$f\left(\begin{pmatrix} -1 \\ 1 \\ 1 \end{pmatrix}\right) = \begin{pmatrix} 3 \\ -1 \end{pmatrix}, \ f\left(\begin{pmatrix} 1 \\ -1 \\ 1 \end{pmatrix}\right) = \begin{pmatrix} 5 \\ -1 \end{pmatrix}, \ f\left(\begin{pmatrix} 1 \\ 1 \\ -1 \end{pmatrix}\right) = \begin{pmatrix} 7 \\ -1 \end{pmatrix}$$

よって，表現行列の定義より，$\begin{pmatrix} 3 & 5 & 7 \\ -1 & -1 & -1 \end{pmatrix} = \begin{pmatrix} -1 & 2 \\ 1 & -1 \end{pmatrix} F$ であるから,

$$F = \begin{pmatrix} -1 & 2 \\ 1 & -1 \end{pmatrix}^{-1} \begin{pmatrix} 3 & 5 & 7 \\ -1 & -1 & -1 \end{pmatrix} = \begin{pmatrix} 1 & 2 \\ 1 & 1 \end{pmatrix} \begin{pmatrix} 3 & 5 & 7 \\ -1 & -1 & -1 \end{pmatrix}$$

$$= \begin{pmatrix} 1 & 3 & 5 \\ 2 & 4 & 6 \end{pmatrix} \quad \cdots\cdots [答]$$

〰〰 類題11－5 〰〰〰〰〰〰〰〰〰〰〰〰〰〰〰〰〰〰〰〰〰〰〰〰〰〰〰 解答は p. 250

次の線形写像の与えられた基底に関する表現行列 F を求めよ。

線形写像 $f : \boldsymbol{R}^2 \to \boldsymbol{R}^3$, $f\left(\begin{pmatrix} x \\ y \end{pmatrix}\right) = \begin{pmatrix} 1 & 2 \\ 1 & 1 \\ 4 & -3 \end{pmatrix} \begin{pmatrix} x \\ y \end{pmatrix}$

$\boldsymbol{R}^2 : \left\{ \begin{pmatrix} 1 \\ 2 \end{pmatrix}, \begin{pmatrix} 3 \\ 1 \end{pmatrix} \right\}$　　$\boldsymbol{R}^3 : \left\{ \begin{pmatrix} 1 \\ 0 \\ 1 \end{pmatrix}, \begin{pmatrix} 3 \\ 2 \\ 0 \end{pmatrix}, \begin{pmatrix} 2 \\ 1 \\ 1 \end{pmatrix} \right\}$

―― **例題11－6 （線形写像②：表現行列（その2））**

2次以下の x の実係数多項式全体のつくるベクトル空間 $\boldsymbol{R}[x]_2$ におい
て，線形変換 f を次で定める。

$$f(p(x))=p(x+3) \quad (p(x)\in\boldsymbol{R}[x]_2)$$

このとき，$\boldsymbol{R}[x]_2$ の基底 $\{1,\ x,\ x^2\}$ に関する線形変換 f の表現行列 A
を求めよ。

[解説] 線形写像 $f:V\to W$ において，与えられた基底に関する f の表現行列
を A とし，その基底における，$\boldsymbol{x}$ の座標を ${}^t(x_1\ \cdots\ x_n)$，$f(\boldsymbol{x})$ の座標を
${}^t(y_1\ \cdots\ y_m)$ とするとき，次が成り立つ。

$$\begin{pmatrix}y_1\\\vdots\\y_m\end{pmatrix}=A\begin{pmatrix}x_1\\\vdots\\x_n\end{pmatrix}$$ ← 座標で表現してみると "表現行列" に納得

[解答] $p(x)=ax^2+bx+c\in\boldsymbol{R}[x]_2$ とする。

$p(x)=c\cdot1+b\cdot x+a\cdot x^2$ だから

基底 $\{1,\ x,\ x^2\}$ のもとでの $p(x)$ の座標は $\begin{pmatrix}c\\b\\a\end{pmatrix}$ ← $\boldsymbol{x}$ の座標

$$\begin{aligned}f(p(x))&=p(x+3)=a(x+3)^2+b(x+3)+c\\&=ax^2+(6a+b)x+(9a+3b+c)\\&=(9a+3b+c)\cdot1+(6a+b)\cdot x+a\cdot x^2\end{aligned}$$

より，基底 $\{1,\ x,\ x^2\}$ のもとでの $f(p(x))$ 座標は $\begin{pmatrix}9a+3b+c\\6a+b\\a\end{pmatrix}$ ←$f(\boldsymbol{x})$ の座標

よって，$\begin{pmatrix}9a+3b+c\\6a+b\\a\end{pmatrix}=\begin{pmatrix}1&3&9\\0&1&6\\0&0&1\end{pmatrix}\begin{pmatrix}c\\b\\a\end{pmatrix}$　$\therefore\ A=\begin{pmatrix}1&3&9\\0&1&6\\0&0&1\end{pmatrix}$ ……〔答〕

類題11－6　　　　　　　　　　　　　　　　　　　　　　　　　　　　　　　解答は p.250

線形変換 $f:\boldsymbol{R}^3\to\boldsymbol{R}^3$ が $\boldsymbol{R}^3$ の基底 $\{\boldsymbol{a}_1,\ \boldsymbol{a}_2,\ \boldsymbol{a}_3\}$ に関して次を満たしている。

$$f(\boldsymbol{a}_1)=\boldsymbol{a}_1-\boldsymbol{a}_3,\ f(\boldsymbol{a}_2)=\boldsymbol{a}_1+\boldsymbol{a}_2,\ f(\boldsymbol{a}_3)=\boldsymbol{a}_2+\boldsymbol{a}_3$$

このとき，与えられた基底に関する f の表現行列 A を求めよ。

── 例題11－7 （線形写像の核 Ker f）────────

次の線形写像 f の核 Ker f の基底および次元を求めよ。

$$f:\boldsymbol{R}^4 \to \boldsymbol{R}^3, \quad f\left(\begin{pmatrix} x \\ y \\ z \\ w \end{pmatrix}\right) = \begin{pmatrix} 1 & 0 & -1 & -2 \\ -1 & 1 & 2 & 3 \\ 2 & 1 & -1 & -3 \end{pmatrix}\begin{pmatrix} x \\ y \\ z \\ w \end{pmatrix}$$

[解 説] 線形写像 f の核 Ker f の定義は Ker $f=\{\boldsymbol{x}\,|\,f(\boldsymbol{x})=\boldsymbol{0}\}$ であり，何の難しいところもない。本問では同次連立1次方程式を解けばよいだけである。

[解 答] $\begin{pmatrix} 1 & 0 & -1 & -2 \\ -1 & 1 & 2 & 3 \\ 2 & 1 & -1 & -3 \end{pmatrix}\begin{pmatrix} x \\ y \\ z \\ w \end{pmatrix} = \begin{pmatrix} 0 \\ 0 \\ 0 \end{pmatrix}$ の解を求めればよい。

$$\begin{pmatrix} 1 & 0 & -1 & -2 \\ -1 & 1 & 2 & 3 \\ 2 & 1 & -1 & -3 \end{pmatrix} \to \cdots \to \begin{pmatrix} 1 & 0 & -1 & -2 \\ 0 & 1 & 1 & 1 \\ 0 & 0 & 0 & 0 \end{pmatrix} \qquad \therefore \begin{cases} x-z-2w=0 \\ y+z+w=0 \end{cases}$$

よって，$\begin{pmatrix} x \\ y \\ z \\ w \end{pmatrix} = \begin{pmatrix} a+2b \\ -a-b \\ a \\ b \end{pmatrix} = a\begin{pmatrix} 1 \\ -1 \\ 1 \\ 0 \end{pmatrix} + b\begin{pmatrix} 2 \\ -1 \\ 0 \\ 1 \end{pmatrix}$ （a, b は任意）

したがって，

Ker f の基底は $\left\{\begin{pmatrix} 1 \\ -1 \\ 1 \\ 0 \end{pmatrix}, \begin{pmatrix} 2 \\ -1 \\ 0 \\ 1 \end{pmatrix}\right\}$ であり，次元は 2 ……[答]

〰〰 類題11－7 〰〰〰〰〰〰〰〰〰〰〰〰〰〰〰〰〰〰〰〰〰〰〰 解答は p. 250

次の線形写像 f の核 Ker f の基底および次元を求めよ。

$$f:\boldsymbol{R}^4 \to \boldsymbol{R}^3, \quad f\left(\begin{pmatrix} x \\ y \\ z \\ w \end{pmatrix}\right) = \begin{pmatrix} 1 & -4 & 2 & 1 \\ 0 & 1 & 2 & -3 \\ 1 & -3 & 4 & -2 \end{pmatrix}\begin{pmatrix} x \\ y \\ z \\ w \end{pmatrix}$$

━━ 例題11－8 （線形写像の像 Im *f*） ━━━━━━━━━━━━━━

次の線形写像 *f* の像 Im *f* の基底および次元を求めよ。

$$f: \mathbf{R}^4 \to \mathbf{R}^3, \quad f\left(\begin{pmatrix} x \\ y \\ z \\ w \end{pmatrix}\right) = \begin{pmatrix} 1 & 0 & -1 & -2 \\ -1 & 1 & 2 & 3 \\ 2 & 1 & -1 & -3 \end{pmatrix} \begin{pmatrix} x \\ y \\ z \\ w \end{pmatrix}$$

[解 説] 線形写像 $f: V \to W$ の像 Im *f* の定義は Im $f = \{f(\boldsymbol{x}) \mid \boldsymbol{x} \in V\}$ であり、核 Ker *f* とほとんど同じようであるが、像については十分しっかりと理解しておきたい。

[解 答] 標準基底 $\{\boldsymbol{e}_1, \boldsymbol{e}_2, \boldsymbol{e}_3, \boldsymbol{e}_4\}$ をとる。$\boldsymbol{v} = x\boldsymbol{e}_1 + y\boldsymbol{e}_2 + z\boldsymbol{e}_3 + w\boldsymbol{e}_4$ とすると、

$$f(\boldsymbol{v}) = f(x\boldsymbol{e}_1 + y\boldsymbol{e}_2 + z\boldsymbol{e}_3 + w\boldsymbol{e}_4) = xf(\boldsymbol{e}_1) + yf(\boldsymbol{e}_2) + zf(\boldsymbol{e}_3) + wf(\boldsymbol{e}_4)$$

よって、$\{f(\boldsymbol{e}_1), f(\boldsymbol{e}_2), f(\boldsymbol{e}_3), f(\boldsymbol{e}_4)\}$ の1次関係を求めればよい。

ところで、$\{\boldsymbol{e}_1, \boldsymbol{e}_2, \boldsymbol{e}_3, \boldsymbol{e}_4\}$ が標準基底だから、次が成り立つことに注意！

$$(f(\boldsymbol{e}_1) \quad f(\boldsymbol{e}_2) \quad f(\boldsymbol{e}_3) \quad f(\boldsymbol{e}_4)) = \begin{pmatrix} 1 & 0 & -1 & -2 \\ -1 & 1 & 2 & 3 \\ 2 & 1 & -1 & -3 \end{pmatrix} \to \cdots$$

$$\to \begin{pmatrix} 1 & 0 & -1 & -2 \\ 0 & 1 & 1 & 1 \\ 0 & 0 & 0 & 0 \end{pmatrix}$$

行基本変形によって、各列の間の1次関係は変化しないので、$\{f(\boldsymbol{e}_1), f(\boldsymbol{e}_2)\}$ が1次独立で、$f(\boldsymbol{e}_3) = -f(\boldsymbol{e}_1) + f(\boldsymbol{e}_2)$、$f(\boldsymbol{e}_4) = -2f(\boldsymbol{e}_1) + f(\boldsymbol{e}_2)$

したがって、

Im *f* の基底は $\{f(\boldsymbol{e}_1), f(\boldsymbol{e}_2)\} = \left\{\begin{pmatrix} 1 \\ -1 \\ 2 \end{pmatrix}, \begin{pmatrix} 0 \\ 1 \\ 1 \end{pmatrix}\right\}$、次元は 2 ……〔答〕

〜〜〜 類題11－8 〜〜〜〜〜〜〜〜〜〜〜〜〜〜〜〜〜〜〜〜〜〜〜〜 解答は p.250

次の線形写像 *f* の像 Im *f* の基底および次元を求めよ。

$$f: \mathbf{R}^4 \to \mathbf{R}^3, \quad f\left(\begin{pmatrix} x \\ y \\ z \\ w \end{pmatrix}\right) = \begin{pmatrix} 1 & -4 & 2 & 1 \\ 0 & 1 & 2 & -3 \\ 1 & -3 & 4 & -2 \end{pmatrix} \begin{pmatrix} x \\ y \\ z \\ w \end{pmatrix}$$

┌─ 例題11－9 （平面上の1次変換） ─────────────

　　行列 $\begin{pmatrix} 3 & 1 \\ 4 & 3 \end{pmatrix}$ で表される平面上の1次変換（線形変換）を f とする。

(1)　y 軸に平行な直線 $x=k$ は，f によって自分自身に移されないことを示せ。

(2)　f によって自分自身に移される直線をすべて求めよ。
└──────────────────────────────────────

[解説]　素直に1次変換で点を移すのが基本である。平面上の1次変換（線形変換）によって，線形写像の図形的イメージをつかもう。

[解答]　(1)　直線 $x=k$ 上の任意の点 $(k,\ t)$ の f による像を $(x',\ y')$ とすると，

$$\begin{pmatrix} x' \\ y' \end{pmatrix} = \begin{pmatrix} 3 & 1 \\ 4 & 3 \end{pmatrix}\begin{pmatrix} k \\ t \end{pmatrix} = \begin{pmatrix} 3k+t \\ 4k+3t \end{pmatrix} \qquad \text{よって，}\ x'=3k+t$$

点 $(x',\ y')$ の x 座標が一定ではないので，直線 $x=k$ は自分自身には移されない。

(2)　(1)により，求める直線の方程式を $y=ax+b$ とおける。

この直線上の任意の点 $(t,\ at+b)$ の f による像を $(x',\ y')$ とすると，

$$\begin{pmatrix} x' \\ y' \end{pmatrix} = \begin{pmatrix} 3 & 1 \\ 4 & 3 \end{pmatrix}\begin{pmatrix} t \\ at+b \end{pmatrix} = \begin{pmatrix} (3+a)t+b \\ (4+3a)t+3b \end{pmatrix}$$

これが再び直線 $y=ax+b$ 上の点であるとすると，

$$(4+3a)t+3b=a\{(3+a)t+b\}+b \qquad \therefore\ \ (a^2-4)t+ab-2b=0$$

これが t の恒等式となるためには，

$$\begin{cases} a^2-4=0 \\ ab-2b=0 \end{cases} \qquad \therefore \qquad \begin{cases} (a-2)(a+2)=0 \\ (a-2)b=0 \end{cases}$$

$\therefore$　[$a=-2$ かつ $b=0$] または [$a=2$ かつ b は任意]

よって，求める直線の方程式は，

$$y=-2x,\ \ y=2x+b \quad （b \text{ は任意}）\ \ \cdots\cdots\text{〔答〕}$$

～～～ **類題11－9** ～～～～～～～～～～～～～～～～～～～～～～～～～～　解答は **p. 251**

行列 $\begin{pmatrix} \cos 45° & -\sin 45° \\ \sin 45° & \cos 45° \end{pmatrix}$ で表される平面上の1次変換（線形変換）を f とする。

このとき，曲線 $C:x^2+6xy+y^2=4$ は f によってどのような図形に移されるか。

■ 第11章　章末問題 　　　　　　▶解答は p. 251

1 2次の正方行列全体がつくる線形空間を M_2 とする。行列 $A = \begin{pmatrix} 1 & -2 \\ -2 & 1 \end{pmatrix}$ に

対し、M_2 の部分集合 W を $W = \{X \in M_2 | \operatorname{tr}(AX) = 0\}$ とし、$X \in W$ に対し

$T(X) = {}^t\!X$ とする。ただし、${}^t\!X$ は X の転置行列、行列 $C = \begin{pmatrix} c_{11} & c_{12} \\ c_{21} & c_{22} \end{pmatrix}$ に対し

$\operatorname{tr}(C) = c_{11} + c_{22}$ とする。このとき、以下の各問に答えよ。

(1) W は M_2 の部分空間であることを示せ。

(2) T は W の線形変換であることを示せ。

(3) 部分空間 W の次元が 3 であることを示せ。　　　　　　　〈神戸大学－工学部〉

2 次のような 4 つの未知数 x_1, x_2, x_3, x_4 をもつ連立 1 次方程式を考える。

$$\begin{cases} x_1 + x_2 + x_3 \qquad\ = 0 \\ 2x_1 + 5x_2 - x_3 + 3x_4 = 0 \\ x_1 + 3x_2 - x_3 + 2x_4 = 0 \\ 2x_1 + 3x_2 + x_3\ +\ x_4 = 0 \end{cases} \qquad \left(\text{係数行列}: \begin{pmatrix} 1 & 1 & 1 & 0 \\ 2 & 5 & -1 & 3 \\ 1 & 3 & -1 & 2 \\ 2 & 3 & 1 & 1 \end{pmatrix}\right)$$

次の(1), (2)に答えよ。

(1) 上述の連立 1 次方程式の係数行列の列ベクトルのうちで、なるべく少ない個数の列ベクトルを用いて、それらの 1 次結合（線形結合）によって、その他の列ベクトルを表現せよ。

(2) 上述の連立 1 次方程式の解 x_1, x_2, x_3, x_4 のうちで、

$(x_1 - 1)^2 + (x_2 - 1)^2 + (x_3 - 1)^2 + (x_4 - 1)^2$ を最小にするものを求めよ。

〈大阪大学－基礎工学部〉

3 M を 2 次の実正方行列全体のつくる $\boldsymbol{R}$ 上の線形空間とし、$A = \begin{pmatrix} 1 & 2 \\ -1 & 2 \end{pmatrix}$ とす

る。線形写像 $f : M \to M$ を $f(X) = AX - XA$ $(X \in M)$ で定義するとき、次の問いに答えよ。

(1) $X = \begin{pmatrix} x & y \\ z & w \end{pmatrix} \in M$ のとき、$f(X)$ を求めよ。

(2) $E_1 = \begin{pmatrix} 1 & 0 \\ 0 & 0 \end{pmatrix}$, $E_2 = \begin{pmatrix} 0 & 1 \\ 0 & 0 \end{pmatrix}$, $E_3 = \begin{pmatrix} 0 & 0 \\ 1 & 0 \end{pmatrix}$, $E_4 = \begin{pmatrix} 0 & 0 \\ 0 & 1 \end{pmatrix}$ とする。

このとき、M の基底 $\{E_1, E_2, E_3, E_4\}$ に関する f の表現行列 F を求めよ。

(3) f の核空間 $\operatorname{Ker} f = \{X \in M : f(X) = O\}$ の次元を求めよ。　　　〈電気通信大学〉

第12章

固有値とその応用

■ 要 項 ■

12. 1 固有値と固有ベクトル

固有値・固有ベクトル　正方行列 A に対して,

$$A\boldsymbol{x} = \lambda\boldsymbol{x} \quad (\boldsymbol{x} \neq \boldsymbol{0})$$

を満たすベクトル $\boldsymbol{x}$ とスカラー λ が存在するとき, λ を A の**固有値**, $\boldsymbol{x}$ を固有値 λ に対する A の**固有ベクトル**という。

> ▶アドバイス◀
> 固有値・固有ベクトルは編入試験の最頻出項目である。

固有多項式・固有方程式　正方行列 A に対して,

　$f_A(t) = |A - tE|$ を A の**固有多項式**, $|A - tE| = 0$ を A の**固有方程式**という。

　（注）　$f_A(t) = |tE - A|$ と定義していることもある。

　　　　$|A - tE| = (-1)^n |tE - A|$

［定理］　固有値 λ は A の固有方程式 $|A - tE| = 0$ の解である。

解説　$A\boldsymbol{x} = \lambda\boldsymbol{x}$ $(\boldsymbol{x} \neq \boldsymbol{0})$ とすると $(A - \lambda E)\boldsymbol{x} = \boldsymbol{0}$ であり, この同次連立1次方程式が非自明解 $\boldsymbol{x} \neq \boldsymbol{0}$ をもつための条件は, $|A - \lambda E| = 0$

［定理］　異なる固有値に対する固有ベクトルは1次独立である。

固有空間　λ を n 次正方行列 A の固有値とするとき,

$$W(\lambda) = \{\boldsymbol{x} \mid A\boldsymbol{x} = \lambda\boldsymbol{x}\}$$

を固有値 λ に対する A の**固有空間**という。

［定理］　（固有値の和と積）

　A の固有値を $\lambda_1, \lambda_2, \cdots, \lambda_n$ とするとき,

$$\begin{cases} \lambda_1 + \lambda_2 + \cdots + \lambda_n = \operatorname{tr} A \\ \lambda_1 \cdot \lambda_2 \cdots \lambda_n = \det A \end{cases}$$

ここで, **トレース** $\operatorname{tr} A$ は A の対角成分の和を表す。

12. 2　行列の対角化

対角化　正方行列 A に対して，$P^{-1}AP$ が対角行列となる P が存在するとき，A は P で**対角化可能**であるという。

［定理］（対角化の必要十分条件）

n 次正方行列 A が対角化可能であるための必要十分条件は，A が

$$n \text{ 個の 1 次独立な固有ベクトルをもつ}$$

ことである。

解説　3 次の場合で説明する。

A の固有値を λ_1, λ_2, λ_3 とし，対応する固有ベクトルをそれぞれ $\boldsymbol{p}_1$, $\boldsymbol{p}_2$, $\boldsymbol{p}_3$ とすると，

$$A\boldsymbol{p}_1 = \lambda_1 \boldsymbol{p}_1, \quad A\boldsymbol{p}_2 = \lambda_2 \boldsymbol{p}_2, \quad A\boldsymbol{p}_3 = \lambda_3 \boldsymbol{p}_3$$

$$\therefore \quad A(\boldsymbol{p}_1 \quad \boldsymbol{p}_2 \quad \boldsymbol{p}_3) = (\lambda_1 \boldsymbol{p}_1 \quad \lambda_2 \boldsymbol{p}_2 \quad \lambda_3 \boldsymbol{p}_3) = (\boldsymbol{p}_1 \quad \boldsymbol{p}_2 \quad \boldsymbol{p}_3)\begin{pmatrix} \lambda_1 & 0 & 0 \\ 0 & \lambda_2 & 0 \\ 0 & 0 & \lambda_3 \end{pmatrix}$$

そこで，$P = (\boldsymbol{p}_1 \quad \boldsymbol{p}_2 \quad \boldsymbol{p}_3)$ とおくと，

$$AP = P\begin{pmatrix} \lambda_1 & 0 & 0 \\ 0 & \lambda_2 & 0 \\ 0 & 0 & \lambda_3 \end{pmatrix}$$　**（注）**　ここまでは何の問題もなく進む。

ここで，$P = (\boldsymbol{p}_1 \quad \boldsymbol{p}_2 \quad \boldsymbol{p}_3)$ が正則であれば，両辺に左側から P^{-1} をかけて，

$$P^{-1}AP = \begin{pmatrix} \lambda_1 & 0 & 0 \\ 0 & \lambda_2 & 0 \\ 0 & 0 & \lambda_3 \end{pmatrix}$$　**← 対角化完了！**

ところで，$P = (\boldsymbol{p}_1 \quad \boldsymbol{p}_2 \quad \boldsymbol{p}_3)$ が正則であるための条件は，$\boldsymbol{p}_1$, $\boldsymbol{p}_2$, $\boldsymbol{p}_3$ が 1 次独立であることである。

▶アドバイス◀
対角化の原理をしっかりと理解しておこう。

［定理］（対角化の十分条件）

正方行列 A の固有値がすべて異なる値ならば，A は対角化可能である。

12. 3 ケーリー・ハミルトンの定理

行列の多項式 多項式 $f(x) = a_0 x^n + a_1 x^{n-1} + \cdots + a_{n-1} x + a_n$ に対して,
$$f(A) = a_0 A^n + a_1 A^{n-1} + \cdots + a_{n-1} A + a_n E$$
と定める。

[定理] （ケーリー・ハミルトンの定理）

A の固有多項式を $f_A(x)$ とするとき, $f_A(A) = O$

（注） 特に, $A = \begin{pmatrix} a & b \\ c & d \end{pmatrix}$ のときは
$$f_A(x) = x^2 - (a+d)x + ad - bc$$
であるから,
$$A^2 - (a+d)A + (ad-bc)E = O$$

▶アドバイス◀
ケーリー・ハミルトンの定理を応用して行列 A の n 乗を計算することもできる。

■ **知っておこう！** **二項定理**

二項定理は次のような展開公式であり, 微分積分, 線形代数いずれにおいてもしばしば用いられる重要公式である。

二項定理 $(a+b)^n = \sum_{k=0}^{n} {}_n\mathrm{C}_k a^{n-k} b^k$
$$= a^n + {}_n\mathrm{C}_1 a^{n-1}b + {}_n\mathrm{C}_2 a^{n-2}b^2 + \cdots + b^n$$

（注） 行列の演算においては交換法則 $AB = BA$ が成り立たないので二項定理は無条件に利用できないが, $AB = BA$ が成り立つ場合は利用できる。特に, $AE = EA = A$ であることから,
$$(E+A)^n = \sum_{k=0}^{n} {}_n\mathrm{C}_k E^{n-k} A^k$$
$$= E + {}_n\mathrm{C}_1 A + {}_n\mathrm{C}_2 A^2 + \cdots + A^n$$

┌─── **例題12－1（固有値・固有ベクトル）** ────────────

次の行列の固有値と固有ベクトルを求めよ。

$$A = \begin{pmatrix} 3 & 0 & 1 \\ -2 & 2 & -2 \\ -1 & 0 & 1 \end{pmatrix}$$

└───

[**解説**] $A\boldsymbol{x} = \lambda\boldsymbol{x}$ $(\boldsymbol{x} \neq \boldsymbol{0})$ を満たすベクトル $\boldsymbol{x}$ とスカラー λ が存在するとき，λ を A の**固有値**，$\boldsymbol{x}$ を固有値 λ に対する A の**固有ベクトル**という。同次連立1次方程式：$(A-\lambda E)\boldsymbol{x} = \boldsymbol{0}$ が自明でない解をもつように，固有値は**固有方程式**：$|A-tE| = 0$ の解を求め，固有ベクトルは**同次連立1次方程式**：$(A-\lambda E)\boldsymbol{x} = \boldsymbol{0}$ を解けばよい。

[**解答**] $|A-tE| = \begin{vmatrix} 3-t & 0 & 1 \\ -2 & 2-t & -2 \\ -1 & 0 & 1-t \end{vmatrix}$ ← 固有多項式を計算

$= (3-t)(2-t)(1-t)+0+0-\{-(2-t)\}-0-0$ ← サラスの方法

$= (2-t)\{(3-t)(1-t)+1\} = -(t-2)(t^2-4t+4) = -(t-2)^3$

よって，固有値は，2（3重解） ……〔答〕

次に固有値2（3重解）に対する固有ベクトルを求める。

$A\begin{pmatrix} x \\ y \\ z \end{pmatrix} = 2\begin{pmatrix} x \\ y \\ z \end{pmatrix}$ とすると，$(A-2E)\begin{pmatrix} x \\ y \\ z \end{pmatrix} = \begin{pmatrix} 0 \\ 0 \\ 0 \end{pmatrix}$

ここで，$A-2E = \begin{pmatrix} 1 & 0 & 1 \\ -2 & 0 & -2 \\ -1 & 0 & -1 \end{pmatrix} \rightarrow \begin{pmatrix} 1 & 0 & 1 \\ 0 & 0 & 0 \\ 0 & 0 & 0 \end{pmatrix}$ $\therefore$ $x+z = 0$

よって，求める固有ベクトルは，$\begin{pmatrix} x \\ y \\ z \end{pmatrix} = \begin{pmatrix} -b \\ a \\ b \end{pmatrix}$ $((a, b) \neq (0, 0))$ ……〔答〕

〰〰〰 **類題12－1** 〰〰〰〰〰〰〰〰〰〰〰〰〰〰〰〰〰〰〰〰〰〰〰〰 解答は **p. 253**

次の行列の固有値と固有ベクトルを求めよ。

(1) $A = \begin{pmatrix} 1 & 2 \\ 4 & 3 \end{pmatrix}$

(2) $A = \begin{pmatrix} 0 & 2 & -1 \\ 2 & -3 & 2 \\ -1 & 2 & 0 \end{pmatrix}$

─── 例題12－2 （固有空間）───────────────

$$A = \begin{pmatrix} 7 & 12 & 0 \\ -2 & -3 & 0 \\ 2 & 4 & 1 \end{pmatrix}$$ の固有空間をすべて求めよ。

──────────────────────────────

[解 説]　固有値 λ に対する**固有空間**の定義は $W(\lambda) = \{x | Ax = \lambda x\}$ である。つまり固有ベクトルの全体に零ベクトルを加えてベクトル空間になるようにしたものである。

[解 答]　$|A - tE| = -(t-1)^2(t-3)$ となり，固有値は 1（重解）と 3

次に，各固有値に対する固有空間を求める。

（ⅰ）　固有値 1 に対する固有空間 $W(1)$

$$A - 1 \cdot E = \begin{pmatrix} 6 & 12 & 0 \\ -2 & -4 & 0 \\ 2 & 4 & 0 \end{pmatrix} \to \begin{pmatrix} 1 & 2 & 0 \\ 0 & 0 & 0 \\ 0 & 0 & 0 \end{pmatrix} \qquad \therefore \quad x + 2y = 0$$

$$\begin{pmatrix} x \\ y \\ z \end{pmatrix} = \begin{pmatrix} -2a \\ a \\ b \end{pmatrix} = a \begin{pmatrix} -2 \\ 1 \\ 0 \end{pmatrix} + b \begin{pmatrix} 0 \\ 0 \\ 1 \end{pmatrix}$$

$$\therefore \quad W(1) = \left\{ a \begin{pmatrix} -2 \\ 1 \\ 0 \end{pmatrix} + b \begin{pmatrix} 0 \\ 0 \\ 1 \end{pmatrix} \middle| a, \ b \in \mathbf{R} \right\} \quad \cdots\cdots 〔答〕$$

（ⅱ）　固有値 3 に対する固有空間 $W(3)$

$$A - 3E = \begin{pmatrix} 4 & 12 & 0 \\ -2 & -6 & 0 \\ 2 & 4 & -2 \end{pmatrix} \to \cdots \to \begin{pmatrix} 1 & 0 & -3 \\ 0 & 1 & 1 \\ 0 & 0 & 0 \end{pmatrix} \qquad \therefore \quad \begin{cases} x - 3z = 0 \\ y + z = 0 \end{cases}$$

$$\begin{pmatrix} x \\ y \\ z \end{pmatrix} = \begin{pmatrix} 3c \\ -c \\ c \end{pmatrix} = c \begin{pmatrix} 3 \\ -1 \\ 1 \end{pmatrix} \qquad \therefore \quad W(3) = \left\{ c \begin{pmatrix} 3 \\ -1 \\ 1 \end{pmatrix} \middle| c \in \mathbf{R} \right\} \quad \cdots\cdots 〔答〕$$

───── **類題12－2** ───────────────────────── 解答は p. 254

$$A = \begin{pmatrix} 1 & 1 & 2 & 2 \\ 1 & 1 & 2 & 2 \\ 0 & 0 & -1 & 1 \\ 0 & 0 & -3 & 3 \end{pmatrix}$$ の固有空間をすべて求めよ。

┌─ **例題12－3（対角化）** ─────────────

次の行列 A は対角化可能か。対角化可能であれば対角化せよ。

$$A = \begin{pmatrix} 2 & -2 & -2 \\ 0 & 1 & -1 \\ 0 & 0 & 2 \end{pmatrix}$$

└──────────────────────────

[解説] 行列の**対角化**は編入試験の最重要項目の1つである。3次だから**1次独立な固有ベクトルが3つ**あれば対角化可能である。

[解答] $|A-tE| = -(2-t)^2(t-1)$ となり，固有値は 2（重解）と 1

（ⅰ）固有値 2（重解）に対する固有ベクトルを求めると，

$$\begin{pmatrix} x \\ y \\ z \end{pmatrix} = \begin{pmatrix} a \\ -b \\ b \end{pmatrix} = a\begin{pmatrix} 1 \\ 0 \\ 0 \end{pmatrix} + b\begin{pmatrix} 0 \\ -1 \\ 1 \end{pmatrix} \quad ((a,\ b) \neq (0,\ 0))$$

◀ $A-2E$ を行基本変形

（ⅱ）固有値 1 に対する固有ベクトルを求めると，

$$\begin{pmatrix} x \\ y \\ z \end{pmatrix} = \begin{pmatrix} 2c \\ c \\ 0 \end{pmatrix} = c\begin{pmatrix} 2 \\ 1 \\ 0 \end{pmatrix} \quad (c \neq 0)$$ ◀ $A-1\cdot E$ を行基本変形

A は次の**1次独立な3つの固有ベクトル**をもつので対角化可能。

$$\boldsymbol{p}_1 = \begin{pmatrix} 1 \\ 0 \\ 0 \end{pmatrix},\ \boldsymbol{p}_2 = \begin{pmatrix} 0 \\ -1 \\ 1 \end{pmatrix},\ \boldsymbol{p}_3 = \begin{pmatrix} 2 \\ 1 \\ 0 \end{pmatrix}$$ ◀ 固有値 2, 2, 1 に対応

$$P = (\boldsymbol{p}_1 \quad \boldsymbol{p}_2 \quad \boldsymbol{p}_3) = \begin{pmatrix} 1 & 0 & 2 \\ 0 & -1 & 1 \\ 0 & 1 & 0 \end{pmatrix}$$ とおくと P は正則行列で，

$$P^{-1}AP = \begin{pmatrix} 2 & 0 & 0 \\ 0 & 2 & 0 \\ 0 & 0 & 1 \end{pmatrix}$$

──── **類題12－3** ──────────────────────────────── 解答は p. 254

次の行列 A は対角化可能か。対角化可能であれば対角化せよ。

(1) $\begin{pmatrix} 1 & 0 & -1 \\ 1 & 2 & 1 \\ 2 & 2 & 3 \end{pmatrix}$ 　　　 (2) $\begin{pmatrix} 2 & -1 & 2 \\ 1 & 0 & 2 \\ -2 & 2 & -1 \end{pmatrix}$

例題12－4 （対角化の応用①：行列の n 乗）

行列 $A = \begin{pmatrix} 3 & 1 \\ 2 & 4 \end{pmatrix}$ を対角化せよ。また，それを利用して A^n を求めよ。

解説　対角化の応用として行列の n 乗が大切である。その際，次の事に注意しよう。

1 : $(P^{-1}AP)^n = P^{-1}AP \cdot P^{-1}AP \cdots P^{-1}AP \cdot P^{-1}AP = P^{-1}A^n P$

2 : $\begin{pmatrix} \alpha & 0 \\ 0 & \beta \end{pmatrix}^n = \begin{pmatrix} \alpha^n & 0 \\ 0 & \beta^n \end{pmatrix}$　　◀ 対角行列の n 乗はただちに求まる

解答　$|A - tE| = (3-t)(4-t) - 2 = (t-2)(t-5)$　固有値は 2，5

（ⅰ）　固有値 2 に対する固有ベクトル

$A - 2E = \begin{pmatrix} 1 & 1 \\ 2 & 2 \end{pmatrix}$　$\therefore$　$x + y = 0$　　$\therefore$　$\begin{pmatrix} x \\ y \end{pmatrix} = a\begin{pmatrix} -1 \\ 1 \end{pmatrix}$　$(a \neq 0)$

（ⅱ）　固有値 5 に対する固有ベクトル

$A - 5E = \begin{pmatrix} -2 & 1 \\ 2 & -1 \end{pmatrix}$　$\therefore$　$-2x + y = 0$　　$\therefore$　$\begin{pmatrix} x \\ y \end{pmatrix} = b\begin{pmatrix} 1 \\ 2 \end{pmatrix}$　$(b \neq 0)$

そこで，$P = \begin{pmatrix} -1 & 1 \\ 1 & 2 \end{pmatrix}$ とおくと，

P は正則行列で，$P^{-1}AP = \begin{pmatrix} 2 & 0 \\ 0 & 5 \end{pmatrix}$　……〔答〕

両辺を n 乗すれば，$(P^{-1}AP)^n = \begin{pmatrix} 2 & 0 \\ 0 & 5 \end{pmatrix}^n$　　$\therefore$　$P^{-1}A^n P = \begin{pmatrix} 2^n & 0 \\ 0 & 5^n \end{pmatrix}$

よって，

$A^n = P\begin{pmatrix} 2^n & 0 \\ 0 & 5^n \end{pmatrix}P^{-1}$

$= \begin{pmatrix} -1 & 1 \\ 1 & 2 \end{pmatrix}\begin{pmatrix} 2^n & 0 \\ 0 & 5^n \end{pmatrix}\dfrac{1}{3}\begin{pmatrix} -2 & 1 \\ 1 & 1 \end{pmatrix}$

$= \dfrac{1}{3}\begin{pmatrix} 2^{n+1} + 5^n & -2^n + 5^n \\ -2^{n+1} + 2\cdot 5^n & 2^n + 2\cdot 5^n \end{pmatrix}$　……〔答〕

類題12－4　　解答は p. 255

行列 $A = \begin{pmatrix} 1 & 0 & 0 \\ -1 & 2 & 2 \\ 0 & 0 & 1 \end{pmatrix}$ を対角化せよ。また，それを利用して A^n を求めよ。

例題12－5 （対角化の応用②：微分方程式への応用）

行列の対角化を利用して，次の連立微分方程式を解け。

$$\frac{dy_1}{dx}+2y_1-y_2=0 \quad かつ \quad \frac{dy_2}{dx}-y_1+2y_2=0$$

解説 行列の対角化は微分方程式や漸化式を解くときにも応用される。

解答 与式は次のように表される。

$$\frac{d}{dx}\binom{y_1}{y_2}+A\binom{y_1}{y_2}=\binom{0}{0} \quad \cdots\cdots① \qquad ただし, \ A=\begin{pmatrix} 2 & -1 \\ -1 & 2 \end{pmatrix}$$

A の固有値は 1，3，固有ベクトルは，$\binom{1}{1}$, $\binom{-1}{1}$

$P=\begin{pmatrix} 1 & -1 \\ 1 & 1 \end{pmatrix}$ とおくと，$P^{-1}=\dfrac{1}{2}\begin{pmatrix} 1 & 1 \\ -1 & 1 \end{pmatrix}$, $P^{-1}AP=\begin{pmatrix} 1 & 0 \\ 0 & 3 \end{pmatrix}$

ここで，$\binom{z_1}{z_2}=P^{-1}\binom{y_1}{y_2}$ とおく。 ← この変数変換に注意！

①より，$\dfrac{d}{dx}P^{-1}\binom{y_1}{y_2}+P^{-1}A\binom{y_1}{y_2}=\binom{0}{0}$

$\therefore \quad \dfrac{d}{dx}\binom{z_1}{z_2}+P^{-1}AP\binom{z_1}{z_2}=\binom{0}{0}$

$\therefore \quad \dfrac{d}{dx}\binom{z_1}{z_2}+\begin{pmatrix} 1 & 0 \\ 0 & 3 \end{pmatrix}\binom{z_1}{z_2}=\binom{0}{0}$

$\therefore \quad \dfrac{dz_1}{dx}+z_1=0 \quad かつ \quad \dfrac{dz_2}{dx}+3z_2=0$

これはただちに解けて，$z_1=C_1e^{-x}$ かつ $z_2=C_2e^{-3x}$ （C_1，C_2 は任意定数）

よって，$\binom{y_1}{y_2}=P\binom{z_1}{z_2}=\begin{pmatrix} 1 & -1 \\ 1 & 1 \end{pmatrix}\binom{C_1e^{-x}}{C_2e^{-3x}}=\binom{C_1e^{-x}-C_2e^{-3x}}{C_1e^{-x}+C_2e^{-3x}}$

すなわち，

$$y_1=C_1e^{-x}-C_2e^{-3x}, \ y_2=C_1e^{-x}+C_2e^{-3x} \quad \cdots\cdots〔答〕$$

類題12－5 解答は p. 256

行列の対角化を利用して，次の連立微分方程式を解け。

$$\frac{dy_1}{dx}=y_2 \quad かつ \quad \frac{dy_2}{dx}=-2y_1+3y_2$$

―― 例題12－6 （ケーリー・ハミルトンの定理）――――――

$A = \begin{pmatrix} 3 & 1 \\ 2 & 4 \end{pmatrix}$ とするとき，ケーリー・ハミルトンの定理を利用して A^n を求めよ。

解説　ケーリー・ハミルトンの定理は次のようなシンプルな内容である。

A の固有多項式を $f_A(x)$ とするとき，$f_A(A) = O$

特に，$A = \begin{pmatrix} a & b \\ c & d \end{pmatrix}$ のときは，$A^2 - (a+d)A + (ad-bc)E = O$

解答　$|A - tE| = \begin{vmatrix} 3-t & 1 \\ 2 & 4-t \end{vmatrix} = (3-t)(4-t) - 2 = t^2 - 7t + 10$

よって，ケーリー・ハミルトンの定理より，$A^2 - 7A + 10E = O$

さて，x^n を $x^2 - 7x + 10$ で割ったときの商を $g(x)$，余りを $ax+b$ とすると，

$x^n = (x^2 - 7x + 10)g(x) + ax + b$　∴　$x^n = (x-2)(x-5)g(x) + ax + b$

$x = 2,\ 5$ を代入することにより，

$2a + b = 2^n$ ……① 　　$5a + b = 5^n$ ……②

①，②を解くと，$a = \dfrac{-2^n + 5^n}{3}$，$b = \dfrac{5 \cdot 2^n - 2 \cdot 5^n}{3}$

よって，余りは，

$ax + b = \dfrac{-2^n + 5^n}{3} x + \dfrac{5 \cdot 2^n - 2 \cdot 5^n}{3}$　←余り $ax+b$ が求まった！

$x^n = (x^2 - 7x + 10)g(x) + ax + b$ より，

$A^n = (A^2 - 7A + 10E)g(A) + aA + bE$

$= aA + bE$　（∵　$A^2 - 7A + 10E = O$）

$= \dfrac{-2^n + 5^n}{3} \begin{pmatrix} 3 & 1 \\ 2 & 4 \end{pmatrix} + \dfrac{5 \cdot 2^n - 2 \cdot 5^n}{3} \begin{pmatrix} 1 & 0 \\ 0 & 1 \end{pmatrix}$　←ケーリー・ハミルトンの定理で次数下げ！

$= \dfrac{1}{3} \begin{pmatrix} 2^{n+1} + 5^n & -2^n + 5^n \\ -2^{n+1} + 2 \cdot 5^n & 2^n + 2 \cdot 5^n \end{pmatrix}$　……〔答〕

類題12－6　　　　　　　　　　　　　　　　　　　　　　　　　　解答は p.256

$A = \begin{pmatrix} 1 & -3 \\ 3 & -5 \end{pmatrix}$ とするとき，ケーリー・ハミルトンの定理を利用して A^n を求めよ。

─ 例題12－7 （固有値に関するいろいろな問題）─

$$n \text{ 次正方行列} : A = \begin{pmatrix} 2 & 1 & \cdots & 1 \\ 1 & 2 & \cdots & 1 \\ \vdots & \vdots & \ddots & \vdots \\ 1 & 1 & \cdots & 2 \end{pmatrix} \quad (\text{対角成分のみ } 2, \text{ その他の成分はすべて } 1)$$

が成分がすべて正である固有ベクトルをもつとき，その固有値を求めよ。

解説 最後に，固有値に関するいろいろな問題を練習しておこう。

解答
$$|A - tE| = \begin{vmatrix} 2-t & 1 & \cdots & 1 \\ 1 & 2-t & \cdots & 1 \\ \vdots & \vdots & \ddots & \vdots \\ 1 & 1 & \cdots & 2-t \end{vmatrix} = \begin{vmatrix} n+1-t & 1 & \cdots & 1 \\ n+1-t & 2-t & \cdots & 1 \\ \vdots & \vdots & \ddots & \vdots \\ n+1-t & 1 & \cdots & 2-t \end{vmatrix}$$

$= \cdots = (n+1-t)(1-t)^{n-1}$ 　　よって，固有値は，1 と $n+1$

（ⅰ） 固有値が 1 のとき

$$A - 1 \cdot E = \begin{pmatrix} 1 & 1 & \cdots & 1 \\ 1 & 1 & \cdots & 1 \\ \vdots & \vdots & \ddots & \vdots \\ 1 & 1 & \cdots & 1 \end{pmatrix} \rightarrow \begin{pmatrix} 1 & 1 & \cdots & 1 \\ 0 & 0 & \cdots & 0 \\ \vdots & \vdots & \ddots & \vdots \\ 0 & 0 & \cdots & 0 \end{pmatrix}$$

$x_1 + x_2 + \cdots + x_n = 0$ となり，不適。

（ⅱ） 固有値が $n+1$ のとき

$$A - (n+1)E = \begin{pmatrix} 1-n & 1 & \cdots & 1 \\ 1 & 1-n & \cdots & 1 \\ \vdots & \vdots & \ddots & \vdots \\ 1 & 1 & \cdots & 1-n \end{pmatrix} \quad \therefore \quad \begin{cases} x_1 + x_2 + \cdots + x_n = nx_1 \\ x_1 + x_2 + \cdots + x_n = nx_2 \\ \cdots\cdots\cdots\cdots\cdots\cdots \\ x_1 + x_2 + \cdots + x_n = nx_n \end{cases}$$

$x_1 = x_2 = \cdots = x_n$ であればよいので，適する。

以上より，

成分がすべて正である固有ベクトルをもつときの固有値は $n+1$ ……〔答〕

༽༽༽༽ 類題12－7 ༽༽༽༽༽༽༽༽༽༽༽༽༽༽༽༽༽༽༽༽༽༽༽༽༽༽༽༽༽༽༽༽༽༽ 解答は **p. 257**

$$n \text{ 次正方行列 } A = \begin{pmatrix} & & & 1 & & & 1 \\ & & \ddots & & \cdot^{\cdot} & \\ & & & \cdot^{\cdot} & \ddots & \\ & 1 & & & & 1 & \end{pmatrix} \text{ の固有値を求めよ。}$$

（右下がり・左下がりの対角線上の成分のみ 1，その他の成分はすべて 0）

■ 第12章　章末問題　　　▶解答は p. 257

1 行列 $A = \begin{pmatrix} 0 & -1 & 1 \\ 0 & 1 & 0 \\ -2 & -2 & 3 \end{pmatrix}$ に対して,

(1) A の固有値をすべて求めよ。

(2) $P^{-1}AP$ が対角行列となるような正則行列 P を求めよ。　　〈東京工業大学〉

2 以下の各問に答えよ。

(1) $A = \begin{pmatrix} 0 & 1 & 1 \\ 1 & 0 & 1 \\ 1 & 1 & 0 \end{pmatrix}$ とする。

  (a) A の固有値を求めよ。

  (b) A の各固有値に属する A の固有ベクトルを求めよ。

  (c) A を対角化せよ。

(2) A は 2 と 3 を固有値にもつ正方行列とする。$\boldsymbol{x}_1$ と $\boldsymbol{x}_2$ が固有値 2 に対する 1 次独立な A の固有ベクトルで,$\boldsymbol{x}_3$ が固有値 3 に対する A の固有ベクトルのとき,3 つのベクトル $\boldsymbol{x}_1$, $\boldsymbol{x}_2$, $\boldsymbol{x}_3$ は 1 次独立になることを示せ。　　〈神戸大学－工学部〉

3 a を実数とする。行列 A を $A = \begin{pmatrix} 1 & a-1 & 0 \\ -a+1 & 2a-1 & 0 \\ -a+1 & 2a & -1 \end{pmatrix}$ とするとき,以下の各問に答えよ。

(1) A の固有値を求めよ。

(2) $a \neq \pm 1$ のとき,A の各固有値に属する固有空間の基底をそれぞれ求めよ。

(3) A が対角化可能であるための a の条件を求めよ。　　〈神戸大学－工学部〉

4 行列 $A = \begin{pmatrix} -1 & 1 & -3 \\ 9 & -2 & 9 \\ 5 & -2 & 7 \end{pmatrix}$ について，次の問いに答えよ。ただし，E は 3 次の

単位行列を表す。

(1) A の固有多項式 $f_A(x)$ および A の固有値をすべて求めよ。ただし，$f_A(x)$ は行列 $xE - A$ の行列式のことである。

(2) 自然数 $n \geqq 1$ に対して，多項式 $(x-1)^{n+2}$ を $f_A(x)$ で割った余りを求め，行列 $(A-E)^{n+2}$ を求めよ。 〈京都工芸繊維大学〉

5 n 次正方行列 $A = (a_{ij})$ が次の 2 条件を満たすとする。

(a) すべての i，$j \leqq n$ に対して，$0 \leqq a_{ij}$

(b) すべての $i \leqq n$ に対して，$\sum_{j=1}^{n} a_{ij} = 1$

このとき，A の任意の固有値の絶対値は 1 以下であることを示せ。

〈名古屋大学－情報文化学部〉

6 p，q を任意の実数とするとき，以下の問いに答えよ。

(1) 行列 $A = \begin{pmatrix} 1-p & q \\ p & 1-q \end{pmatrix}$ について，$A\boldsymbol{x} = \lambda \boldsymbol{x}$ を満たす実数 λ と非零ベクトル $\boldsymbol{x}$ の組をすべて求めよ。

(2) 数列 $\{a_n\}$ と $\{b_n\}$ を，次の漸化式で与える。
$$\begin{cases} a_{n+1} = (1-p)a_n + qb_n \\ b_{n+1} = pa_n + (1-q)b_n \end{cases}$$
ただし，$0 < p < 1$，$0 < q < 1$ とし，$\{a_n\}$ と $\{b_n\}$ の初項を，それぞれ，a_0，b_0 とする。このとき，$\lim_{n \to \infty} a_n$ と $\lim_{n \to \infty} b_n$ を p，q，a_0，b_0 を用いて示せ。

〈東京大学－工学部〉

第13章

内　　積

■■■ 要　項 ■■■

13.1　ベクトルの内積 ────────────

内積　R^n の任意のベクトル a, b に対し，実数 (a, b) が定義されて，次の
（ i ）〜（ iv ）が成り立つとき，(a, b) を a, b の**内積**という。

　（ i ）　$(a, b) = (b, a)$

　（ ii ）　$(a+b, c) = (a, c) + (b, c)$

　（ iii ）　$(ka, b) = k(a, b)$　$(k \in R)$

　（ iv ）　$(a, a) \geq 0$　（等号成立の条件は $a = 0$）

また，内積の定義されたベクトル空間 R^n を**実内積空間**という。

　（注）　内積 (a, b) は $a \cdot b$ とも表す。

ベクトルの大きさ　$|a| = \sqrt{(a, a)}$ をベクトル a の**大きさ**という。

　（注）　$|a|$ を $\|a\|$ と表すこともある。

［公式］（ i ）　$|(a, b)| \leq |a||b|$　　　　（ ii ）　$|a+b| \leq |a| + |b|$

標準内積　R^n のベクトル $a = {}^t(a_1 \ a_2 \ \cdots \ a_n)$, $b = {}^t(b_1 \ b_2 \ \cdots \ b_n)$ に対し

$$(a, b) = a_1 b_1 + a_2 b_2 + \cdots + a_n b_n$$

を R^n の**標準内積**という。

　標準内積では次が成り立つ。

$$|a| = \sqrt{a_1^2 + a_2^2 + \cdots + a_n^2}$$

直交　a, b が $(a, b) = 0$ をみたすとき，a, b は互いに**直交**するといい，
$a \perp b$ で表す。

正規直交系　$\{a_1, a_2, \cdots, a_n\}$ が次の（ i ），（ ii ）を満たすとき，$\{a_1, a_2, \cdots, a_n\}$ は**正規直交系**であるという。

　（ i ）　$|a_k| = 1$　$(k = 1, 2, \cdots, n)$　　　　（ ii ）　$a_k \perp a_l$　$(k \neq l)$

正規直交基底　正規直交系である基底を**正規直交基底**という。

13. 2 グラム・シュミットの正規直交化

与えられた基底から正規直交基底を構成する。

$\{\boldsymbol{a}_1, \boldsymbol{a}_2, \cdots, \boldsymbol{a}_n\}$ を $\boldsymbol{R}^n$ の基底とする。

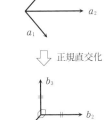

まず，$\boldsymbol{b}_1 = \dfrac{\boldsymbol{a}_1}{|\boldsymbol{a}_1|}$ とする。

次に，$\boldsymbol{b}_2 = \dfrac{\boldsymbol{a}_2 - (\boldsymbol{a}_2, \boldsymbol{b}_1)\boldsymbol{b}_1}{|\boldsymbol{a}_2 - (\boldsymbol{a}_2, \boldsymbol{b}_1)\boldsymbol{b}_1|}$ とする。

⬇ 正規直交化

さらに，$\boldsymbol{b}_3 = \dfrac{\boldsymbol{a}_3 - (\boldsymbol{a}_3, \boldsymbol{b}_1)\boldsymbol{b}_1 - (\boldsymbol{a}_3, \boldsymbol{b}_2)\boldsymbol{b}_2}{|\boldsymbol{a}_3 - (\boldsymbol{a}_3, \boldsymbol{b}_1)\boldsymbol{b}_1 - (\boldsymbol{a}_3, \boldsymbol{b}_2)\boldsymbol{b}_2|}$ とする。

以下，同様にして $\boldsymbol{b}_1, \boldsymbol{b}_2, \cdots, \boldsymbol{b}_k$ に対して $\boldsymbol{b}_{k+1}$ を定める。

こうして，正規直交基底 $\{\boldsymbol{b}_1, \boldsymbol{b}_2, \cdots, \boldsymbol{b}_n\}$ が構成できる。

解説 $\boldsymbol{a}_2 + k\boldsymbol{b}_1$ が $\boldsymbol{b}_1$ と直交するとすれば，$(\boldsymbol{a}_2 + k\boldsymbol{b}_1, \boldsymbol{b}_1) = 0$

$\therefore \quad (\boldsymbol{a}_2, \boldsymbol{b}_1) + k(\boldsymbol{b}_1, \boldsymbol{b}_1) = 0 \qquad (\boldsymbol{a}_2, \boldsymbol{b}_1) + k|\boldsymbol{b}_1|^2 = 0$

$|\boldsymbol{b}_1| = 1$ であるから，$k = -(\boldsymbol{a}_2, \boldsymbol{b}_1)$

よって，$\boldsymbol{a}_2 - (\boldsymbol{a}_2, \boldsymbol{b}_1)\boldsymbol{b}_1$ は $\boldsymbol{b}_1$ と直交する。

こうして $\boldsymbol{b}_1$ と直交する大きさ 1 のベクトル $\boldsymbol{b}_2 = \dfrac{\boldsymbol{a}_2 - (\boldsymbol{a}_2, \boldsymbol{b}_1)\boldsymbol{b}_1}{|\boldsymbol{a}_2 - (\boldsymbol{a}_2, \boldsymbol{b}_1)\boldsymbol{b}_1|}$ ができる。

$\boldsymbol{b}_1, \boldsymbol{b}_2$ の両方と直交するベクトル $\boldsymbol{a}_3 - (\boldsymbol{a}_3, \boldsymbol{b}_1)\boldsymbol{b}_1 - (\boldsymbol{a}_3, \boldsymbol{b}_2)\boldsymbol{b}_2$ についても，同様にして $\boldsymbol{a}_3 + k\boldsymbol{b}_1 + l\boldsymbol{b}_2$ から $k = -(\boldsymbol{a}_3, \boldsymbol{b}_1)$，$l = -(\boldsymbol{a}_3, \boldsymbol{b}_2)$ を導くことができる。

13. 3 実対称行列の直交行列による対角化

直交行列 n 次の実正方行列 P が次を満たすとき，P は**直交行列**であるという。

$${}^{t}PP = E \quad (\text{すなわち，} P^{-1} = {}^{t}P)$$

[定理] （正規直交基底であるための必要十分条件）

$\quad \{\boldsymbol{a}_1, \boldsymbol{a}_2, \cdots, \boldsymbol{a}_n\}$ が $\boldsymbol{R}^n$ の正規直交基底

$\qquad \Longleftrightarrow \quad (\boldsymbol{a}_1 \ \boldsymbol{a}_2 \ \cdots \ \boldsymbol{a}_n)$ が直交行列となる

[定理] 実対称行列の固有値はすべて実数である。

[定理] 実対称行列の異なる固有値に対する固有ベクトルは，互いに直交する。

[定理] （実対称行列の直交行列による対角化）

任意の n 次実対称行列 A は適当な直交行列 P で対角化可能である。このとき，A の固有値を λ_1, λ_2, $\cdots$, λ_n とすると，

$$P^{-1}AP = {}^tPAP = \begin{pmatrix} \lambda_1 & & & O \\ & \lambda_2 & & \\ & & \ddots & \\ O & & & \lambda_n \end{pmatrix}$$

13. 4 2 次形式

2 次形式 n 個の変数 x_1, x_2, $\cdots$, x_n に関する実数係数の 2 次の同次式

$$f(x_1,\ x_2,\ \cdots,\ x_n) = \sum_{i,j=1}^{n} a_{ij}x_ix_j$$

を **2 次形式**という。$A = (a_{ij})$ として実対称行列をとれるが，この A を **2 次形式 $f(x_1,\ x_2,\ \cdots,\ x_n)$ の行列**という。$A = (a_{ij})$, $\boldsymbol{x} = {}^t(x_1 \quad x_2 \quad \cdots \quad x_n)$ とすると，

$$f(x_1,\ x_2,\ \cdots,\ x_n) = {}^t\boldsymbol{x}A\boldsymbol{x} = (A\boldsymbol{x},\ \boldsymbol{x}) = (\boldsymbol{x},\ A\boldsymbol{x})$$

[定理] 2 次形式 ${}^t\boldsymbol{x}A\boldsymbol{x}$ は適当な直交行列 P による変数変換 $\boldsymbol{x} = P\boldsymbol{y}$ によって，

$$\lambda_1 y_1{}^2 + \lambda_2 y_2{}^2 + \cdots + \lambda_n y_n{}^2 \quad \text{（標準形）}$$

と表せる。ここで，λ_1, λ_2, $\cdots$, λ_n は A の固有値である。

解説 $\boldsymbol{x} = P\boldsymbol{y}$ より，${}^t\boldsymbol{x} = {}^t\boldsymbol{y}{}^tP$

$$\therefore \quad {}^t\boldsymbol{x}A\boldsymbol{x} = {}^t\boldsymbol{y}{}^tPAP\boldsymbol{y} = (y_1 \quad y_2 \quad \cdots \quad y_n) \begin{pmatrix} \lambda_1 & & & O \\ & \lambda_2 & & \\ & & \ddots & \\ O & & & \lambda_n \end{pmatrix} \begin{pmatrix} y_1 \\ y_2 \\ \vdots \\ y_n \end{pmatrix}$$

$$= \lambda_1 y_1{}^2 + \lambda_2 y_2{}^2 + \cdots + \lambda_n y_n{}^2$$

■ **知っておこう！**　**2次曲線（放物線・楕円・双曲線）**

◇**放物線**（横型）

定義：定点 F と定直線 l からの距離が等しい点
　　　の軌跡。

標準形：$y^2 = 4px$

焦点：$F(p, 0)$

準線：$x = -p$

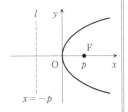

◇**楕円**（横型）

定義：2つの定点 F，F′ からの距離の和が一定
　　　である点の軌跡。

標準形：$\dfrac{x^2}{a^2} + \dfrac{y^2}{b^2} = 1$　（$a > b$）

焦点：$F(\sqrt{a^2-b^2}, 0)$，$F'(-\sqrt{a^2-b^2}, 0)$

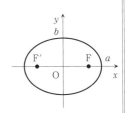

（楕円の媒介変数表示）

楕円 $\dfrac{x^2}{a^2} + \dfrac{y^2}{b^2} = 1$ 上の点は

$$\begin{cases} x = a\cos\theta \\ y = b\sin\theta \end{cases}$$

と表すことができる。

◇**双曲線**（横型）

定義：2つの定点 F，F′ からの距離の差が一定
　　　である点の軌跡。

標準形：$\dfrac{x^2}{a^2} - \dfrac{y^2}{b^2} = 1$

焦点：$F(\sqrt{a^2+b^2}, 0)$，$F'(-\sqrt{a^2+b^2}, 0)$

漸近線：$y = \pm\dfrac{b}{a}x$

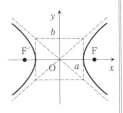

以上「横型」のみ記した。

例題13－1 （正規直交化①）

R^3 の次の基底 $\{\boldsymbol{a}_1,\ \boldsymbol{a}_2,\ \boldsymbol{a}_3\}$ から正規直交基底 $\{\boldsymbol{b}_1,\ \boldsymbol{b}_2,\ \boldsymbol{b}_3\}$ をつくれ。

$$\boldsymbol{a}_1=\begin{pmatrix}1\\0\\1\end{pmatrix},\ \ \boldsymbol{a}_2=\begin{pmatrix}0\\1\\2\end{pmatrix},\ \ \boldsymbol{a}_3=\begin{pmatrix}1\\1\\1\end{pmatrix}$$

解 説　与えられた基底から正規直交基底をつくる**グラム・シュミットの正規直交化**は重要である。手順の意味をよく理解して暗記しておこう。

解 答　**グラム・シュミットの正規直交化**により，順次正規直交化していく。

$$\boldsymbol{b}_1=\frac{\boldsymbol{a}_1}{|\boldsymbol{a}_1|}=\frac{1}{\sqrt{2}}\begin{pmatrix}1\\0\\1\end{pmatrix}$$ ←1つ目は簡単。大きさを1にするだけ。

$$\boldsymbol{b}_2=\frac{\boldsymbol{a}_2-(\boldsymbol{a}_2,\ \boldsymbol{b}_1)\boldsymbol{b}_1}{|\boldsymbol{a}_2-(\boldsymbol{a}_2,\ \boldsymbol{b}_1)\boldsymbol{b}_1|}$$ ←分子（$\boldsymbol{b}_1$と直交するベクトル）に注意！

ここで，$\boldsymbol{a}_2-(\boldsymbol{a}_2,\ \boldsymbol{b}_1)\boldsymbol{b}_1=\begin{pmatrix}0\\1\\2\end{pmatrix}-\sqrt{2}\cdot\frac{1}{\sqrt{2}}\begin{pmatrix}1\\0\\1\end{pmatrix}=\begin{pmatrix}-1\\1\\1\end{pmatrix}$ より，$\boldsymbol{b}_2=\frac{1}{\sqrt{3}}\begin{pmatrix}-1\\1\\1\end{pmatrix}$

$$\boldsymbol{b}_3=\frac{\boldsymbol{a}_3-(\boldsymbol{a}_3,\ \boldsymbol{b}_1)\boldsymbol{b}_1-(\boldsymbol{a}_3,\ \boldsymbol{b}_2)\boldsymbol{b}_2}{|\boldsymbol{a}_3-(\boldsymbol{a}_3,\ \boldsymbol{b}_1)\boldsymbol{b}_1-(\boldsymbol{a}_3,\ \boldsymbol{b}_2)\boldsymbol{b}_2|}$$ ←分子は$\boldsymbol{b}_1$，$\boldsymbol{b}_2$両方と直交するベクトル

ここで，$\boldsymbol{a}_3-(\boldsymbol{a}_3,\ \boldsymbol{b}_1)\boldsymbol{b}_1-(\boldsymbol{a}_3,\ \boldsymbol{b}_2)\boldsymbol{b}_2=\begin{pmatrix}1/3\\2/3\\-1/3\end{pmatrix}$ より，

$$|\boldsymbol{a}_3-(\boldsymbol{a}_3,\ \boldsymbol{b}_1)\boldsymbol{b}_1-(\boldsymbol{a}_3,\ \boldsymbol{b}_2)\boldsymbol{b}_2|=\frac{\sqrt{6}}{3},\ \ \boldsymbol{b}_3=\frac{3}{\sqrt{6}}\begin{pmatrix}1/3\\2/3\\-1/3\end{pmatrix}=\frac{1}{\sqrt{6}}\begin{pmatrix}1\\2\\-1\end{pmatrix}$$

以上より，正規直交基底 $\{\boldsymbol{b}_1,\ \boldsymbol{b}_2,\ \boldsymbol{b}_3\}$ ができた。

///// 類題13－1 // 解答は p. 261

R^3 の次の基底 $\{\boldsymbol{a}_1,\ \boldsymbol{a}_2,\ \boldsymbol{a}_3\}$ から正規直交基底 $\{\boldsymbol{b}_1,\ \boldsymbol{b}_2,\ \boldsymbol{b}_3\}$ をつくれ。

$$\boldsymbol{a}_1=\begin{pmatrix}1\\1\\0\end{pmatrix},\ \ \boldsymbol{a}_2=\begin{pmatrix}1\\0\\1\end{pmatrix},\ \ \boldsymbol{a}_3=\begin{pmatrix}0\\1\\1\end{pmatrix}$$

— 例題13－2 （正規直交化②）

2次以下の実係数多項式全体からなるベクトル空間 $\boldsymbol{R}[x]_2$ に内積を次で定める。

$$(f,\ g)=\int_{-1}^{1}f(x)g(x)\,dx \qquad (f,\ g\in\boldsymbol{R}[x]_2)$$

このとき，基底 $\{1,\ x,\ x^2\}$ から正規直交基底をつくれ。

[解説] 抽象的なベクトル空間は難しいかもしれないが，定義に忠実に計算すること。

[解答] $\boldsymbol{a}_1=1,\ \boldsymbol{a}_2=x,\ \boldsymbol{a}_3=x^2$ とおく。

$$|\boldsymbol{a}_1|^2=|1|^2=(1,\ 1)=\int_{-1}^{1}1\,dx=2 \quad \therefore\quad |\boldsymbol{a}_1|=\sqrt{2} \quad \therefore\quad \boldsymbol{b}_1=\frac{\boldsymbol{a}_1}{|\boldsymbol{a}_1|}=\frac{1}{\sqrt{2}}=\frac{\sqrt{2}}{2}$$

$$\boldsymbol{a}_2-(\boldsymbol{a}_2,\ \boldsymbol{b}_1)\boldsymbol{b}_1=x-\left(\int_{-1}^{1}x\cdot\frac{1}{\sqrt{2}}\,dx\right)\cdot\frac{1}{\sqrt{2}}=x$$

$$\therefore\quad |\boldsymbol{a}_2-(\boldsymbol{a}_2,\ \boldsymbol{b}_1)\boldsymbol{b}_1|^2=\int_{-1}^{1}x\cdot x\,dx=\frac{2}{3} \quad \therefore\quad |\boldsymbol{a}_2-(\boldsymbol{a}_2,\ \boldsymbol{b}_1)\boldsymbol{b}_1|=\sqrt{\frac{2}{3}}$$

よって，$\boldsymbol{b}_2=\dfrac{\boldsymbol{a}_2-(\boldsymbol{a}_2,\ \boldsymbol{b}_1)\boldsymbol{b}_1}{|\boldsymbol{a}_2-(\boldsymbol{a}_2,\ \boldsymbol{b}_1)\boldsymbol{b}_1|}=\sqrt{\frac{3}{2}}\,x=\dfrac{\sqrt{6}}{2}x$

$$\boldsymbol{a}_3-(\boldsymbol{a}_3,\ \boldsymbol{b}_1)\boldsymbol{b}_1-(\boldsymbol{a}_3,\ \boldsymbol{b}_2)\boldsymbol{b}_2$$

$$=x^2-\left(\int_{-1}^{1}x^2\cdot\frac{1}{\sqrt{2}}\,dx\right)\cdot\frac{1}{\sqrt{2}}-\left(\int_{-1}^{1}x^2\cdot\sqrt{\frac{3}{2}}\,x\,dx\right)\cdot\sqrt{\frac{3}{2}}\,x=x^2-\frac{1}{3}$$

$$\therefore\quad |\boldsymbol{a}_3-(\boldsymbol{a}_3,\ \boldsymbol{b}_1)\boldsymbol{b}_1-(\boldsymbol{a}_3,\ \boldsymbol{b}_2)\boldsymbol{b}_2|^2=\int_{-1}^{1}\left(x^2-\frac{1}{3}\right)^2dx=\frac{8}{45}$$

よって，

$$\boldsymbol{b}_3=\frac{\boldsymbol{a}_3-(\boldsymbol{a}_3,\ \boldsymbol{b}_1)\boldsymbol{b}_1-(\boldsymbol{a}_3,\ \boldsymbol{b}_2)\boldsymbol{b}_2}{|\boldsymbol{a}_3-(\boldsymbol{a}_3,\ \boldsymbol{b}_1)\boldsymbol{b}_1-(\boldsymbol{a}_3,\ \boldsymbol{b}_2)\boldsymbol{b}_2|}=\sqrt{\frac{45}{8}}\left(x^2-\frac{1}{3}\right)=\frac{3\sqrt{10}}{4}\left(x^2-\frac{1}{3}\right)$$

以上より，求める正規直交基底は，

$$\boldsymbol{b}_1=\frac{\sqrt{2}}{2},\quad \boldsymbol{b}_2=\frac{\sqrt{6}}{2}x,\quad \boldsymbol{b}_3=\frac{3\sqrt{10}}{4}\left(x^2-\frac{1}{3}\right)$$

類題13－2 解答は p. 261

例題13－2 と同じ仮定のもとで，基底 $\{1+x,\ x+x^2,\ 1\}$ から正規直交基底をつくれ。

┌─── 例題13－3 （対称行列の直交行列による対角化）────

実対称行列 $A=\begin{pmatrix} 2 & 1 & 1 \\ 1 & 2 & 1 \\ 1 & 1 & 2 \end{pmatrix}$ を直交行列により対角化せよ。

└──────────────────────────────

[解 説]　実対称行列は**直交行列**によって対角化できる。対角化に用いる行列を直交行列にするため，**固有ベクトルの正規直交化**の作業が必要となる。その際，異なる固有値に対する固有ベクトルは互いに直交することに注意すれば，<u>直交化の作業は同じ固有値に属する固有ベクトルだけに行えば十分である。</u>

[解 答]　固有値を求めると，1（重解）と4

固有値 1，1，4 に対する固有ベクトルとして，次の $\boldsymbol{a}_1$，$\boldsymbol{a}_2$，$\boldsymbol{a}_3$ がとれる。

$$\boldsymbol{a}_1=\begin{pmatrix} -1 \\ 1 \\ 0 \end{pmatrix}, \quad \boldsymbol{a}_2=\begin{pmatrix} -1 \\ 0 \\ 1 \end{pmatrix}, \quad \boldsymbol{a}_3=\begin{pmatrix} 1 \\ 1 \\ 1 \end{pmatrix}$$

A を対角化する直交行列 P をつくるために $\boldsymbol{a}_1$，$\boldsymbol{a}_2$，$\boldsymbol{a}_3$ を正規直交化する。

直交化については $\boldsymbol{a}_1$，$\boldsymbol{a}_2$ の2つだけ行えばよい。$\boldsymbol{a}_3$ は正規化だけすれば十分。

$$\boldsymbol{b}_1=\frac{\boldsymbol{a}_1}{|\boldsymbol{a}_1|}, \quad \boldsymbol{b}_2=\frac{\boldsymbol{a}_2-(\boldsymbol{a}_2,\ \boldsymbol{b}_1)\boldsymbol{b}_1}{|\boldsymbol{a}_2-(\boldsymbol{a}_2,\ \boldsymbol{b}_1)\boldsymbol{b}_1|}, \quad \boldsymbol{b}_3=\frac{\boldsymbol{a}_3}{|\boldsymbol{a}_3|} \text{ により，}$$

$$\boldsymbol{b}_1=\begin{pmatrix} -1/\sqrt{2} \\ 1/\sqrt{2} \\ 0 \end{pmatrix}, \quad \boldsymbol{b}_2=\begin{pmatrix} -1/\sqrt{6} \\ -1/\sqrt{6} \\ 2/\sqrt{6} \end{pmatrix}, \quad \boldsymbol{b}_3=\begin{pmatrix} 1/\sqrt{3} \\ 1/\sqrt{3} \\ 1/\sqrt{3} \end{pmatrix}$$

$$\therefore \quad P=(\boldsymbol{b}_1 \quad \boldsymbol{b}_2 \quad \boldsymbol{b}_3)=\begin{pmatrix} -1/\sqrt{2} & -1/\sqrt{6} & 1/\sqrt{3} \\ 1/\sqrt{2} & -1/\sqrt{6} & 1/\sqrt{3} \\ 0 & 2/\sqrt{6} & 1/\sqrt{3} \end{pmatrix}$$

とおくと，P は直交行列で，$P^{-1}AP={}^{t}PAP=\begin{pmatrix} 1 & 0 & 0 \\ 0 & 1 & 0 \\ 0 & 0 & 4 \end{pmatrix}$

～～～ 類題13－3 ～～～～～～～～～～～～～～～～～～～～～～～～～ 解答は **p. 262**

実対称行列 A を直交行列により対角化せよ。

(1) $\begin{pmatrix} 1 & 1 & 1 \\ 1 & -1 & 3 \\ 1 & 3 & -1 \end{pmatrix}$ 　　　　(2) $\begin{pmatrix} 2 & 2 & -1 \\ 2 & 5 & -2 \\ -1 & -2 & 2 \end{pmatrix}$

┌─ **例題13－4 （2次形式）** ─────────────

次の2次形式の標準形を求めよ。
$$Q(x,\ y)=2x^2-4xy-y^2$$

[**解 説**] 2次形式 ${}^t\!\boldsymbol{x}A\boldsymbol{x}$ は適当な直交行列 P による変数変換 $\boldsymbol{x}=P\boldsymbol{y}$ によって，標準形に書き直すことができる。

[**解 答**] $Q(x,\ y)=2x^2-4xy-y^2=(x\ \ y)\begin{pmatrix}2 & -2\\ -2 & -1\end{pmatrix}\begin{pmatrix}x\\ y\end{pmatrix}$ より，

2次形式の行列は，$A=\begin{pmatrix}2 & -2\\ -2 & -1\end{pmatrix}$　　このとき，$Q(x,\ y)=(x\ \ y)A\begin{pmatrix}x\\ y\end{pmatrix}$

行列 A の固有値を求めると，3と-2

固有値 3，-2 に対する固有ベクトルとして，$\boldsymbol{a}_1=\begin{pmatrix}-2\\ 1\end{pmatrix}$，$\boldsymbol{a}_2=\begin{pmatrix}1\\ 2\end{pmatrix}$ がとれる。

これはただちに正規直交化できて，

$$\boldsymbol{b}_1=\frac{\boldsymbol{a}_1}{|\boldsymbol{a}_1|}=\frac{1}{\sqrt{5}}\begin{pmatrix}-2\\ 1\end{pmatrix}=\begin{pmatrix}-\dfrac{2}{\sqrt{5}}\\[2mm] \dfrac{1}{\sqrt{5}}\end{pmatrix},\ \ \boldsymbol{b}_2=\frac{\boldsymbol{a}_2}{|\boldsymbol{a}_2|}=\frac{1}{\sqrt{5}}\begin{pmatrix}1\\ 2\end{pmatrix}=\begin{pmatrix}\dfrac{1}{\sqrt{5}}\\[2mm] \dfrac{2}{\sqrt{5}}\end{pmatrix}$$

そこで，$P=(\boldsymbol{b}_1\ \ \boldsymbol{b}_2)=\begin{pmatrix}-\dfrac{2}{\sqrt{5}} & \dfrac{1}{\sqrt{5}}\\[2mm] \dfrac{1}{\sqrt{5}} & \dfrac{2}{\sqrt{5}}\end{pmatrix}$ とおくと，

P は直交行列で，${}^t\!PAP=\begin{pmatrix}3 & 0\\ 0 & -2\end{pmatrix}$

ここで，$\begin{pmatrix}x\\ y\end{pmatrix}=P\begin{pmatrix}X\\ Y\end{pmatrix}$ とおくと，${}^t\!\begin{pmatrix}x\\ y\end{pmatrix}={}^t\!\begin{pmatrix}X\\ Y\end{pmatrix}{}^t\!P$　　∴　$(x\ \ y)=(X\ \ Y){}^t\!P$

よって，$Q(x,\ y)=(x\ \ y)A\begin{pmatrix}x\\ y\end{pmatrix}=(X\ \ Y){}^t\!PAP\begin{pmatrix}X\\ Y\end{pmatrix}$

$$=(X\ \ Y)\begin{pmatrix}3 & 0\\ 0 & -2\end{pmatrix}\begin{pmatrix}X\\ Y\end{pmatrix}=3X^2-2Y^2\ \ \cdots\cdots〔答〕$$

〜〜〜〜 **類題13－4** 〜〜〜〜〜〜〜〜〜〜〜〜〜〜〜〜〜〜〜〜〜〜〜〜〜〜〜〜〜〜〜〜〜〜〜〜 解答は p.263

次の2次形式の標準形を求めよ。

$$Q(x,\ y,\ z)=5x^2+y^2+z^2+2xy+6yz+2zx$$

─── **例題13－5（2次形式の応用）** ───────

　曲線 $7x^2+2\sqrt{3}\,xy+5y^2=8$ の概形を描け。

[解説]　2次形式の応用として，2次曲線の形状を調べることができる。

[解答]　$Q(x,\ y)=7x^2+2\sqrt{3}\,xy+5y^2=(x\ \ y)\begin{pmatrix}7 & \sqrt{3}\\ \sqrt{3} & 5\end{pmatrix}\begin{pmatrix}x\\ y\end{pmatrix}$

$A=\begin{pmatrix}7 & \sqrt{3}\\ \sqrt{3} & 5\end{pmatrix}$ とおくと，$Q(x,\ y)=(x\ \ y)A\begin{pmatrix}x\\ y\end{pmatrix}$

また，固有値を求めると，4, 8

固有値 4, 8 に対する固有ベクトルとして，$\boldsymbol{a}_1=\begin{pmatrix}-1\\ \sqrt{3}\end{pmatrix}$，$\boldsymbol{a}_2=\begin{pmatrix}\sqrt{3}\\ 1\end{pmatrix}$ がとれる。

$\boldsymbol{b}_1=\dfrac{\boldsymbol{a}_1}{|\boldsymbol{a}_1|}=\begin{pmatrix}-\dfrac{1}{2}\\[4pt] \dfrac{\sqrt{3}}{2}\end{pmatrix}$，$\boldsymbol{b}_2=\dfrac{\boldsymbol{a}_2}{|\boldsymbol{a}_2|}=\begin{pmatrix}\dfrac{\sqrt{3}}{2}\\[4pt] \dfrac{1}{2}\end{pmatrix}$ とし，$P=(\boldsymbol{b}_2\ \ \boldsymbol{b}_1)=\begin{pmatrix}\dfrac{\sqrt{3}}{2} & -\dfrac{1}{2}\\[6pt] \dfrac{1}{2} & \dfrac{\sqrt{3}}{2}\end{pmatrix}$

とおくと，

$P=\begin{pmatrix}\cos30° & -\sin30°\\ \sin30° & \cos30°\end{pmatrix}$　　　また，$^tPAP=\begin{pmatrix}8 & 0\\ 0 & 4\end{pmatrix}$　**← 固有値の順に注意！**

そこで，$\begin{pmatrix}x\\ y\end{pmatrix}=P\begin{pmatrix}X\\ Y\end{pmatrix}$ とおくと，$(x\ \ y)=(X\ \ Y)\,{}^tP$ より，

　$Q(x,\ y)=(x\ \ y)A\begin{pmatrix}x\\ y\end{pmatrix}=(X\ \ Y)\,{}^tPAP\begin{pmatrix}X\\ Y\end{pmatrix}=(X\ \ Y)\begin{pmatrix}8 & 0\\ 0 & 4\end{pmatrix}\begin{pmatrix}X\\ Y\end{pmatrix}$

　　　　$=8X^2+4Y^2$

よって，与式は $8X^2+4Y^2=8$

　すなわち，$X^2+\dfrac{Y^2}{2}=1$

したがって，与えられた曲線は，

楕円 $x^2+\dfrac{y^2}{2}=1$ を原点の周りに

30°回転した曲線である。

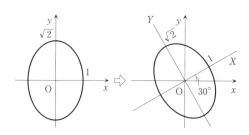

──── **類題13－5** ──────────────────────── 解答は **p. 264**

　曲線 $x^2+2\sqrt{3}\,xy-y^2=2$ の概形を描け。

■ 第13章　章末問題

▶解答は p. 264

1 行列 $A = \begin{pmatrix} \sqrt{3}/3 & \sqrt{3}/3 & \sqrt{3}/3 \\ \sqrt{2}/2 & 0 & -\sqrt{2}/2 \\ p & q & r \end{pmatrix}$ が直交行列となり，その行列式が 1 とな

るように p, q, r を定めよ。 〈京都工芸繊維大学〉

2 行列 $A = \begin{pmatrix} 5 & 1 & 2 \\ 1 & 5 & -2 \\ 2 & -2 & 2 \end{pmatrix}$ について，以下の問いに答えよ。

(1) A の固有値をすべて求めよ。

(2) A の固有方程式の重解を λ_0 とする。固有値 λ_0 に対応する 2 つの固有ベクトル
で，正規直交系をなすものを 1 組求めよ。 〈京都工芸繊維大学〉

3 2 次の実対称行列 A でつくった 2 次形式が次のように与えられたとする。

$$^t x A x = 2x^2 - 4xy + 5y^2 \qquad \text{ここで，} A = \begin{pmatrix} 2 & -2 \\ -2 & 5 \end{pmatrix}, \; x = \begin{pmatrix} x \\ y \end{pmatrix}, \; {}^t x = (x \;\; y) \text{ で}$$

ある。このとき以下の設問に答えよ。

(1) A の固有値と固有ベクトル（正規化したもの）をすべて求めよ。

(2) (1)で求めた固有ベクトルを並べてつくった 2 次の正方行列 P とその転置行列
$^t P$ を使って $^t PAP$ を計算せよ。

(3) ベクトル x に適当な 1 次変換を行い上記の 2 次形式を標準形に変換せよ。

〈筑波大学－第三学群・工学基礎学類〉

4 2 次曲線 $C : 3x^2 - 2\sqrt{3}xy + 5y^2 - 18 = 0$ は，行列 $A = \begin{pmatrix} 3 & -\sqrt{3} \\ -\sqrt{3} & 5 \end{pmatrix}$，ベクト

ル $p = \begin{pmatrix} x \\ y \end{pmatrix}$ を用いて，$^t p A p - 18 = 0$ と表すことができる。ただし，$^t p = (x, \; y)$ で

ある。

(1) 行列 A の固有値 λ_1, λ_2 を求め，それぞれに対応する大きさ 1 の固有ベクトル
u_1, u_2 を求めよ。

(2) ベクトル $p' = \begin{pmatrix} x' \\ y' \end{pmatrix}$ とし，ある行列 U を用いて，線形変換 $p = Up'$ を行えば，

2 次曲線 C は標準形になる。行列 U を求め，2 次曲線 C の標準形を x', y' を用
いて表せ。

(3) x 軸と x' 軸のなす角度を求め，x 軸，y 軸と x' 軸，y' 軸の関係を図示し，2
次曲線 C の概形を描け。 〈東北大学－工学部〉

第14章

確　　率

要　項

14.1　確　率

確率の定義　全事象 U のどの根元事象も同様に確からしいとき，事象 A の起こる確率 $P(A)$ を，次の式で定める。

$$P(A) = \frac{n(A)}{n(U)} = \frac{\text{事象 } A \text{の起こる場合の数}}{\text{起こりうるすべての場合の数}}$$

（注）　ここでは素朴な確率論を扱う。

14.2　条件付確率と乗法定理

条件付確率　事象 A が起こったもとで事象 B が起こる確率を $P_A(B)$ で表す。

乗法定理　$P(A \cap B) = P(A) \cdot P_A(B)$

事象の独立と従属　$P_A(B) = P(B)$ が成り立つとき，2つの事象 A，B は互いに**独立**であるという。また，2つの事象 A，B が独立でないとき，A，B は**従属**であるという。

14.3　確率変数と確率分布

（ⅰ）　離散型確率変数の場合

　　確率変数 X のとりうる値とその値をとる確率との対応関係を，X の**確率分布**または単に**分布**といい，確率変数 X はこの分布に**従う**という。

（ⅱ）　連続型確率変数の場合

$$P(a \leqq X \leqq b) = \int_a^b f(x)\,dx$$

を満たす関数 $f(x)$ を X の**確率密度関数**という。

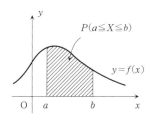

14. 4　期待値・分散・標準偏差

（ⅰ）　離散型確率変数の場合

　　確率変数 X のとりうる値が $x_1,\ x_2,\ \cdots,\ x_n$ であるとき，

　期待値：$E(X)=\sum\limits_{k=1}^{n}x_k\cdot P(X=x_k)$

　分散：$V(X)=\sum\limits_{k=1}^{n}(x_k-m)^2\cdot P(X=x_k)$　（ただし，$m=E(X)$）

　標準偏差：$\sigma_X=\sqrt{V(X)}$

（ⅱ）　連続型確率変数の場合

　　確率変数 X が連続型確率変数であるとき，

　期待値：$E(X)=\displaystyle\int_{-\infty}^{\infty}x\cdot f(x)dx$

　分散：$V(X)=\displaystyle\int_{-\infty}^{\infty}(x-m)^2\cdot f(x)dx$　（ただし，$m=E(X)$）

　標準偏差：$\sigma_X=\sqrt{V(X)}$

　基本性質　$V(X)=E(X^2)-\{E(X)\}^2$

14. 5　二項分布・ポアソン分布・正規分布

二項分布　離散型確率変数 X が次の確率分布に従うとき，この分布を**二項分布**といい，$B(n,\ p)$ で表す。

$$P(X=k)={}_n\mathrm{C}_k\,p^k(1-p)^{n-k}\quad(0<p<1,\ k=0,\ 1,\ 2,\ \cdots,\ n)$$

［定理］　（二項分布の平均と分散）

　確率変数 X が二項分布 $B(n,\ p)$ に従うとき，

$$E(X)=np,\quad V(X)=np(1-p),\quad \sigma_X=\sqrt{np(1-p)}$$

ポアソン分布　離散型確率変数 X が次の確率分布に従うとき，この分布を**ポアソン分布**といい，$Po(\lambda)$ で表す。

$$P(X=k)=e^{-\lambda}\frac{\lambda^k}{k!}\quad(\lambda>0\quad k=0,\ 1,\ 2\cdots)$$

［定理］　（ポアソン分布の平均と分散）

　確率変数 X がポアソン分布 $Po(\lambda)$ に従うとき，

$$E(X)=\lambda,\quad V(X)=\lambda,\quad \sigma_X=\sqrt{\lambda}$$

正規分布　連続型確率変数 X が次の確率密度関数 $f(x)$ をもつとき，この分布を**正規分布**といい，$N(m, \sigma^2)$ で表す。

$$f(x) = \frac{1}{\sqrt{2\pi}\,\sigma} e^{-\frac{(x-m)^2}{2\sigma^2}}$$

特に，平均 0，標準偏差 1 の正規分布 $N(0, 1)$ を**標準正規分布**という。

[定理]　（正規分布の平均と分散）

確率変数 X が正規分布 $N(m, \sigma^2)$ に従うとき，

$$E(X) = m, \qquad V(X) = \sigma^2, \qquad \sigma_X = \sigma$$

[定理]　（正規分布の標準化）

確率変数 X が正規分布 $N(m, \sigma^2)$ に従うとき，$Z = \dfrac{X-m}{\sigma}$（標準測度）とおくと，Z は標準正規分布 $N(0, 1)$ に従う。

[定理]　（ラプラスの定理）

二項分布 $B(n, p)$ に従う確率変数 X は，n が十分大きいとき，近似的に，正規分布 $N(np, np(1-p))$ に従う。

14. 6　2変量の確率分布

（ⅰ）　離散型の場合

X，Y のとりうる値がそれぞれ $x_1, \cdots, x_m, y_1, \cdots, y_n$ であるとき，$P(X=x_k, Y=y_l)$ を X，Y の**同時確率分布**という。

X，Y の**共分散** σ_{XY}，**相関係数** ρ_{XY} を次で定める。

$$\sigma_{XY} = E[(X-E(X))(Y-E(Y))]$$

$$= \sum_{k=1}^{m} \sum_{l=1}^{n} (x_k - E(X))(y_l - E(Y))P(X=x_k, Y=y_l)$$

$$\rho_{XY} = \frac{\sigma_{XY}}{\sigma_X \cdot \sigma_Y}$$

確率変数の独立　X，Y が次を満たすとき，X と Y は互いに**独立**であるという。

$$P(X=x_k, Y=y_l) = P(X=x_k) \cdot P(Y=y_l)$$

（ⅱ）　連続型の場合

X，Y が連続型確率変数であるとき，

$$P(a \leq X \leq b, c \leq Y \leq d) = \int_a^b \int_c^d f(x, y)\,dx\,dy$$

を満たす $f(x, y)$ を X，Y の**同時確率密度関数**という。

X，Y の**共分散** σ_{XY}，**相関係数** ρ_{XY} を次で定める。

$$\sigma_{XY} = E[(X - E(X))(Y - E(Y))]$$

$$= \int_{-\infty}^{\infty} \int_{-\infty}^{\infty} (x - E(X))(y - E(Y))f(x, y)dxdy$$

$$\rho_{XY} = \frac{\sigma_{XY}}{\sigma_X \cdot \sigma_Y}$$

確率変数の独立 X, Y が次を満たすとき, X と Y は互いに**独立**であるという。

$$f(x, y) = f_X(x) \cdot f_Y(y)$$

ただし, $f_X(x)$, $f_Y(y)$ はそれぞれ X, Y の確率密度関数である。

[公式] $E(X + Y) = E(X) + E(Y)$

[公式] X, Y が互いに独立ならば,

① $E(X \cdot Y) = E(X) \cdot E(Y)$

② $V(X + Y) = V(X) + V(Y)$

③ $\sigma_{XY} = 0$

14.7 母集団と標本

標本平均とその分布 母集団から大きさ n の標本を無作為に抽出し, その n 個の要素における変量 x の値を X_1, X_2, $\cdots$, X_n とすると, これらは標本を抽出するという試行の結果により値が定まる**確率変数**である。

X_1, X_2, $\cdots$, X_n を1つの資料とみなして, **標本平均** $\overline{X}$, **標本分散** $s_X{}^2$, **標本標準偏差** s_X を次のように定める。

$$\overline{X} = \frac{1}{n} \sum_{k=1}^{n} X_k, \quad s_X{}^2 = \frac{1}{n} \sum_{k=1}^{n} (X_k - \overline{X})^2, \quad s_X = \sqrt{\frac{1}{n} \sum_{k=1}^{n} (X_k - \overline{X})^2}$$

（注） これらもまた, 標本を抽出するという試行の結果により値が定まる**確率変数**である。

[定理] （標本平均の期待値と標準偏差）

母平均 m, 母標準偏差 σ の母集団から大きさ n の無作為標本を抽出するとき, 標本平均 $\overline{X}$ の期待値 $E(\overline{X})$ と標準偏差 $\sigma_{\overline{X}}$ は次のようになる。

$$E(\overline{X}) = m, \quad \sigma_{\overline{X}} = \frac{\sigma}{\sqrt{n}}$$

[定理] （中心極限定理）

母平均 m, 母標準偏差 σ の母集団から大きさ n の無作為標本を抽出するとき, 標本平均 $\overline{X}$ は, n が十分大きければ, 近似的に, 正規分布 $N\left(m, \dfrac{\sigma^2}{n}\right)$ に従う。

[定理]　（大数の法則）

　母平均 m の母集団から大きさ n の無作為標本を抽出するとき，標本平均 $\overline{X}$ は，n が大きくなるにしたがい，母平均 m に近づく。

■ 知っておこう！　漸化式の解法

　確率の問題では**漸化式**の知識が不可欠である。確認しておこう。

◇ 2 項間漸化式の解法（基本形：$a_{n+1} = p a_n + q$）◇

【例】　$a_{n+1} = 2a_n + 1$，$a_1 = 1$ を満たす a_n を求めよ。

（解）　$a_{n+1} = 2a_n + 1$　……①

　　　　　$\alpha = 2\alpha + 1$　……②　← この解き方は覚えておこう。

　とおく。①－②より，$a_{n+1} - \alpha = 2(a_n - \alpha)$

　　∴　$a_n - \alpha = (a_1 - \alpha) \cdot 2^{n-1}$

　ここで，②より $\alpha = -1$，また，$a_1 = 1$ だから，

　　　$a_n - (-1) = \{1 - (-1)\} \cdot 2^{n-1}$　　　よって，$a_n = 2^n - 1$　……〔答〕

> ▶アドバイス◀
> 　2 項間漸化式はまずこの基本形が完全に解けるようになることが大切。基本形が解けるようになればその他も簡単に解ける。

◇ 3 項間漸化式の解法（基本形：$a_{n+2} + p a_{n+1} + q a_n = 0$）◇

【例】　$a_{n+2} - 5a_{n+1} + 6a_n = 0$，$a_1 = 1$，$a_2 = 5$ を満たす a_n を求めよ。

（解）　$t^2 - 5t + 6 = 0$ とすると，$(t-2)(t-3) = 0$　　∴　$t = 2, 3$

　　この解を用いて，$a_{n+2} - 5a_{n+1} + 6a_n = 0$ は次のように変形できる。

　　　　　$a_{n+2} - 2a_{n+1} = 3(a_{n+1} - 2a_n)$　……①

　　　　　$a_{n+2} - 3a_{n+1} = 2(a_{n+1} - 3a_n)$　……②

　①より，$a_{n+1} - 2a_n = (a_2 - 2a_1) \cdot 3^{n-1}$　　∴　$a_{n+1} - 2a_n = 3^n$　……③

　②より，$a_{n+1} - 3a_n = (a_2 - 3a_1) \cdot 2^{n-1}$　　∴　$a_{n+1} - 3a_n = 2^n$　……④

　③－④ より，$a_n = 3^n - 2^n$　……〔答〕

> ▶アドバイス◀
> 　3 項間漸化式はこの基本形だけ解ければ問題なし。

─── 例題14－1 （確率の基礎） ───

　袋の中に赤玉，白玉，青玉が２個ずつ，合計６個入っている。この袋から３人が２個ずつ，袋の中を見ることなく自由に取り出す。このとき，３人とも「色の異なる２個」を取り出す確率を求めよ。

[解説] 確率の計算では，根元事象が同様に確からしくなるように，原則として**同じものであっても区別して考える**。たとえば，区別できない２枚のコインを投げた場合，起こり得るすべての場合の数は，現実には**２枚とも表，表と裏，２枚とも裏の３通り**であるが，この３つの根元事象は同様に確からしくない。そこで，２枚のコインを**コイン１，コイン２と区別して考える**と，根元事象は（表，表），（表，裏），（裏，表），（裏，裏）の**４通り**になり，根元事象は同様に確からしくなる。このような準備によって，確率の計算が可能となる。

[解答] 同じ色の玉でも区別して考える。すなわち，赤１，赤２，白１，白２，青１，青２の異なる６個の玉が袋の中に入っていると考える。

　また，３人を　A，B，Cとする。

　このとき，３人が袋から２個ずつ取り出す方法は，

$$_6C_2 \times _4C_2 \times _2C_2 = \frac{6 \cdot 5}{2 \cdot 1} \times \frac{4 \cdot 3}{2 \cdot 1} \times 1 = 90 \quad （通り）$$

　次に，３人とも「色の異なる２個」を取り出す場合の数を計算する。

まず色だけに着目して，「色の異なる２個」３組に分ける方法は次の１通り。

　　赤と白，赤と青，白と青

A，B，Cの３人がどの色の組み合わせになるかは，3！（通り）

たとえば，**Aが赤と白，Bが赤と青，Cが白と青**とする。

このとき，赤１，赤２，白１，白２，青１，青２の区別をしているので，

　　Aが赤と白，Bが赤と青，Cが白と青

となる場合の数は，2×2×2（通り）

したがって，３人とも「色の異なる２個」を取り出す場合の数は，

　　　3！×2×2×2＝48（通り）

よって，求める確率は，$\dfrac{48}{90} = \dfrac{8}{15}$　……〔答〕

──── 類題14－1 ──────────────────────────── 解答は **p. 266**

　１つのサイコロを５回投げる。３以下の目が２回，４または５の目が２回，６の目が１回出る確率を求めよ。

例題14－2 （条件付確率）

　5回に1回の割合で帽子を忘れるくせのあるＫ君が，正月に A，B，Ｃの3軒をこの順に年始まわりをして家に帰ったとき，帽子を忘れてきたことに気がついた。2番目の家Bに忘れてきた確率を求めよ。

[解 説]　事象 A が起こったもとで事象 B が起こる確率を条件付確率といい，$P_A(B)$ で表す。条件付確率の計算において次の公式が基本的である。

　　乗法定理　$P(A \cap B) = P(A) \cdot P_A(B)$

問題を解くコツは，**2つの事象をきちんと確認すること**である。

[解 答]　事象 E, F を次のように定める。

　　事象 E：A，B，Ｃのどこかの家に帽子を忘れる。　　← これが事象 E

　　事象 F：2番目の家Bに帽子を忘れる。　　← これが事象 F

このとき，求めたいものは条件付確率 $P_E(F)$ である。　← 求めるべきものを把握！

乗法定理により $P(E \cap F) = P(E) \cdot P_E(F)$ であるから，$P(E \cap F)$, $P(E)$ を求めればよい。

$$P(E \cap F) = P(F) = \frac{4}{5} \times \frac{1}{5} = \frac{4}{25} \quad \text{← A には忘れず，B に忘れる。}$$

$$P(E) = \frac{1}{5} + \frac{4}{5} \times \frac{1}{5} + \frac{4}{5} \times \frac{4}{5} \times \frac{1}{5} = \frac{61}{125} \quad \text{← A，B，Ｃのどこかに忘れる。}$$

よって，$P_E(F) = \dfrac{P(E \cap F)}{P(E)} = \dfrac{\dfrac{4}{25}}{\dfrac{61}{125}} = \dfrac{20}{61}$　……〔答〕

（参考）　事象の独立：2つの事象 A, B が独立であるとは，$P_A(B) = P(B)$ であることをいう。すなわち，事象 B が起こる確率は事象 A が起こったかどうかには関係しないことをいう。乗法定理により，事象 A, B が独立であるとき，$P(A \cap B) = P(A) \cdot P(B)$ が成り立つ。

類題14－2　解答は p. 267

(1)　本当のことをいう確率が80％の人が3人いる。いま硬貨を投げたところ，3人とも「表が出た」と証言した。本当に表が出た確率を求めよ。

(2)　赤玉2個と白玉5個が入った袋から，もとに戻さないで1個ずつ2回玉を取り出す。2回目の玉が赤玉であるとき，1回目の玉も赤玉である確率を求めよ。

例題14－3 （漸化式と確率①）

サイコロを n 回投げたとき，1の目が奇数回出る確率 p_n を求めよ。

解説 漸化式を利用する確率の問題は頻出である。直前の状況をよく考えて漸化式をつくる。ところで，漸化式が解けることは前提である。2項間漸化式，3項間漸化式ともに解けるようにしておくこと。

解答 p_n についての**漸化式**を導く。

　n 回投げて1の目が奇数回となる場合として，次の(ⅰ)，(ⅱ)がある。

　（ⅰ）　**$n-1$ 回投げた時点で1の目が奇数回**で，次の n 回は1以外の目

　（ⅱ）　**$n-1$ 回投げた時点で1の目が偶数回**で，次の n 回目は1の目

よって，次のような漸化式が成り立つ。

$$p_n = p_{n-1} \times \frac{5}{6} + (1-p_{n-1}) \times \frac{1}{6} \qquad \therefore \quad p_n = \frac{2}{3}p_{n-1} + \frac{1}{6}$$

したがって，あとはこの**2項間漸化式**を解けばよい。

$$p_n = \frac{2}{3}p_{n-1} + \frac{1}{6} \quad \cdots\cdots① \quad \leftarrow \text{2項間漸化式の基本形：} a_{n+1} = pa_n + q$$

$$\alpha = \frac{2}{3}\alpha + \frac{1}{6} \quad \cdots\cdots② \quad \leftarrow \text{基本形の解き方を覚えておこう。}$$

とおく。

①－② より，$p_n - \alpha = \frac{2}{3}(p_{n-1} - \alpha)$　← (第 n 項)＝(第 $n-1$ 項)$\times \frac{2}{3}$

よって，数列 $\{p_n - \alpha\}$ は公比 $\frac{2}{3}$ の等比数列であるから，

$$p_n - \alpha = (p_1 - \alpha)\left(\frac{2}{3}\right)^{n-1} \quad \leftarrow \text{(第 } n \text{ 項)＝(初項)}\times \text{(公比)}^{n-1}$$

ここで，明らかに $p_1 = \frac{1}{6}$ であり，また，②より $\alpha = \frac{1}{2}$ であるから，

$$p_n - \frac{1}{2} = \left(\frac{1}{6} - \frac{1}{2}\right)\left(\frac{2}{3}\right)^{n-1} \qquad \therefore \quad p_n = \frac{1}{2} - \frac{1}{3}\left(\frac{2}{3}\right)^{n-1} \quad \cdots\cdots〔答〕$$

類題14－3　　　　　　　　　　　　　　　　　　　　　　　　　　　　　解答は p.267

　1から10までの数を1つずつ書いた10枚のカードが数の小さい順に並べてある。この中から任意の2枚のカードを抜き出し，その場所を入れかえるという操作を考える。この操作を n 回行ったとき，1枚目のカードの数が1である確率 p_n を求めよ。

── 例題14－4 （漸化式と確率②） ──

　硬貨を投げて数直線上を原点から正の向きに進む。表が出れば1進み，裏が出れば2進むものとする。このとき，ちょうど点 n に到達する確率 p_n を求めよ。ただし，n は自然数とする。

[解説]　漸化式と確率の問題では，いろいろなタイプの漸化式が登場する。**2項間漸化式**の他に，**3項間漸化式**，**連立漸化式**などが出てくる。

[解答]　点 n に到達する場合として，次の（ⅰ），（ⅱ）が考えられる。

（ⅰ）　点 $n-1$ に到達して，次に表を出して1進む。

（ⅱ）　点 $n-2$ に到達して，次に裏を出して2進む。

よって，$p_n = p_{n-1} \times \dfrac{1}{2} + p_{n-2} \times \dfrac{1}{2}$　　∴　$p_n = \dfrac{1}{2}p_{n-1} + \dfrac{1}{2}p_{n-2}$

あとはこの**3項間漸化式**を解けばよい。

まず，$p_1 = \dfrac{1}{2}$，$p_2 = \dfrac{1}{2} + \dfrac{1}{2} \times \dfrac{1}{2} = \dfrac{3}{4}$　←「裏 または 表・表」で点2に到達

$t^2 = \dfrac{1}{2}t + \dfrac{1}{2}$ とおくと，$2t^2 - t - 1 = 0$　　∴　$t = 1,\ -\dfrac{1}{2}$

よって，漸化式は次のように変形できる。

$$p_n - 1 \cdot p_{n-1} = -\dfrac{1}{2}(p_{n-1} - 1 \cdot p_{n-2}) \quad \cdots\cdots①$$

$$p_n - \left(-\dfrac{1}{2}\right)p_{n-1} = 1 \cdot \left\{p_{n-1} - \left(-\dfrac{1}{2}\right)p_{n-2}\right\} \quad \cdots\cdots②$$

①より，$p_{n+1} - p_n = (p_2 - p_1)\left(-\dfrac{1}{2}\right)^{n-1} = \dfrac{1}{4}\left(-\dfrac{1}{2}\right)^{n-1}$　　$\cdots\cdots③$

②より，$p_{n+1} + \dfrac{1}{2}p_n = \left(p_2 + \dfrac{1}{2}p_1\right) \cdot 1^{n-1} = \dfrac{3}{4} + \dfrac{1}{2} \cdot \dfrac{1}{2} = 1$　　$\cdots\cdots④$

③，④を解いて，$p_n = \dfrac{2}{3}\left\{1 - \dfrac{1}{4}\left(-\dfrac{1}{2}\right)^{n-1}\right\}$　　$\cdots\cdots$〔答〕

類題14－4　　　　　　　　　　　　　　　　　　　　　　　解答は p. 267

　A，B，Cの3人が色のついたカードを1枚ずつ持っている。初め，Aは赤いカード，BとCは白いカードを持っている。赤いカードを持っている人がコインを投げて，表が出ればAとBがカードを交換し，裏が出ればAとCがカードを交換する。これを n 回繰り返したとき，Aが赤いカードを持っている確率を求めよ。

── 例題14－5 （確率分布①：離散型）─────

確率変数 X が二項分布 $B(n, p)$ に従うとき，その平均 $E(X)$ と分散 $V(X)$ を求めよ。ただし，二項分布とは次の確率分布をいう。

$$P(X=k) = {}_nC_k p^k (1-p)^{n-k} \quad (0 < p < 1, \ k=0, \ 1, \ 2, \ \cdots, \ n)$$

[解 説] 確率分布の計算はおおむね定義通りに計算して行けばよい。その際，かなりの計算力が必要となることもあるので注意を要する。

[解 答]

$$E(X) = \sum_{k=0}^{n} k \cdot P(X=k) = \sum_{k=1}^{n} k \cdot {}_nC_k p^k (1-p)^{n-k}$$

$$= \sum_{k=1}^{n} k \cdot \frac{n!}{k! \cdot (n-k)!} p^k (1-p)^{n-k}$$

$$= np \sum_{k=1}^{n} \frac{(n-1)!}{(k-1)! \cdot (n-k)!} p^{k-1} (1-p)^{n-k}$$

$$= np \sum_{l=0}^{n-1} \frac{(n-1)!}{l! \cdot (n-1-l)!} p^l (1-p)^{n-1-l}$$

$$= np \{p + (1-p)\}^{n-1} = np \quad \cdots\cdots〔答〕$$

$$V(X) = E(X^2) - \{E(X)\}^2 = \sum_{k=1}^{n} k^2 \cdot \frac{n!}{k! \cdot (n-k)!} p^k (1-p)^{n-k} - n^2 p^2$$

$$= \sum_{k=1}^{n} k(k-1) \cdot \frac{n!}{k! \cdot (n-k)!} p^k (1-p)^{n-k}$$

$$\qquad + \sum_{k=1}^{n} k \cdot \frac{n!}{k! \cdot (n-k)!} p^k (1-p)^{n-k} - n^2 p^2 \qquad （注）\quad k^2 = k(k-1) + k$$

$$= \sum_{k=2}^{n} \frac{n!}{(k-2)! \cdot (n-k)!} p^k (1-p)^{n-k}$$

$$\qquad + \sum_{k=1}^{n} \frac{n!}{(k-1)! \cdot (n-k)!} p^k (1-p)^{n-k} - n^2 p^2$$

$$= n(n-1) p^2 \{p + (1-p)\}^{n-2} + np \{p + (1-p)\}^{n-1} - n^2 p^2$$

$$= n(n-1) p^2 + np - n^2 p^2 = np(1-p) \quad \cdots\cdots〔答〕$$

▨▨▨ **類題14－5** *▨▨▨▨▨▨▨▨▨▨▨▨▨▨▨▨▨▨▨▨▨▨▨▨▨▨▨▨▨▨▨▨▨▨▨▨▨▨* 解答は **p. 268**

確率変数 X がポアソン分布 $P(\lambda)$ に従うとき，その平均 $E(X)$ と分散 $V(X)$ を求めよ。ただし，ポアソン分布とは次の確率分布をいう。

$$P(X=k) = e^{-\lambda} \frac{\lambda^k}{k!} \quad (k=0, \ 1, \ 2, \ \cdots)$$

━━ 例題14－6　（確率分布②：連続型）━━

確率変数 X の確率密度関数が

$$f(x) = \begin{cases} c(x^2-2x) & 0 \leqq x \leqq 2 \text{ のとき} \\ 0 & \text{それ以外のとき} \end{cases}$$

であるとする。以下の問いに答えよ。

(1) 定数 c の値を求めよ。　　(2) 平均 $E(X)$ と分散 $V(X)$ を求めよ。

[解説]　確率変数が連続値をとるため，$P(X=k)$ を確率分布とするわけにはいかない。確率分布を次のように考える。

$$P(a \leqq X \leqq b) = \int_a^b f(x)dx \quad (\text{この } f(x) \text{ を } X \text{ の確率密度関数という。})$$

これにともない，平均と分散の定義も連続値バージョンに修正される。

[解答]　(1) $\int_{-\infty}^{\infty} f(x)dx = 1$ より，$\int_0^2 c(x^2-2x)dx = 1$　　← 全確率は1

$$\therefore c\left[\frac{x^3}{3} - x^2\right]_0^2 = 1 \quad \therefore -\frac{4}{3}c = 1 \quad \text{よって，} c = -\frac{3}{4} \quad \cdots\cdots\text{〔答〕}$$

(2) $E(X) = \int_{-\infty}^{\infty} xf(x)dx$　　← 平均の定義そのまま

$$= -\frac{3}{4}\int_0^2 (x^3-2x^2)dx = -\frac{3}{4}\left[\frac{x^4}{4} - \frac{2}{3}x^3\right]_0^2 = 1 \quad \cdots\cdots\text{〔答〕}$$

$V(X) = E(X^2) - \{E(X)\}^2$　　← 公式：$V(X) = E(X^2) - \{E(X)\}^2$ は便利

$$= \int_{-\infty}^{\infty} x^2 f(x)dx - 1^2 = -\frac{3}{4}\int_0^2 x^2(x^2-2x)dx - 1$$

$$= -\frac{3}{4}\int_0^2 (x^4-2x^3)dx - 1$$

$$= -\frac{3}{4}\left[\frac{x^5}{5} - \frac{1}{2}x^4\right]_0^2 - 1 = \frac{6}{5} - 1 = \frac{1}{5} \quad \cdots\cdots\text{〔答〕}$$

〰〰 類題14－6 〰〰〰〰〰〰〰〰〰〰〰〰〰〰〰〰〰〰〰〰〰〰〰〰〰〰〰〰 解答は p. 268

ある確率変数 X $(X \geqq 0)$ の確率密度関数が $p(x) = \frac{\pi}{2}x \cdot e^{-\frac{\pi}{4}x^2}$ で表されるとき，

(1) $X \leqq a$ となる確率を求めよ。

(2) 実験によりこの確率変数 X を発生させ，十分な数の測定を行った。測定された X の値を大きいものから順に並べたとき，上位 $\frac{1}{3}$ の X がとり得る範囲の下限を求めよ。

■ 第14章　章末問題　　　　　▶解答は p.268

1 ある人の受け取るすべてのメールのうち $\dfrac{1}{3}$ は広告メールである。メール本文に money という単語が入る確率は，広告メールでは $\dfrac{1}{10}$，広告でないメールでは $\dfrac{1}{100}$ である。以下の問いに答えよ。

(1) あるメールが広告メールでない確率を求めよ。

(2) あるメールが広告メールであり，かつ money という単語が入っている確率を求めよ。

(3) あるメールに money という単語が入っている確率を求めよ。

(4) あるメールに money という単語が入っていたとする。このメールが広告メールである確率を求めよ。　　　　　　　　　　　　〈長岡技術科学大学〉

2 つぼ U には白球1個と黒球1個の計2個，つぼ V には白球2個と黒球1個の計3個が入っている。各つぼから1球ずつ取って，U のつぼから取った球は V のつぼへ，V のつぼから取った球は U のつぼへ入れる手続きを n 回行なうとき，U に白球が2個ある確率を p_n，白球，黒球が1個ずつある確率を q_n，黒球が2個ある確率を r_n とする。以下の問に答えよ。

(1) p_1, q_1, r_1 を求めよ。　　(2) p_n, q_n, r_n を p_{n-1}, q_{n-1}, r_{n-1} を用いて表せ。

(3) この手続きを無限回行なうと確率 p_n, q_n, r_n がそれぞれ一定値 p, q, r になること（すなわち，$\lim_{n\to\infty}p_n=p$, $\lim_{n\to\infty}q_n=q$, $\lim_{n\to\infty}r_n=r$）が分かっているとする。このとき p, q, r の値を求めよ。　　　　　　　　〈名古屋大学－工学部〉

3 連続値 $(-\infty<x<\infty)$ をとる確率変数 X の確率密度関数が $p(x)$ である，すなわち，X が微小区間 dx の値をとる確率が $p(x)dx$ であるとするとき，次の各問に答えよ。

(1) 確率変数 X の平均と分散が存在して，その平均が m，分散が σ^2 であるとき，次の値を m と σ^2 を用いて表せ。

$$\int_{-\infty}^{\infty}x^2p(x)dx$$

(2) 確率変数 $Y=X^2$ の確率密度関数は

$$q(y)=\begin{cases}\dfrac{1}{2\sqrt{y}}\left(p(\sqrt{y})+p(-\sqrt{y})\right) & (y\geq0)\\[2mm]0 & (y<0)\end{cases}$$

であることを示せ。　　　　　　　　　　　　　　　　〈京都大学－工学部〉

第15章

複 素 解 析

◢◣ 要 項 ◢◣

15. 1 複素平面

実数を数直線で表したように，複素数を**複素平面**で表す。複素数 $z = x + yi$ を座標 (x, y) にとって表す。複素平面では x 軸を**実軸**，y 軸を**虚軸**とよぶ。

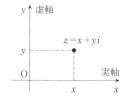

15. 2 極形式

極形式 $z = r(\cos\theta + i\sin\theta) = re^{i\theta}$

　　　絶対値：$|z| = r$, **偏角**：$\arg z = \theta$

（注） 極形式の最後の部分はオイラーの公式
$e^{i\theta} = \cos\theta + i\sin\theta$ を用いた。

[公式] （**ド・モアブルの定理**）

$(\cos\theta + i\sin\theta)^n = \cos n\theta + i\sin n\theta$

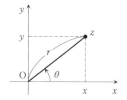

15. 3 複素関数

指数関数 実関数の e^x, $\sin x$, $\cos x$ を用いて，複素関数 e^z を次のように定義する。

$z = x + yi$ に対して，

$e^z = e^x(\cos y + i\sin y)$

特に，$z = 0 + \theta i$ とすると，

$e^{i\theta} = \cos\theta + i\sin\theta$ （**オイラーの公式**）

三角関数 （複素）指数関数を用いて，（複素）三角関数を次のように定義する。

$$\sin z = \frac{e^{iz} - e^{-iz}}{2i}, \quad \cos z = \frac{e^{iz} + e^{-iz}}{2}, \quad \tan z = \frac{\sin z}{\cos z}$$

┌───┐
│ ▶アドバイス◀
│　　上に示した指数関数，三角関数の定義は，実関数における指数関数，三角関
│　数と整合的になるように定義されている。
└───┘

15. 4　複素微分

複素微分　複素関数 $f(z)$ が領域 D で定義されているとする。$z_0 \in D$ に対して，

$$f'(z_0) = \lim_{h \to 0} \frac{f(z_0+h) - f(z_0)}{h}$$

ここで，$h \to 0$ は，h が 0 でない任意の複素数値をとって 0 に近づくことを表す。

$f'(z_0)$ の値が存在するとき，$f'(z)$ は $z = z_0$ において**微分可能**であるという。

導関数　実関数のときと同様，関数 $f'(z)$ を $f(z)$ の**導関数**という。

15. 5　正則関数とコーシー・リーマンの関係式

正則関数　複素関数 $f(z)$ が $z = z_0$ の十分小さな近傍の各点で微分可能であるとき，$f(z)$ は点 z_0 で**正則**であるという。

　複素関数 $f(z)$ が領域 D の各点で正則であるとき，$f(z)$ は **D で正則である**という。

　（注）　$f(z)$ が閉領域 D で正則であるとき，領域 D を覆う十分小さな領域 E において $f(z)$ は微分可能である。

[定理]　（コーシー・リーマンの関係式）

　$f(z) = u(x, y) + iv(x, y)$ が正則であるための必要十分条件は，$u(x, y)$，$v(x, y)$ がともに全微分可能で，かつ，次の関係式が成り立つことである。

$$\frac{\partial u}{\partial x} = \frac{\partial v}{\partial y}, \quad \frac{\partial u}{\partial y} = -\frac{\partial v}{\partial x} \quad \text{(コーシー・リーマンの関係式)}$$

　（注）　指数関数 $e^z = e^x(\cos y + i \sin y)$ がコーシー・リーマンの関係式を満たすことを証明せよ。それによって，コーシー・リーマンの関係式をいつでも自分で確認できるようにしておこう。

[公式]　$f(z) = u(x, y) + iv(x, y)$ が微分可能であるとき，

$$f'(z) = u_x + iv_x \quad (= u_x - iu_y = v_y - iu_y = v_y + iv_x)$$

15. 6 複素積分

複素積分 複素平面上の曲線 C が

$$C : z = z(t) = x(t) + iy(t) \quad a \leq t \leq b$$

で表されており，$f(z)$ が C 上で連続であるとき，

$$\int_C f(z)\,dz = \int_a^b f(z(t))\frac{dz}{dt}dt$$

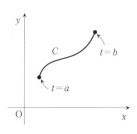

を，$f(z)$ の C 上での**複素積分**といい，C を**積分路**
という。

　積分路を，**単一閉曲線を一周**するようにとるとき，この複素積分を特に**周回**
積分と呼び，応用上きわめて重要な意義をもつ。周回積分を特に $\displaystyle\oint_C f(z)\,dz$ と
書くこともよくある。

15. 7 積分公式

[定理] （円周積分）

　点 a を中心とする半径 r の円周 $|z-a|=r$ で，
積分路は C を正の向きに一周するものとするとき，

$$\oint_{|z-a|=r}(z-a)^n dz = \begin{cases} 2\pi i & (n=-1) \\ 0 & (n \neq -1) \end{cases}$$

が成り立つ。ここで，n は整数である。

（証明）　$z = a + re^{i\theta} \quad (0 \leq \theta \leq 2\pi)$ より，

$$\oint_{|z-a|=r}(z-a)^n dz = \int_0^{2\pi}(re^{i\theta})^n\,ire^{i\theta}d\theta$$

$$= \int_0^{2\pi}ir^{n+1}e^{i(n+1)\theta}d\theta$$

$$= ir^{n+1}\left(\int_0^{2\pi}\cos(n+1)\theta\,d\theta + i\int_0^{2\pi}\sin(n+1)\theta\,d\theta\right)$$

$$= \begin{cases} 2\pi i & (n=-1) \\ 0 & (n \neq -1) \end{cases} \qquad \text{（証明終）}$$

▶**アドバイス**◀-------------------------------
　円周積分の証明はしっかりとできるようにしておくこと。

[定理]（コーシーの積分定理）

$f(z)$ が単一閉曲線 C で囲まれた領域およびその境界で正則ならば，

$$\oint_C f(z)\,dz = 0$$

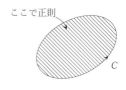

[公式]

（I）　2点 a, b を結ぶ2つの曲線 C_1, C_2 があり，$f(z)$ が C_1 と C_2 で囲まれた領域およびその境界で正則ならば，

$$\int_{C_1} f(z)\,dz = \int_{C_2} f(z)\,dz$$

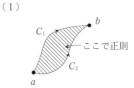

（II）　図において，$f(z)$ が C_1 と C_2 で囲まれた領域およびその境界で正則ならば，

$$\oint_{C_1} f(z)\,dz = \oint_{C_2} f(z)\,dz$$

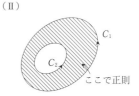

（III）　図において，$f(z)$ が C, C_1, C_2, $\cdots$, C_n によって囲まれた領域およびその境界で正則ならば，

$$\oint_C f(z)\,dz$$
$$= \oint_{C_1} f(z)\,dz + \oint_{C_2} f(z)\,dz + \cdots + \oint_{C_n} f(z)\,dz$$

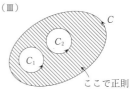

15. 8　特異点と留数

特異点　$f(z)$ が領域 D のいくつかの点を除いて正則であるとき，これらの $f(z)$ が正則にならない点を $f(z)$ の**特異点**という。

孤立特異点　$f(z)$ が，点 a を特異点とし，点 a を除くある領域 $0 < |z-a| < r$ で正則であるとき，点 a を $f(z)$ の**孤立特異点**という。

留数　点 a は $f(z)$ の正則点または孤立特異点とする。点 a を内部に含み，点 a 以外に特異点を含まないような単一閉曲線 C をとるとき，

$$\mathrm{Res}(a) = \frac{1}{2\pi i} \oint_C f(z)\,dz$$

を点 a における $f(z)$ の**留数**という。

　（注）　点 a が正則点であれば，コーシーの積分定理により，$\mathrm{Res}(a) = 0$ である。

15. 9 テーラー展開とローラン展開

[定理] （テーラー展開）

$f(z)$ は円形領域：$|z-a|<R$（$0<R\leqq\infty$）で正則ならば，

$$f(z)=\sum_{n=0}^{\infty}c_n(z-a)^n$$

とただ一通りに展開できる。

[定理] （ローラン展開）

$f(z)$ は同心円環領域：$r<|z-a|<R$（$0\leqq r<R\leqq\infty$）で正則ならば，

$$f(z)=\sum_{n=-\infty}^{\infty}c_n(z-a)^n$$

とただ一通りに展開できる。

（注） ローラン展開 $f(z)=\displaystyle\sum_{n=-\infty}^{\infty}c_n(z-a)^n=\sum_{n=1}^{\infty}\frac{c_{-n}}{(z-a)^n}+\sum_{n=0}^{\infty}c_n(z-a)^n$

の負べきの部分 $\displaystyle\sum_{n=1}^{\infty}\frac{c_{-n}}{(z-a)^n}$ をローラン展開の**主要部**という。

15. 10 留数とその応用

極 $f(z)=\dfrac{c_{-k}}{(z-a)^k}+\cdots+\dfrac{c_{-1}}{z-a}+\displaystyle\sum_{n=0}^{\infty}c_n(z-a)^n$ のとき，a を k 位の極という。

[定理] （留数と極）

a が k 位の極であるとき，$\mathrm{Res}\,(a)=\displaystyle\lim_{z\to a}\frac{\{(z-a)^k f(z)\}^{(k-1)}}{(k-1)!}$

（注） 特に $k=1$ のとき，$\mathrm{Res}\,(a)=\displaystyle\lim_{z\to a}(z-a)f(z)$

[定理] （留数定理）

$f(z)$ が，単一閉曲線 C の内部にある有限個の点
$a_1,\ a_2,\ \cdots,\ a_n$ を除いて正則ならば，

$$\oint_C f(z)dz=2\pi i\sum_{k=1}^{n}\mathrm{Res}\,(a_k)$$

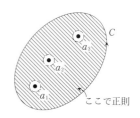

▶アドバイス◀------------------------------

留数定理は複素積分の計算において決定的に重要である。

例題15－1（複素平面）

方程式 $z^3=8i$ の解を求め，複素平面に図示せよ。

解説 複素数は平面（複素平面）を用いて図示する。基本的概念として特に重要なものは複素数の**極形式**である。また，ド・モアブルの定理も重要である。

ド・モアブルの定理：$(\cos\theta+i\sin\theta)^n=\cos n\theta+i\sin n\theta$ （n は整数）

解答 $z^3=8i$ の解を $z=r(\cos\theta+i\sin\theta)$ とおく。ただし，$r>0$, $0\leq\theta<2\pi$
このとき，

$z^3=r^3(\cos\theta+i\sin\theta)^3=r^3(\cos3\theta+i\sin3\theta)$　←絶対値：r^3，偏角：3θ

また，$8i=8\left(\cos\dfrac{\pi}{2}+i\sin\dfrac{\pi}{2}\right)$　　←絶対値：8，偏角：$\dfrac{\pi}{2}$

よって，$z^3=8i$ より，

$r^3=8$ ……① ←絶対値が等しい！

$3\theta=\dfrac{\pi}{2}+2n\pi$ （n は整数）……② ←偏角が「等しい」！

①より，$r=2$ （∵ $r>0$）

②より，$\theta=\dfrac{\pi}{6}+\dfrac{2n}{3}\pi=\dfrac{\pi}{6}$, $\dfrac{5}{6}\pi$, $\dfrac{3}{2}\pi$ （∵ $0\leq\theta<2\pi$）

∴ $z=2\left(\cos\dfrac{\pi}{6}+i\sin\dfrac{\pi}{6}\right)$, $2\left(\cos\dfrac{5}{6}\pi+i\sin\dfrac{5}{6}\pi\right)$, $2\left(\cos\dfrac{3}{2}\pi+i\sin\dfrac{3}{2}\pi\right)$

$=2\left(\dfrac{\sqrt{3}}{2}+\dfrac{1}{2}i\right)$, $2\left(-\dfrac{\sqrt{3}}{2}+\dfrac{1}{2}i\right)$, $2\{0+(-1)i\}$

$=\sqrt{3}+i$, $-\sqrt{3}+i$, $-2i$ ……〔答〕

これら3つの解を複素平面に図示すると右のようになる。

（参考） 極形式：$z=r(\cos\theta+i\sin\theta)$ は，オイラーの公式：$e^{i\theta}=\cos\theta+i\sin\theta$ を適用すれば，$z=re^{i\theta}$ のようによりシンプルな式で表すことができる。

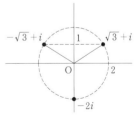

類題15－1　　　　　　　　　　　　　　　　　　解答は p. 270

方程式 $z^4=-8+8\sqrt{3}\,i$ の解を求め，複素平面に図示せよ。

┌─ **例題15－2（正則関数）** ─────────────────┐

　次の関数 $f(z)$ は正則関数であることを示せ。また，その導関数も求めよ。

$$f(z)=x^2-y^2+2ixy \quad （ただし，z=x+yi）$$

└──────────────────────────────────┘

[解説]　実関数の e^x，$\sin x$ などは次のようにして複素関数へと拡張される。

指数関数：$e^z=e^x(\cos y+i\sin y)$　　　ただし，$z=x+yi$

三角関数：$\sin z=\dfrac{e^{iz}-e^{-iz}}{2i}$，$\cos z=\dfrac{e^{iz}+e^{-iz}}{2}$，$\tan z=\dfrac{\sin z}{\cos z}$

（補足）　オイラーの公式：$e^{i\theta}=\cos\theta+i\sin\theta$ に注意する。

$\begin{cases} e^{i\theta}=\cos\theta+i\sin\theta \\ e^{-i\theta}=\cos\theta-i\sin\theta \end{cases}$ より，$e^{i\theta}-e^{-i\theta}=2i\sin\theta$　　∴　$\sin\theta=\dfrac{e^{i\theta}-e^{-i\theta}}{2i}$

　この θ を複素数 z に拡張すれば，$\sin z=\dfrac{e^{iz}-e^{-iz}}{2i}$ となる。

指数関数や三角関数は正則関数である。正則であることを示すためには，

　　コーシー・リーマンの関係式：$u_x=v_y$，$u_y=-v_x$

を確認すればよい。コーシー・リーマンの関係式は，忘れても指数関数 e^z が正則であることに注意すれば容易に思い出すことができる。

[解答]　$u(x,\ y)=x^2-y^2$，$v(x,\ y)=2xy$ より，

　　$u_x=2x$，$u_y=-2y$，$v_x=2y$，$v_y=2x$

よって，「$u_x=v_y$ かつ $u_y=-v_x$」が成り立つので $f(z)$ は正則関数である。

また，導関数は，$f'(z)=u_x+iv_x=2x+2yi\ (=2z)$　　◀ **実は $f(z)=z^2$**

　〈参考〉　$f(z)=\bar{z}$ は正則関数ではない。

　（証明）　$z=x+yi$ とおくと，$f(z)=\bar{z}=x-yi$

　　すなわち，$u(x,\ y)=x$，$v(x,\ y)=-y$

　　∴　$u_x=1$，$u_y=0$，$v_x=0$，$v_y=-1$

　　これはコーシー・リーマンの関係式を満たしていない。

　　よって，$f(z)=\bar{z}$ は正則関数ではない。

〰〰 **類題15－2** 〰〰〰〰〰〰〰〰〰〰〰〰〰〰〰〰〰〰〰〰〰 解答は p.270

　次の関数 $f(z)$ は正則関数であることを示せ。また，その導関数も求めよ。

　　$f(z)=(x^2-y^2-3x+2)+(2x-3)yi$　（ただし，$z=x+yi$）

── 例題15－3 （複素積分）───────────

複素関数 $f(z)=\dfrac{1}{z}$ を，次の積分路でそれぞれ積分せよ。

(1) C_1：単位円周上を反時計回りに $z=1$ から $z=i$ まで

(2) C_2：単位円周上を時計回りに $z=1$ から $z=i$ まで

────────────────────────────

解説 複素関数の積分は次のように定義される。

複素平面上の曲線 C が $C:z=z(t)=x(t)+iy(t)$ $(a\leqq t\leqq b)$ で表されており，$f(z)$ が C 上で連続であるとき，

$$\int_C f(z)dz=\int_a^b f(z(t))\frac{dz}{dt}dt$$

を，$f(z)$ の C 上での**複素積分**といい，C を**積分路**という。

特に，積分路を**単一閉曲線を一周**するようにとるとき，**周回積分**と呼び，$\oint_C f(z)dz$ とも書く。

解答 (1) $C_1:z=e^{i\theta}$ $\left(0\leqq\theta\leqq\dfrac{\pi}{2}\right)$ と表せる。このとき，$\dfrac{dz}{d\theta}=ie^{i\theta}$

$$\therefore \int_{C_1}f(z)dz=\int_0^{\frac{\pi}{2}}\frac{1}{e^{i\theta}}\cdot ie^{i\theta}d\theta=\int_0^{\frac{\pi}{2}}id\theta=\frac{\pi}{2}i \quad\cdots\cdots〔答〕$$

(2) $C_2:z=e^{-i\theta}$ $\left(0\leqq\theta\leqq\dfrac{3\pi}{2}\right)$ と表せる。このとき，$\dfrac{dz}{d\theta}=-ie^{-i\theta}$

$$\therefore \int_{C_2}f(z)dz=\int_0^{\frac{3\pi}{2}}\frac{1}{e^{-i\theta}}\cdot(-ie^{-i\theta})d\theta=\int_0^{\frac{3\pi}{2}}(-i)d\theta=-\frac{3}{2}\pi i \quad\cdots\cdots〔答〕$$

（参考） 上の問題で，$\displaystyle\int_{C_1}f(z)dz\neq\int_{C_2}f(z)dz$ であることに注意しよう。複素積分の値は，実積分の場合と異なり，積分の始点と終点だけで決まるとは限らない。

━━━ **類題15－3** ━━━━━━━━━━━━━━━━━━━━━━━━━ 解答は p. 270

複素関数 $f(z)=\bar{z}$ を，次の積分路でそれぞれ積分せよ。

(1) C_1：放物線 $x=y^2$ 上を $z=0$ から $z=1+i$ まで

(2) C_2：直線 $y=0$ 上を $z=0$ から $z=1$ まで進み，さらに $x=1$ 上を $z=1$ から $z=1+i$ まで

例題15－4 （コーシーの積分定理）

複素平面の円 $|z|=2$ を正の向きに 1 周する積分路を C とするとき，次の積分の値を求めよ。 $\displaystyle\int_C \frac{z}{z^2+1}dz$

解説 **コーシーの積分定理**は次の内容であり，この定理からいろいろと有用な公式が導かれる（要項参照）。

[定理] $f(z)$ が単一閉曲線 C で囲まれた領域およびその境界で正則ならば，

$$\oint_C f(z)dz=0$$

解答 $f(z)=\dfrac{z}{z^2+1}$ は $z=\pm i$ を除く領域で正則である。

そこで，$C_1:|z-i|=\dfrac{1}{2}$，$C_2:|z+i|=\dfrac{1}{2}$ とする。

このとき，次が成り立つ。

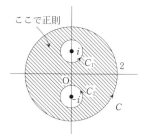

$$\int_C \frac{z}{z^2+1}dz=\int_{C_1}\frac{z}{z^2+1}dz+\int_{C_2}\frac{z}{z^2+1}dz$$

ここで，

$$\int_{C_1}\frac{z}{z^2+1}dz=\frac{1}{2}\int_{C_1}\left(\frac{1}{z-i}+\frac{1}{z+i}\right)dz$$

$$=\frac{1}{2}\left(\int_{C_1}\frac{1}{z-i}dz+\int_{C_1}\frac{1}{z+i}dz\right)=\frac{1}{2}(2\pi i+0)=\pi i \quad \text{← 円周積分}$$

$$\int_{C_2}\frac{z}{z^2+1}dz=\frac{1}{2}\int_{C_2}\left(\frac{1}{z-i}+\frac{1}{z+i}\right)dz$$

$$=\frac{1}{2}\left(\int_{C_2}\frac{1}{z-i}dz+\int_{C_2}\frac{1}{z+i}dz\right)=\frac{1}{2}(0+2\pi i)=\pi i \quad \text{← 円周積分}$$

よって，$\displaystyle\int_C \frac{z}{z^2+1}dz=\int_{C_1}\frac{z}{z^2+1}dz+\int_{C_2}\frac{z}{z^2+1}dz=\pi i+\pi i=2\pi i$ ……[答]

（注） なお，積分路が閉曲線の場合には**留数定理**を用いる方法もある。

類題15－4 解答は **p. 270**

複素平面の円 $|z+i|=\sqrt{3}$ を正の向きに 1 周する積分路を C とするとき，次の複素積分の値を求めよ。

(1) $\displaystyle\int_C \frac{1}{z^2+1}dz$
(2) $\displaystyle\int_C \frac{1}{z^4-1}dz$

例題15－5 （留数定理）

複素平面の円 $|z-i|=2$ を正の向きに1周する積分路を C とするとき，次の積分の値を求めよ。

$$\int_C \frac{z^2+z+1}{z^2-1}dz$$

解説 留数定理は複素積分を計算する上で非常に大切な定理である。積分路で囲まれた領域の内部にある**特異点**を確認し，その特異点の留数を計算するだけでただちに積分の値を求めることができる。

[留数定理] $f(z)$ が，単一閉曲線 C の内部にある
有限個の点 $a_1,\ a_2,\ \cdots,\ a_n$ を除いて正則ならば，

$$\oint_C f(z)dz = 2\pi i \sum_{k=1}^{n} \mathrm{Res}(a_k)$$

ここで正則

解答 $f(z) = \dfrac{z^2+z+1}{z^2-1} = \dfrac{z^2+z+1}{(z-1)(z+1)}$ より，

$z=\pm 1$ が特異点（1位の極）であり，いずれも積分
路 C で囲まれた領域の内部に存在する。留数の値を計算すると，

$$\mathrm{Res}(1) = \lim_{z\to 1}(z-1)f(z) = \lim_{z\to 1}\frac{z^2+z+1}{z+1} = \frac{3}{2} \quad \leftarrow 1 における留数$$

$$\mathrm{Res}(-1) = \lim_{z\to -1}(z+1)f(z) = \lim_{z\to -1}\frac{z^2+z+1}{z-1} = -\frac{1}{2} \quad \leftarrow -1 における留数$$

よって，留数定理により，

$$\int_C \frac{z^2+z+1}{z^2-1}dz = 2\pi i\{\mathrm{Res}(1)+\mathrm{Res}(-1)\}$$

$$= 2\pi i\left\{\frac{3}{2}+\left(-\frac{1}{2}\right)\right\} = 2\pi i \quad \cdots\cdots〔答〕$$

類題15－5　解答は p.271

複素関数 $f(z) = \dfrac{1}{(z-1)(z-2)^2(z-3)^3}$ について，次の問いに答えよ。

(1) $f(z)$ の特異点をすべてあげ，それぞれ何位の極であるか答えよ。

(2) $f(z)$ の留数 $\mathrm{Res}(1)$，$\mathrm{Res}(2)$ をそれぞれ計算せよ。

(3) 複素積分 $\displaystyle\int_C f(z)dz$ を計算せよ。ただし，C は中心が 0，半径が $\sqrt{7}$ の円とする。

── 例題15－6 （実積分への応用）─

複素積分を利用することにより，次の定積分の値を求めよ。

$$I = \int_0^{2\pi} \frac{1}{3 + 2\cos\theta} d\theta$$

[解説] 実積分には計算がかなり難しいものがよく出てくる。そのような場合でも，複素積分を応用すると簡単に積分が求まることがある。どのようにして複素積分の計算に結びつけるかが問題である。代表的な例を練習しておこう。

[解答] $e^{i\theta} = z$ とおくと，$\cos\theta = \dfrac{z + z^{-1}}{2}$

また，$ie^{i\theta}d\theta = dz$ より，$d\theta = \dfrac{dz}{iz}$

θ が 0 から 2π まで変化するとき，$z = e^{i\theta}$ は円 $|z| = 1$ を正の方向に 1 周する。この積分路を C とすると，

$$I = \int_C \frac{1}{3 + z + z^{-1}} \cdot \frac{dz}{iz} = \frac{1}{i} \int_C \frac{1}{z^2 + 3z + 1} dz$$

ここで，$z^2 + 3z + 1 = 0$ を解くと，$z = \dfrac{-3 \pm \sqrt{5}}{2}$ これを α，$\beta (\alpha < \beta)$ とおく。

$z^2 + 3z + 1 = (z - \alpha)(z - \beta)$ であるから，$I = \dfrac{1}{i} \int_C \dfrac{1}{(z - \alpha)(z - \beta)} dz$

ここで，$\beta = \dfrac{-3 + \sqrt{5}}{2}$ は C で囲まれた領域の内部の

1 位の極であり，

$$\mathrm{Res}(\beta) = \lim_{z \to \beta} (z - \beta) \frac{1}{(z - \alpha)(z - \beta)}$$

$$= \frac{1}{\beta - \alpha} = \frac{1}{\sqrt{5}}$$

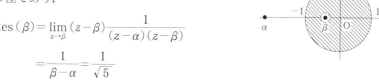

よって，留数定理により，

$$I = \frac{1}{i} \cdot 2\pi i \mathrm{Res}(\beta) = \frac{2\pi}{\sqrt{5}} \quad \cdots\cdots 〔答〕$$

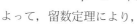

類題15－6 解答は **p. 271**

複素積分を利用することにより，次の定積分の値を求めよ。

$$I = \int_{-\infty}^{\infty} \frac{1}{x^4 + 1} dx$$

■ 第15章　章末問題　　　　▶解答は p. 272

1 以下の問いに答えよ。

(1) 次の関係式が成り立つとき，w と z との関係を求めよ。ただし，w と z は複素数である。

$$e^z = e^w$$

(2) e^z は複素数平面の全域で正則であることを示せ。

(3) $\dfrac{de^z}{dz} = e^z$ となることを示せ。　　　　　　　　〈北海道大学－工学部〉

2 $f(z) = \dfrac{z^4}{z^6+1}$ について次の問いに答えよ。

(1) $f(z)$ の極を極形式（$re^{i\theta}$）の形で表せ。

(2) $z = \alpha$ を $f(z)$ の極とするとき，$f(z)$ の $z = \alpha$ における留数が $\dfrac{1}{6\alpha}$ であることを示せ。

(3) $\displaystyle\int_{-\infty}^{\infty} f(x)\,dx$ を求めよ。　　　　　　　　〈電気通信大学〉

3 定積分 $I = \displaystyle\int_0^{2\pi} \dfrac{d\theta}{2+\cos\theta}$ の値を，以下の 2 通りの方法で計算せよ。

(1)（ⅰ）$I = 2\displaystyle\int_0^{\pi} \dfrac{d\theta}{2+\cos\theta}$ を示せ。

（ⅱ）積分変数を $x = \tan\dfrac{\theta}{2}$ に置換せよ。$\left(\text{ヒント：}\cos\theta = \dfrac{1-x^2}{1+x^2} \text{である}\right)$

（ⅲ）積分を実行して I を求めよ。

(2)（ⅰ）複素数 $z = e^{i\theta}$ とおいたとき，$z + \dfrac{1}{z}$ を計算せよ。

（ⅱ）その結果を基に I を z に関する複素積分に変換せよ。

（ⅲ）留数定理を用いて I を求めよ。　〈筑波大学－第三学群・工学システム学類〉

4 z を複素数とする。複素平面上の経路 C に沿う積分 $\displaystyle\int_C \dfrac{e^{az}}{1+e^z}\,dz$（$0 < a < 1$）について次の問いに答えよ。

(1) 積分路 C を 4 点 $-R$, R, $R+i2\pi$, $-R+i2\pi$（$R>0$）を頂点とする長方形にとるとき，C で囲まれる領域内にある特異点，およびその点における留数を求めよ。

(2) $\displaystyle\int_{-\infty}^{\infty} \dfrac{e^{ax}}{1+e^x}\,dx$（$0 < a < 1$）を計算せよ。　　　　〈九州大学－工学部〉

第16章

フーリエ解析

≣≣ 要 項 ≣≣

16.1 フーリエ級数

以下，周期 $2L$ の周期関数 $f(x)$ を考える。

フーリエ係数 次の式で定まる a_n, b_n を $f(x)$ の**フーリエ係数**という。

$$a_0 = \frac{1}{L}\int_{-L}^{L} f(x)\,dx$$

$$a_n = \frac{1}{L}\int_{-L}^{L} f(x)\cos\frac{n\pi x}{L}\,dx \quad (n=1,\ 2,\ \cdots)$$

$$b_n = \frac{1}{L}\int_{-L}^{L} f(x)\sin\frac{n\pi x}{L}\,dx \quad (n=1,\ 2,\ \cdots)$$

[**定理**] 関数 $f(x)$ が閉区間 $[-L,\ L]$ で区分的に滑らかであるとき，次が成り立つ。

$f(x)$ が点 x で連続なとき

$$f(x) = \frac{a_0}{2} + \sum_{n=1}^{\infty}\left(a_n\cos\frac{n\pi x}{L} + b_n\sin\frac{n\pi x}{L}\right)$$

定理の右辺に現れた級数を $f(x)$ の**フーリエ級数**または**フーリエ展開**といい，次のように表す。

$$f(x) \sim \frac{a_0}{2} + \sum_{n=1}^{\infty}\left(a_n\cos\frac{n\pi x}{L} + b_n\sin\frac{n\pi x}{L}\right)$$

（**注**） 特に，$L=\pi$ のときは次のようになる。

$$a_n = \frac{1}{\pi}\int_{-\pi}^{\pi} f(x)\cos nx\,dx, \quad b_n = \frac{1}{\pi}\int_{-\pi}^{\pi} f(x)\sin nx\,dx$$

$$f(x) \sim \frac{a_0}{2} + \sum_{n=1}^{\infty}(a_n\cos nx + b_n\sin nx)$$

▶アドバイス◀
編入試験のフーリエ級数の問題は簡単！

16. 2 フーリエ変換

フーリエ積分 関数 $f(x)$ に対して，x の関数

$$\frac{1}{2\pi}\int_{-\infty}^{\infty}\left(\int_{-\infty}^{\infty}f(t)e^{-iut}dt\right)e^{iux}du$$

を $f(x)$ の**フーリエ積分**という。

フーリエ変換 関数 $f(x)$ に対して，

$$F(u)=\frac{1}{\sqrt{2\pi}}\int_{-\infty}^{\infty}f(t)e^{-iut}dt$$

を $f(x)$ の**フーリエ変換**という。

（注1） $f(x)$ のフーリエ変換を $\hat{f}(u)$ と表すこともある。

（注2） オイラーの公式：$e^{i\theta}=\cos\theta+i\sin\theta$ に注意すると，

$$F(u)=\frac{1}{\sqrt{2\pi}}\int_{-\infty}^{\infty}f(t)\cos utdt-i\frac{1}{\sqrt{2\pi}}\int_{-\infty}^{\infty}f(t)\sin utdt$$

フーリエ逆変換 $f(x)$ のフーリエ変換 $F(u)$ に対して，x の関数

$$\frac{1}{\sqrt{2\pi}}\int_{-\infty}^{\infty}F(u)e^{iux}du$$

を**フーリエ逆変換**という。

（注） $f(x)$ のフーリエ変換を $F(u)$ とするとき，

$$\text{フーリエ積分}：\frac{1}{2\pi}\int_{-\infty}^{\infty}\left(\int_{-\infty}^{\infty}f(t)e^{-iut}dt\right)e^{iux}du=\frac{1}{\sqrt{2\pi}}\int_{-\infty}^{\infty}F(u)e^{iux}du$$

［定理］ （反転公式）

$f(x)$ が点 x で連続ならば，

$$f(x)=\frac{1}{\sqrt{2\pi}}\int_{-\infty}^{\infty}F(u)e^{iux}du$$

▶アドバイス◀---
この反転公式は重要！ 例題で使い方を理解しよう。

〈補足〉 フーリエ解析では次の形の積分がよく現れる。きちんと自分で計算
できるようにしておこう。

$$\int_{-\pi}^{\pi}\cos mx\cos nxdx=\begin{cases}\pi & (m=n \text{ のとき})\\ 0 & (m\neq n \text{ のとき})\end{cases}$$

$$\int_{-\pi}^{\pi}\sin mx\sin nxdx=\begin{cases}\pi & (m=n \text{ のとき})\\ 0 & (m\neq n \text{ のとき})\end{cases}$$

例題16－1 （フーリエ級数①）

次の関数のフーリエ級数を求めよ。
$$f(x) = |x| \quad (-l \leqq x \leqq l)$$

[解説] フーリエ級数の問題を解くのは簡単である。ワンパターンであるから解法の手順を覚えておくとよい。積分計算の際には偶関数・奇関数に注意して計算すること。

[解答] $a_0 = \dfrac{1}{l}\displaystyle\int_{-l}^{l} f(x)\,dx = \dfrac{1}{l}\displaystyle\int_{-l}^{l} |x|\,dx = \dfrac{2}{l}\displaystyle\int_{0}^{l} x\,dx = \dfrac{2}{l}\cdot\dfrac{l^2}{2} = l$

$n = 1, 2, \cdots$ のとき

$$a_n = \frac{1}{l}\int_{-l}^{l} f(x)\cos\frac{n\pi}{l}x\,dx = \frac{1}{l}\int_{-l}^{l} |x|\cos\frac{n\pi}{l}x\,dx$$

$$= \frac{2}{l}\int_{0}^{l} x\cos\frac{n\pi}{l}x\,dx$$

$$= \frac{2}{l}\left(\left[x\cdot\frac{l}{n\pi}\sin\frac{n\pi}{l}x\right]_0^l - \int_0^l 1\cdot\frac{l}{n\pi}\sin\frac{n\pi}{l}x\,dx\right) \quad \Leftarrow 部分積分法$$

$$= \frac{2}{l}\left[\frac{l^2}{n^2\pi^2}\cos\frac{n\pi}{l}x\right]_0^l = -\frac{2l}{n^2\pi^2}(1-\cos n\pi) = -\frac{2l}{n^2\pi^2}\{1-(-1)^n\}$$

$$= \begin{cases} -\dfrac{4l}{(2k-1)^2\pi^2} & (n=2k-1) \\[2mm] 0 & (n=2k) \end{cases} \qquad (注)\quad \cos n\pi = (-1)^n$$

また、明らかに、

$$b_n = \frac{1}{l}\int_{-l}^{l} f(x)\sin\frac{n\pi}{l}x\,dx = \frac{1}{l}\int_{-l}^{l} |x|\sin\frac{n\pi}{l}x\,dx = 0$$

よって、求めるフーリエ級数は、

$$f(x) \sim \frac{a_0}{2} + \sum_{n=1}^{\infty}\left(a_n\cos\frac{n\pi x}{l} + b_n\sin\frac{n\pi x}{l}\right)$$

$$= \frac{l}{2} - \sum_{k=1}^{\infty}\frac{4l}{(2k-1)^2\pi^2}\cos\frac{(2k-1)\pi}{l}x \quad \cdots\cdots〔答〕$$

類題16－1 解答は p. 275

次の関数のフーリエ級数を求めよ。

$$f(x) = \begin{cases} -1 & (-l < x \leqq 0) \\ 1 & (0 < x \leqq l) \end{cases}$$

例題16－2（フーリエ級数②）

(1) 関数 $f(x)=x$ $(-\pi \le x < \pi)$ のフーリエ級数を求めよ。

(2) $1 - \dfrac{1}{3} + \dfrac{1}{5} - \dfrac{1}{7} + \cdots + (-1)^{n-1} \dfrac{1}{2n-1} + \cdots = \dfrac{\pi}{4}$ を示せ。

解説 フーリエ級数を利用することによって，数列の和に関していろいろな興味深い結果を得ることができる。関数 $f(x)$ は連続点においてそのフーリエ級数に一致することに注意しよう。

解答 (1) $f(x)=x$ が奇関数であることに注意すると，

$$a_n = \frac{1}{\pi}\int_{-\pi}^{\pi} f(x)\cos nx\,dx = 0 \quad \longleftarrow \text{奇関数の積分}$$

$$b_n = \frac{1}{\pi}\int_{-\pi}^{\pi} f(x)\sin nx\,dx = \frac{2}{\pi}\int_0^{\pi} x\sin nx\,dx \quad \longleftarrow \text{偶関数の積分}$$

$$= \frac{2}{\pi}\left(\left[x\left(-\frac{1}{n}\cos nx\right)\right]_0^{\pi} - \int_0^{\pi}\left(-\frac{1}{n}\cos nx\right)dx\right)$$

$$= -\frac{2}{n}\cos n\pi = \frac{2}{n}(-1)^{n-1}$$

よって，求めるフーリエ級数は，$f(x) \sim \sum\limits_{n=1}^{\infty} \dfrac{2}{n}(-1)^{n-1}\sin nx$ ……〔答〕

(2) 関数 $f(x)=x$ $(-\pi \le x < \pi)$ を周期 2π で拡張したものは $x=(2k-1)\pi$ （k は整数）以外の点で連続であるから，そのような x に対して，

$$x = \sum_{n=1}^{\infty} \frac{2}{n}(-1)^{n-1}\sin nx$$

これに $x=\dfrac{\pi}{2}$ を代入すると，$\dfrac{\pi}{2} = \sum\limits_{n=1}^{\infty} \dfrac{2}{n}(-1)^{n-1}\sin\dfrac{\pi}{2}n$

ここで，$\sin\dfrac{\pi}{2}n = \begin{cases} 0 & (n=2k) \\ (-1)^{k-1} & (n=2k-1) \end{cases}$ に注意すると，

$$\frac{\pi}{2} = \sum_{k=1}^{\infty} \frac{2}{2k-1}(-1)^{2k-2}(-1)^{k-1} = \sum_{k=1}^{\infty} \frac{2}{2k-1}(-1)^{k-1}$$

よって，$\sum\limits_{k=1}^{\infty} \dfrac{(-1)^{k-1}}{2k-1} = \dfrac{\pi}{4}$

類題16－2
解答は p. 275

(1) 関数 $f(x)=x^2$ $(-\pi \le x \le \pi)$ のフーリエ級数を求めよ。

(2) $\sum\limits_{n=1}^{\infty} \dfrac{1}{n^2} = \dfrac{\pi^2}{6}$ を示せ。

例題16－3 （フーリエ変換）

次の関数 $f(t)$ のフーリエ変換を利用して，$\displaystyle\int_0^\infty \frac{\sin x}{x}dx$ を求めよ。

$$f(t)=\begin{cases}1 & (|t|\leqq 1)\\0 & (|t|>1)\end{cases}$$

解説 フーリエ変換の問題を解くのも簡単である。やはりワンパターンであるから解法の手順を覚えておくとよい。公式としては**反転公式**がポイントである。

解答 $f(t)$ のフーリエ変換を計算する。

$$F(u)=\frac{1}{\sqrt{2\pi}}\int_{-\infty}^{\infty}f(t)e^{-iut}dt=\frac{1}{\sqrt{2\pi}}\int_{-1}^{1}e^{-iut}dt$$

$$=\frac{1}{\sqrt{2\pi}}\int_{-1}^{1}(\cos ut-i\sin ut)dt \quad\leftarrow \textbf{オイラーの公式}：e^{i\theta}=\cos\theta+i\sin\theta$$

$$=\frac{2}{\sqrt{2\pi}}\int_{0}^{1}\cos ut\,dt=\frac{2}{\sqrt{2\pi}}\left[\frac{1}{u}\sin ut\right]_{t=0}^{t=1}\quad(u\neq 0 \text{ のとき})$$

$$=\frac{2}{\sqrt{2\pi}}\frac{\sin u}{u} \quad\leftarrow \boldsymbol{f(t)} \textbf{ のフーリエ変換}$$

反転公式より，

$$f(x)=\frac{1}{\sqrt{2\pi}}\int_{-\infty}^{\infty}F(u)\cdot e^{iux}du$$

$$=\frac{1}{\sqrt{2\pi}}\int_{-\infty}^{\infty}\frac{2}{\sqrt{2\pi}}\frac{\sin u}{u}\cdot e^{iux}du$$

$$\therefore\quad f(0)=\frac{1}{\sqrt{2\pi}}\int_{-\infty}^{\infty}\frac{2}{\sqrt{2\pi}}\frac{\sin u}{u}du \qquad \therefore\quad 1=\frac{2}{\pi}\int_{0}^{\infty}\frac{\sin u}{u}du$$

よって，$\displaystyle\int_0^\infty \frac{\sin u}{u}du=\frac{\pi}{2}$ すなわち，$\displaystyle\int_0^\infty \frac{\sin x}{x}dx=\frac{\pi}{2}$ ……〔答〕

類題16－3 解答は **p. 275**

次の関数 $f(t)$ のフーリエ変換を利用して，$\displaystyle\int_0^\infty \frac{\sin^2 x}{x^2}dx$ を求めよ。

$$f(t)=\begin{cases}1-\dfrac{1}{2}|t| & (|t|\leqq 2)\\[2mm]0 & (|t|>2)\end{cases}$$

■ 第16章　章末問題 ▶解答は p.276

1 周期が 2π の次の関数 $f(x)$ のフーリエ級数を求めよ。

$$f(x) = \begin{cases} -1 & (-\pi < x \leqq 0) \\ 1 & (0 < x \leqq \pi) \end{cases}$$

〈北海道大学－工学部〉

2 以下の問に答えよ。

(1)　2つの任意の自然数 m, n について，次をそれぞれ示せ。

(a)　$\displaystyle\int_{-\pi}^{\pi} \sin mx \cos nx\, dx = 0$

(b)　$\displaystyle\int_{-\pi}^{\pi} \cos mx \cos nx\, dx = \begin{cases} 0 \,;\, m \neq n \\ \pi \,;\, m = n \end{cases}$

(c)　$\displaystyle\int_{-\pi}^{\pi} \sin mx \sin nx\, dx = \begin{cases} 0 \,;\, m \neq n \\ \pi \,;\, m = n \end{cases}$

(2)　周期 2π の関数 $f(x)$ がフーリエ級数に展開できる，つまり

$$f(x) = \frac{a_0}{2} + \sum_{k=1}^{\infty} (a_k \cos kx + b_k \sin kx)$$

と表現できるとき，

(a)　$\displaystyle\int_{-\pi}^{\pi} f(x)\, dx$

(b)　$\displaystyle\int_{-\pi}^{\pi} f(x) \cos px\, dx$

(c)　$\displaystyle\int_{-\pi}^{\pi} f(x) \sin px\, dx \quad (p = 1,\ 2,\ \cdots)$

をそれぞれ計算せよ。

(3)　周期 2π の関数 $f(x) = |x|\,;\, -\pi < x \leqq \pi$ をフーリエ級数に展開せよ。

(4)　(3)の結果を用いて，

(a)　$\displaystyle\sum_{k=1}^{\infty} \frac{1}{(2k-1)^2}$ 　　(b)　$\displaystyle\sum_{k=1}^{\infty} \frac{1}{k^2}$ 　　(c)　$\displaystyle\sum_{k=1}^{\infty} \frac{(-1)^{k-1}}{k^2}$

をそれぞれ計算せよ。

〈九州大学－工学部〉

3　右記のグラフで与えられる関数のフーリエ変換を
求めよ。

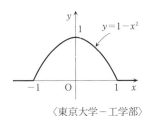

〈東京大学－工学部〉

第17章

ラプラス変換

17. 1 ラプラス変換

$f(x)$ が $x \geqq 0$ で定義されているとする。

$$L[f(x)](s) = \int_0^\infty e^{-sx} f(x) dx \quad \text{← 広義積分}$$

を $f(x)$ の**ラプラス変換**という。

(**注1**) 混乱がない場合には，$L[f(x)](s)$ を，簡単に，$L[f(x)]$，$L[f](s)$，$L[f]$ と表すこともある。

(**注2**) 変数 s はラプラス変換が収束する範囲で考えるものとする。

17. 2 ラプラス変換の基本公式

[公式] （**基本変換**）

① $L[x^n](s) = \dfrac{n!}{s^{n+1}}$ ② $L[\sin bx](s) = \dfrac{b}{s^2 + b^2}$

③ $L[\cos bx](s) = \dfrac{s}{s^2 + b^2}$

[公式] （**線形性**）

$$L[af(x) + bg(x)] = aL[f(x)] + bL[g(x)]$$

[公式] （**移動法則・微分法則・積分法則**）

$F(s) = L[f(x)](s)$ とおくとき，次が成り立つ。

(1) **移動法則**：$L[e^{ax} f(x)](s) = F(s-a)$

(2) **微分法則**：$L[f'(x)](s) = sF(s) - f(0)$

(3) **積分法則**：$L\left[\displaystyle\int_0^x f(t) dt\right](s) = \dfrac{1}{s} F(s)$

[**解説**] 定義に従って公式をおおまかに確認しておこう。

(1) $L[e^{ax} f(x)](s) = \displaystyle\int_0^\infty e^{-sx} \cdot e^{ax} f(x) dx = \int_0^\infty e^{-(s-a)x} f(x) dx = F(s-a)$

(2) $L[f'(x)](s) = \int_0^\infty e^{-sx} f'(x) dx = \left[e^{-sx} f(x) \right]_0^\infty - \int_0^\infty (-s) e^{-sx} f(x) dx$

$\qquad = -f(0) + s\int_0^\infty e^{-sx} f(x) dx = sF(s) - f(0)$

(3) $L\left[\int_0^x f(t) dt \right](s) = L[G(x)](s) = \int_0^\infty e^{-sx} G(x) dx \quad \left(G(x) = \int_0^x f(t) dt \right)$

$\qquad = \left[-\frac{1}{s} e^{-sx} G(x) \right]_0^\infty - \int_0^\infty \left(-\frac{1}{s} e^{-sx} \right) G'(x) dx = \frac{1}{s} F(s)$

17. 3 ラプラス逆変換

関数 $F(s)$ が与えられたとき,

$\qquad L[f(x)](s) = F(s)$

を満たす関数 $f(x)$ を $F(s)$ の**ラプラス逆変換**といい, $L^{-1}[F(s)](x)$ と表す。

【例】 $L[\cos bx](s) = \dfrac{s}{s^2 + b^2}$ だから, $L^{-1}\left[\dfrac{s}{s^2 + b^2} \right](x) = \cos bx$

（注1） 混乱がない場合には, $L^{-1}[F(s)](x)$ を, 簡単に, $L^{-1}[F(s)]$,
$L^{-1}[F](x)$, $L^{-1}[F]$ と表すこともある。

（注2） ラプラス逆変換は不連続点を除いて一意的に定まる。

[公式] （線形性）

$\qquad L^{-1}[aF(s) + bG(s)] = aL^{-1}[F(s)] + bL^{-1}[G(s)]$

17. 4 合成積（たたみこみ）

2つの関数 f, g に対して, **合成積（たたみこみ）** $f * g$ を次式で定める。

$\qquad (f * g)(x) = \int_0^x f(x - u) g(u) du$

（注） $f * g = g * f$ が成り立つから, どちらを計算してもよい。

[公式] （合成積の公式）

$\qquad L[f * g] = L[f] \cdot L[g]$

▶アドバイス◀--------------------------------
　ラプラス変換の編入試験対策としては, まず定義をきちんと覚えて, 次に公
式は必要最小限にとどめてしっかりと暗記すること。

例題17－1（ラプラス変換）

次の関数のラプラス変換を求めよ。

(1) x　　　(2) x^2e^x-x　　　(3) $\sin x$　　　(4) $e^{-x}\sin x$

[解説]　ラプラス変換の問題を解くためには，**定義**と**基本公式**のいくつかを暗記することが重要である。基本公式はごくわずかだから，使いながら覚えていこう。

（注）　以下の解答では広義積分のところをきちんと書いておく。

なお，s はラプラス変換が収束する範囲で常に考えている。

[解答]　(1)　$L[x](s)=\displaystyle\int_0^\infty e^{-sx}x\,dx=\lim_{\beta\to\infty}\int_0^\beta e^{-sx}x\,dx$

$=\displaystyle\lim_{\beta\to\infty}\left(\left[\left(-\frac{1}{s}e^{-sx}\right)x\right]_0^\beta-\int_0^\beta\left(-\frac{1}{s}e^{-sx}\right)dx\right)=\lim_{\beta\to\infty}\left(-\frac{\beta}{s}e^{-s\beta}-\left[\frac{1}{s^2}e^{-sx}\right]_0^\beta\right)$

$=\displaystyle\lim_{\beta\to\infty}\left(-\frac{\beta}{s}e^{-s\beta}-\frac{1}{s^2}e^{-s\beta}+\frac{1}{s^2}\right)=\frac{1}{s^2}$　……〔答〕

(2)　$L[x^2e^x-x](s)=L[x^2e^x](s)-L[x](s)$　　← 線形性

$=L[x^2](s-1)-L[x](s)$　　← 移動法則

$=\dfrac{1}{s-1}L[2x](s-1)-L[x](s)$　　← 積分法則：$L[x^2](u)=\dfrac{1}{u}L[2x](u)$

$=\dfrac{2}{s-1}L[x](s-1)-L[x](s)$

$=\dfrac{2}{s-1}\cdot\dfrac{1}{(s-1)^2}-\dfrac{1}{s^2}=\dfrac{2}{(s-1)^3}-\dfrac{1}{s^2}$　……〔答〕

(3)　$L[\sin x](s)=\displaystyle\int_0^\infty e^{-sx}\sin x\,dx=\lim_{\beta\to\infty}\int_0^\beta e^{-sx}\sin x\,dx$

$=\displaystyle\lim_{\beta\to\infty}\left[-\frac{1}{s^2+1}e^{-sx}(s\sin x+\cos x)\right]_0^\beta=\frac{1}{s^2+1}$　……〔答〕

（注）　指数関数と三角関数の積の不定積分は簡単に求まる。

(4)　$L[e^{-x}\sin x](s)=L[\sin x](s+1)$　　← 移動法則

$$=\frac{1}{(s+1)^2+1}$$　……〔答〕

類題17－1　　　　解答は **p. 277**

次の関数のラプラス変換を求めよ。

(1) $\cos bx$　　　(2) $e^{ax}\cos bx$　　　(3) x^n　　　(4) $e^{ax}x^n$

例題17－2（ラプラス逆変換）

次の関数のラプラス逆変換を求めよ。

(1) $\dfrac{1}{(s+1)^3}$
(2) $\dfrac{1}{s(s^2+4)}$

解説 関数 $F(s)$ が与えられたとき，$L[f(x)](s)=F(s)$ を満たす関数 $f(x)$ を $F(s)$ の**ラプラス逆変換**といい，$L^{-1}[F(s)](x)$ と表す。ラプラス逆変換を求めるためには，代表的な関数のラプラス変換を覚えている必要がある。

解答 ラプラス変換の基本公式と代表的なラプラス変換に注意して計算する。

(1) $L^{-1}\left[\dfrac{1}{(s+1)^3}\right]=L^{-1}\left[\dfrac{1}{(s-(-1))^3}\right]$

$\quad=e^{-x}L^{-1}\left[\dfrac{1}{s^3}\right]$ ← **移動法則：$L[e^{ax}f(x)](s)=F(s-a)$**

$\quad=e^{-x}\cdot\dfrac{x^2}{2!}$ ← **基本変換：$L[x^n](s)=\dfrac{n!}{s^{n+1}}$**

$\quad=\dfrac{1}{2}x^2e^{-x}$ ……〔答〕

(2) $L^{-1}\left[\dfrac{1}{s(s^2+4)}\right](x)=L^{-1}\left[\dfrac{1}{4}\left(\dfrac{1}{s}-\dfrac{s}{s^2+4}\right)\right](x)$ ← **部分分数分解**

$\quad=\dfrac{1}{4}\left(L^{-1}\left[\dfrac{1}{s}\right](x)-L^{-1}\left[\dfrac{s}{s^2+4}\right](x)\right)$ ← **線形性**

$\quad=\dfrac{1}{4}(1-\cos 2x)$ ……〔答〕 ← **基本変換：$L[\cos bx](s)=\dfrac{s}{s^2+b^2}$**

＜覚えておくべき基本変換＞

次の 3 つのラプラス変換は暗記する。

① $L[x^n](s)=\dfrac{n!}{s^{n+1}}$
② $L[\sin bx](s)=\dfrac{b}{s^2+b^2}$

③ $L[\cos bx](s)=\dfrac{s}{s^2+b^2}$

類題17－2 解答は p. 278

次の関数のラプラス逆変換を求めよ。

(1) $\dfrac{s}{s^2+2s+3}$
(2) $\dfrac{1}{s^4-1}$

━━ **例題17－3**（微分方程式への応用）━━━━━━━━━━━

次の微分方程式をラプラス変換を用いて解け。

$$y'' - 3y' + 2y = x \qquad 初期条件：y(0)=0,\ y'(0)=0$$

[解説] **ラプラス変換**と**ラプラス逆変換**を応用して微分方程式を解くことができる。その際の理論的基礎は，**連続関数のラプラス逆変換は一意的に定まる**ことである。

[解答] $y'' - 3y' + 2y = x$ より，$L[y''-3y'+2y](s) = L[x](s)$ ◀ ラプラス変換

$\therefore\ \underline{L[y''](s) - 3L[y'](s) + 2L[y](s) = L[x](s)}$

ここで，$F(s) = L[y](s)$ とおくと，

$$L[y'](s) = sL[y](s) - y(0) \quad ◀ 微分法則：\boldsymbol{L[f'(x)](s) = sF(s) - f(0)}$$
$$\qquad\qquad = sF(s) \quad (\because\ y(0)=0)$$
$$L[y''](s) = sL[y'](s) - y'(0) \quad ◀ 微分法則：\boldsymbol{L[f'(x)](s) = sF(s) - f(0)}$$
$$\qquad\qquad = s^2 F(s) \quad (\because\ y'(0)=0,\ L[y'](s)=sF(s))$$

また，$L[x](s) = \dfrac{1}{s^2}$ だから，

$$\underline{L[y''](s) - 3L[y'](s) + 2L[y](s) = L[x](s)} \text{ より，}$$

$$s^2 F(s) - 3sF(s) + 2F(s) = \frac{1}{s^2} \qquad \therefore\ (s^2 - 3s + 2)F(s) = \frac{1}{s^2}$$

$$\therefore\ F(s) = \frac{1}{s^2(s^2 - 3s + 2)}$$

$$= \frac{1}{2s^2} + \frac{3}{4s} - \frac{1}{s-1} + \frac{1}{4(s-2)} \quad ◀ 部分分数分解$$

これに**ラプラス逆変換**を施すと，

$$L^{-1}[F(s)](x) = L^{-1}\left[\frac{1}{2s^2} + \frac{3}{4s} - \frac{1}{s-1} + \frac{1}{4(s-2)}\right](x)$$

$$\therefore\ y = \frac{1}{2}L^{-1}\left[\frac{1}{s^2}\right](x) + \frac{3}{4}L^{-1}\left[\frac{1}{s}\right](x) - L^{-1}\left[\frac{1}{s-1}\right](x) + \frac{1}{4}L^{-1}\left[\frac{1}{s-2}\right](x)$$

$$= \frac{1}{2}x + \frac{3}{4} - e^x + \frac{1}{4}e^{2x} \quad \cdots\cdots〔答〕$$

━━ **類題17－3** ━━━━━━━━━━━━━━━━━━━━━━━━━━━ 解答は **p. 278**

次の微分方程式をラプラス変換を用いて解け。

$$y'' + 2y' + y = \sin x \qquad 初期条件：y(0)=0,\ y'(0)=1$$

┌─ **例題17－4（合成積（たたみこみ））** ─────────┐

次の 2 つの関数の合成積とそのラプラス変換を求めよ。
$$f(x)=x, \quad g(x)=\cos 2x$$

└────────────────────────────────┘

解説 関数 f, g に対して，**合成積（たたみこみ）** $f*g$ を次式で定める。

$$(f*g)(x)=\int_0^x f(x-u)g(u)\,du$$

このとき，**公式**：$L[f*g]=L[f]\cdot L[g]$ が成り立つ。また，$f*g=g*f$ が成り立つから，合成積の計算では計算しやすい方を計算すればよい。合成積の定義の式も何を意味しているのか余りよく分からないだろうが，とりあえずそのまま覚えておこう。

解答 $(f*g)(x)=\displaystyle\int_0^x f(x-u)g(u)\,du=\int_0^x(x-u)\cos 2u\,du$

$=\left[(x-u)\dfrac{1}{2}\sin 2u\right]_0^x-\displaystyle\int_0^x(-1)\dfrac{1}{2}\sin 2u\,du$ ← 部分積分

$=0-\left[\dfrac{1}{4}\cos 2u\right]_0^x=\dfrac{1}{4}(1-\cos 2x)$ ……〔答〕

また，

$$L[f(x)](s)=L[x](s)=\frac{1}{s^2}, \ L[g(x)](s)=L[\cos 2x](s)=\frac{s}{s^2+4}$$

より，

$$L[(f*g)](s)=L[f](s)\cdot L[g](s)=\frac{1}{s^2}\cdot\frac{s}{s^2+4}=\frac{1}{s(s^2+4)} \ \ ……〔答〕$$

（参考） $\dfrac{s^2}{(s^2+4)^2}=\dfrac{s}{s^2+4}\cdot\dfrac{s}{s^2+4}$ より，

$L^{-1}\left[\dfrac{s^2}{(s^2+4)^2}\right](x)=\cos 2x*\cos 2x=\displaystyle\int_0^x\cos 2(x-u)\cos 2u\,du$

$=\displaystyle\int_0^x\dfrac{1}{2}\{\cos 2x+\cos(2x-4u)\}\,du=\left[\dfrac{1}{2}u\cos 2x-\dfrac{1}{8}\sin(2x-4u)\right]_0^x$

$=\dfrac{1}{2}x\cos 2x-\dfrac{1}{8}\{\sin(-2x)-\sin 2x\}=\dfrac{1}{4}(\sin 2x+2x\cos 2x)$

〰〰 **類題17－4** 〰〰〰〰〰〰〰〰〰〰〰〰〰〰〰〰〰〰〰〰〰 解答は **p. 279**

次の 2 つの関数の合成積とそのラプラス変換を求めよ。

(1) $f(x)=x$, $g(x)=e^{-x}$　　　　(2) $f(x)=e^{2x}$, $g(x)=\sin 3x$

┌─ 例題17－5 （積分方程式への応用） ─────────

　次の積分方程式をラプラス変換を用いて解け。

$$f(x) - \int_0^x \sin 2(x-u)f(u)\,du = x$$

[解説]　ラプラス変換は積分方程式にも応用される。また、積分方程式の中に
しばしば2つの関数の合成積が出てくる。

[解答]　$f(x) - \int_0^x \sin 2(x-u)f(u)\,du = x$ より、

$$L\left[f(x) - \int_0^x \sin 2(x-u)f(u)\,du\right](s) = L[x](s) \quad \leftarrow \text{ラプラス変換を施す}$$

$$\therefore \quad L[f(x)](s) - L\left[\int_0^x \sin 2(x-u)f(u)\,du\right](s) = L[x](s)$$

$$L[f(x)](s) - L[\sin 2x * f(x)](s) = L[x](s) \quad \leftarrow \text{合成積}$$

$$L[f(x)](s) - L[\sin 2x](s) \cdot L[f(x)](s) = L[x](s) \quad \leftarrow \text{合成積の公式}$$

$$L[f(x)](s) - \frac{2}{s^2+4} \cdot L[f(x)](s) = \frac{1}{s^2}$$

$$\therefore \quad \frac{s^2+2}{s^2+4} \cdot L[f(x)](s) = \frac{1}{s^2}$$

$$\therefore \quad L[f(x)](s) = \frac{1}{s^2} \cdot \frac{s^2+4}{s^2+2} = \frac{2}{s^2} - \frac{1}{s^2+2} \quad \leftarrow f(x) \text{ のラプラス変換が求まった。}$$

両辺に**ラプラス逆変換**を施すと、

$$f(x) = L^{-1}\left[\frac{2}{s^2} - \frac{1}{s^2+2}\right](x) = 2L^{-1}\left[\frac{1}{s^2}\right](x) - \frac{1}{\sqrt{2}}L^{-1}\left[\frac{\sqrt{2}}{s^2+2}\right](x) \quad \leftarrow \text{線形性}$$

$$= 2x - \frac{1}{\sqrt{2}}\sin\sqrt{2}\,x \quad \cdots\cdots[\text{答}] \quad \leftarrow \text{基本変換}$$

（注）　基本変換：$L[x^n](s) = \dfrac{n!}{s^{n+1}}$ $\left(\text{特に、} L[x](s) = \dfrac{1}{s^2}\right)$,

$$L[\sin bx](s) = \frac{b}{s^2+b^2}$$

～～ **類題17－5** ～～～～～～～～～～～～～～～～～～～～～～～～～～～～ 解答は **p. 279**

次の積分方程式をラプラス変換を用いて解け。

$$f(x) - \int_0^x \sin(x-u)f(u)\,du = \cos 2x$$

■ 第17章　章末問題

▶解答は p. 280

1 次の問いに答えよ。

(1) $\cos \omega t$ のラプラス変換を求めよ。

(2) $e^{at} \sin \omega t$ のラプラス変換を求めよ。

(3) 上記の結果を利用して，方程式

$$\int_0^t f(t-\tau) \cos \omega \tau d\tau = e^{at} \sin \omega t$$

を満たす関数 $f(t)$ を求めよ。 〈九州大学－工学部〉

2 $f(t)$，$h(t)$ が下記のように与えられるとき，ラプラス変換を用いて $f(t)$ と $h(t)$ のたたみ込み $g(t)=f(t)*h(t)$ を計算せよ。

$$f(t)=1-at, \quad h(t)=\exp(at)$$

〈東京大学－工学部〉

3 ラプラス変換を用いて，次の微分方程式を解け。

$$y''+2y'+5y=H(x), \quad y(0)=-1, \ y'(0)=0$$

ただし，$H(x)$ は次のような**ヘヴィサイドの関数**とする。

$$H(x)=\begin{cases}1 & (x\geq 0) \\ 0 & (x<0)\end{cases}$$

■ しっかりと理解しよう！　　ヘヴィサイドの関数 $H(x)$

次の関数は**ヘヴィサイドの関数**といい，ラプラス変換において重要。

$$H(x)=\begin{cases}1 & (x\geq 0) \\ 0 & (x<0)\end{cases}$$

ラプラス変換で関数 $f(x)$ を考える場合，普通，$x<0$ のときは $f(x)=0$ と約束している。たとえば，定数関数 1，$\sin x$，e^x は，厳密には，$H(x)$，$\sin x \cdot H(x)$，$e^x \cdot H(x)$ を表す。詳しくは巻末に紹介する文献を参照。

$f(x)$ の平行移動：$L[f(x-a)](s)=e^{-as}L[f(x)](s)$ $(a>0)$ を調べる。

$$L[f(x-a)](s)=\int_0^\infty e^{-sx}f(x-a)dx=\int_{-a}^\infty e^{-s(x+a)}f(x)dx$$

$$=e^{-as}\int_{-a}^\infty e^{-sx}f(x)dx$$

$$=e^{-as}\int_{-a}^0 e^{-sx}f(x)dx+e^{-as}\int_0^\infty e^{-sx}f(x)dx$$

ここで，$x<0$ のとき $f(x)=0$ であれば，$\int_{-a}^0 e^{-sx}f(x)dx=0$ であり，

$$L[f(x-a)](s)=e^{-as}\int_0^\infty e^{-sx}f(x)dx=e^{-as}L[f(x)](s)$$

第18章

ベクトル解析

◀███ 要　項 ███▶

18. 1　ベクトルの内積 ───────────────

2つのベクトル a, b のなす角を θ $(0 \leqq \theta \leqq \pi)$ とするとき,

$$|a||b|\cos\theta$$

を a と b の**内積**または**スカラー積**といい, $a \cdot b$ または (a, b) で表す。

なお, a または b が零ベクトルのときは, $a \cdot b = 0$ と定める。

[定理]　(内積の成分表示)

$a = a_x i + a_y j + a_z k$, $b = b_x i + b_y j + b_z k$ のとき,

$$a \cdot b = a_x b_x + a_y b_y + a_z b_z$$

18. 2　ベクトルの外積 ───────────────

2つのベクトル a, b のなす角を θ $(0 \leqq \theta \leqq \pi)$ とするとき, 次の(i), (ii)
をみたすベクトルを a と b の**外積**または**ベクトル積**といい, $a \times b$ で表す。

(i)　大きさは $|a||b|\sin\theta$

(ii)　向きは, a, b の両方に垂直で, かつ,

a から b の向きに回転するとき右ねじの進む方向

　(注)　a または b が零ベクトルのとき,

　　あるいは a と b が平行であるときは,

　　$a \times b = 0$ と約束。

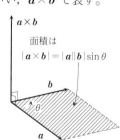

面積は
$|a \times b| = |a||b|\sin\theta$

[定理]　(外積の成分表示)

$a = a_x i + a_y j + a_z k$, $b = b_x i + b_y j + b_z k$ のとき,

$$a \times b = (a_y b_z - b_y a_z)i + (a_z b_x - b_z a_x)j + (a_x b_y - b_x a_y)k$$

スカラー三重積　$a \cdot (b \times c)$, $(a \times b) \cdot c$ を a, b, c の**スカラー三重積**という。

　(注)　スカラー三重積の絶対値は, a, b, c を3辺とする平行六面体の体
　　積に等しい。

18. 3 勾配(**grad**)・発散(**div**)・回転(**rot**)

勾配　スカラー場 $\phi(x,\ y,\ z)$ に対して，**勾配** $\mathrm{grad}\,\phi$ を次のように定める。

$$\mathrm{grad}\,\phi = \left(\frac{\partial\phi}{\partial x},\ \frac{\partial\phi}{\partial y},\ \frac{\partial\phi}{\partial z}\right) \quad \longleftarrow ベクトル量$$

ナブラ ∇　微分作用素 ∇ を次のように定める。

$$\nabla\phi = \left(\frac{\partial\phi}{\partial x},\ \frac{\partial\phi}{\partial y},\ \frac{\partial\phi}{\partial z}\right) \quad (=\mathrm{grad}\,\phi)$$

発散　ベクトル場 $A(x,\ y,\ z) = (A_1(x,\ y,\ z),\ A_2(x,\ y,\ z),\ A_3(x,\ y,\ z))$ に対して，**発散** $\mathrm{div}\,A$ を次のように定める。

$$\mathrm{div}\,A = \frac{\partial A_1}{\partial x} + \frac{\partial A_2}{\partial y} + \frac{\partial A_3}{\partial z} \quad \longleftarrow スカラー量$$

（注）　$\mathrm{div}\,A$ を，∇ と A の形式的な内積とみなして，$\nabla\cdot A$ とも表す。

ラプラシアン　次の微分作用素 Δ を**ラプラシアン**という。

$$\Delta = \frac{\partial^2}{\partial x^2} + \frac{\partial^2}{\partial y^2} + \frac{\partial^2}{\partial z^2}$$

（注）　Δ は，形式的な内積を考えて，$\nabla\cdot\nabla$ または ∇^2 とも表される。

回転　ベクトル場 $A(x,\ y,\ z) = (A_1(x,\ y,\ z),\ A_2(x,\ y,\ z),\ A_3(x,\ y,\ z))$ に対して，**回転** $\mathrm{rot}\,A$ を次のように定める。

$$\mathrm{rot}\,A = \left(\frac{\partial A_3}{\partial y} - \frac{\partial A_2}{\partial z},\ \frac{\partial A_1}{\partial z} - \frac{\partial A_3}{\partial x},\ \frac{\partial A_2}{\partial x} - \frac{\partial A_1}{\partial y}\right) \quad \longleftarrow ベクトル量$$

$$= (\partial_y A_3 - \partial_z A_2,\ \partial_z A_1 - \partial_x A_3,\ \partial_x A_2 - \partial_y A_1)$$

[公式]　① $\nabla\times(A+B) = \nabla\times A + \nabla\times B$　② $\nabla\times(kA) = k(\nabla\times A)$

[公式]　$\phi,\ \psi$ をスカラー場，A をベクトル場とするとき，次が成り立つ。

① $\nabla(\phi\psi) = (\nabla\phi)\psi + \phi(\nabla\psi),\ \nabla\left(\dfrac{\phi}{\psi}\right) = \dfrac{(\nabla\phi)\psi - \phi(\nabla\psi)}{\psi^2}$

② $\nabla\cdot(\phi A) = (\nabla\phi)\cdot A + \phi(\nabla\cdot A)$　③ $\nabla\times(\phi A) = (\nabla\phi)\times A + \phi(\nabla\times A)$

（注）　形式的な外積を考えて，$\mathrm{rot}\,A$ を $\nabla\times A$ とも表す。すなわち，

$$\nabla\times A = \begin{pmatrix}\partial_x \\ \partial_y \\ \partial_z\end{pmatrix} \times \begin{pmatrix}A_1 \\ A_2 \\ A_3\end{pmatrix}$$

$$= (\partial_y A_3 - \partial_z A_2,\ \partial_z A_1 - \partial_x A_3,\ \partial_x A_2 - \partial_y A_1) = \mathrm{rot}\,A$$

18. 4 線積分

曲線 $C: \boldsymbol{r}(s) = (x(s),\ y(s),\ z(s))$ （ただし，s は弧長で $\alpha \leq s \leq \beta$）とする。

(a) **スカラー場の線積分**

$$\int_C \phi ds = \int_\alpha^\beta \phi(x(s),\ y(s),\ z(s)) ds$$

を曲線 C に沿った**スカラー場 ϕ の線積分**という。

（注） 曲線 C が閉曲線のときは $\oint_C \phi ds$ とも表す。

［公式］ $C: \boldsymbol{r}(t) = (x(t),\ y(t),\ z(t))$ （$a \leq t \leq b$）のとき

$$\int_C \phi ds = \int_a^b \phi(x(t),\ y(t),\ z(t)) s'(t) dt$$

$$= \int_a^b \phi(x(t),\ y(t),\ z(t)) \sqrt{(x'(t))^2 + (y'(t))^2 + (z'(t))^2}\, dt$$

（注） 線積分 $\displaystyle\int_C \phi dx,\ \int_C \phi dy,\ \int_C \phi dz$ も次のように定める。

$$\int_C \phi dx = \int_a^b \phi(x(t),\ y(t),\ z(t)) x'(t) dt$$

$$\int_C \phi dy = \int_a^b \phi(x(t),\ y(t),\ z(t)) y'(t) dt$$

$$\int_C \phi dz = \int_a^b \phi(x(t),\ y(t),\ z(t)) z'(t) dt$$

(b) **ベクトル場の線積分** 単位接線ベクトル $\boldsymbol{t}(s) = \boldsymbol{r}'(s)$ を考えて，

$$\int_C \boldsymbol{A} \cdot \boldsymbol{t} ds = \int_\alpha^\beta \boldsymbol{A}(x(s),\ y(s),\ z(s)) \cdot \boldsymbol{t}(s) ds$$

を曲線 C に沿った**ベクトル場 $\boldsymbol{A}$ の線積分**という。

［公式］ $C: \boldsymbol{r}(t) = (x(t),\ y(t),\ z(t))$ （$a \leq t \leq b$）のとき

$$\int_C \boldsymbol{A} \cdot \boldsymbol{t} ds = \int_a^b \boldsymbol{A} \cdot \boldsymbol{r}'(t) dt$$

（注） $\displaystyle\int_C \boldsymbol{A} \cdot \boldsymbol{t} ds$ を $\displaystyle\int_C \boldsymbol{A} \cdot d\boldsymbol{r}$ とも表す。

［定理］（グリーンの定理）

xy 平面の領域 D が単一閉曲線 C を境界にもち，$f,\ g$ が D（境界を含む）で連続な偏導関数をもつとき，次が成り立つ。

$$\int_C (f dx + g dy) = \iint_D \left(\frac{\partial g}{\partial x} - \frac{\partial f}{\partial y} \right) dx dy$$

18. 5 　面積分

曲面 $S : \boldsymbol{r}(u,\ v) = (x(u,\ v),\ y(u,\ v),\ z(u,\ v))$
（ただし，$(u,\ v) \in D \subset \boldsymbol{R}^2$）とする。

曲面の法線ベクトル　$\dfrac{\partial \boldsymbol{r}}{\partial u} \times \dfrac{\partial \boldsymbol{r}}{\partial v}$

面積素　$dS = \left| \dfrac{\partial \boldsymbol{r}}{\partial u} \times \dfrac{\partial \boldsymbol{r}}{\partial v} \right| dudv$

(a)　**スカラー場の面積分**

$$\iint_S \phi \, dS = \iint_D \phi(x(u,\ v),\ y(u,\ v),\ z(u,\ v)) \left| \dfrac{\partial \boldsymbol{r}}{\partial u} \times \dfrac{\partial \boldsymbol{r}}{\partial v} \right| dudv$$

を曲面 S 上の**スカラー場 ϕ の面積分**という。

（注1）　特に，$\displaystyle \iint_S dS = \iint_D \left| \dfrac{\partial \boldsymbol{r}}{\partial u} \times \dfrac{\partial \boldsymbol{r}}{\partial v} \right| dudv$ は，曲面 S の面積を表す。

（注2）　曲面が $z = f(x,\ y)$ で与えられているとき，

　　$\boldsymbol{r}(x,\ y) = (x,\ y,\ f(x,\ y))$ より，

　　　$\dfrac{\partial \boldsymbol{r}}{\partial x} = (1,\ 0,\ f_x),\ \dfrac{\partial \boldsymbol{r}}{\partial y} = (0,\ 1,\ f_y)$　　$\therefore$　$\dfrac{\partial \boldsymbol{r}}{\partial x} \times \dfrac{\partial \boldsymbol{r}}{\partial y} = (-f_x,\ -f_y,\ 1)$

　　$\therefore$　$\left| \dfrac{\partial \boldsymbol{r}}{\partial x} \times \dfrac{\partial \boldsymbol{r}}{\partial y} \right| = \sqrt{f_x^2 + f_y^2 + 1}$

　　よって，曲面の面積は $S = \displaystyle \iint_D \sqrt{f_x^2 + f_y^2 + 1}\, dxdy$ となる。

(b)　**ベクトル場の面積分**　曲面 S の単位法線ベクトル $\boldsymbol{n}$ を考えて，

$$\iint_S \boldsymbol{A} \cdot \boldsymbol{n} \, dS = \iint_S |\boldsymbol{A}| \cos \theta \, dS$$

を曲面 S 上の**ベクトル場 $\boldsymbol{A}$ の面積分**という。

（注1）　$\displaystyle \iint_S \boldsymbol{A} \cdot \boldsymbol{n} \, dS$ を $\displaystyle \iint_S \boldsymbol{A} \cdot d\boldsymbol{S}$ と表すこともある。

（注2）　$\displaystyle \iint_S \boldsymbol{A} \cdot \boldsymbol{n} \, dS$ を曲面 S を貫く**流束**ということがある。

［公式］　$\displaystyle \iint_S \boldsymbol{A} \cdot \boldsymbol{n} \, dS = \iint_D \boldsymbol{A} \cdot \left(\dfrac{\partial \boldsymbol{r}}{\partial u} \times \dfrac{\partial \boldsymbol{r}}{\partial v} \right) dudv$

例題18－1 （内積と外積）

(1) $\boldsymbol{a}=(1,\ 2,\ 1)$, $\boldsymbol{b}=(2,\ -1,\ 1)$ のとき，内積 $\boldsymbol{a}\cdot\boldsymbol{b}$ および外積 $\boldsymbol{a}\times\boldsymbol{b}$ を求めよ。

(2) $\boldsymbol{a}=(2,\ -3,\ 4)$, $\boldsymbol{b}=(1,\ 2,\ -1)$, $\boldsymbol{c}=(3,\ -1,\ 2)$ を3辺とする平行六面体の体積を求めよ。

[解 説] 内積および外積の計算は確実にできるようにしておこう。

内積：$\boldsymbol{a}=(a_x,\ a_y,\ a_z)$, $\boldsymbol{b}=(b_x,\ b_y,\ b_z)$ のとき，$\boldsymbol{a}\cdot\boldsymbol{b}=a_xb_x+a_yb_y+a_zb_z$

外積：$\boldsymbol{a}=\begin{pmatrix}a_x\\a_y\\a_z\end{pmatrix}$, $\boldsymbol{b}=\begin{pmatrix}b_x\\b_y\\b_z\end{pmatrix}$ のとき，$\boldsymbol{a}\times\boldsymbol{b}=\begin{pmatrix}a_x\\a_y\\a_z\end{pmatrix}\times\begin{pmatrix}b_x\\b_y\\b_z\end{pmatrix}=\begin{pmatrix}a_yb_z-b_ya_z\\a_zb_x-b_za_x\\a_xb_y-b_xa_y\end{pmatrix}$

また，$(\boldsymbol{a}\times\boldsymbol{b})\cdot\boldsymbol{c}$ を $\boldsymbol{a}$, $\boldsymbol{b}$, $\boldsymbol{c}$ の**スカラー三重積**といい，スカラー三重積の絶対値は $\boldsymbol{a}$, $\boldsymbol{b}$, $\boldsymbol{c}$ を3辺とする平行六面体の体積に等しい。

[解 答] (1) $\boldsymbol{a}\cdot\boldsymbol{b}=1\cdot2+2\cdot(-1)+1\cdot1=1$ ……〔答〕

$$\boldsymbol{a}\times\boldsymbol{b}=\begin{pmatrix}1\\2\\1\end{pmatrix}\times\begin{pmatrix}2\\-1\\1\end{pmatrix}=\begin{pmatrix}2-(-1)\\2-1\\(-1)-4\end{pmatrix}=\begin{pmatrix}3\\1\\-5\end{pmatrix}$$

すなわち，$\boldsymbol{a}\times\boldsymbol{b}=(3,\ 1,\ -5)$ ……〔答〕

(2) $$\boldsymbol{a}\times\boldsymbol{b}=\begin{pmatrix}2\\-3\\4\end{pmatrix}\times\begin{pmatrix}1\\2\\-1\end{pmatrix}=\begin{pmatrix}3-8\\4-(-2)\\4-(-3)\end{pmatrix}=\begin{pmatrix}-5\\6\\7\end{pmatrix}$$

$\therefore$ $(\boldsymbol{a}\times\boldsymbol{b})\cdot\boldsymbol{c}=(-5)\cdot3+6\cdot(-1)+7\cdot2=-15-6+14=-7$

よって，求める体積は，$|(\boldsymbol{a}\times\boldsymbol{b})\cdot\boldsymbol{c}|=|-7|=7$ ……〔答〕

//////// **類題18－1** *///* 解答は **p. 282**

3次元空間上の点 O$(0,\ 0,\ 0)$, A$(2,\ 2,\ 0)$, B$(-1,\ 1,\ 1)$, C$(1,\ 0,\ 2)$ に対して，ベクトル $\boldsymbol{a}$, $\boldsymbol{b}$, $\boldsymbol{c}$ をそれぞれ $\boldsymbol{a}=\overrightarrow{OA}$, $\boldsymbol{b}=\overrightarrow{OB}$, $\boldsymbol{c}=\overrightarrow{OC}$ で定義する。このとき，以下の問いに答えよ。

(1) $\boldsymbol{a}$ と $\boldsymbol{b}$ に垂直なベクトルを求めよ。

(2) 三角形 OAB の面積を求めよ。

(3) $\boldsymbol{a}$ と $\boldsymbol{b}$ に垂直で点Cを通る直線を l とする。直線 l を表す式を示せ。

(4) 直線 l と三角形 OAB の交点を求めよ。

(5) 三角錐 OABC の体積を求めよ。

—— 例題18－2 （勾配・発散・回転）——

(1) $\phi(x, y, z)=x^2+y^2+z^2$ のとき，勾配 $\nabla\phi$ を求めよ。

(2) $\boldsymbol{A}=(A_1, A_2, A_3)=(x, y, z)$ のとき，発散 $\nabla\cdot\boldsymbol{A}$ を求めよ。

(3) $\boldsymbol{A}=(A_1, A_2, A_3)=(-y, x, 0)$ のとき，回転 $\nabla\times\boldsymbol{A}$ を求めよ。

解説 スカラー場 $\phi(x, y, z)$，ベクトル場 $\boldsymbol{A}(x, y, z)=(A_1, A_2, A_3)$ に対する

勾配 $\mathrm{grad}\,\phi$，発散 $\mathrm{div}\,\boldsymbol{A}$，回転 $\mathrm{rot}\,\boldsymbol{A}$

の定義は以下の通りである。まず定義を覚えることが大切。また，それぞれ微分演算子：$\nabla=(\partial_x, \partial_y, \partial_z)=\left(\dfrac{\partial}{\partial x}, \dfrac{\partial}{\partial y}, \dfrac{\partial}{\partial z}\right)$ を用いて，形式的に $\nabla\phi$，$\nabla\cdot\boldsymbol{A}$，$\nabla\times\boldsymbol{A}$ とも表される。

勾配：$\mathrm{grad}\,\phi=\nabla\phi=(\partial_x\phi, \partial_y\phi, \partial_z\phi)=(\phi_x, \phi_y, \phi_z)$　←ベクトル

発散：$\mathrm{div}\,\boldsymbol{A}=\nabla\cdot\boldsymbol{A}=\partial_xA_1+\partial_yA_2+\partial_zA_3=(A_1)_x+(A_2)_y+(A_3)_z$　←スカラー

回転：$\mathrm{rot}\,\boldsymbol{A}=\nabla\times\boldsymbol{A}=(\partial_yA_3-\partial_zA_2, \partial_zA_1-\partial_xA_3, \partial_xA_2-\partial_yA_1)$　←ベクトル

解答 定義通りに計算すればよい。

(1) $\nabla\phi=(\phi_x, \phi_y, \phi_z)=(2x, 2y, 2z)$　……〔答〕

(2) $\nabla\cdot\boldsymbol{A}=\dfrac{\partial A_1}{\partial x}+\dfrac{\partial A_2}{\partial y}+\dfrac{\partial A_3}{\partial z}=1+1+1=3$　……〔答〕

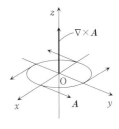

(3) $\nabla\times\boldsymbol{A}=\begin{pmatrix}\partial_x\\\partial_y\\\partial_z\end{pmatrix}\times\begin{pmatrix}A_1\\A_2\\A_3\end{pmatrix}=\begin{pmatrix}\partial_yA_3-\partial_zA_2\\\partial_zA_1-\partial_xA_3\\\partial_xA_2-\partial_yA_1\end{pmatrix}$

$=\begin{pmatrix}0-0\\0-0\\1-(-1)\end{pmatrix}=\begin{pmatrix}0\\0\\2\end{pmatrix}$

すなわち，$\nabla\times\boldsymbol{A}=(0, 0, 2)$　……〔答〕

———— 類題18－2 ———————————————————————————— 解答は p. 282

(1) $f(x, y, z)$，$g(x, y, z)$ をスカラー場とするとき，次の関係式を示せ。

$$\nabla(f\cdot g)=\nabla f\cdot g+f\cdot\nabla g$$

(2) $f(x, y, z)=x^2z+e^{\frac{y}{x}}$，$g(x, y, z)=2yz^2-xy^2$ のとき，点 $(1, 0, -2)$ における $\nabla(f\cdot g)$ を求めよ。

―― 例題18－3 （線積分）――――――――――――――

(1) $C: \boldsymbol{r}(t) = (\cos t,\ \sin t,\ t)\ (0 \leqq t \leqq \pi)$, $\phi(x,\ y,\ z) = 2xz$ とするとき，

線積分 $\int_C \phi\,ds$, $\int_C \phi\,dx$ を求めよ。

(2) $C: \boldsymbol{r}(t) = (t,\ t^2,\ t^3)\ (0 \leqq t \leqq 1)$, $\boldsymbol{A} = (yz,\ x^2,\ xyz)$ とするとき，

線積分 $\int_C \boldsymbol{A} \cdot d\boldsymbol{r}$ を求めよ。

[解説]　線積分の計算は，定義をよく理解して定義や公式に忠実に計算することが大切。

[解答]　(1)　$\phi(x(t),\ y(t),\ z(t)) = 2t\cos t$

$$\sqrt{(x'(t))^2 + (y'(t))^2 + (z'(t))^2} = \sqrt{(-\sin t)^2 + (\cos t)^2 + 1^2} = \sqrt{2}$$

よって，

$$\int_C \phi\,ds = \int_0^\pi (2t\cos t)\sqrt{2}\,dt \quad \Leftarrow \int_C \phi\,ds = \int_a^b \phi(x(t),\ y(t),\ z(t))s'(t)\,dt$$

$$= 2\sqrt{2}\left(\Big[t\sin t\Big]_0^\pi - \int_0^\pi \sin t\,dt\right) = 2\sqrt{2}\Big[\cos t\Big]_0^\pi = -4\sqrt{2} \quad \cdots\cdots〔答〕$$

また，

$$\int_C \phi\,dx = \int_0^\pi (2t\cos t)(-\sin t)\,dt \quad \Leftarrow \int_C \phi\,dx = \int_a^b \phi(x(t),\ y(t),\ z(t))x'(t)\,dt$$

$$= -\int_0^\pi t\sin 2t\,dt = -\left(\Big[t\Big(-\frac{1}{2}\cos 2t\Big)\Big]_0^\pi - \int_0^\pi 1\cdot\Big(-\frac{1}{2}\cos 2t\Big)dt\right)$$

$$= \frac{\pi}{2} \quad \cdots\cdots〔答〕$$

(2)　$$\int_C \boldsymbol{A} \cdot d\boldsymbol{r} = \int_0^1 \boldsymbol{A} \cdot \boldsymbol{r}'(t)\,dt \quad \Leftarrow \int_C \boldsymbol{A} \cdot d\boldsymbol{r} = \int_a^b \boldsymbol{A} \cdot \boldsymbol{r}'(t)\,dt$$

$$= \int_0^1 (t^5,\ t^2,\ t^6) \cdot (1,\ 2t,\ 3t^2)\,dt$$

$$= \int_0^1 (t^5 + 2t^3 + 3t^8)\,dt = \frac{1}{6} + \frac{1}{2} + \frac{1}{3} = 1 \quad \cdots\cdots〔答〕$$

////// 類題18－3 // 解答は p. 282

$\boldsymbol{A} = (2x-y+z,\ x+y-z^2,\ 3x-2y+4)$ とし，C を xy 平面上の原点を中心とする半径 3 の円周とするとき，線積分 $\oint_C \boldsymbol{A} \cdot d\boldsymbol{r}$ を求めよ。

例題18－4（グリーンの定理）

$C : x^2 + y^2 = a^2$ とするとき，次の線積分を計算せよ。

(1) $\displaystyle\int_C (-ydx + xdy)$　　　　(2) $\displaystyle\int_C (x^2 ydx - xy^2 dy)$

[解説]　線積分に関する重要公式として，**グリーンの定理**を取り上げる。グリーンの定理は次のような内容で応用範囲の広い公式である。

[定理]　xy 平面の領域 D が単一閉曲線 C を境界にもち，f, g が D（境界を含む）で連続な偏導関数をもつとき，次が成り立つ。

$$\int_C (fdx + gdy) = \iint_D \left(\frac{\partial g}{\partial x} - \frac{\partial f}{\partial y} \right) dxdy$$

[解答]　グリーンの定理を利用して計算する。$D : x^2 + y^2 \le a^2$ とする。

(1) $\displaystyle\int_C (-ydx + xdy) = \iint_D \left\{ \frac{\partial x}{\partial x} - \frac{\partial(-y)}{\partial y} \right\} dxdy$

$$= \iint_D \{1 - (-1)\} dxdy$$

$$= \iint_D 2dxdy = 2\pi a^2 \quad \cdots\cdots \text{〔答〕}$$

(2) $\displaystyle\int_C (x^2 ydx - xy^2 dy) = \iint_D \left\{ \frac{\partial(-xy^2)}{\partial x} - \frac{\partial(x^2 y)}{\partial y} \right\} dxdy$

$$= \iint_D \{(-y^2) - x^2\} dxdy$$

$$= -\iint_D (x^2 + y^2) dxdy$$

$x = r\cos\theta,\ y = r\sin\theta$ と変数変換すると，

D は $E : 0 \le r \le a,\ 0 \le \theta \le 2\pi$ に移り，

$$\int_C (x^2 ydx - xy^2 dy) = -\iint_E r^2 \cdot rdrd\theta = -\int_0^{2\pi} \left(\int_0^a r^3 dr \right) d\theta$$

$$= -2\pi \cdot \frac{a^4}{4} = -\frac{\pi}{2} a^4 \quad \cdots\cdots \text{〔答〕}$$

類題18－4　　　　　　　　　　　　　　　　　　　　　　　　　解答は p. 283

$C : x^2 + y^2 = 4$ とするとき，次の線積分を計算せよ。

(1) $\displaystyle\int_C \{(x^2 + y^2) dx + 3xy^2 dy\}$　　　　(2) $\displaystyle\int_C \{(y^3 - y) dx + (3xy^2 - x) dy\}$

─ 例題18－5 （曲面） ─

曲面 $z=1-x^2-y^2$, $z\geqq0$ の面積 S を求めよ。

[解 説] 曲面：$r(u,\ v)=(x(u,\ v),\ y(u,\ v),\ z(u,\ v))$ （ただし，$(u,\ v)\in D\subset\boldsymbol{R}^2$）とするとき，曲面の面積 S （**曲面積**）は次の式で計算される。

$$S=\iint_D\left|\frac{\partial\boldsymbol{r}}{\partial u}\times\frac{\partial\boldsymbol{r}}{\partial v}\right|dudv$$

特に，曲面が $z=f(x,\ y)$ で与えられているとき，
$r(x,\ y)=(x,\ y,\ f(x,\ y))$ より，

$$\frac{\partial\boldsymbol{r}}{\partial x}=(1,\ 0,\ f_x),\ \frac{\partial\boldsymbol{r}}{\partial y}=(0,\ 1,\ f_y)\qquad\therefore\quad\frac{\partial\boldsymbol{r}}{\partial x}\times\frac{\partial\boldsymbol{r}}{\partial y}=(-f_x,\ -f_y,\ 1)$$

したがって，

$$S=\iint_D\left|\frac{\partial\boldsymbol{r}}{\partial x}\times\frac{\partial\boldsymbol{r}}{\partial y}\right|dxdy=\iint_D\sqrt{f_x^2+f_y^2+1}\ dxdy$$

[解 答] $z=1-x^2-y^2\geqq0$ より，$x^2+y^2\leqq1$

そこで，$D:x^2+y^2\leqq1$ とおくと，

$$S=\iint_D\sqrt{z_x^2+z_y^2+1}\ dxdy=\iint_D\sqrt{(-2x)^2+(-2y)^2+1}\ dxdy$$

$$=\iint_D\sqrt{4(x^2+y^2)+1}\ dxdy\quad\leftarrow\text{2重積分}$$

$x=r\cos\theta$, $y=r\sin\theta$ とおくと，D は $E:0\leqq r\leqq1$, $0\leqq\theta\leqq2\pi$ に移る。

$$\therefore\quad S=\iint_D\sqrt{4(x^2+y^2)+1}\ dxdy$$

$$=\iint_E\sqrt{4r^2+1}\cdot rdrd\theta\quad\leftarrow\left|\frac{\partial(x,\ y)}{\partial(r,\ \theta)}\right|=r$$

$$=\int_0^{2\pi}d\theta\cdot\int_0^1 r\sqrt{4r^2+1}\ dr$$

$$=2\pi\left[\frac{1}{12}(4r^2+1)^{\frac{3}{2}}\right]_0^1$$

$$=\frac{5\sqrt5-1}{6}\pi\quad\cdots\cdots\text{〔答〕}$$

─── 類題18－5 ─────────────────────────────── 解答は p. 283

半球面 $x^2+y^2+z^2=1$, $z\geqq0$ が円柱 $x^2+y^2\leqq x$ によって切り取られる部分の曲面積 S を求めよ。

例題18－6 （面積分）

$A=(2x,\ 2y,\ z)$ とし，S を半球面 $x^2+y^2+z^2=9$，$z\geqq0$ とするとき，面積分 $\displaystyle\int_S A\cdot n\,dS$ を求めよ。

解説 面積分の計算も定義および基本公式に忠実に従っていけばよい。

解答 $\dfrac{\partial r}{\partial x}=(1,\ 0,\ z_x),\ \dfrac{\partial r}{\partial y}=(0,\ 1,\ z_y)$ より，$\dfrac{\partial r}{\partial x}\times\dfrac{\partial r}{\partial y}=(-z_x,\ -z_y,\ 1)$

$x^2+y^2+z^2=9$ より，$z_x=-\dfrac{x}{z},\ z_y=-\dfrac{y}{z}$ $\quad\therefore\quad \dfrac{\partial r}{\partial x}\times\dfrac{\partial r}{\partial y}=\left(\dfrac{x}{z},\ \dfrac{y}{z},\ 1\right)$

よって，$A\cdot\left(\dfrac{\partial r}{\partial x}\times\dfrac{\partial r}{\partial y}\right)=2x\cdot\dfrac{x}{z}+2y\cdot\dfrac{y}{z}+z\cdot1$

$$=\dfrac{x^2+y^2+9}{z}=\dfrac{x^2+y^2+9}{\sqrt{9-x^2-y^2}}$$

$D:x^2+y^2\leqq9$ とおくと，

$$\iint_S A\cdot n\,dS=\iint_D A\cdot\left(\dfrac{\partial r}{\partial x}\times\dfrac{\partial r}{\partial y}\right)dxdy=\iint_D\dfrac{x^2+y^2+9}{\sqrt{9-x^2-y^2}}dxdy$$

$x=r\cos\theta,\ y=r\sin\theta$ とおくと，D は $E:0\leqq r\leqq3,\ 0\leqq\theta\leqq2\pi$ に移る。

$$\therefore\quad \iint_S A\cdot n\,dS=\iint_D\dfrac{x^2+y^2+9}{\sqrt{9-x^2-y^2}}dxdy$$

$$=\iint_E\dfrac{r^2+9}{\sqrt{9-r^2}}\cdot r\,dr\,d\theta$$

$$=2\pi\int_0^3\dfrac{r^2+9}{\sqrt{9-r^2}}\cdot r\,dr=2\pi\int_0^3\dfrac{18-(9-r^2)}{\sqrt{9-r^2}}\cdot r\,dr$$

$$=2\pi\int_0^3\left(\dfrac{18}{\sqrt{9-r^2}}-\sqrt{9-r^2}\right)\cdot r\,dr$$

$$=2\pi\left[-18\sqrt{9-r^2}+\dfrac{1}{3}(9-r^2)^{\frac{3}{2}}\right]_0^3$$

$$=2\pi\{0-(-54+9)\}$$

$$=90\pi \quad\cdots\cdots[答]$$

類題18－6 解答は p. 283

$A=(2y,\ 6zx,\ 3x)$ とし，S を円柱面 $x^2+y^2=4$ の $x\geqq0,\ y\geqq0,\ 0\leqq z\leqq2$ を満たす部分とするとき，面積分 $\displaystyle\int_S A\cdot n\,dS$ を求めよ。

■ 第18章　章末問題　　▶解答は p. 284

1 直交座標系 (x, y, z) における 2 つのベクトルを $\boldsymbol{a}=(2, 1, -3)$，
$\boldsymbol{b}=(-1, -3, 0)$ とするとき，以下の問いに答えよ。

(1) 内積 $\boldsymbol{a}\cdot\boldsymbol{b}$ を求めよ。　　(2) 外積 $\boldsymbol{a}\times\boldsymbol{b}$ を求めよ。

(3) $\boldsymbol{a}\times\boldsymbol{b}$ を方向ベクトルとし，点 $(3, 4, 7)$ を通る直線の方程式を求めよ。

(4) (3)で求めた直線と平面 $2x+3y-2z-6=0$ の交点を求めよ。　〈首都大学東京〉

2 $\phi=x^2+y^2+z$ とするとき，$\phi=0$ は曲面を表す。また，この曲面はパラメータ
u, v を用いて $\boldsymbol{r}(x, y, z)=(u, v, -u^2-v^2)$ と表すことができる。ここで $\boldsymbol{r}$ は
3 次元空間での点ベクトルである。このとき，以下の設問に答えよ。

(1) 曲面上の点 P$(1, 1, -2)$ における u 方向の接ベクトル $\dfrac{\partial \boldsymbol{r}}{\partial u}$ と v 方向の接ベ

クトル $\dfrac{\partial \boldsymbol{r}}{\partial v}$ を求めよ。

(2) この 2 つの接線ベクトル $\dfrac{\partial \boldsymbol{r}}{\partial u}$, $\dfrac{\partial \boldsymbol{r}}{\partial v}$ によってつくられる平面は曲面上の点 P に

おける接平面となる。

このときの接平面を表す式を x, y, z を用いて表せ。　〈九州大学－工学部〉

3 ベクトルの面積分を次の手順に従って求めよ。ただし，$\boldsymbol{i}$, $\boldsymbol{j}$, $\boldsymbol{k}$ はそれぞれ
x, y, z 軸方向の単位ベクトルである。また，"・"はベクトルの内積（スカラー
積），"×"は外積（ベクトル積）を表す。

$$\int_S (x\boldsymbol{i}+3y^2\boldsymbol{j})\cdot d\boldsymbol{S} \qquad 曲面\ S: 2x+y+2z=6,\ x\geqq 0,\ y\geqq 0,\ z\geqq 0$$

(1) 曲面 S 上の点の位置ベクトルを $\boldsymbol{r}=a\boldsymbol{i}+b\boldsymbol{j}+c\boldsymbol{k}$ とするとき，a, b, c を求めよ。

(2) 曲面 S の接線ベクトル $\dfrac{\partial \boldsymbol{r}}{\partial x}$, $\dfrac{\partial \boldsymbol{r}}{\partial y}$ をそれぞれ求めよ。

(3) 面積素 dS は $d\boldsymbol{S}=\dfrac{\partial \boldsymbol{r}}{\partial x}\times\dfrac{\partial \boldsymbol{r}}{\partial y}dxdy$ で与えられる。$d\boldsymbol{S}$ を求めよ。

(4) $\displaystyle\int_S (x\boldsymbol{i}+3y^2\boldsymbol{j})\cdot d\boldsymbol{S}$ を求めよ。　〈北海道大学－工学部〉

4 xyz 空間内の半円柱面 $y^2+z^2=1$, $z\geqq 0$ を 2 つの平面 $x=0$ と $x=1$ によって切
ったときに得られる曲面 $S=\{(x, y, z)\,|\,y^2+z^2=1, z\geqq 0, 0\leqq x\leqq 1\}$ に対し，ベ
クトル場 $\boldsymbol{F}=yz\boldsymbol{j}+z^2\boldsymbol{k}$ が外向きに（つまり S 上の $z>0$ なる点では z の正方向に）
貫く流束（flux）を求めよ。　〈名古屋工業大学〉

類題・章末問題
の解答

第1章 微分法

類題 1 - 1

(1) $f'(x) = -2\sin 2x = 2\cos\left(2x + \dfrac{\pi}{2}\right)$

$f''(x) = -2^2 \sin\left(2x + \dfrac{\pi}{2}\right)$

$\qquad = 2^2 \cos\left(2x + \dfrac{2\pi}{2}\right)$

$\qquad\qquad \cdots\cdots\cdots\cdots$

$f^{(n)}(x) = 2^n \cos\left(2x + \dfrac{n\pi}{2}\right)$

(2) $f(x) = \dfrac{1}{1-x^2} = \dfrac{1}{2}\left(\dfrac{1}{1-x} + \dfrac{1}{1+x}\right)$

$\qquad = \dfrac{1}{2}\{(1-x)^{-1} + (1+x)^{-1}\}$

$f'(x) = \dfrac{1}{2}\{(1-x)^{-2} - (1+x)^{-2}\}$

$f''(x) = \dfrac{1}{2}\{2(1-x)^{-3} - (-2)(1+x)^{-3}\}$

$f'''(x) = \dfrac{1}{2}\{2\cdot 3(1-x)^{-4} - (-2)(-3)(1+x)^{-4}\}$

$\qquad\qquad \cdots\cdots\cdots\cdots$

$f^{(n)}(x) = \dfrac{n!}{2}\{(1-x)^{-(n+1)} + (-1)^n (1+x)^{-(n+1)}\}$

$\qquad = \dfrac{n!}{2}\left\{\dfrac{1}{(1-x)^{n+1}} + (-1)^n \dfrac{1}{(1+x)^{n+1}}\right\}$

類題 1 - 2

(1) $f(x) = x\cdot \sin 2x \qquad (x)' = 1, \ (x)'' = 0$

$(\sin 2x)' = 2\cos 2x = 2\sin\left(2x + \dfrac{\pi}{2}\right)$

$(\sin 2x)'' = 2^2 \cos\left(2x + \dfrac{\pi}{2}\right) = 2^2 \sin\left(2x + \dfrac{2\pi}{2}\right)$

$\qquad\qquad \cdots\cdots\cdots\cdots$

$\therefore \ (\sin 2x)^{(n)} = 2^n \sin\left(2x + \dfrac{n\pi}{2}\right)$

よって, ライプニッツの公式より,

$f^{(n)}(x) = x\cdot(\sin 2x)^{(n)} + {}_nC_1(x)'(\sin 2x)^{(n-1)}$

$\qquad = x\cdot 2^n \sin\left(2x + \dfrac{n\pi}{2}\right)$

$\qquad\quad + n\cdot 2^{n-1}\sin\left(2x + \dfrac{n-1}{2}\pi\right)$

$= 2^{n-1}\left\{2x\sin\left(2x + \dfrac{n}{2}\pi\right)\right.$

$\qquad\qquad \left. + n\sin\left(2x + \dfrac{n-1}{2}\pi\right)\right\}$

(2) $f(x) = x^2 \cdot \cos x$

$(x^2)' = 2x, \ (x^2)'' = 2, \ (x^2)''' = 0$

$(\cos x)' = -\sin x = \cos\left(x + \dfrac{\pi}{2}\right)$

$(\cos x)'' = -\sin\left(x + \dfrac{\pi}{2}\right) = \cos\left(x + \dfrac{2\pi}{2}\right)$

$(\cos x)''' = -\sin\left(x + \dfrac{2\pi}{2}\right) = \cos\left(x + \dfrac{3\pi}{2}\right)$

$\qquad\qquad \cdots\cdots\cdots\cdots$

$\therefore \ (\cos x)^{(n)} = \cos\left(x + \dfrac{n\pi}{2}\right)$

よって, ライプニッツの公式より,

$f^{(n)}(x) = x^2(\cos x)^{(n)} + {}_nC_1(x^2)'(\cos x)^{(n-1)}$

$\qquad\qquad + {}_nC_2(x^2)''(\cos x)^{(n-2)}$

$= x^2 \cos\left(x + \dfrac{n\pi}{2}\right) + n\cdot 2x\cdot \cos\left(x + \dfrac{n-1}{2}\pi\right)$

$\qquad + \dfrac{n(n-1)}{2}\cdot 2\cdot \cos\left(x + \dfrac{n-2}{2}\pi\right)$

$= x^2 \cos\left(x + \dfrac{n\pi}{2}\right) + 2nx\cos\left(x + \dfrac{n-1}{2}\pi\right)$

$\qquad + n(n-1)\cos\left(x + \dfrac{n-2}{2}\pi\right)$

類題 1 - 3

(1) $f(x) = \cos x$ より,

$f'(x) = -\sin x, \ f''(x) = -\cos x,$

$f'''(x) = \sin x, \ f^{(4)}(x) = \cos x$

よって, マクローリンの定理より,

$f(x) = 1 + 0\cdot x + \dfrac{-1}{2!}x^2 + \dfrac{0}{3!}x^3 + \dfrac{\cos(\theta x)}{4!}x^4$

$\qquad = 1 - \dfrac{1}{2!}x^2 + \dfrac{\cos(\theta x)}{4!}x^4$

(2) $f(x) = \log(1+x)$ より,

$f'(x) = \dfrac{1}{1+x}, \ f''(x) = -\dfrac{1}{(1+x)^2},$

$f'''(x) = \dfrac{2}{(1+x)^3}, \ f^{(4)}(x) = -\dfrac{6}{(1+x)^4}$

よって, マクローリンの定理より,

$f(x) = 1\cdot x + \dfrac{-1}{2!}x^2 + \dfrac{2}{3!}x^3$

$\qquad + \dfrac{1}{4!}\left\{-\dfrac{6}{(1+\theta x)^4}\right\}x^4$

$$=x-\frac{1}{2}x^2+\frac{1}{3}x^3-\frac{1}{4(1+\theta x)^4}x^4$$

類題 1 − 4

ロピタルの定理を使って計算。

(1) $\displaystyle\lim_{x\to\infty}\frac{x^n}{e^x}=\lim_{x\to\infty}\frac{nx^{n-1}}{e^x}=\lim_{x\to\infty}\frac{n(n-1)x^{n-2}}{e^x}$

$$=\cdots=\lim_{x\to\infty}\frac{n(n-1)\cdots3\cdot2\cdot1}{e^x}=\lim_{x\to\infty}\frac{n!}{e^x}=0$$

(2) $\displaystyle\lim_{x\to+0}x\log(\sin x)=\lim_{x\to+0}\frac{\log(\sin x)}{x^{-1}}$

$$=\lim_{x\to+0}\frac{\frac{1}{\sin x}\cos x}{-x^{-2}}=\lim_{x\to+0}\left(-\frac{x^2\cos x}{\sin x}\right)$$

$$=\lim_{x\to+0}\left(-\frac{x}{\sin x}\cdot x\cos x\right)=0$$

類題 1 − 5

(1) $\displaystyle\lim_{x\to1}\log x^{\frac{1}{1-x}}=\lim_{x\to1}\frac{1}{1-x}\log x$

$$=\lim_{x\to1}\frac{\log x}{1-x}=\lim_{x\to1}\frac{x^{-1}}{-1}=-1$$

$$\therefore\quad\lim_{x\to1}x^{\frac{1}{1-x}}=e^{-1}=\frac{1}{e}$$

(2) $\displaystyle\lim_{x\to\infty}\log(1+x)^{\frac{1}{x}}=\lim_{x\to\infty}\frac{1}{x}\log(1+x)$

$$=\lim_{x\to\infty}\frac{\log(1+x)}{x}=\lim_{x\to\infty}\frac{\frac{1}{x+1}}{1}=0$$

$$\therefore\quad\lim_{x\to\infty}(1+x)^{\frac{1}{x}}=1$$

類題 1 − 6

(1) $\displaystyle(\sin^{-1}\sqrt{x}\,)'=\frac{1}{\sqrt{1-(\sqrt{x}\,)^2}}\times(\sqrt{x}\,)'$

$$=\frac{1}{\sqrt{1-x}}\times\frac{1}{2\sqrt{x}}=\frac{1}{2\sqrt{x-x^2}}$$

(2) $\{(\cos^{-1}2x)^3\}'=3(\cos^{-1}2x)^2\times(\cos^{-1}2x)'$

$$=3(\cos^{-1}2x)^2\times\left(-\frac{1}{\sqrt{1-(2x)^2}}\times2\right)$$

$$=-\frac{6(\cos^{-1}2x)^2}{\sqrt{1-4x^2}}$$

(3) $\displaystyle\left(\tan^{-1}\frac{1}{x}\right)'=\frac{1}{1+\left(\frac{1}{x}\right)^2}\times\left(\frac{1}{x}\right)'$

$$=\frac{1}{1+\left(\frac{1}{x}\right)^2}\times\left(-\frac{1}{x^2}\right)=-\frac{1}{1+x^2}$$

類題 1 − 7

$$\frac{x}{1+x^2}<\tan^{-1}x<x$$

$f(x)=x-\tan^{-1}x$ とおく。

$$f'(x)=1-\frac{1}{1+x^2}=\frac{x^2}{1+x^2}>0$$

ゆえに $f(x)$ は単調増加。また，$f(0)=0$

よって，$x>0$ のとき $f(x)>0$

すなわち，$\tan^{-1}x<x$

次に，$g(x)=\tan^{-1}x-\dfrac{x}{1+x^2}$ とおく。

$$g'(x)=\frac{1}{1+x^2}-\frac{1\cdot(1+x^2)-x\cdot2x}{(1+x^2)^2}$$

$$=\frac{1}{1+x^2}-\frac{1-x^2}{(1+x^2)^2}=\frac{2x^2}{(1+x^2)^2}>0$$

ゆえに $g(x)$ は単調増加。また，$g(0)=0$

よって，$x>0$ のとき $g(x)>0$

すなわち，$\dfrac{x}{1+x^2}<\tan^{-1}x$

以上より，$x>0$ のとき，$\dfrac{x}{1+x^2}<\tan^{-1}x<x$

第1章 章末問題 解答

1 (1) $y=\sin(a\sin^{-1}x)$ より，

$$y'=\cos(a\sin^{-1}x)\times a\frac{1}{\sqrt{1-x^2}}$$

$$y''=-\sin(a\sin^{-1}x)\cdot a\frac{1}{\sqrt{1-x^2}}\times a\frac{1}{\sqrt{1-x^2}}$$

$$\qquad+\cos(a\sin^{-1}x)\times a\frac{x}{(1-x^2)\sqrt{1-x^2}}$$

$$=-\sin(a\sin^{-1}x)\times a^2\frac{1}{1-x^2}$$

$$\qquad+\cos(a\sin^{-1}x)\times a\frac{x}{(1-x^2)\sqrt{1-x^2}}$$

よって，$y''=-y\times a^2\dfrac{1}{1-x^2}+y'\times\dfrac{x}{1-x^2}$

$$\therefore\quad(1-x^2)y''-xy'+a^2y=0$$

(2) $(1-x^2)y''-xy'+a^2y=0$ の両辺を n 回微分すると，

$$\{(1-x^2)y''\}^{(n)}-(xy')^{(n)}+a^2y^{(n)}=0$$

ライプニッツの公式より，

$$\{(1-x^2)y''\}^{(n)}$$

$$=(1-x^2)(y'')^{(n)}+{}_nC_1(1-x^2)'(y'')^{(n-1)}$$

$$\qquad+{}_nC_2(1-x^2)''(y'')^{(n-2)}$$

$$=(1-x^2)y^{(n+2)}+n(-2x)y^{(n+1)}$$

$$\qquad+\frac{n(n-1)}{2}(-2)y^{(n)}$$

$= (1-x^2)y^{(n+2)} - 2nxy^{(n+1)} - n(n-1)y^{(n)}$

$(xy')^{(n)} = x(y')^{(n)} + {}_nC_1(x)'(y')^{(n-1)}$
$\qquad\qquad = xy^{(n+1)} + ny^{(n)}$

よって，

$\{(1-x^2)y''\}^{(n)} - (xy')^{(n)} + a^2y^{(n)}$
$= (1-x^2)y^{(n+2)} - 2nxy^{(n+1)} - n(n-1)y^{(n)}$
$\quad - \{xy^{(n+1)} + ny^{(n)}\} + a^2y^{(n)}$
$= (1-x^2)y^{(n+2)} - (2n+1)xy^{(n+1)}$
$\quad + (a^2-n^2)y^{(n)}$

よって，

$(1-x^2)y^{(n+2)} - (2n+1)xy^{(n+1)}$
$\qquad\qquad\qquad + (a^2-n^2)y^{(n)} = 0$

ここで $x=0$ を代入すると，

$y^{(n+2)}(0) + (a^2-n^2)y^{(n)}(0) = 0$
$\therefore\ y^{(n+2)}(0) = (n^2-a^2)y^{(n)}(0)$

$y^{(0)}(0) = 0$ より，$y^{(2k)}(0) = 0$

$y^{(1)}(0) = a$ より，

$y^{(2k-1)}(0) = \{(2k-3)^2 - a^2\}y^{(2k-3)}(0)$
$= \{(2k-3)^2 - a^2\}\{(2k-5)^2 - a^2\}y^{(2k-5)}(0)$
$= \{(2k-3)^2 - a^2\}\{(2k-5)^2 - a^2\} \times$
$\quad \cdots \times (3^2 - a^2)(1^2 - a^2)y^{(1)}(0)$
$= a(1^2 - a^2)(3^2 - a^2)\cdots\{(2k-3)^2 - a^2\}$

2 (1) マクローリンの定理より，

$e^x = 1 + x + \dfrac{x^2}{2!} + \cdots + \dfrac{x^{n-1}}{(n-1)!} + \dfrac{e^{\theta x}}{n!}x^n$

すなわち，$R_n = \dfrac{e^{\theta x}}{n!}x^n$

(2) $\displaystyle\lim_{n\to\infty} R_n = \lim_{n\to\infty}\dfrac{e^{\theta x}}{n!}x^n = e^{\theta x}\lim_{n\to\infty}\dfrac{x^n}{n!}$

$\displaystyle\lim_{n\to\infty}\dfrac{x^n}{n!} = 0$ であることを示せばよい。

$|x| < N$ とする。

$n > N$ のとき，

$\left|\dfrac{x^n}{n!}\right| = \dfrac{|x|^n}{n!} = \dfrac{|x|}{1}\cdots\dfrac{|x|}{N-1}\dfrac{|x|}{N}\cdots\dfrac{|x|}{n}$

$\qquad < \dfrac{|x|}{1}\cdots\dfrac{|x|}{N-1}\dfrac{|x|}{N}\cdots\dfrac{|x|}{N}\quad(\because\ n>N)$

$\qquad = \dfrac{|x|}{1}\cdots\dfrac{|x|}{N-1}\left(\dfrac{|x|}{N}\right)^{n-N+1}$

$\qquad\qquad \to 0\ (n\to\infty)\quad \because\ \left(\dfrac{|x|}{N}<1\right)$

よって，$\displaystyle\lim_{n\to\infty}\dfrac{x^n}{n!} = 0$

(3) (1)より，

$e = 1 + 1 + \dfrac{1}{2!} + \dfrac{1}{3!} + \cdots + \dfrac{1}{(n-1)!} + \cdots$

$\therefore\ 2 < e$ は明らか。

$e = 1 + 1 + \dfrac{1}{2!} + \dfrac{1}{3!} + \cdots + \dfrac{1}{(n-1)!} + \cdots$

$\quad < 1 + 1 + \dfrac{1}{2} + \dfrac{1}{2^2} + \cdots + \dfrac{1}{2^{n-2}} + \cdots$

$\quad = 1 + \dfrac{1}{1-\dfrac{1}{2}} = 3 \qquad \therefore\ e < 3$

3 $F(t) = f(t) - g(t)$ とおくと，平均値の定理より，$F(1) - F(0) = F'(t_0)$ を満たす t_0 $(0 < t_0 < 1)$ が存在する。

$F(0) = f(0) - g(0) = 0,$
$F(1) = f(1) - g(1) = 0,$
$F'(t) = f'(t) - g'(t)$

だから，$f'(t_0) = g'(t_0)$ を満たす t_0 $(0 < t_0 < 1)$ が存在する。

$\therefore\ \dfrac{d\boldsymbol{x}}{dt}(t_0) = (f'(t_0),\ g'(t_0)) = (k,\ k)$

$\qquad\qquad = k\overrightarrow{OA}$

（ただし，$f'(t_0) = g'(t_0) = k$）

4 (1) $f'(x) = \dfrac{1\cdot\sqrt{x^2+1} - x\cdot\dfrac{x}{\sqrt{x^2+1}}}{x^2+1}$

$= \dfrac{(x^2+1) - x^2}{(x^2+1)\sqrt{x^2+1}} = \dfrac{1}{(x^2+1)\sqrt{x^2+1}} > 0$

よって，$f(x)$ は単調増加関数。

$g'(x) = \dfrac{1}{\sqrt{1 - \dfrac{x^2}{x^2+1}}}\left(\dfrac{x}{\sqrt{x^2+1}}\right)'$

$\quad = \sqrt{x^2+1}\cdot\dfrac{1}{(x^2+1)\sqrt{x^2+1}} = \dfrac{1}{x^2+1} > 0$

よって，$g(x)$ は単調増加関数。

(2) $h'(x) = -\sin\left(\sin^{-1}\dfrac{x}{\sqrt{x^2+1}}\right)$

$\qquad\qquad \times \left(\sin^{-1}\dfrac{x}{\sqrt{x^2+1}}\right)'$

$\qquad = -\dfrac{x}{\sqrt{x^2+1}}\cdot\dfrac{1}{x^2+1}$

$\qquad = -\dfrac{x}{(x^2+1)\sqrt{x^2+1}}$

(3) $F(x) = h(x) - \dfrac{1}{\sqrt{x^2+1}}$

$\quad F'(x) = h'(x) - \left(\dfrac{1}{\sqrt{x^2+1}}\right)'$

$\quad = -\dfrac{x}{(x^2+1)\sqrt{x^2+1}} - \left(-\dfrac{x}{(\sqrt{x^2+1})^3}\right) = 0$

ゆえに，$F(x)$ は定数。

また，$F(0)=h(0)-1=\cos 0-1=0$
よって，$F(x)$ が恒等的に 0 である。

第 2 章　不定積分

以下，C は積分定数を表す。

類題 2 － 1

(1) $\displaystyle\int x^2\cos x\,dx=x^2\sin x-\int 2x\sin x\,dx$

$\displaystyle=x^2\sin x-\left\{2x(-\cos x)-\int 2(-\cos x)\,dx\right\}$

$\displaystyle=x^2\sin x+2x\cos x-2\int\cos x\,dx$

$=x^2\sin x+2x\cos x-2\sin x+C$

(2) $\displaystyle\int x^2\log x\,dx=\frac{x^3}{3}\log x-\int\frac{x^3}{3}\frac{1}{x}\,dx$

$\displaystyle=\frac{x^3}{3}\log x-\frac{1}{3}\int x^2\,dx=\frac{x^3}{3}\log x-\frac{1}{9}x^3+C$

(3) $\displaystyle\int\tan^{-1}x\,dx=\int 1\cdot\tan^{-1}x\,dx$

$\displaystyle=x\tan^{-1}x-\int x\cdot\frac{1}{1+x^2}\,dx$

$\displaystyle=x\tan^{-1}x-\int\frac{x}{1+x^2}\,dx$

$\displaystyle=x\tan^{-1}x-\frac{1}{2}\log(1+x^2)+C$

類題 2 － 2

(1) $\sqrt{x+1}=t$ とおくと，$x=t^2-1$

$\qquad\therefore\quad dx=2t\,dt$

よって，$\displaystyle\int\frac{1}{x\sqrt{x+1}}\,dx=\int\frac{1}{(t^2-1)t}2t\,dt$

$\displaystyle=\int\frac{2}{t^2-1}\,dt=\int\left(\frac{1}{t-1}-\frac{1}{t+1}\right)dt$

$\displaystyle=\log|t-1|-\log|t+1|+C=\log\left|\frac{t-1}{t+1}\right|+C$

$\displaystyle=\log\left|\frac{\sqrt{x+1}-1}{\sqrt{x+1}+1}\right|+C$

(2) $\sqrt{e^x-1}=t$ とおくと，$e^x=t^2+1$

$\qquad\therefore\quad e^x\,dx=2t\,dt$

（**注**：$f(x)=g(t)$ ならば $f'(x)dx=g'(t)dt$）

よって，

$\displaystyle\int\frac{e^x}{\sqrt{e^x-1}}\,dx=\int\frac{1}{t}2t\,dt=\int 2\,dt=2t+C$

$=2\sqrt{e^x-1}+C$

類題 2 － 3

(1) $\displaystyle\int\frac{1}{x^3+3x}\,dx=\int\frac{1}{x(x^2+3)}\,dx$

$\displaystyle=\int\frac{1}{3}\left(\frac{1}{x}-\frac{x}{x^2+3}\right)dx$

$\displaystyle=\frac{1}{3}\left\{\log|x|-\frac{1}{2}\log(x^2+3)\right\}+C$

$\displaystyle=\frac{1}{6}\{2\log|x|-\log(x^2+3)\}+C$

$\displaystyle=\frac{1}{6}\log\frac{x^2}{x^2+3}+C$

(2) $\displaystyle\frac{1}{x^3+8}=\frac{1}{(x+2)(x^2-2x+4)}$

$\displaystyle=a\frac{1}{x+2}+\frac{bx+c}{x^2-2x+4}$

とすると，

$1=a(x^2-2x+4)+(bx+c)(x+2)$

$=(a+b)x^2+(-2a+2b+c)x+(4a+2c)$

係数比較して，

$a+b=0,\quad -2a+2b+c=0,\quad 4a+2c=1$

これを解くと，$a=\dfrac{1}{12},\quad b=-\dfrac{1}{12},\quad c=\dfrac{1}{3}$

よって，

$\displaystyle\int\frac{1}{x^3+8}\,dx$

$\displaystyle=\int\left(\frac{1}{12}\frac{1}{x+2}-\frac{1}{12}\frac{x-4}{x^2-2x+4}\right)dx$

$\displaystyle=\int\left(\frac{1}{12}\frac{1}{x+2}-\frac{1}{24}\frac{(2x-2)-6}{x^2-2x+4}\right)dx$

$\displaystyle=\frac{1}{12}\int\frac{1}{x+2}\,dx-\frac{1}{24}\int\frac{2x-2}{x^2-2x+4}\,dx$

$\displaystyle\qquad+\frac{1}{4}\int\frac{1}{(x-1)^2+3}\,dx$

$\displaystyle=\frac{1}{12}\int\frac{1}{x+2}\,dx-\frac{1}{24}\int\frac{2x-2}{x^2-2x+4}\,dx$

$\displaystyle\qquad+\frac{1}{12}\int\frac{1}{1+\left(\dfrac{x-1}{\sqrt{3}}\right)^2}\,dx$

$\displaystyle=\frac{1}{12}\log|x+2|-\frac{1}{24}\log(x^2-2x+4)$

$\displaystyle\qquad+\frac{\sqrt{3}}{12}\tan^{-1}\frac{x-1}{\sqrt{3}}+C$

$\displaystyle=\frac{1}{24}\left\{\log\frac{(x+2)^2}{x^2-2x+4}+2\sqrt{3}\tan^{-1}\frac{x-1}{\sqrt{3}}\right\}+C$

類題 2 － 4

(1) $\tan\dfrac{x}{2}=t$ とおくと，

$\sin x = \dfrac{2t}{1+t^2},\quad dx = \dfrac{2}{1+t^2}dt$ であるから,

$\displaystyle\int \dfrac{\sin x}{1+\sin x}dx = \int \dfrac{\dfrac{2t}{1+t^2}}{1+\dfrac{2t}{1+t^2}}\dfrac{2}{1+t^2}dt$

$\displaystyle = \int \dfrac{2t}{1+t^2+2t}\dfrac{2}{1+t^2}dt$

$\displaystyle = \int \dfrac{4t}{(1+t)^2(1+t^2)}dt$

$\displaystyle = \int 2\left\{\dfrac{1}{1+t^2}-\dfrac{1}{(1+t)^2}\right\}dt$

$\displaystyle = 2\left(\tan^{-1}t+\dfrac{1}{1+t}\right)+C$

$\displaystyle = 2\left\{\tan^{-1}\left(\tan\dfrac{x}{2}\right)+\dfrac{1}{1+\tan\dfrac{x}{2}}\right\}+C$

$\displaystyle = x+\dfrac{2}{1+\tan\dfrac{x}{2}}+C$

(2) $\tan\dfrac{x}{2}=t$ とおくと,

$\displaystyle\int\dfrac{1}{3\sin x+4\cos x}dx$

$\displaystyle = \int\dfrac{1}{3\dfrac{2t}{1+t^2}+4\dfrac{1-t^2}{1+t^2}}\dfrac{2}{1+t^2}dt$

$\displaystyle = \int\dfrac{2}{4+6t-4t^2}dt = \int\dfrac{1}{-2t^2+3t+2}dt$

$\displaystyle = \int\dfrac{1}{-(2t+1)(t-2)}dt$

$\displaystyle = \int\dfrac{1}{5}\left(\dfrac{2}{2t+1}-\dfrac{1}{t-2}\right)dt$

$\displaystyle = \dfrac{1}{5}(\log|2t+1|-\log|t-2|)+C$

$\displaystyle = \dfrac{1}{5}\log\left|\dfrac{2t+1}{t-2}\right|+C$

$\displaystyle = \dfrac{1}{5}\log\left|\dfrac{2\tan\dfrac{x}{2}+1}{\tan\dfrac{x}{2}-2}\right|+C$

類題 2 － 5

(1) $\displaystyle\int\cos^2 2x\,dx = \int\dfrac{1+\cos 4x}{2}dx$

$\displaystyle = \dfrac{1}{2}x+\dfrac{1}{8}\sin 4x+C$

(2) $\displaystyle\int\sin^3 x\,dx = \int\sin^2 x\cdot\sin x\,dx$

$\displaystyle = \int(1-\cos^2 x)\sin x\,dx$

$\displaystyle = \int(\sin x-\cos^2 x\cdot\sin x)\,dx$

$\displaystyle = -\cos x+\dfrac{1}{3}\cos^3 x+C$

(3) $\displaystyle\int\cos 4x\cos 3x\,dx$

$\displaystyle = \int\dfrac{1}{2}\{\cos(4x+3x)+\cos(4x-3x)\}\,dx$

$\displaystyle = \int\dfrac{1}{2}(\cos 7x+\cos x)\,dx$

$\displaystyle = \dfrac{1}{14}\sin 7x+\dfrac{1}{2}\sin x+C$

類題 2 － 6

(1) $\sqrt{x^2+1}=t-x$ とおくと,

$x^2+1=t^2-2tx+x^2\qquad\therefore\quad x=\dfrac{t^2-1}{2t}$

$\therefore\quad \dfrac{dx}{dt}=\dfrac{t^2+1}{2t^2}\qquad\therefore\quad dx=\dfrac{t^2+1}{2t^2}dt$

また, $1+\sqrt{x^2+1}=1+t-\dfrac{t^2-1}{2t}=\dfrac{(t+1)^2}{2t}$

よって,

$\displaystyle\int\dfrac{1}{1+\sqrt{x^2+1}}dx = \int\dfrac{2t}{(t+1)^2}\dfrac{t^2+1}{2t^2}dt$

$\displaystyle = \int\dfrac{t^2+1}{t(t+1)^2}dt = \int\left(\dfrac{1}{t}-\dfrac{2}{(t+1)^2}\right)dt$

$\displaystyle = \log|t|+\dfrac{2}{t+1}+C$

$\displaystyle = \log(\sqrt{x^2+1}+x)+\dfrac{2}{\sqrt{x^2+1}+x+1}+C$

(2) $\sqrt{x^2+1}=t$ とおくと, $x^2+1=t^2$

$\therefore\quad 2x\,dx=2t\,dt\qquad\therefore\quad x\,dx=t\,dt$

よって,

$\displaystyle\int\dfrac{1}{x\sqrt{x^2+1}}dx = \int\dfrac{1}{x^2\sqrt{x^2+1}}x\,dx$

$\displaystyle = \int\dfrac{1}{(t^2-1)t}t\,dt = \int\dfrac{1}{t^2-1}dt$

$\displaystyle = \int\dfrac{1}{2}\left(\dfrac{1}{t-1}-\dfrac{1}{t+1}\right)dt$

$\displaystyle = \dfrac{1}{2}(\log|t-1|-\log|t+1|)+C$

$\displaystyle = \dfrac{1}{2}\log\left|\dfrac{t-1}{t+1}\right|+C = \dfrac{1}{2}\log\left|\dfrac{\sqrt{x^2+1}-1}{\sqrt{x^2+1}+1}\right|+C$

類題 2 − 7

(1) $\displaystyle\int \frac{1}{\sqrt{3-2x-x^2}}dx$

$\displaystyle=\int \frac{1}{\sqrt{4-(x+1)^2}}dx$

$\displaystyle=\int \frac{1}{2\sqrt{1-\left(\dfrac{x+1}{2}\right)^2}}dx$

$\displaystyle=\sin^{-1}\frac{x+1}{2}+C$

(2) $\displaystyle\int \sqrt{2x-x^2}\,dx=\int \sqrt{1-(x-1)^2}\,dx$

ここで, $x-1=\sin\theta\ \left(-\dfrac{\pi}{2}\leqq\theta\leqq\dfrac{\pi}{2}\right)$ とおくと,

$\quad dx=\cos\theta d\theta$

よって,

$\displaystyle\int \sqrt{2x-x^2}\,dx=\int \sqrt{1-(x-1)^2}\,dx$

$\displaystyle=\int \sqrt{1-\sin^2\theta}\cos\theta d\theta=\int \cos^2\theta d\theta$

$\displaystyle=\int \frac{1+\cos 2\theta}{2}d\theta=\frac{1}{2}\theta+\frac{1}{4}\sin 2\theta+C$

$\displaystyle=\frac{1}{2}\theta+\frac{1}{2}\sin\theta\cos\theta+C$

$\displaystyle=\frac{1}{2}\theta+\frac{1}{2}\sin\theta\sqrt{1-\sin^2\theta}+C$

$\displaystyle=\frac{1}{2}\sin^{-1}(x-1)+\frac{1}{2}(x-1)\sqrt{1-(x-1)^2}+C$

$\displaystyle=\frac{1}{2}\sin^{-1}(x-1)+\frac{1}{2}(x-1)\sqrt{2x-x^2}+C$

第 2 章　章末問題　解答

1 (1) （注）$\arcsin x=\sin^{-1}x$

$\displaystyle\int \arcsin x dx=\int 1\cdot\arcsin x dx$

$\displaystyle=x\arcsin x-\int x\cdot\frac{1}{\sqrt{1-x^2}}dx$

$\displaystyle=x\arcsin x-\int \frac{x}{\sqrt{1-x^2}}dx$

$\displaystyle=x\arcsin x+\sqrt{1-x^2}+C$

(2) $\displaystyle\int \frac{1}{\sin x}dx=\int \frac{\sin x}{\sin^2 x}dx=\int \frac{\sin x}{1-\cos^2 x}dx$

$\displaystyle=\int \frac{1}{2}\left(\frac{\sin x}{1+\cos x}+\frac{\sin x}{1-\cos x}\right)dx$

$\displaystyle=\frac{1}{2}\{-\log(1+\cos x)+\log(1-\cos x)\}+C$

$\displaystyle=\frac{1}{2}\log\frac{1-\cos x}{1+\cos x}+C$

2 (1) $\displaystyle\int x\log x dx=\frac{x^2}{2}\log x-\int \frac{x^2}{2}\frac{1}{x}dx$

$\displaystyle=\frac{x^2}{2}\log x-\int \frac{x}{2}dx=\frac{x^2}{2}\log x-\frac{1}{4}x^2+C$

(2) $\displaystyle\frac{x^2-x+1}{(x-1)(x-2)^2}$

$\displaystyle=a\frac{1}{x-1}+b\frac{1}{x-2}+c\frac{1}{(x-2)^2}$ とすると,

$\quad x^2-x+1$

$\displaystyle=a(x-2)^2+b(x-1)(x-2)+c(x-1)$

$\displaystyle=(a+b)x^2+(-4a-3b+c)x$

$\displaystyle\qquad+(4a+2b-c)$

係数を比較して,

$a+b=1,\quad -4a-3b+c=-1,$

$4a+2b-c=1$

これを解くと, $a=1,\ b=0,\ c=3$

よって,

$\displaystyle\frac{x^2-x+1}{(x-1)(x-2)^2}=\frac{1}{x-1}+3\frac{1}{(x-2)^2}$

$\displaystyle\therefore\quad \int \frac{x^2-x+1}{(x-1)(x-2)^2}dx$

$\displaystyle=\int \left(\frac{1}{x-1}+3\frac{1}{(x-2)^2}\right)dx$

$\displaystyle=\log|x-1|-\frac{3}{x-2}+C$

3 $\displaystyle\int \frac{x}{x^2+2x+2}dx=\frac{1}{2}\int \frac{(2x+2)-2}{x^2+2x+2}dx$

$\displaystyle=\frac{1}{2}\left(\int \frac{2x+2}{x^2+2x+2}dx+\int \frac{-2}{x^2+2x+2}dx\right)$

$\displaystyle=\frac{1}{2}\left(\int \frac{2x+2}{x^2+2x+2}dx-2\int \frac{1}{1+(x+1)^2}dx\right)$

$\displaystyle=\frac{1}{2}\log(x^2+2x+2)-\tan^{-1}(x+1)+C$

4 $\displaystyle\frac{1}{x^4-1}=\frac{1}{2}\left(\frac{1}{x^2-1}-\frac{1}{x^2+1}\right)$

$\displaystyle=\frac{1}{2}\left\{\frac{1}{2}\left(\frac{1}{x-1}-\frac{1}{x+1}\right)-\frac{1}{x^2+1}\right\}$

$\displaystyle=\frac{1}{4}\left(\frac{1}{x-1}-\frac{1}{x+1}\right)-\frac{1}{2}\frac{1}{x^2+1}$

$\displaystyle\therefore\quad \int \frac{1}{x^4-1}dx$

$\displaystyle=\int \left\{\frac{1}{4}\left(\frac{1}{x-1}-\frac{1}{x+1}\right)-\frac{1}{2}\frac{1}{x^2+1}\right\}dx$

$\displaystyle=\frac{1}{4}(\log|x-1|-\log|x+1|)$

$\displaystyle\qquad-\frac{1}{2}\tan^{-1}x+C$

$$=\frac{1}{4}\log\left|\frac{x-1}{x+1}\right|-\frac{1}{2}\tan^{-1}x+C$$

5 $\dfrac{6x^2+2x}{x^3+3x^2-x-3}=\dfrac{6x^2+2x}{x^2(x+3)-(x+3)}$

$$=\frac{6x^2+2x}{(x^2-1)(x+3)}=\frac{6x^2+2x}{(x+1)(x-1)(x+3)}$$

$$\frac{6x^2+2x}{(x+1)(x-1)(x+3)}$$

$$=a\frac{1}{x+1}+b\frac{1}{x-1}+c\frac{1}{x+3}$$

とすると，

$6x^2+2x$

$=a(x-1)(x+3)+b(x+1)(x+3)$

$\qquad+c(x+1)(x-1)$

$=(a+b+c)x^2+(2a+4b)x$

$\qquad+(-3a+3b-c)$

係数を比較すると，

$a+b+c=6,\ 2a+4b=2,\ -3a+3b-c=0$

これを解くと，$a=-1,\ b=1,\ c=6$

よって，

$$\frac{6x^2+2x}{(x+1)(x-1)(x+3)}$$

$$=-\frac{1}{x+1}+\frac{1}{x-1}+\frac{6}{x+3}$$

$$\therefore\ \int\frac{6x^2+2x}{x^3+3x^2-x-3}dx$$

$$=\int\left(-\frac{1}{x+1}+\frac{1}{x-1}+\frac{6}{x+3}\right)dx$$

$$=-\log|x+1|+\log|x-1|$$

$$\qquad+6\log|x+3|+C$$

$$=\log\left|\frac{(x-1)(x+3)^6}{x+1}\right|+C$$

6 (1) $L_n=\displaystyle\int(\log x)^n dx=\int 1\cdot(\log x)^n dx$

$$=x(\log x)^n-\int x\cdot n(\log x)^{n-1}\frac{1}{x}dx$$

$$=x(\log x)^n-n\int(\log x)^{n-1}dx$$

$$=x(\log x)^n-nL_{n-1}$$

(2) $L_n=x(\log x)^n-nL_{n-1}$ の両辺を $(-1)^n n!$
で割ると，

$$\frac{L_n}{(-1)^n n!}=\frac{x(\log x)^n}{(-1)^n n!}+\frac{L_{n-1}}{(-1)^{n-1}(n-1)!}$$

$$\therefore\ \frac{L_n}{(-1)^n n!}-\frac{L_{n-1}}{(-1)^{n-1}(n-1)!}=\frac{x(\log x)^n}{(-1)^n n!}$$

これを 1，2，…，n まで和をとると，

$$\frac{L_n}{(-1)^n n!}-L_0=\sum_{k=1}^{n}\frac{x(\log x)^k}{(-1)^k k!}$$

$$\therefore\ L_n=(-1)^n n!\left\{L_0+\sum_{k=1}^{n}\frac{x(\log x)^k}{(-1)^k k!}\right\}$$

$$=(-1)^n n!\left\{x+\sum_{k=1}^{n}\frac{x(\log x)^k}{(-1)^k k!}\right\}+C$$

$$=(-1)^n n!\,x\left\{1+\sum_{k=1}^{n}\frac{(\log x)^k}{(-1)^k k!}\right\}+C$$

$$=(-1)^n n!\,x\Big\{1-(\log x)+\cdots$$

$$\qquad+\frac{(\log x)^n}{(-1)^n n!}\Big\}+C$$

第3章　定積分

類題 3－1

(1) $\displaystyle\int_0^1(\sin^{-1}x)^2 dx=\int_0^1 1\cdot(\sin^{-1}x)^2 dx$

$$=\Big[x\cdot(\sin^{-1}x)^2\Big]_0^1-\int_0^1 x\cdot 2(\sin^{-1}x)\frac{1}{\sqrt{1-x^2}}dx$$

$$=(\sin^{-1}1)^2-\int_0^1\frac{2x}{\sqrt{1-x^2}}\sin^{-1}x dx$$

$$=\left(\frac{\pi}{2}\right)^2-\Big[-2\sqrt{1-x^2}\sin^{-1}x\Big]_0^1$$

$$\qquad+\int_0^1(-2\sqrt{1-x^2})\frac{1}{\sqrt{1-x^2}}dx$$

$$=\frac{\pi^2}{4}+\int_0^1(-2)dx=\frac{\pi^2}{4}-2$$

(2) $x=\sqrt{3}\tan\theta$ とおくと，$dx=\dfrac{\sqrt{3}}{\cos^2\theta}d\theta$

また，$x:0\to\sqrt{3}$ のとき $\theta:0\to\dfrac{\pi}{4}$

$$\int_0^{\sqrt{3}}\frac{1}{\sqrt{3+x^2}}dx$$

$$=\int_0^{\frac{\pi}{4}}\frac{1}{\sqrt{3(1+\tan^2\theta)}}\ \frac{\sqrt{3}}{\cos^2\theta}d\theta$$

$$=\int_0^{\frac{\pi}{4}}\frac{\cos\theta}{\sqrt{3}}\ \frac{\sqrt{3}}{\cos^2\theta}d\theta=\int_0^{\frac{\pi}{4}}\frac{\cos\theta}{1-\sin^2\theta}d\theta$$

$$=\frac{1}{2}\int_0^{\frac{\pi}{4}}\left(\frac{\cos\theta}{1-\sin\theta}+\frac{\cos\theta}{1+\sin\theta}\right)d\theta$$

$$=\frac{1}{2}\Big[-\log(1-\sin\theta)+\log(1+\sin\theta)\Big]_0^{\frac{\pi}{4}}$$

$$=\frac{1}{2}\Big[\log\frac{1+\sin\theta}{1-\sin\theta}\Big]_0^{\frac{\pi}{4}}=\frac{1}{2}\log\frac{1+\dfrac{1}{\sqrt{2}}}{1-\dfrac{1}{\sqrt{2}}}$$

$$=\frac{1}{2}\log\frac{\sqrt{2}+1}{\sqrt{2}-1}=\frac{1}{2}\log\frac{(\sqrt{2}+1)^2}{2-1}$$

$$=\log(\sqrt{2}+1)$$

(3) $\displaystyle\int_0^{\frac{\pi}{3}}\sin 3x\sin 2x\,dx$

$$=-\frac{1}{2}\int_0^{\frac{\pi}{3}}(\cos 5x-\cos x)\,dx$$

$$(\because 和積公式)$$

$$=-\frac{1}{2}\left[\frac{1}{5}\sin 5x-\sin x\right]_0^{\frac{\pi}{3}}$$

$$=-\frac{1}{2}\left\{\frac{1}{5}\left(-\frac{\sqrt{3}}{2}\right)-\frac{\sqrt{3}}{2}\right\}=\frac{3\sqrt{3}}{10}$$

類題 3－2

(1) $\displaystyle\int_1^{\infty}\frac{dx}{\sqrt{x}\,(1+x)}=\lim_{\beta\to\infty}\int_1^{\beta}\frac{dx}{\sqrt{x}\,(1+x)}$

$\sqrt{x}=t$ とおくと，$x=t^2$ $\therefore$ $dx=2t\,dt$

また，$x:1\to\beta$ のとき $t:1\to\sqrt{\beta}$

$$\therefore\int_1^{\beta}\frac{dx}{\sqrt{x}\,(1+x)}=\int_1^{\sqrt{\beta}}\frac{1}{t(1+t^2)}2t\,dt$$

$$=\int_1^{\sqrt{\beta}}\frac{2}{1+t^2}dt=\left[2\tan^{-1}t\right]_1^{\sqrt{\beta}}$$

$$=2(\tan^{-1}\sqrt{\beta}-\tan^{-1}1)$$

$$=2\left(\tan^{-1}\sqrt{\beta}-\frac{\pi}{4}\right)$$

$$\therefore\int_1^{\infty}\frac{dx}{\sqrt{x}\,(1+x)}=\lim_{\beta\to\infty}\int_1^{\beta}\frac{dx}{\sqrt{x}\,(1+x)}$$

$$=\lim_{\beta\to\infty}2\left(\tan^{-1}\sqrt{\beta}-\frac{\pi}{4}\right)=2\left(\frac{\pi}{2}-\frac{\pi}{4}\right)=\frac{\pi}{2}$$

(2) $\displaystyle\int_{-\infty}^{\infty}\frac{dx}{\pi+x^2}=\lim_{\substack{\alpha\to-\infty\\\beta\to\infty}}\int_{\alpha}^{\beta}\frac{1}{\pi+x^2}dx$

$$=\lim_{\substack{\alpha\to-\infty\\\beta\to\infty}}\frac{1}{\pi}\int_{\alpha}^{\beta}\frac{1}{1+\left(\dfrac{x}{\sqrt{\pi}}\right)^2}dx$$

$$=\lim_{\substack{\alpha\to-\infty\\\beta\to\infty}}\frac{1}{\pi}\left[\sqrt{\pi}\tan^{-1}\frac{x}{\sqrt{\pi}}\right]_{\alpha}^{\beta}$$

$$=\lim_{\substack{\alpha\to-\infty\\\beta\to\infty}}\frac{\sqrt{\pi}}{\pi}\left(\tan^{-1}\frac{\beta}{\sqrt{\pi}}-\tan^{-1}\frac{\alpha}{\sqrt{\pi}}\right)$$

$$=\frac{\sqrt{\pi}}{\pi}\left(\frac{\pi}{2}-\left(-\frac{\pi}{2}\right)\right)=\sqrt{\pi}$$

類題 3－3

(1) $\displaystyle\sqrt{\frac{x}{1-x}}=t$ とおくと，

$$x=\frac{t^2}{1+t^2},\quad dx=\frac{2t}{(1+t^2)^2}dt$$

$$\therefore\int\sqrt{\frac{x}{1-x}}\,dx=\int t\cdot\frac{2t}{(1+t^2)^2}dt$$

$$=t\cdot\left(-\frac{1}{1+t^2}\right)-\int 1\cdot\left(-\frac{1}{1+t^2}\right)dt$$

$$=-\frac{t}{1+t^2}+\tan^{-1}t+C$$

$$=-\sqrt{x(1-x)}+\tan^{-1}\sqrt{\frac{x}{1-x}}+C$$

よって，

$$\int_0^1\sqrt{\frac{x}{1-x}}\,dx=\lim_{\beta\to 1-0}\int_0^{\beta}\sqrt{\frac{x}{1-x}}\,dx$$

$$=\lim_{\beta\to 1-0}\left[-\sqrt{x(1-x)}+\tan^{-1}\sqrt{\frac{x}{1-x}}\right]_0^{\beta}$$

$$=\lim_{\beta\to 1-0}\left(-\sqrt{\beta(1-\beta)}+\tan^{-1}\sqrt{\frac{\beta}{1-\beta}}\right)=\frac{\pi}{2}$$

(注) $\displaystyle\lim_{x\to+\infty}\tan^{-1}x=\frac{\pi}{2}$

(2) $\displaystyle\int_0^1\frac{1}{\sqrt{x(1-x)}}dx=\lim_{\substack{\alpha\to+0\\\beta\to1-0}}\int_{\alpha}^{\beta}\frac{1}{\sqrt{x(1-x)}}dx$

$$=\lim_{\substack{\alpha\to+0\\\beta\to1-0}}\int_{\alpha}^{\beta}\frac{1}{\sqrt{x-x^2}}dx$$

$$=\lim_{\substack{\alpha\to+0\\\beta\to1-0}}\int_{\alpha}^{\beta}\frac{1}{\sqrt{\dfrac{1}{4}-\left(x-\dfrac{1}{2}\right)^2}}dx$$

$$=\lim_{\substack{\alpha\to+0\\\beta\to1-0}}\int_{\alpha}^{\beta}\frac{2}{\sqrt{1-(2x-1)^2}}dx$$

$$=\lim_{\substack{\alpha\to+0\\\beta\to1-0}}\left[\sin^{-1}(2x-1)\right]_{\alpha}^{\beta}$$

$$=\lim_{\substack{\alpha\to+0\\\beta\to1-0}}\{\sin^{-1}(2\beta-1)-\sin^{-1}(2\alpha-1)\}$$

$$=\sin^{-1}1-\sin^{-1}(-1)=\frac{\pi}{2}-\left(-\frac{\pi}{2}\right)=\pi$$

類題 3－4

(1) $x>1$ のとき，$\tan^{-1}x>\dfrac{\pi}{4}$

$$\therefore\quad\frac{\tan^{-1}x}{x}>\frac{\pi}{4}\cdot\frac{1}{x}$$

$$\therefore\quad\int_1^{\infty}\frac{\tan^{-1}x}{x}dx\geqq\int_1^{\infty}\frac{\pi}{4}\cdot\frac{1}{x}dx$$

ここで，

$$\int_1^{\infty}\frac{\pi}{4}\cdot\frac{1}{x}dx=\lim_{\beta\to\infty}\int_1^{\beta}\frac{\pi}{4}\cdot\frac{1}{x}dx$$

$$=\lim_{\beta\to\infty}\frac{\pi}{4}\log\beta=\infty$$

よって，$\displaystyle\int_1^{\infty}\frac{\tan^{-1}x}{x}dx$ は発散する。

(2) $\displaystyle\int_1^\infty\left(\frac{\pi}{2}\cdot\frac{1}{x}-\frac{\tan^{-1}x}{x}\right)dx$

$\displaystyle=\int_1^\infty\frac{1}{x}\left(\frac{\pi}{2}-\tan^{-1}x\right)dx$

$f(x)=\dfrac{1}{x}-\dfrac{\pi}{2}+\tan^{-1}x$ とおく。

$f'(x)=-\dfrac{1}{x^2}+\dfrac{1}{1+x^2}=\dfrac{-(1+x^2)+x^2}{x^2(1+x^2)}$

$\qquad=-\dfrac{1}{x^2(1+x^2)}<0$

また，$\displaystyle\lim_{x\to\infty}f(x)=\lim_{x\to\infty}\left(\frac{1}{x}-\frac{\pi}{2}+\tan^{-1}x\right)=0$

$\therefore\ \ f(x)>0$　すなわち，$\dfrac{\pi}{2}-\tan^{-1}x<\dfrac{1}{x}$

$x>0$ のとき，$\dfrac{\pi}{2}-\tan^{-1}x<\dfrac{1}{x}$ より，

$\qquad\dfrac{1}{x}\left(\dfrac{\pi}{2}-\tan^{-1}x\right)<\dfrac{1}{x^2}$

$\therefore\ \ \dfrac{\pi}{2}\cdot\dfrac{1}{x}-\dfrac{\tan^{-1}x}{x}<\dfrac{1}{x^2}$

$\therefore\ \ \displaystyle\int_1^\infty\left(\frac{\pi}{2}\cdot\frac{1}{x}-\frac{\tan^{-1}x}{x}\right)dx\leqq\int_1^\infty\frac{1}{x^2}dx$

ここで，

$\qquad\displaystyle\int_1^\infty\frac{1}{x^2}dx=\lim_{\beta\to\infty}\int_1^\beta\frac{1}{x^2}dx$

$\qquad\qquad=\displaystyle\lim_{\beta\to\infty}\left(-\frac{1}{\beta}+1\right)=1<\infty$

よって，$\displaystyle\int_1^\infty\left(\frac{\pi}{2}\cdot\frac{1}{x}-\frac{\tan^{-1}x}{x}\right)dx$ は収束する。

類題 3 − 5

(1) $(e^{-x}\sin x)'=-e^{-x}\sin x+e^{-x}\cos x$

$\qquad\qquad\qquad\qquad\qquad\cdots\cdots①$

$\quad(e^{-x}\cos x)'=-e^{-x}\cos x-e^{-x}\sin x$　$\cdots\cdots②$

①＋② より，

$\quad(e^{-x}\sin x+e^{-x}\cos x)'=-2e^{-x}\sin x$

$\therefore\ \ \displaystyle\int e^{-x}\sin x\,dx=-\frac{1}{2}e^{-x}(\sin x+\cos x)+C$

(2) $k=0,\ 1,\ 2,\ \cdots$ として，

$\qquad\displaystyle\int_{\pi k}^{\pi(k+1)}e^{-x}|\sin x|\,dx$

$\quad=(-1)^k\displaystyle\int_{\pi k}^{\pi(k+1)}e^{-x}\sin x\,dx$

$\quad=(-1)^k\left[-\dfrac{1}{2}e^{-x}(\sin x+\cos x)\right]_{\pi k}^{\pi(k+1)}$

$\quad=(-1)^{k+1}\dfrac{1}{2}\Big\{e^{-\pi(k+1)}\cos\pi(k+1)$

$\qquad\qquad\qquad\qquad-e^{-\pi k}\cos\pi k\Big\}$

$\quad=(-1)^{k+1}\dfrac{1}{2}\{e^{-\pi(k+1)}(-1)^{k+1}-e^{-\pi k}(-1)^k\}$

$\quad=\dfrac{1}{2}\{e^{-\pi(k+1)}+e^{-\pi k}\}=\dfrac{1}{2}(e^{-\pi}+1)e^{-\pi k}$

$\therefore\ \ \displaystyle\int_0^\infty e^{-x}|\sin x|\,dx=\sum_{k=0}^\infty\frac{1}{2}(e^{-\pi}+1)e^{-\pi k}$

$\quad=\dfrac{\dfrac{1}{2}(e^{-\pi}+1)}{1-e^{-\pi}}$　（公比 $e^{-\pi}$ の無限等比級数）

$\quad=\dfrac{1}{2}\cdot\dfrac{1+e^{-\pi}}{1-e^{-\pi}}$　$\cdots\cdots$(答)

類題 3 − 6

(1) $B_a(m,\ n+1)=\displaystyle\int_0^a x^{m-1}(a-x)^n dx$

$\quad=\left[\dfrac{1}{m}x^m(a-x)^n\right]_0^a$

$\qquad-\displaystyle\int_0^a\frac{1}{m}x^m\{-n(a-x)^{n-1}\}\,dx$

$\quad=\dfrac{n}{m}\displaystyle\int_0^a x^m(a-x)^{n-1}dx=\frac{n}{m}B_a(m+1,\ n)$

(2) $B_a(m,\ n)=\dfrac{n-1}{m}B_a(m+1,\ n-1)$

$\quad=\dfrac{n-1}{m}\dfrac{n-2}{m+1}B_a(m+2,\ n-2)$

$\quad=\dfrac{n-1}{m}\dfrac{n-2}{m+1}\cdots\dfrac{1}{m+n-2}B_a(m+n-1,\ 1)$

ここで，

$\quad B_a(m+n-1,\ 1)$

$\quad=\displaystyle\int_0^a x^{(m+n-1)-1}(a-x)^{1-1}dx$

$\quad=\displaystyle\int_0^a x^{m+n-2}dx=\left[\frac{1}{m+n-1}x^{m+n-1}\right]_0^a$

$\quad=\dfrac{1}{m+n-1}a^{m+n-1}$

$\therefore\ \ B_a(m,\ n)$

$\quad=\dfrac{n-1}{m}\dfrac{n-2}{m+1}\cdots\dfrac{1}{m+n-2}\cdot B_a(m+n-1,\ 1)$

$\quad=\dfrac{n-1}{m}\dfrac{n-2}{m+1}\cdots\dfrac{1}{m+n-2}\cdot\dfrac{1}{m+n-1}a^{m+n-1}$

$\quad=\dfrac{(n-1)!\cdot(m-1)!}{(m+n-1)!}a^{m+n-1}$

類題 3 − 7

(1) $I_n=\displaystyle\int_0^1\frac{1}{(x^2+1)^n}dx$

$\quad=\left[x\cdot\dfrac{1}{(x^2+1)^n}\right]_0^1-\displaystyle\int_0^1 x\cdot(-2n)\frac{x}{(x^2+1)^{n+1}}dx$

$$=\frac{1}{2^n}+2n\int_0^1\frac{x^2}{(x^2+1)^{n+1}}dx$$

$$=\frac{1}{2^n}+2n\int_0^1\frac{(1+x^2)-1}{(x^2+1)^{n+1}}dx$$

$$=\frac{1}{2^n}+2n\int_0^1\left\{\frac{1}{(x^2+1)^n}-\frac{1}{(x^2+1)^{n+1}}\right\}dx$$

$$=\frac{1}{2^n}+2n(I_n-I_{n+1})$$

$$\therefore\ 2nI_{n+1}=(2n-1)I_n+\frac{1}{2^n}$$

$$\therefore\ I_{n+1}=\frac{2n-1}{2n}I_n+\frac{1}{n\cdot2^{n+1}}$$

(2) $I_1=\displaystyle\int_0^1\frac{1}{x^2+1}dx=\Bigl[\tan^{-1}x\Bigr]_0^1=\frac{\pi}{4}$

(1)の結果より,

$$I_2=\frac{1}{2}I_1+\frac{1}{4}=\frac{\pi}{8}+\frac{1}{4}$$

$$I_3=\frac{3}{4}I_2+\frac{1}{16}=\frac{3}{4}\left(\frac{\pi}{8}+\frac{1}{4}\right)+\frac{1}{16}$$

$$=\frac{3}{32}\pi+\frac{1}{4}$$

$$\therefore\ \int_0^1\frac{1}{(x^2+1)^3}dx=\frac{3}{32}\pi+\frac{1}{4}\quad\cdots\cdots(\text{答})$$

第3章 章末問題 解答

1 (1) $f(x)$ が奇関数とする。

すなわち, $f(-x)=-f(x)$ とする。

$$g(-x)=\int_0^{-x}t\cdot f(-x-t)\,dt$$

ここで, $-t=u$ とおくと, $dt=-du$

また, $t:0\to-x$ のとき $u:0\to x$

$$\therefore\ g(-x)=\int_0^{-x}t\cdot f(-x-t)\,dt$$

$$=\int_0^x(-u)\cdot f(-x+u)(-1)\,du$$

$$=\int_0^x u\cdot f(-x+u)\,du$$

$$=\int_0^x u\cdot\{-f(x-u)\}\,du$$

$$\qquad\qquad(\because\ f(x)\ \text{が奇関数})$$

$$=-\int_0^x u\cdot f(x-u)\,du=-g(x)$$

よって, $g(x)$ も奇関数。

次に, $f(x)$ が偶関数とする。

すなわち, $f(-x)=f(x)$ とする。

$$g(-x)=\int_0^{-x}t\cdot f(-x-t)\,dt$$

ここで, $-t=u$ とおくと, $dt=-du$

また, $t:0\to-x$ のとき $u:0\to x$

$$\therefore\ g(-x)=\int_0^{-x}t\cdot f(-x-t)\,dt$$

$$=\int_0^x(-u)\cdot f(-x+u)(-1)\,du$$

$$=\int_0^x u\cdot f(-x+u)\,du$$

$$=\int_0^x u\cdot f(x-u)\,du\quad(\because\ f(x)\ \text{が偶関数})$$

$$=g(x)$$

よって, $g(x)$ も偶関数。

(2) $g(x)=\displaystyle\int_0^x t\cdot f(x-t)\,dt$

ここで, $x-t=s$ とおくと, $dt=-ds$

また, $t:0\to x$ のとき $u:x\to0$

$$\therefore\ g(x)=\int_0^x t\cdot f(x-t)\,dt$$

$$=\int_x^0(x-s)\cdot f(s)(-1)\,ds$$

$$=\int_0^x(x-s)\cdot f(s)\,ds$$

$$=x\cdot\int_0^x f(s)\,ds-\int_0^x s\cdot f(s)\,ds$$

$$\therefore\ g'(x)=1\cdot\int_0^x f(s)\,ds+x\cdot f(x)-x\cdot f(x)$$

$$=\int_0^x f(s)\,ds$$

$$\therefore\ g''(x)=f(x)$$

よって, $f(x)=\cos x$ のとき $g''(x)=\cos x$

$$\int_0^x g''(s)\,ds=\int_0^x\cos s\,ds\ \text{より},$$

$$g'(x)-g'(0)=\sin x$$

$$\therefore\ g'(x)=\sin x\quad(\because\ g'(0)=0)$$

$$\int_0^x g'(s)\,ds=\int_0^x\sin s\,ds\ \text{より}$$

$$g(x)-g(0)=-\cos x+1$$

$$\therefore\ g(x)=-\cos x+1\quad(\because\ g(0)=0)$$

(3) $f(0)>0$ とする。

$g'(x)=\displaystyle\int_0^x f(s)\,ds$ より,

$$g'(0)=\int_0^0 f(s)\,ds=0$$

また, $g''(x)=f(x)$ より, $g''(0)=f(0)>0$

よって, $g(x)$ は $x=0$ で極小値をとる。

2 (1) $\sin x=2\sin\dfrac{x}{2}\cos\dfrac{x}{2}=2\tan\dfrac{x}{2}\cos^2\dfrac{x}{2}$

$$=\frac{2\tan\dfrac{x}{2}}{\dfrac{1}{\cos^2\dfrac{x}{2}}}=\frac{2\tan\dfrac{x}{2}}{1+\tan^2\dfrac{x}{2}}=\frac{2u}{1+u^2}$$

また，$\cos x = 2\cos^2\dfrac{x}{2} - 1$

$= 2\dfrac{1}{1+\tan^2\dfrac{x}{2}} - 1 = 2\dfrac{1}{1+u^2} - 1 = \dfrac{1-u^2}{1+u^2}$

(2)　$u = \tan\dfrac{x}{2}$ より，$du = \dfrac{1}{2}\dfrac{1}{\cos^2\dfrac{x}{2}}dx$

$du = \dfrac{1+\tan^2\dfrac{x}{2}}{2}dx = \dfrac{1+u^2}{2}dx$

$\therefore\quad dx = \dfrac{2}{1+u^2}du$

また，$x : 0 \to \dfrac{\pi}{2}$ のとき $u : 0 \to 1$

よって，

$I_1 = \displaystyle\int_0^{\frac{\pi}{2}} \dfrac{\sin x}{1+\sin x}dx$

$= \displaystyle\int_0^1 \dfrac{\dfrac{2u}{1+u^2}}{1+\dfrac{2u}{1+u^2}}\dfrac{2}{1+u^2}du$

$= \displaystyle\int_0^1 \dfrac{2u}{1+u^2+2u}\dfrac{2}{1+u^2}du$

$= \displaystyle\int_0^1 \dfrac{4u}{(1+u)^2(1+u^2)}du$

$= \displaystyle\int_0^1 2\left(\dfrac{1}{1+u^2} - \dfrac{1}{(1+u)^2}\right)du$

$= 2\left[\tan^{-1}u + \dfrac{1}{1+u}\right]_0^1 = 2\left\{\left(\dfrac{\pi}{4}+\dfrac{1}{2}\right)-1\right\}$

$= \dfrac{\pi}{2} - 1$

$I_2 = \displaystyle\int_0^{\frac{\pi}{2}} \dfrac{\cos x}{1+\cos x}dx$

$= \displaystyle\int_0^1 \dfrac{\dfrac{1-u^2}{1+u^2}}{1+\dfrac{1-u^2}{1+u^2}}\dfrac{2}{1+u^2}du$

$= \displaystyle\int_0^1 \dfrac{1-u^2}{2}\dfrac{2}{1+u^2}du$

$= \displaystyle\int_0^1 \dfrac{2-(1+u^2)}{1+u^2}du = \int_0^1\left(2\dfrac{1}{1+u^2}-1\right)du$

$= \left[2\tan^{-1}u - u\right]_0^1 = 2\cdot\dfrac{\pi}{4} - 1 = \dfrac{\pi}{2} - 1$

3　(1)　(i)　$n=0$ のとき

$\displaystyle\int \dfrac{1}{x^2+1}dx = \tan^{-1}x + C$

(ii)　$n=1$ のとき

$\displaystyle\int \dfrac{x}{x^2+1}dx = \dfrac{1}{2}\log(x^2+1) + C$

(iii)　$n=2$ のとき

$\displaystyle\int \dfrac{x^2}{x^2+1}dx = \int\left(1-\dfrac{1}{x^2+1}\right)dx$

$= x - \tan^{-1}x + C$

(2)　(i)　$n=0$ のとき

$\displaystyle\int_1^\infty \dfrac{1}{x^2+1}dx = \lim_{\beta\to\infty}\int_1^\beta \dfrac{1}{x^2+1}dx$

$= \displaystyle\lim_{\beta\to\infty}\left[\tan^{-1}x\right]_1^\beta = \lim_{\beta\to\infty}(\tan^{-1}\beta - \tan^{-1}1)$

$= \displaystyle\lim_{\beta\to\infty}\left(\tan^{-1}\beta - \dfrac{\pi}{4}\right) = \dfrac{\pi}{2} - \dfrac{\pi}{4} = \dfrac{\pi}{4}$

すなわち，収束して，和は $\dfrac{\pi}{4}$

(ii)　$n \geqq 1$ のとき

$\displaystyle\int_1^\infty \dfrac{x}{x^2+1}dx = \lim_{\beta\to\infty}\int_1^\beta \dfrac{x}{x^2+1}dx$

$= \displaystyle\lim_{\beta\to\infty}\left[\dfrac{1}{2}\log(x^2+1)\right]_1^\beta$

$= \displaystyle\lim_{\beta\to\infty}\dfrac{1}{2}\{\log(\beta^2+1)-\log 2\} = \infty$

よって，$\displaystyle\int_1^\infty \dfrac{x^n}{x^2+1}dx \geqq \int_1^\infty \dfrac{x}{x^2+1}dx = \infty$

だから，$\displaystyle\int_1^\infty \dfrac{x^n}{x^2+1}dx$ は発散する。

4　(1)　$0 \leqq x \leqq \dfrac{\pi}{2}$ のとき，$0 \leqq \sin x \leqq 1$

$\therefore\quad \sin^2 x \leqq \sin x \leqq 1$

辺々，$\sin^{2n-1}x$ をかけると，

$\sin^{2n+1}x \leqq \sin^{2n}x \leqq \sin^{2n-1}x$

(2)　$I_n = \displaystyle\int_0^{\frac{\pi}{2}}\sin^n x\,dx$

$= \displaystyle\int_0^{\frac{\pi}{2}}\sin x\cdot\sin^{n-1}x\,dx$

$= \left[(-\cos x)\sin^{n-1}x\right]_0^{\frac{\pi}{2}}$

$\qquad - \displaystyle\int_0^{\frac{\pi}{2}}(-\cos x)(n-1)\sin^{n-2}x\cos x\,dx$

$= 0 + (n-1)\displaystyle\int_0^{\frac{\pi}{2}}\sin^{n-2}x\cos^2 x\,dx$

$= (n-1)\displaystyle\int_0^{\frac{\pi}{2}}\sin^{n-2}x(1-\sin^2 x)\,dx$

$= (n-1)\displaystyle\int_0^{\frac{\pi}{2}}(\sin^{n-2}x-\sin^n x)\,dx$

$= (n-1)(I_{n-2} - I_n)$

$\therefore \quad nI_n = (n-1)I_{n-2}$ よって，$I_n = \dfrac{n-1}{n}I_{n-2}$

(3) (2)より，

$I_{2n} = \dfrac{2n-1}{2n}I_{2n-2} = \dfrac{2n-1}{2n}\cdot\dfrac{2n-3}{2n-2}I_{2n-4}$

$\quad = \dfrac{2n-1}{2n}\cdot\dfrac{2n-3}{2n-2}\cdots\dfrac{3}{4}I_2$

$\quad = \dfrac{2n-1}{2n}\cdot\dfrac{2n-3}{2n-2}\cdots\dfrac{3}{4}\cdot\dfrac{1}{2}I_0$

$I_{2n+1} = \dfrac{2n}{2n+1}I_{2n-1} = \dfrac{2n}{2n+1}\cdot\dfrac{2n-2}{2n-1}I_{2n-3}$

$\quad = \dfrac{2n}{2n+1}\cdot\dfrac{2n-2}{2n-1}\cdots\dfrac{2}{3}I_1$

(1)より，$\sin^{2n+1}x \leq \sin^{2n}x \leq \sin^{2n-1}x$ であるから，$0 < I_{2n+1} \leq I_{2n} \leq I_{2n-1}$

$\therefore \quad \dfrac{2n}{2n+1}\cdot\dfrac{2n-2}{2n-1}\cdots\dfrac{2}{3}I_1$

$\quad \leq \dfrac{2n-1}{2n}\cdot\dfrac{2n-3}{2n-2}\cdots\dfrac{3}{4}\cdot\dfrac{1}{2}I_0 \leq \dfrac{2n-2}{2n-1}\cdots\dfrac{2}{3}I_1$

ここで，

$\quad I_0 = \displaystyle\int_0^{\frac{\pi}{2}} dx = \dfrac{\pi}{2}, \quad I_1 = \int_0^{\frac{\pi}{2}} \sin x\,dx = 1$

だから，

$\quad \dfrac{2n}{2n+1}\cdot\dfrac{2n-2}{2n-1}\cdots\dfrac{2}{3}\cdot 1$

$\quad \leq \dfrac{2n-1}{2n}\cdot\dfrac{2n-3}{2n-2}\cdots\dfrac{3}{4}\cdot\dfrac{1}{2}\cdot\dfrac{\pi}{2}$

$\quad \leq \dfrac{2n-2}{2n-1}\cdots\dfrac{2}{3}\cdot 1$

$\therefore \quad \dfrac{1}{2n+1} \leq \left(\dfrac{2n-1}{2n}\cdot\dfrac{2n-3}{2n-2}\cdots\dfrac{3}{4}\cdot\dfrac{1}{2}\right)^2\dfrac{\pi}{2}$

$\qquad\qquad \leq \dfrac{1}{2n}$

$\therefore \quad 2n \leq \left(\dfrac{2n}{2n-1}\cdot\dfrac{2n-2}{2n-3}\cdots\dfrac{4}{3}\cdot\dfrac{2}{1}\right)^2\dfrac{2}{\pi} \leq 2n+1$

$\quad 2 \leq \dfrac{1}{n}\left(\dfrac{2n}{2n-1}\cdot\dfrac{2n-2}{2n-3}\cdots\dfrac{4}{3}\cdot\dfrac{2}{1}\right)^2\dfrac{2}{\pi} \leq 2+\dfrac{1}{n}$

$\quad \pi \leq \dfrac{1}{n}\left(\dfrac{2n}{2n-1}\cdot\dfrac{2n-2}{2n-3}\cdots\dfrac{4}{3}\cdot\dfrac{2}{1}\right)^2 \leq \pi+\dfrac{\pi}{2n}$

よって，はさみうちの原理により，

$\quad \displaystyle\lim_{n\to\infty}\dfrac{1}{n}\left(\dfrac{2n}{2n-1}\cdot\dfrac{2n-2}{2n-3}\cdots\dfrac{4}{3}\cdot\dfrac{2}{1}\right)^2 = \pi$

第4章　定積分の応用

類題 4 − 1

$x = \cos 2t$ より，$\dfrac{dx}{dt} = -2\sin 2t$

$y = \sin 3t$ より，$\dfrac{dy}{dt} = 3\cos 3t$

増減表およびグラフは次のようになる

t	0	$\cdots$	$\dfrac{\pi}{6}$	$\cdots$	$\dfrac{\pi}{3}$
$\dfrac{dx}{dt}$		$-$	$-$	$-$	
$\dfrac{dy}{dt}$		$+$	0	$-$	
x	1	$\searrow$	$\dfrac{1}{2}$	$\searrow$	$-\dfrac{1}{2}$
y	0	$\nearrow$	1	$\searrow$	0

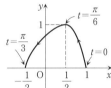

よって，

$S = \displaystyle\int_{-\frac{1}{2}}^{1} y\,dx = \int_{\frac{\pi}{3}}^{0} \sin 3t \cdot (-2\sin 2t)\,dt$

$\quad = 2\displaystyle\int_0^{\frac{\pi}{3}} \sin 3t \cdot \sin 2t\,dt$

$\quad = 2\displaystyle\int_0^{\frac{\pi}{3}} \left\{-\dfrac{1}{2}(\cos 5t - \cos t)\right\}dt$

$\quad = \displaystyle\int_0^{\frac{\pi}{3}} (\cos t - \cos 5t)\,dt = \left[\sin t - \dfrac{1}{5}\sin 5t\right]_0^{\frac{\pi}{3}}$

$\quad = \dfrac{\sqrt{3}}{2} - \dfrac{1}{5}\cdot\left(-\dfrac{\sqrt{3}}{2}\right) = \dfrac{3\sqrt{3}}{5}$

類題 4 − 2

曲線の対称性に注意すると，

$S = 4\displaystyle\int_0^{\frac{\pi}{4}} \dfrac{1}{2}r^2\,d\theta$

$\quad = 2\displaystyle\int_0^{\frac{\pi}{4}} r^2\,d\theta$

$\quad = 2\displaystyle\int_0^{\frac{\pi}{4}} 2a^2\cos 2\theta\,d\theta$

$\quad = 2\left[a^2\sin 2\theta\right]_0^{\frac{\pi}{4}} = 2a^2$

類題 4 − 3

$(y-1)^2 = 1+x$ より，$x = (y-1)^2 - 1$

$(y-1)^2 = 1-x$ より，$x = -(y-1)^2 + 1$

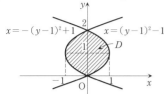

よって，領域 D は図のようになる。

(1)　$\displaystyle V_y = \pi \int_0^2 \{-(y-1)^2 + 1\}^2 dy$

$\displaystyle = \pi \int_0^2 (-y^2 + 2y)^2 dy$

$\displaystyle = \pi \int_0^2 (y^4 - 4y^3 + 4y^2) dy$

$\displaystyle = \pi \left[\frac{y^5}{5} - y^4 + \frac{4}{3}y^3 \right]_0^2$

$\displaystyle = \pi \left(\frac{32}{5} - 16 + \frac{32}{3} \right) = \frac{16}{15}\pi$

(2)　バームクーヘン型求積法により，

$\displaystyle V_x = 2 \int_0^2 2\pi y \{-(y-1)^2 + 1\} dy$

$\displaystyle = 4\pi \int_0^2 (-y^3 + 2y^2) dy$

$\displaystyle = 4\pi \left[-\frac{y^4}{4} + \frac{2}{3}y^3 \right]_0^2$

$\displaystyle = 4\pi \left(-4 + \frac{16}{3} \right) = \frac{16}{3}\pi$

類題 4 − 4

(1)　$x = t - \sin t$ より，$\dfrac{dx}{dt} = 1 - \cos t$

$y = 1 - \cos t$ より，$\dfrac{dy}{dt} = \sin t$

$\therefore \quad \sqrt{\left(\dfrac{dx}{dt} \right)^2 + \left(\dfrac{dy}{dt} \right)^2}$

$\displaystyle = \sqrt{(1-\cos t)^2 + (\sin t)^2} = \sqrt{2(1-\cos t)}$

$\displaystyle = \sqrt{2\left\{ 1 - \left(1 - 2\sin^2 \frac{t}{2} \right) \right\}} = \sqrt{4\sin^2 \frac{t}{2}}$

$\displaystyle = 2\sin \frac{t}{2} \quad (\because \quad 0 \leqq t \leqq 2\pi)$

よって，求める曲線の長さは，

$\displaystyle \int_0^{2\pi} 2\sin \frac{t}{2} dt = \left[-4\cos \frac{t}{2} \right]_0^{2\pi}$

$\displaystyle = -4(\cos \pi - \cos 0) = 8$

(2)　$y = \dfrac{2}{3}x\sqrt{x}$ より，$\dfrac{dy}{dx} = \sqrt{x}$

$\therefore \quad \sqrt{1 + \left(\dfrac{dy}{dx} \right)^2} = \sqrt{1+x}$

よって，求める曲線の長さは，

$\displaystyle \int_0^1 \sqrt{1+x}\, dx = \left[\frac{2}{3}(1+x)^{\frac{3}{2}} \right]_0^1 = \frac{2}{3}(2\sqrt{2} - 1)$

類題 4 − 5

(1)　$\dfrac{x^2}{a^2} + \dfrac{y^2}{b^2} = 1$ より，$y = \pm \dfrac{b}{a}\sqrt{a^2 - x^2}$

$\therefore \quad \sqrt{1 + \left(\dfrac{dy}{dx} \right)^2} = \sqrt{1 + \dfrac{b^2}{a^2} \cdot \dfrac{x^2}{a^2 - x^2}}$

$\displaystyle = \frac{\sqrt{a^4 - (a^2 - b^2)x^2}}{a\sqrt{a^2 - x^2}}$

よって，求める表面積は，

$\displaystyle S = \int_{-a}^a 2\pi \cdot \frac{b}{a}\sqrt{a^2 - x^2} \cdot \frac{\sqrt{a^4 - (a^2 - b^2)x^2}}{a\sqrt{a^2 - x^2}} dx$

$\displaystyle = \int_{-a}^a 2\pi \frac{b}{a^2} \sqrt{a^4 - (a^2 - b^2)x^2}\, dx$

$\displaystyle = 2\pi b \int_{-a}^a \sqrt{1 - k^2 x^2}\, dx \quad \left(k = \frac{\sqrt{a^2 - b^2}}{a^2} \right)$

ここで，

$\displaystyle \int \sqrt{1 - k^2 x^2}\, dx$

$\displaystyle = x\sqrt{1 - k^2 x^2} - \int x \left(-\frac{k^2 x}{\sqrt{1 - k^2 x^2}} \right) dx$

$\displaystyle = x\sqrt{1 - k^2 x^2} + \int \frac{k^2 x^2}{\sqrt{1 - k^2 x^2}} dx$

$\displaystyle = x\sqrt{1 - k^2 x^2} + \int \frac{1 - (1 - k^2 x^2)}{\sqrt{1 - k^2 x^2}} dx$

$\displaystyle = x\sqrt{1 - k^2 x^2} + \frac{1}{k}\sin^{-1} kx - \int \sqrt{1 - k^2 x^2}\, dx$

より，

$\displaystyle \int \sqrt{1 - k^2 x^2}\, dx$

$\displaystyle = \frac{1}{2}\left(x\sqrt{1 - k^2 x^2} + \frac{1}{k}\sin^{-1} kx \right) + C$

よって，

$\displaystyle S = 2\pi b \int_{-a}^a \sqrt{1 - k^2 x^2}\, dx$

$\displaystyle = 4\pi b \int_0^a \sqrt{1 - k^2 x^2}\, dx$

$\displaystyle = 4\pi b \left[\frac{1}{2}\left(x\sqrt{1 - k^2 x^2} + \frac{1}{k}\sin^{-1} kx \right) \right]_0^a$

$\displaystyle = 2\pi b \left(a\sqrt{1 - k^2 a^2} + \frac{1}{k}\sin^{-1} ka \right)$

$\displaystyle = 2\pi ab \left(\sqrt{1 - k^2 a^2} + \frac{1}{ka}\sin^{-1} ka \right)$

$$=2\pi ab\left(\sqrt{1-e^2}+\frac{1}{e}\sin^{-1}e\right)\left(e=\frac{\sqrt{a^2-b^2}}{a}\right)$$

(2) $\begin{cases} x=a\cos^3 t \\ y=a\sin^3 t \end{cases}$ より，

$$\frac{dx}{dt}=-3a\cos^2 t\sin t, \quad \frac{dy}{dt}=3a\sin^2 t\cos t$$

$$\therefore \quad \sqrt{\left(\frac{dx}{dt}\right)^2+\left(\frac{dy}{dt}\right)^2}=\sqrt{9a^2\sin^2 t\cos^2 t}$$

$$=3a\sin t\cos t$$

よって，求める表面積は，

$$S=2\int_0^{\frac{\pi}{2}}2\pi\cdot a\sin^3 t\cdot 3a\sin t\cos t\,dt$$

$$=12\pi a^2\int_0^{\frac{\pi}{2}}\sin^4 t\cdot\cos t\,dt$$

$$=12\pi a^2\left[\frac{1}{5}\sin^5 t\right]_0^{\frac{\pi}{2}}=\frac{12}{5}\pi a^2$$

第4章 章末問題 解答

1 (1) $\dfrac{dy}{dx}=\dfrac{\dfrac{dy}{dt}}{\dfrac{dx}{dt}}=\dfrac{\cos t-t\sin t}{\cos t}$

$t=\dfrac{\pi}{4}$ のとき，

$$\frac{dy}{dx}=\frac{\cos\frac{\pi}{4}-\frac{\pi}{4}\sin\frac{\pi}{4}}{\cos\frac{\pi}{4}}=\frac{\frac{1}{\sqrt{2}}-\frac{\pi}{4}\frac{1}{\sqrt{2}}}{\frac{1}{\sqrt{2}}}$$

$$=1-\frac{\pi}{4} \quad \therefore \quad f'(x_0)=1-\frac{\pi}{4}$$

また，$P(x_0,\ y_0)=\left(\dfrac{1}{\sqrt{2}},\ \dfrac{\pi}{4\sqrt{2}}\right)$ より，接

線は，

$$y-\frac{\pi}{4\sqrt{2}}=\left(1-\frac{\pi}{4}\right)\left(x-\frac{1}{\sqrt{2}}\right)$$

$$\therefore \quad y=\left(1-\frac{\pi}{4}\right)x+\frac{\pi}{2\sqrt{2}}-\frac{1}{\sqrt{2}}$$

(2) $\dfrac{d^2y}{dx^2}=\dfrac{\dfrac{d}{dt}\left(\dfrac{dy}{dx}\right)}{\dfrac{d}{dt}x}$

$$\frac{d}{dt}\left(\frac{dy}{dx}\right)=\frac{d}{dt}\left(\frac{\cos t-t\sin t}{\cos t}\right)$$

$$=\frac{d}{dt}(1-t\tan t)$$

$$=-\left(\tan t+t\frac{1}{\cos^2 t}\right)$$

$$\therefore \quad \frac{d^2y}{dx^2}=\frac{-\left(\tan t+t\dfrac{1}{\cos^2 t}\right)}{\cos t}$$

$t=\dfrac{\pi}{4}$ のとき，$\dfrac{d^2y}{dx^2}=\dfrac{-\left(1+\dfrac{\pi}{2}\right)}{\dfrac{1}{\sqrt{2}}}$

$$=-\sqrt{2}-\frac{\pi}{\sqrt{2}}$$

$$\therefore \quad f''(x_0)=-\sqrt{2}-\frac{\pi}{\sqrt{2}}$$

(3) 曲線 C の概形は図のようになり，求める面積は，

$$S=\int_0^1 y\,dx$$

$$=\int_0^{\frac{\pi}{2}}t\cos t\cdot\cos t\,dt$$

$$=\int_0^{\frac{\pi}{2}}t\cos^2 t\,dt$$

$$=\int_0^{\frac{\pi}{2}}t\frac{1+\cos 2t}{2}\,dt$$

$$=\frac{1}{2}\int_0^{\frac{\pi}{2}}t(1+\cos 2t)\,dt$$

$$=\frac{1}{2}\left\{\left[t\left(t+\frac{1}{2}\sin 2t\right)\right]_0^{\frac{\pi}{2}}\right.$$

$$\left.-\int_0^{\frac{\pi}{2}}\left(t+\frac{1}{2}\sin 2t\right)dt\right\}$$

$$=\frac{1}{2}\left\{\frac{\pi^2}{4}-\left[\frac{t^2}{2}-\frac{1}{4}\cos 2t\right]_0^{\frac{\pi}{2}}\right\}$$

$$=\frac{1}{2}\left\{\frac{\pi^2}{4}-\frac{\pi^2}{8}+\frac{1}{4}(-1-1)\right\}=\frac{\pi^2}{16}-\frac{1}{4}$$

2 (1) $f(x)=e^{\frac{x}{2}}\sin\frac{\sqrt{3}}{2}x$

$$f'(x)=\frac{1}{2}e^{\frac{x}{2}}\cdot\sin\frac{\sqrt{3}}{2}x+e^{\frac{x}{2}}\cdot\frac{\sqrt{3}}{2}\cos\frac{\sqrt{3}}{2}x$$

$$=\frac{1}{2}e^{\frac{x}{2}}\cdot\left(\sin\frac{\sqrt{3}}{2}x+\sqrt{3}\cos\frac{\sqrt{3}}{2}x\right)$$

$$=\frac{1}{2}e^{\frac{x}{2}}\cdot 2\sin\left(\frac{\sqrt{3}}{2}x+\frac{\pi}{3}\right)$$

$$=e^{\frac{x}{2}}\sin\left(\frac{\sqrt{3}}{2}x+\frac{\pi}{3}\right)$$

$$f''(x)=\frac{1}{2}e^{\frac{x}{2}}\cdot\sin\left(\frac{\sqrt{3}}{2}x+\frac{\pi}{3}\right)$$

$$+e^{\frac{x}{2}} \cdot \frac{\sqrt{3}}{2} \cos\left(\frac{\sqrt{3}}{2}x + \frac{\pi}{3}\right)$$

$$= \frac{1}{2}e^{\frac{x}{2}} \cdot \left\{\sin\left(\frac{\sqrt{3}}{2}x + \frac{\pi}{3}\right)\right.$$

$$+ \sqrt{3} \cos\left(\frac{\sqrt{3}}{2}x + \frac{\pi}{3}\right)\Big\}$$

$$= \frac{1}{2}e^{\frac{x}{2}} \cdot 2\sin\left(\frac{\sqrt{3}}{2}x + \frac{\pi}{3} + \frac{\pi}{3}\right)$$

$$= e^{\frac{x}{2}} \sin\left(\frac{\sqrt{3}}{2}x + \frac{2\pi}{3}\right)$$

$$\cdots\cdots\cdots\cdots\cdots$$

$$\therefore \quad f^{(n)}(x) = e^{\frac{x}{2}} \sin\left(\frac{\sqrt{3}}{2}x + \frac{n\pi}{3}\right)$$

(2)

$$\left(e^{\frac{x}{2}} \sin\frac{\sqrt{3}}{2}x\right)'$$

$$= \frac{1}{2}e^{\frac{x}{2}} \sin\frac{\sqrt{3}}{2}x + \frac{\sqrt{3}}{2}e^{\frac{x}{2}} \cos\frac{\sqrt{3}}{2}x \quad \cdots\cdots①$$

$$\left(e^{\frac{x}{2}} \cos\frac{\sqrt{3}}{2}x\right)'$$

$$= \frac{1}{2}e^{\frac{x}{2}} \cos\frac{\sqrt{3}}{2}x - \frac{\sqrt{3}}{2}e^{\frac{x}{2}} \sin\frac{\sqrt{3}}{2}x \quad \cdots\cdots②$$

①$-$②$\times\sqrt{3}$ より，

$$\left(e^{\frac{x}{2}} \sin\frac{\sqrt{3}}{2}x - \sqrt{3}\,e^{\frac{x}{2}} \cos\frac{\sqrt{3}}{2}x\right)'$$

$$= 2e^{\frac{x}{2}} \sin\frac{\sqrt{3}}{2}x$$

よって，$f(x)$ の原始関数を 1 つは，

$$\frac{1}{2}e^{\frac{x}{2}}\left(\sin\frac{\sqrt{3}}{2}x - \sqrt{3}\cos\frac{\sqrt{3}}{2}x\right)$$

(3) $\displaystyle\int_{-\frac{2}{\sqrt{3}}\pi k}^{\frac{2}{\sqrt{3}}\pi(-k+1)} e^{\frac{x}{2}} \sin\frac{\sqrt{3}}{2}x\,dx$

$$= \left[\frac{1}{2}e^{\frac{x}{2}}\left(\sin\frac{\sqrt{3}}{2}x - \sqrt{3}\cos\frac{\sqrt{3}}{2}x\right)\right]_{-\frac{2}{\sqrt{3}}\pi k}^{\frac{2}{\sqrt{3}}\pi(-k+1)}$$

$$= \frac{\sqrt{3}}{2}\left\{-e^{\frac{1}{\sqrt{3}}\pi(-k+1)}\cos\pi(-k+1)\right.$$

$$\left.+ e^{-\frac{1}{\sqrt{3}}\pi k}\cos(-\pi k)\right\}$$

$$= \frac{\sqrt{3}}{2}e^{-\frac{1}{\sqrt{3}}\pi(k-1)}\left\{-(-1)^{-k+1}\right.$$

$$\left.+ e^{-\frac{1}{\sqrt{3}}\pi}(-1)^{-k}\right\}$$

$$= (-1)^{-k}\frac{\sqrt{3}}{2}e^{-\frac{1}{\sqrt{3}}\pi(k-1)}\left(1 + e^{-\frac{1}{\sqrt{3}}\pi}\right)$$

$$\therefore \quad \left|\int_{-\frac{2}{\sqrt{3}}\pi k}^{\frac{2}{\sqrt{3}}\pi(-k+1)} e^{\frac{x}{2}} \sin\frac{\sqrt{3}}{2}x\,dx\right|$$

$$= \frac{\sqrt{3}}{2}e^{-\frac{1}{\sqrt{3}}\pi(k-1)}\left(1 + e^{-\frac{1}{\sqrt{3}}\pi}\right)$$

よって，

$$\sum_{k=1}^{n} \frac{\sqrt{3}}{2}e^{-\frac{1}{\sqrt{3}}\pi(k-1)}\left(1 + e^{-\frac{1}{\sqrt{3}}\pi}\right)$$

$$= \frac{\sqrt{3}}{2}\left(1 + e^{-\frac{1}{\sqrt{3}}\pi}\right)\frac{1 - \left(e^{-\frac{1}{\sqrt{3}}\pi}\right)^n}{1 - e^{-\frac{1}{\sqrt{3}}\pi}}$$

$$\to \quad \frac{\sqrt{3}}{2}\cdot\frac{1 + e^{-\frac{1}{\sqrt{3}}\pi}}{1 - e^{-\frac{1}{\sqrt{3}}\pi}} \qquad (n \to \infty)$$

したがって，$x \leqq 0$ において曲線 $y = f(x)$ と x 軸で囲まれた全領域の面積は有限であると考えてよい。

3 (1)

(2) $(x-a)^2 + y^2 = r^2$ より，$x = a \pm \sqrt{r^2 - y^2}$
よって，

$$V = \pi\int_{-r}^{r} (a + \sqrt{r^2 - y^2})^2\,dy$$

$$- \pi\int_{-r}^{r} (a - \sqrt{r^2 - y^2})^2\,dy$$

$$= \pi\int_{-r}^{r} 4a\sqrt{r^2 - y^2}\,dy = 4\pi a\int_{-r}^{r} \sqrt{r^2 - y^2}\,dy$$

$$= 4\pi a\cdot\frac{\pi r^2}{2} = 2\pi^2 a r^2$$

4 (1) $g(x) = \log\left(\dfrac{\cos\dfrac{x}{2} + \sin\dfrac{x}{2}}{\cos\dfrac{x}{2} - \sin\dfrac{x}{2}}\right)$

$$= \log\left|\cos\frac{x}{2} + \sin\frac{x}{2}\right| - \log\left|\cos\frac{x}{2} - \sin\frac{x}{2}\right|$$

より，

$$g'(x) = \frac{1}{\cos\dfrac{x}{2} + \sin\dfrac{x}{2}}\times\frac{1}{2}\left(-\sin\frac{x}{2} + \cos\frac{x}{2}\right)$$

$$- \frac{1}{\cos\dfrac{x}{2} - \sin\dfrac{x}{2}}\times\frac{1}{2}\left(-\sin\frac{x}{2} - \cos\frac{x}{2}\right)$$

$$=\frac{-\sin\frac{x}{2}+\cos\frac{x}{2}}{2\left(\cos\frac{x}{2}+\sin\frac{x}{2}\right)}+\frac{\sin\frac{x}{2}+\cos\frac{x}{2}}{2\left(\cos\frac{x}{2}-\sin\frac{x}{2}\right)}$$

$$=\frac{\left(-\sin\frac{x}{2}+\cos\frac{x}{2}\right)^2+\left(\sin\frac{x}{2}+\cos\frac{x}{2}\right)^2}{2\left(\cos\frac{x}{2}+\sin\frac{x}{2}\right)\left(\cos\frac{x}{2}-\sin\frac{x}{2}\right)}$$

$$=\frac{2}{2\left(\cos^2\frac{x}{2}-\sin^2\frac{x}{2}\right)}=\frac{1}{\cos x}$$

(2) 求める曲線の長さを L とすると,

$$L=\int_0^{\frac{\pi}{3}}\sqrt{1+\{f'(x)\}^2}\,dx$$

$$=\int_0^{\frac{\pi}{3}}\sqrt{1+\{\tan x\}^2}\,dx$$

$$=\int_0^{\frac{\pi}{3}}\sqrt{\frac{1}{\cos^2 x}}\,dx=\int_0^{\frac{\pi}{3}}\frac{1}{\cos x}\,dx$$

$$=\Big[g(x)\Big]_0^{\frac{\pi}{3}}\quad(\because\ (1)\text{より})$$

$$=g\left(\frac{\pi}{3}\right)-g(0)$$

$$=\log\left(\frac{\frac{\sqrt3}{2}+\frac{1}{2}}{\frac{\sqrt3}{2}-\frac{1}{2}}\right)-\log\left(\frac{1+0}{1-0}\right)$$

$$=\log(2+\sqrt3)$$

5 題意の球は円 $x^2+y^2=a^2$ を x 軸のまわりに回転して得られる回転体である。
よって,その体積は,

$$V=\pi\int_{-a}^a y^2\,dx=\pi\int_{-a}^a(a^2-x^2)\,dx$$

$$=2\pi\int_0^a(a^2-x^2)\,dx=2\pi\left[a^2x-\frac{x^3}{3}\right]_0^a$$

$$=\frac{4}{3}\pi a^3$$

また,$x^2+y^2=a^2$ より,$y=\pm\sqrt{a^2-x^2}$

$$\therefore\ y'=\mp\frac{x}{\sqrt{a^2-x^2}}$$

$$\therefore\ \sqrt{1+\left(\frac{dy}{dx}\right)^2}=\sqrt{1+\frac{x^2}{a^2-x^2}}=\frac{a}{\sqrt{a^2-x^2}}$$

よって,求める表面積は,

$$S=\int_{-a}^a 2\pi\cdot\sqrt{a^2-x^2}\cdot\frac{a}{\sqrt{a^2-x^2}}\,dx$$

$$=\int_{-a}^a 2\pi a\,dx=2\pi a\cdot 2a=4\pi a^2$$

第5章 級 数

類題5－1

(1) 部分和を S_n とする。

$$S_n=\sum_{k=1}^n\frac{1}{k^2+4k+3}$$

$$=\sum_{k=1}^n\frac{1}{(k+1)(k+3)}$$

$$=\frac{1}{2}\sum_{k=1}^n\left(\frac{1}{k+1}-\frac{1}{k+3}\right)$$

$$=\frac{1}{2}\left(\frac{1}{2}+\frac{1}{3}-\frac{1}{n+2}-\frac{1}{n+3}\right)$$

$$\therefore\ \lim_{n\to\infty}S_n=\frac{1}{2}\left(\frac{1}{2}+\frac{1}{3}\right)=\frac{5}{12}$$

よって,収束して和は $\dfrac{5}{12}$

(2) $\displaystyle\sum_{n=1}^\infty nr^{n-1}\quad(-1<r<1)$

部分和を $S_n=\displaystyle\sum_{k=1}^n kr^{k-1}$ とする。

$$S_n=1+2r+3r^2+\cdots+nr^{n-1}\qquad\cdots\cdots①$$

$$rS_n=\quad r+2r^2+\cdots+(n-1)r^{n-1}+nr^n$$
$$\qquad\cdots\cdots②$$

①－② より,

$$(1-r)S_n=1+r+r^2+\cdots+r^{n-1}-nr^n$$

$$=\frac{1-r^n}{1-r}-nr^n$$

$$\therefore\ S_n=\frac{1-r^n}{(1-r)^2}-\frac{nr^n}{1-r}$$

$$\therefore\ \lim_{n\to\infty}S_n=\frac{1}{(1-r)^2}$$

よって,収束して和は $\dfrac{1}{(1-r)^2}$

類題5－2

(1) $\dfrac{1}{\sqrt{n+1}}\geqq\dfrac{1}{\sqrt n+\sqrt n}=\dfrac{1}{2\sqrt n}$

ここで,$\displaystyle\sum_{n=1}^\infty\frac{1}{2\sqrt n}=\frac{1}{2}\sum_{n=1}^\infty\frac{1}{n^{\frac{1}{2}}}$ は発散する。

したがって,$\displaystyle\sum_{n=1}^\infty\frac{1}{\sqrt{n+1}}$ は発散する。

(2) $\dfrac{n}{n^3+1}<\dfrac{n}{n^3}=\dfrac{1}{n^2}$

ここで,$\displaystyle\sum_{n=1}^\infty\frac{1}{n^2}$ は収束する。

したがって,$\displaystyle\sum_{n=1}^\infty\frac{n}{n^3+1}$ は収束する。

類題 5 － 3

(1) $a_n = \dfrac{1 \cdot 2 \cdot 3 \cdot \cdots \cdot n}{1 \cdot 3 \cdot 5 \cdot \cdots \cdot (2n-1)}$ とおく。

$\displaystyle \lim_{n \to \infty} \dfrac{a_{n+1}}{a_n}$

$= \displaystyle \lim_{n \to \infty} \dfrac{1 \cdot 2 \cdot \cdots \cdot (n+1)}{1 \cdot 3 \cdot \cdots \cdot (2n+1)} \cdot \dfrac{1 \cdot 3 \cdot \cdots \cdot (2n-1)}{1 \cdot 2 \cdot \cdots \cdot n}$

$= \displaystyle \lim_{n \to \infty} \dfrac{n+1}{2n+1} = \lim_{n \to \infty} \dfrac{1 + \dfrac{1}{n}}{2 + \dfrac{1}{n}} = \dfrac{1}{2} < 1$

ダランベールの判定法により，

$\displaystyle \sum_{n=1}^{\infty} \dfrac{1 \cdot 2 \cdot 3 \cdot \cdots \cdot n}{1 \cdot 3 \cdot 5 \cdot \cdots \cdot (2n-1)}$ は収束する。

(2) $a_n = \left(1 - \dfrac{1}{n} \right)^{n^2}$ とおく。

$\displaystyle \lim_{n \to \infty} \sqrt[n]{a_n} = \lim_{n \to \infty} \left(1 - \dfrac{1}{n} \right)^n = \lim_{n \to \infty} \left(\dfrac{n-1}{n} \right)^n$

$= \displaystyle \lim_{n \to \infty} \dfrac{1}{\left(\dfrac{n}{n-1} \right)^n}$

$= \displaystyle \lim_{n \to \infty} \dfrac{1}{\left(1 + \dfrac{1}{n-1} \right)^{n-1} \left(1 + \dfrac{1}{n-1} \right)} = \dfrac{1}{e} < 1$

コーシーの判定法により，

$\displaystyle \sum_{n=1}^{\infty} \left(1 - \dfrac{1}{n} \right)^{n^2}$ は収束する。

類題 5 － 4

(1) $u_n = \left| \dfrac{(n+1)^n}{n!} x^n \right| = \dfrac{(n+1)^n}{n!} |x|^n$ とおくと，

$\displaystyle \lim_{n \to \infty} \dfrac{u_{n+1}}{u_n} = \lim_{n \to \infty} \dfrac{(n+2)^{n+1} |x|^{n+1}}{(n+1)!} \cdot \dfrac{n!}{(n+1)^n |x|^n}$

$= \displaystyle \lim_{n \to \infty} \left(\dfrac{n+2}{n+1} \right)^{n+1} |x|$

$= \displaystyle \lim_{n \to \infty} \left(1 + \dfrac{1}{n+1} \right)^{n+1} |x| = e|x|$

$e|x| = 1$ とすると，$|x| = \dfrac{1}{e}$

よって，収束半径は $\dfrac{1}{e}$

(2) $\displaystyle \sum_{n=1}^{\infty} \dfrac{1}{(n+1) \cdot 2^n} x^{2n-1}$

$u_n = \left| \dfrac{1}{(n+1) \cdot 2^n} x^{2n-1} \right| = \dfrac{1}{(n+1) \cdot 2^n} |x|^{2n-1}$

とおくと，

$\displaystyle \lim_{n \to \infty} \dfrac{u_{n+1}}{u_n} = \lim_{n \to \infty} \dfrac{|x|^{2n+1}}{(n+2) \cdot 2^{n+1}} \cdot \dfrac{(n+1) \cdot 2^n}{|x|^{2n-1}}$

$= \displaystyle \lim_{n \to \infty} \dfrac{n+1}{2(n+2)} |x|^2 = \lim_{n \to \infty} \dfrac{1 + \dfrac{1}{n}}{2 \left(1 + \dfrac{2}{n} \right)} |x|^2$

$= \dfrac{|x|^2}{2}$

$\dfrac{|x|^2}{2} = 1$ とおくと，$|x| = \sqrt{2}$

よって，収束半径は $\sqrt{2}$

類題 5 － 5

$u_n = |(\sqrt{n+1} - \sqrt{n})x^n|$

$\quad = (\sqrt{n+1} - \sqrt{n})|x|^n$ とおく。

$\displaystyle \lim_{n \to \infty} \dfrac{u_{n+1}}{u_n} = \lim_{n \to \infty} \dfrac{(\sqrt{n+2} - \sqrt{n+1})|x|^{n+1}}{(\sqrt{n+1} - \sqrt{n})|x|^n}$

$= \displaystyle \lim_{n \to \infty} \dfrac{\sqrt{n+2} - \sqrt{n+1}}{\sqrt{n+1} - \sqrt{n}} |x|$

$= \displaystyle \lim_{n \to \infty} \dfrac{\{(n+2) - (n+1)\}(\sqrt{n+1} + \sqrt{n})}{\{(n+1) - n\}(\sqrt{n+2} + \sqrt{n+1})} |x|$

$= \displaystyle \lim_{n \to \infty} \dfrac{\sqrt{n+1} + \sqrt{n}}{\sqrt{n+2} + \sqrt{n+1}} |x|$

$= \displaystyle \lim_{n \to \infty} \dfrac{\sqrt{1 + \dfrac{1}{n}} + 1}{\sqrt{1 + \dfrac{2}{n}} + \sqrt{1 + \dfrac{1}{n}}} |x| = |x|$

よって，収束半径は 1

(i) $x = 1$ のとき

$\displaystyle \sum_{n=0}^{\infty} (\sqrt{n+1} - \sqrt{n})x^n = \sum_{n=0}^{\infty} (\sqrt{n+1} - \sqrt{n})$

部分和は $\displaystyle \sum_{k=0}^{n} (\sqrt{k+1} - \sqrt{k}) = \sqrt{n+1}$ である

から，これは発散する。

(ii) $x = -1$ のとき

$\displaystyle \sum_{n=0}^{\infty} (\sqrt{n+1} - \sqrt{n})x^n = \sum_{n=0}^{\infty} (\sqrt{n+1} - \sqrt{n})(-1)^n$

これは交代級数であり，

$\sqrt{n+1} - \sqrt{n} = \dfrac{1}{\sqrt{n+1} + \sqrt{n}}$ が単調に減少し

て 0 に収束するので，ライプニッツの定理に

より，

$\displaystyle \sum_{n=0}^{\infty} (\sqrt{n+1} - \sqrt{n})(-1)^n$ は収束する。

以上より，求める収束域は，$-1 \leqq x < 1$

類題 5 － 6

(1) $f(x) = \sin^2 x = \dfrac{1 - \cos 2x}{2}$ より，

$f'(x) = \sin 2x$

$$f''(x)=2\cos 2x=2\sin\left(2x+\frac{\pi}{2}\right)$$

$$f'''(x)=2^2\cos\left(2x+\frac{\pi}{2}\right)=2^2\sin\left(2x+\frac{2\pi}{2}\right)$$

$$\cdots\cdots\cdots\cdots\cdots$$

$$f^{(n)}(x)=2^{n-1}\sin\left(2x+\frac{n-1}{2}\pi\right)$$

$$\therefore\quad f^{(n)}(0)=2^{n-1}\sin\frac{n-1}{2}\pi$$

$$=\begin{cases}0 & (n=2k-1)\\ 2^{2k-1}\sin\dfrac{2k-1}{2}\pi & (n=2k)\end{cases}$$

$$=\begin{cases}0 & (n=2k-1)\\ 2^{2k-1}(-1)^{k-1} & (n=2k)\end{cases}$$

よって，

$$f(x)=x^2-\frac{1}{3}x^4+\cdots+(-1)^{m-1}\frac{2^{2m-1}}{(2m)!}x^{2m}+\cdots$$

(2) $f(x)=\log\dfrac{1+x}{1-x}$

$$=\log(1+x)-\log(1-x)$$

$$\therefore\quad f'(x)=\frac{1}{1+x}+\frac{1}{1-x}$$

ここで，無限等比級数の和の公式に注意して，

$$\frac{1}{1+x}=\frac{1}{1-(-x)}$$

$$=1-x+x^2-\cdots+(-1)^{n-1}x^{n-1}+\cdots$$

$$\frac{1}{1-x}=1+x+x^2+\cdots+x^{n-1}+\cdots$$

よって，

$$f'(x)=\frac{1}{1+x}+\frac{1}{1-x}$$

$$=2+2x^2+\cdots+2x^{2m-2}+\cdots$$

これを項別積分すると，

$$f(x)=2x+\frac{2}{3}x^3+\cdots+\frac{2}{2m-1}x^{2m-1}+\cdots$$

（注）　$f(0)=0$

類題 5－7

(1) $(x\cos x)'=\cos x-x\sin x$

$$(x\cos x)''=-\sin x-(\sin x+x\cos x)$$
$$=-2\sin x-x\cos x$$
$$(x\cos x)'''=-2\cos x-(\cos x-x\sin x)$$
$$=-3\cos x+x\sin x$$

$$\therefore\quad x\cos x=0+1\cdot x+\frac{0}{2!}x^2+\frac{-3}{3!}x^3+\cdots$$

$$=x-\frac{1}{2}x^3+\cdots$$

次に，$\{\log(1+3x)\}'=3(1+3x)^{-1}$

$$\{\log(1+3x)\}''=-3^2(1+3x)^{-2}$$
$$\{\log(1+3x)\}'''=3^3\cdot 2(1+3x)^{-3}$$

$$\therefore\quad \log(1+3x)=0+3x+\frac{-9}{2!}x^2+\frac{54}{3!}x^3+\cdots$$

$$=3x-\frac{9}{2}x^2+9x^3-\cdots$$

(2) $\displaystyle\lim_{x\to 0}\left\{\frac{1}{\log(1+3x)}-\frac{1}{3x\cos x}\right\}$

$$=\lim_{x\to 0}\left\{\frac{1}{3x-\frac{9}{2}x^2+9x^3-\cdots}-\frac{1}{3\left(x-\frac{1}{2}x^3+\cdots\right)}\right\}$$

$$=\lim_{x\to 0}\frac{3\left(x-\frac{1}{2}x^3+\cdots\right)-\left(3x-\frac{9}{2}x^2+9x^3-\cdots\right)}{\left(3x-\frac{9}{2}x^2+9x^3-\cdots\right)\cdot 3\left(x-\frac{1}{2}x^3+\cdots\right)}$$

$$=\lim_{x\to 0}\frac{\frac{9}{2}x^2-\frac{21}{2}x^3+\cdots}{\left(3x-\frac{9}{2}x^2+9x^3-\cdots\right)\cdot 3\left(x-\frac{1}{2}x^3+\cdots\right)}$$

$$=\lim_{x\to 0}\frac{\frac{9}{2}-\frac{21}{2}x+\cdots}{\left(3-\frac{9}{2}x+9x^2+\cdots\right)\cdot 3\left(1-\frac{1}{2}x^2+\cdots\right)}$$

$$=\frac{\frac{9}{2}}{3\cdot 3}=\frac{1}{2}$$

第5章　章末問題　解答

1 (1) $\displaystyle S_N=\sum_{n=1}^{N}u_n=\sum_{n=1}^{N}\frac{1}{n(n+1)(n+3)}$

$$=\frac{1}{3}\sum_{n=1}^{N}\left(\frac{1}{n(n+1)}-\frac{1}{(n+1)(n+3)}\right)$$

$$=\frac{1}{3}\left(\sum_{n=1}^{N}\frac{1}{n(n+1)}-\sum_{n=1}^{N}\frac{1}{(n+1)(n+3)}\right)$$

$$=\frac{1}{3}\left(\sum_{n=1}^{N}\left(\frac{1}{n}-\frac{1}{n+1}\right)\right.$$
$$\left.-\frac{1}{2}\sum_{n=1}^{N}\left(\frac{1}{n+1}-\frac{1}{n+3}\right)\right)$$

$$=\frac{1}{3}\left(1-\frac{1}{N+1}\right)$$
$$-\frac{1}{6}\left(\frac{1}{2}+\frac{1}{3}-\frac{1}{N+2}-\frac{1}{N+3}\right)$$

$$=\frac{7}{36}-\frac{1}{3}\cdot\frac{1}{N+1}+\frac{1}{6}\cdot\frac{1}{N+2}+\frac{1}{6}\cdot\frac{1}{N+3}$$

$$\therefore \quad S = \lim_{N \to \infty} S_N = \frac{7}{36}$$

(2)　$S_N = 3r + 4r^2 + \cdots + (N+2)r^N$

$\quad r \cdot S_N = \quad 3r^2 + \cdots + (N+1)r^N + (N+2)r^{N+1}$

辺々引き算すると，

$(1-r)S_N = 3r + r^2 + r^3 + \cdots + r^N - (N+2)r^{N+1}$

$\quad = 2r + (r + r^2 + r^3 + \cdots + r^N) - (N+2)r^{N+1}$

$\quad = 2r + \dfrac{r(1-r^N)}{1-r} - (N+2)r^{N+1}$

$\quad = \dfrac{r(3-2r) - (N+3)r^{N+1} + (N+2)r^{N+2}}{1-r}$

よって，

$$S_N = \frac{r(3-2r) - (N+3)r^{N+1} + (N+2)r^{N+2}}{(1-r)^2}$$

$$\therefore \quad S = \lim_{N \to \infty} S_N = \frac{r(3-2r)}{(1-r)^2}$$

2　$u_n = \left| \dfrac{(-1)^n x^n}{2^n \sqrt{n}} \right|$ とおくと，$u_n = \dfrac{|x|^n}{2^n \sqrt{n}}$

$\therefore \quad \lim_{n \to \infty} \dfrac{u_{n+1}}{u_n} = \lim_{n \to \infty} \dfrac{|x|^{n+1}}{2^{n+1}\sqrt{n+1}} \cdot \dfrac{2^n \sqrt{n}}{|x|^n}$

$\quad = \lim_{n \to \infty} \dfrac{\sqrt{n}}{2\sqrt{n+1}} |x| = \lim_{n \to \infty} \dfrac{1}{2\sqrt{1 + \dfrac{1}{n}}} |x|$

$\quad = \dfrac{1}{2} |x|$

よって，収束半径は 2 である。

次に，$x = 2, \ -2$ における収束・発散を調べる。

(i)　$x = 2$ のとき

$$\sum_{n=1}^{\infty} \frac{(-1)^n x^n}{2^n \sqrt{n}} = \sum_{n=1}^{\infty} \frac{(-1)^n}{\sqrt{n}}$$

ライプニッツの定理により，これは収束する。

(ii)　$x = -2$ のとき

$$\sum_{n=1}^{\infty} \frac{(-1)^n x^n}{2^n \sqrt{n}} = \sum_{n=1}^{\infty} \frac{1}{\sqrt{n}} \quad \text{これは発散する。}$$

以上より，べき級数 $\displaystyle\sum_{n=1}^{\infty} \dfrac{(-1)^n x^n}{2^n \sqrt{n}}$ が収束する x の範囲は，$-2 < x \leqq 2$

3　(1)　$f'(x) = \dfrac{1}{2}(1+x)^{-\frac{1}{2}}$

$f''(x) = \dfrac{1}{2}\left(-\dfrac{1}{2}\right)(1+x)^{-\frac{3}{2}}$

$f'''(x) = \dfrac{1}{2}\left(-\dfrac{1}{2}\right)\left(-\dfrac{3}{2}\right)(1+x)^{-\frac{5}{2}}$

よって，$n \geqq 2$ のとき

$f^{(n)}(x)$

$= (-1)^{n-1} \dfrac{1 \cdot 3 \cdot 5 \cdot \cdots \cdot (2n-3)}{2^n} (1+x)^{-\frac{2n-1}{2}}$

(2)　(1)より，$f'(0) = \dfrac{1}{2}$

$f^{(n)}(0) = (-1)^{n-1} \dfrac{1 \cdot 3 \cdot 5 \cdot \cdots \cdot (2n-3)}{2^n} \quad (n \geqq 2)$

$\therefore \quad f(x) = 1 + \dfrac{1}{2}x - \dfrac{1}{8}x^2 + \cdots$

$\qquad\qquad + (-1)^{n-1} \dfrac{1 \cdot 3 \cdot \cdots \cdot (2n-3)}{2^n \cdot n!} x^n + \cdots$

(3)　$\sqrt{101} = 10\sqrt{1 + \dfrac{1}{100}}$

$= 10\left(1 + \dfrac{1}{2} \cdot \dfrac{1}{100} - \dfrac{1}{8} \cdot \dfrac{1}{10000}\right.$

$\qquad \left. + \dfrac{1}{16} \cdot \dfrac{1}{1000000} + \cdots \right)$

$= 10 + \dfrac{1}{2} \cdot \dfrac{1}{10} - \dfrac{1}{8} \cdot \dfrac{1}{1000} + \dfrac{1}{16} \cdot \dfrac{1}{100000} + \cdots$

$= 10 + 0.05 - 0.000125 + 0.000000625 + \cdots$

$\fallingdotseq 10 + 0.05 - 0.000125 = 10.049875$

よって，小数第 5 位までを記すと，10.04987

4　(1)　$f(x) = x\cos x$ より，

$f'(x) = \cos x - x\sin x$

$f''(x) = -\sin x - (\sin x + x\cos x)$

$\qquad = -2\sin x - x\cos x$

$f'''(x) = -2\cos x - (\cos x - x\sin x)$

$\qquad = -3\cos x + x\sin x$

よって，$f(x) = x - \dfrac{1}{2}x^3 + \cdots$

(2)　$g(x) = \log(1+x)$ より，

$g'(x) = \dfrac{1}{1+x}, \quad g''(x) = -\dfrac{1}{(1+x)^2},$

$g'''(x) = \dfrac{1 \cdot 2}{(1+x)^3}$

よって，$g(x) = x - \dfrac{1}{2}x^2 + \dfrac{1}{3}x^3 - \cdots$

(3)　$h(x) = x\sin x$ とおくと，

$h'(x) = \sin x + x\cos x$

$h''(x) = \cos x + (\cos x - x\sin x)$

$\qquad = 2\cos x - x\sin x$

$h'''(x) = -2\sin x - (\sin x + x\cos x)$

$\qquad = -3\sin x - x\cos x$

$h^{(4)}(x) = -3\cos x - (\cos x - x\sin x)$

$\qquad = -4\cos x + x\sin x$

よって，$h(x) = x^2 - \dfrac{1}{6}x^4 + \cdots$

以上より，

$$\lim_{x \to 0} \frac{x \cos x - \log(1+x)}{x \sin x}$$

$$= \lim_{x \to 0} \frac{\left(x - \dfrac{1}{2}x^3 + \cdots\right) - \left(x - \dfrac{1}{2}x^2 + \dfrac{1}{3}x^3 + \cdots\right)}{x^2 - \dfrac{1}{6}x^4 + \cdots}$$

$$= \lim_{x \to 0} \frac{\dfrac{1}{2}x^2 - \dfrac{5}{6}x^3 + \cdots}{x^2 - \dfrac{1}{6}x^4 + \cdots} = \lim_{x \to 0} \frac{\dfrac{1}{2} - \dfrac{5}{6}x + \cdots}{1 - \dfrac{1}{6}x^2 + \cdots} = \frac{1}{2}$$

また，$\displaystyle \lim_{x \to 0} \frac{x \log(1+x)}{e^{x^2} - 1}$

$$= \lim_{x \to 0} \frac{x\left(x - \dfrac{1}{2}x^2 + \dfrac{1}{3}x^3 - \cdots\right)}{\left(1 + x^2 + \dfrac{1}{2}x^4 + \cdots\right) - 1}$$

$$= \lim_{x \to 0} \frac{x^2 - \dfrac{1}{2}x^3 + \dfrac{1}{3}x^4 - \cdots}{x^2 + \dfrac{1}{2}x^4 + \cdots}$$

$$= \lim_{x \to 0} \frac{1 - \dfrac{1}{2}x + \dfrac{1}{3}x^2 - \cdots}{1 + \dfrac{1}{2}x^2 + \cdots} = 1$$

第 6 章　偏微分

類題 6 − 1

(1) $z = x^y$ $(x > 0)$

第 1 次偏導関数：

$$z_x = yx^{y-1}, \quad z_y = x^y \log x$$

第 2 次偏導関数：

$$z_{xx} = (z_x)_x = (yx^{y-1})_x = y(y-1)x^{y-2}$$

$$z_{yy} = (z_y)_y = (x^y \log x)_y = x^y (\log x)^2$$

$$z_{xy} = (z_x)_y = (yx^{y-1})_y = 1 \cdot x^{y-1} + y \cdot x^{y-1} \log x$$
$$= x^{y-1}(1 + y \log x) \quad (= z_{yx})$$

(2) $z = \tan^{-1} \dfrac{y}{x}$

第 1 次偏導関数：

$$z_x = \frac{1}{1 + \left(\dfrac{y}{x}\right)^2} \times \left(\frac{y}{x}\right)_x$$

$$= \frac{1}{1 + \left(\dfrac{y}{x}\right)^2} \times \left(-\frac{y}{x^2}\right) = -\frac{y}{x^2 + y^2}$$

$$z_y = \frac{1}{1 + \left(\dfrac{y}{x}\right)^2} \times \left(\frac{y}{x}\right)_y = \frac{1}{1 + \left(\dfrac{y}{x}\right)^2} \times \frac{1}{x}$$

$$= \frac{x}{x^2 + y^2}$$

第 2 次偏導関数：

$$z_{xx} = (z_x)_x = \left(-\frac{y}{x^2 + y^2}\right)_x = -y\left(\frac{1}{x^2 + y^2}\right)_x$$

$$= -y\left\{-\frac{2x}{(x^2 + y^2)^2}\right\} = \frac{2xy}{(x^2 + y^2)^2}$$

$$z_{yy} = (z_y)_y = \left(\frac{x}{x^2 + y^2}\right)_y = x\left(\frac{1}{x^2 + y^2}\right)_y$$

$$= x\left\{-\frac{2y}{(x^2 + y^2)^2}\right\} = -\frac{2xy}{(x^2 + y^2)^2}$$

$$z_{xy} = (z_x)_y = \left(-\frac{y}{x^2 + y^2}\right)_y = -\left(\frac{y}{x^2 + y^2}\right)_y$$

$$= -\frac{1 \cdot (x^2 + y^2) - y \cdot 2y}{(x^2 + y^2)^2} = \frac{-x^2 + y^2}{(x^2 + y^2)^2}$$

類題 6 − 2

(1) $z_x = 6xy + y, \quad z_y = 3x^2 + x$

点 $(1, -1, -4)$ において，$z_x = -7, \ z_y = 4$

よって，接平面の方程式は，

$$z + 4 = -7(x - 1) + 4(y + 1)$$

$$\therefore \quad 7x - 4y + z - 7 = 0$$

また，法線の方程式は，

$$\frac{x - 1}{7} = \frac{y + 1}{-4} = \frac{z + 4}{1}$$

(2) $z_x = -\dfrac{x}{\sqrt{9 - x^2 - y^2}}, \quad z_y = -\dfrac{y}{\sqrt{9 - x^2 - y^2}}$

点 $(1, 2, 2)$ において，$z_x = -\dfrac{1}{2}, \ z_y = -1$

よって，接平面の方程式は，

$$z - 2 = -\frac{1}{2}(x - 1) - (y - 2)$$

$$\therefore \quad x + 2y + 2z - 9 = 0$$

また，法線の方程式は，

$$\frac{x - 1}{1} = \frac{y - 2}{2} = \frac{z - 2}{2}$$

類題 6 − 3

(1) $F(x, y, z) = \sqrt{x} + \sqrt{y} + \sqrt{z} - 1$ とおく
と，

$$F_x = \frac{1}{2\sqrt{x}}, \quad F_y = \frac{1}{2\sqrt{y}}, \quad F_z = \frac{1}{2\sqrt{z}}$$

点 $\left(\dfrac{1}{4}, \dfrac{1}{9}, \dfrac{1}{36}\right)$ において，

$$F_x = 1, \quad F_y = \frac{3}{2}, \quad F_z = 3$$

よって，接平面の方程式は，

$$\left(x-\frac{1}{4}\right)+\frac{3}{2}\left(y-\frac{1}{9}\right)+3\left(z-\frac{1}{36}\right)=0$$

$$\therefore\quad 2x+3y+6z-1=0$$

また，法線の方程式は，

$$\frac{x-\dfrac{1}{4}}{2}=\frac{y-\dfrac{1}{9}}{3}=\frac{z-\dfrac{1}{36}}{6}$$

(2)　$F(x,\ y,\ z)=x^2+y^2+z^2-9$

　　$F_x=2x,\quad F_y=2y,\quad F_z=2z$

点 $(1,\ 2,\ 2)$ において，

　　$F_x=2,\quad F_y=4,\quad F_z=4$

よって，接平面の方程式は，

　　$2(x-1)+4(y-2)+4(z-2)=0$

　　$\therefore\quad x+2y+2z-9=0$

また，法線の方程式は，

$$\frac{x-1}{1}=\frac{y-2}{2}=\frac{z-2}{2}$$

類題 6 − 4

$$\frac{dz}{dt}=z_x\frac{dx}{dt}+z_y\frac{dy}{dt}=z_x(-\sin t)+z_y\cos t$$
$$=-z_x\sin t+z_y\cos t$$

次に，

$$\frac{d^2z}{dt^2}=\frac{d}{dt}\left(\frac{dz}{dt}\right)=\frac{d}{dt}(-z_x\sin t+z_y\cos t)$$

ここで，

$$\frac{d}{dt}(-z_x\sin t)$$
$$=-\left\{\frac{d}{dt}(z_x)\sin t+z_x\frac{d}{dt}(\sin t)\right\}$$
$$=-\left\{\left(z_{xx}\frac{dx}{dt}+z_{xy}\frac{dy}{dt}\right)\sin t+z_x\cos t\right\}$$
$$=-\{(z_{xx}(-\sin t)+z_{xy}\cos t)\sin t+z_x\cos t\}$$
$$=z_{xx}\sin^2 t-z_{xy}\sin t\cos t-z_x\cos t$$

$$\frac{d}{dt}(z_y\cos t)$$
$$=\frac{d}{dt}(z_y)\cos t+z_y\frac{d}{dt}(\cos t)$$
$$=\left(z_{yx}\frac{dx}{dt}+z_{yy}\frac{dy}{dt}\right)\cos t+z_y(-\sin t)$$
$$=\{z_{yx}(-\sin t)+z_{yy}\cos t\}\cos t+z_y(-\sin t)$$
$$=-z_{yx}\sin t\cos t+z_{yy}\cos^2 t-z_y\sin t$$

よって，

$$\frac{d^2z}{dt^2}=\frac{d}{dt}(-z_x\sin t)+\frac{d}{dt}(z_y\cos t)$$
$$=z_{xx}\sin^2 t-z_{xy}\sin t\cos t-z_x\cos t$$
$$\qquad-z_{yx}\sin t\cos t+z_{yy}\cos^2 t-z_y\sin t$$

$$=z_{xx}\sin^2 t+z_{yy}\cos^2 t-2z_{xy}\sin t\cos t$$
$$\qquad-z_x\cos t-z_y\sin t$$

類題 6 − 5

(1)　$z=e^{-x}\sin y,\quad x=u^2+v^2,\quad y=u-v$ より，

$z_u=z_xx_u+z_yy_u$
$$=(-e^{-x}\sin y)\cdot 2u+e^{-x}\cos y\cdot 1$$
$$=e^{-x}(\cos y-2u\sin y)$$
$$=e^{-u^2-v^2}\{\cos(u-v)-2u\sin(u-v)\}$$

$z_v=z_xx_v+z_yy_v$
$$=(-e^{-x}\sin y)\cdot 2v+e^{-x}\cos y\cdot(-1)$$
$$=-e^{-x}(\cos y+2v\sin y)$$
$$=-e^{-u^2-v^2}\{\cos(u-v)+2v\sin(u-v)\}$$

(2)　$z=\sin x\cos y,\quad x=u+v,\quad y=uv$ より，

$z_u=z_xx_u+z_yy_u$
$$=\cos x\cos y\cdot 1+(-\sin x\sin y)\cdot v$$
$$=\cos(u+v)\cos uv-v\sin(u+v)\sin uv$$

$z_v=z_xx_v+z_yy_v$
$$=\cos x\cos y\cdot 1+(-\sin x\sin y)\cdot u$$
$$=\cos(u+v)\cos uv-u\sin(u+v)\sin uv$$

類題 6 − 6

$z_r=z_xx_r+z_yy_r=z_x\cos\theta+z_y\sin\theta$

$z_\theta=z_xx_\theta+z_yy_\theta=r(-z_x\sin\theta+z_y\cos\theta)$

　$z_{rr}=(z_x\cos\theta+z_y\sin\theta)_r$
$$=\cos\theta\cdot(z_x)_r+\sin\theta\cdot(z_y)_r$$
$$=\cos\theta\cdot(z_{xx}\cos\theta+z_{xy}\sin\theta)$$
$$\qquad+\sin\theta\cdot(z_{yx}\cos\theta+z_{yy}\sin\theta)$$
$$=z_{xx}\cos^2\theta+z_{yy}\sin^2\theta+2z_{xy}\sin\theta\cos\theta$$

$\dfrac{1}{r}z_{\theta\theta}=(-z_x\sin\theta+z_y\cos\theta)_\theta$

$$=-\{(z_x)_\theta\sin\theta+z_x\cos\theta\}$$
$$\qquad+(z_y)_\theta\cos\theta-z_y\sin\theta$$
$$=-(-rz_{xx}\sin\theta+rz_{xy}\cos\theta)\sin\theta-z_x\cos\theta$$
$$\qquad+(-rz_{yx}\sin\theta+rz_{yy}\cos\theta)\cos\theta-z_y\sin\theta$$
$$=r(z_{xx}\sin^2\theta+z_{yy}\cos^2\theta-2z_{xy}\sin\theta\cos\theta)$$
$$\qquad-(z_x\cos\theta+z_y\sin\theta)$$

よって，

$$\frac{1}{r^2}z_{\theta\theta}=z_{xx}\sin^2\theta+z_{yy}\cos^2\theta-2z_{xy}\sin\theta\cos\theta$$
$$\qquad\qquad-\frac{1}{r}(z_x\cos\theta+z_y\sin\theta)$$

以上より，

$$z_{rr}+\frac{1}{r^2}z_{\theta\theta}=z_{xx}+z_{yy}-\frac{1}{r}(z_x\cos\theta+z_y\sin\theta)$$
$$=z_{xx}+z_{yy}-\frac{1}{r}z_r$$

$$\therefore\quad z_{xx}+z_{yy}=z_{rr}+\frac{1}{r}z_r+\frac{1}{r^2}z_{\theta\theta}$$

すなわち,

$$\frac{\partial^2 z}{\partial x^2} + \frac{\partial^2 z}{\partial y^2} = \frac{\partial^2 z}{\partial r^2} + \frac{1}{r}\frac{\partial z}{\partial r} + \frac{1}{r^2}\frac{\partial^2 z}{\partial \theta^2}$$

類題 6 − 7

(i) $z = f(x, y)$ が 1 変数の関数 $g(t)$, $h(t)$ を用いて, $z = g(x) + h(y)$ と書けるとする.

$$\frac{\partial z}{\partial x} = g'(x) \qquad \therefore \frac{\partial^2 z}{\partial x \partial y} = \frac{\partial}{\partial y} g'(x) = 0$$

(ii) $\dfrac{\partial^2 z}{\partial x \partial y} = 0$ が成り立つとする.

$\dfrac{\partial}{\partial x}\left(\dfrac{\partial z}{\partial y}\right) = 0$ であるから, $\dfrac{\partial z}{\partial y}$ は y のみの関数で x には関係しない. すなわち,

$$\frac{\partial z}{\partial y} = \varphi(y) \qquad \therefore z = \int \varphi(y) dy + C$$

ただし, $\int \varphi(y) dy$ は $\varphi(y)$ の不定積分の 1 つ. ここで, C は y には関係しないから x のみの関数である.

$g(x) = C$, $h(y) = \int \varphi(y) dy$ とおけば,

$$z = g(x) + h(y)$$

類題 6 − 8

まず, **極値をとる点の候補**を求める.
$$f_x(x, y) = 4x^3 - 4y = 4(x^3 - y)$$
$$f_y(x, y) = 4y^3 - 4x = 4(y^3 - x)$$
$f_x(x, y) = 0$ かつ $f_y(x, y) = 0$ とすると,
$$x^3 - y = 0 \quad かつ \quad y^3 - x = 0$$
これを解くと,
$$(x, y) = (1, 1), (-1, -1), (0, 0)$$
よって, 極値をとる点の候補は,
$$(0, 0), (1, 1), (-1, -1)$$
の 3 点である.
次に, 求めた候補の**各々について**調べていく.
$$f_{xx} = 12x^2, f_{yy} = 12y^2, f_{xy} = -4$$
$H(x, y) = f_{xx} \cdot f_{yy} - (f_{xy})^2$ とおく.
(i) 点 $(1, 1)$ について
$$H(1, 1) = 12 \cdot 12 - (-4)^2 > 0$$
$$f_{xx}(1, 1) = 12 > 0$$
であるから, 点 $(1, 1)$ において極小値をとる.
　極小値は, $f(1, 1) = 1 + 1 - 4 = -2$
(ii) 点 $(-1, -1)$ について
$$H(-1, -1) = 12 \cdot 12 - (-4)^2 > 0$$
$$f_{xx}(-1, -1) = 12 > 0$$
であるから, 点 $(-1, -1)$ において極小値をとる.

極小値は, $f(-1, -1) = 1 + 1 - 4 = -2$
(iii) 点 $(0, 0)$ について
$$H(0, 0) = 0 \cdot 0 - (-4)^2 < 0$$
であるから, 点 $(0, 0)$ において極値をとらない.
(i), (ii), (iii) より, $f(x, y)$ は 2 点 $(1, 1)$, $(-1, -1)$ において極小値 -2 をとる.

類題 6 − 9

(1) $z_x = 3x^2 + y^2 - 1$, $z_y = 2xy$
よって, 極値をとる点の候補は,
$$(x, y) = (0, 1), (0, -1),$$
$$\left(\frac{1}{\sqrt{3}}, 0\right), \left(-\frac{1}{\sqrt{3}}, 0\right)$$
$z_{xx} = 6x$, $z_{yy} = 2x$, $z_{xy} = 2y$
$H(x, y) = z_{xx} \cdot z_{yy} - (z_{xy})^2$ とおく.
(i) 点 $(0, 1)$ について
$$H(x, y) = 0 \cdot 0 - 2^2 = -4 < 0$$
よって, 点 $(0, 1)$ において極値をとらない.
(ii) 点 $(0, -1)$ について
$$H(x, y) = 0 \cdot 0 - (-2)^2 = -4 < 0$$
よって, 点 $(0, -1)$ において極値をとらない.
(iii) 点 $\left(\dfrac{1}{\sqrt{3}}, 0\right)$ について
$$H(x, y) = \frac{6}{\sqrt{3}} \cdot \frac{2}{\sqrt{3}} - 0^2 = 4 > 0,$$
$$z_{xx} = \frac{6}{\sqrt{3}} > 0$$
よって, 点 $\left(\dfrac{1}{\sqrt{3}}, 0\right)$ において極小値
$$z = -\frac{2\sqrt{3}}{9} \quad をとる.$$
(iv) 点 $\left(-\dfrac{1}{\sqrt{3}}, 0\right)$ について
$$H(x, y) = \left(-\frac{6}{\sqrt{3}}\right) \cdot \left(-\frac{2}{\sqrt{3}}\right) - 0^2$$
$$= 4 > 0,$$
$$z_{xx} = -\frac{6}{\sqrt{3}} < 0$$
よって, 点 $\left(-\dfrac{1}{\sqrt{3}}, 0\right)$ において極大値
$$z = \frac{2\sqrt{3}}{9} \quad をとる.$$

(2) 点 $(0,1)$ の近くを直線 $x=0$ に沿って動いてみる。$(x,y)=(0,t)$ のとき $z=0$（一定）

よって，z は $(x,y)=(0,1)$ において極値をとらない。

類題 6−10

3つの部分の長さを x,y,z とすると，
$$x+y+z=L \qquad \therefore \quad z=L-x-y$$
x,y,z はすべて正であるから，
$$x>0, \quad y>0, \quad x+y<L$$
この領域を D とする。

線分の長さの3乗の和を $f(x,y)$ とすると，
$$\begin{aligned} f(x,y)&=x^3+y^3+z^3 \\ &=x^3+y^3+(L-x-y)^3 \end{aligned}$$
$f(x,y)$ の停留点を求める。
$$f_x(x,y)=3x^2-3(L-x-y)^2$$
$$f_y(x,y)=3y^2-3(L-x-y)^2$$
$f_x(x,y)=0$ とすると，$2x+y=L$
$f_y(x,y)=0$ とすると，$x+2y=L$

これを解くと，$x=y=\dfrac{L}{3}$

よって，停留点は $(x,y)=\left(\dfrac{L}{3},\dfrac{L}{3}\right)$ のみである。

また，$f\left(\dfrac{L}{3},\dfrac{L}{3}\right)=\dfrac{1}{9}L^3$

一方，
$x=0$ のとき
$$\begin{aligned} f(x,y)&=y^3+(L-y)^3 \\ &=3Ly^2-3L^2y+L^3 \\ &=3L\left(y-\dfrac{L}{2}\right)^2+\dfrac{1}{4}L^3>\dfrac{1}{9}L^3 \end{aligned}$$
$y=0$ のとき
$$\begin{aligned} f(x,y)&=x^3+(L-x)^3=3Lx^2-3L^2x+L^3 \\ &=3L\left(x-\dfrac{L}{2}\right)^2+\dfrac{1}{4}L^3>\dfrac{1}{9}L^3 \end{aligned}$$
$x+y=L$ のとき
$$\begin{aligned} f(x,y)&=x^3+(L-x)^3 \\ &=3L\left(x-\dfrac{L}{2}\right)^2+\dfrac{1}{4}L^3>\dfrac{1}{9}L^3 \end{aligned}$$

よって，$f(x,y)$ は次の条件を満たしている。
(i) $f(x,y)$ は D 上の連続関数である。
(ii) $f(x,y)$ は D の境界で最小とならない。
したがって，
$f(x,y)$ は D の内部で最小となり，そこは極小でもある。

停留点は $(x,y)=\left(\dfrac{L}{3},\dfrac{L}{3}\right)$ のみであることから，

$f(x,y)$ はこの点で極小かつ最小となる。

以上より，各々の長さの3乗の和が最小になるのは，線分を3等分に分けたときである。

類題 6−11

点 (x,y,z) は楕円面：$\dfrac{x^2}{a^2}+\dfrac{y^2}{b^2}+\dfrac{z^2}{c^2}=1$ 上を動き，かつ，$F(x,y,z)=lx+my+nz$ は連続な関数である。

定義域の幾何学的形状に注意すると，$F(x,y,z)$ は次の(i), (ii)を満たす。

(i) $F(x,y,z)$ は必ず最大値と最小値をもつ。

(ii) $F(x,y,z)$ は
最大値をとる点において広義極大
最小値をとる点において広義極小

$g(x,y,z)=\dfrac{x^2}{a^2}+\dfrac{y^2}{b^2}+\dfrac{z^2}{c^2}-1$ とおく。

$$g_x=\dfrac{2}{a^2}x, \quad g_y=\dfrac{2}{b^2}y, \quad g_z=\dfrac{2}{c^2}z$$

$\dfrac{x^2}{a^2}+\dfrac{y^2}{b^2}+\dfrac{z^2}{c^2}=1$ より，除外点は存在しない。

広義の極値をとる点を (p,q,r) とする。

$F(x,y,z)=lx+my+nz$ より，
$$F_x=l, \quad F_y=m, \quad F_z=n$$

ラグランジュの乗数法により，次を満たす定数 λ が存在する。

$$l=\lambda\cdot\dfrac{2}{a^2}p, \quad m=\lambda\cdot\dfrac{2}{b^2}q, \quad n=\lambda\cdot\dfrac{2}{c^2}r$$

$$\therefore \quad \lambda p=l\cdot\dfrac{a^2}{2}, \quad \lambda q=m\cdot\dfrac{b^2}{2}, \quad \lambda r=n\cdot\dfrac{c^2}{2}$$

$$\therefore \quad \dfrac{(\lambda p)^2}{a^2}+\dfrac{(\lambda q)^2}{b^2}+\dfrac{(\lambda r)^2}{c^2}$$
$$=l^2\dfrac{a^2}{4}+m^2\dfrac{b^2}{4}+n^2\dfrac{c^2}{4}$$
$$\lambda^2\left(\dfrac{p^2}{a^2}+\dfrac{q^2}{b^2}+\dfrac{r^2}{c^2}\right)=\dfrac{a^2l^2+b^2m^2+c^2n^2}{4}$$
$$\lambda^2=\dfrac{a^2l^2+b^2m^2+c^2n^2}{4}$$

$$\therefore \quad \lambda=\pm\dfrac{\sqrt{a^2l^2+b^2m^2+c^2n^2}}{2}$$

$$\therefore \quad (p,q,r)=\pm\left(\dfrac{a^2l}{k},\dfrac{b^2m}{k},\dfrac{c^2n}{k}\right)$$

ただし，$k=\sqrt{a^2l^2+b^2m^2+c^2n^2}$

$F(x,y,z)$ が広義の極大・極小をとる点は

この2点以外になく、

　　広義の極大となる点の方で極大かつ最大
　　広義の極小となる点の方で極小かつ最小

である。

・$F\left(\dfrac{a^2l}{k},\ \dfrac{b^2m}{k},\ \dfrac{c^2n}{k}\right)=\sqrt{a^2l^2+b^2m^2+c^2n^2}$

・$F\left(-\dfrac{a^2l}{k},\ -\dfrac{b^2m}{k},\ -\dfrac{c^2n}{k}\right)$
　　　　　　　　$=-\sqrt{a^2l^2+b^2m^2+c^2n^2}$

関数値の大小から判断して、

　　　最大値は $\sqrt{a^2l^2+b^2m^2+c^2n^2}$
　　　最小値は $-\sqrt{a^2l^2+b^2m^2+c^2n^2}$

第6章　章末問題　解答

1 $f(x,\ y,\ z)=xyz-1$ とおく。

$f_x=yz,\ f_y=zx,\ f_z=xy$

よって、曲面上の点
$(a,\ b,\ c)$ における
接平面は、

$bc(x-a)+ca(y-b)$
　$+ab(z-c)=0$

$\therefore\ bcx+cay+abz$
　$=3abc$

$\therefore\ \dfrac{x}{3a}+\dfrac{y}{3b}+\dfrac{z}{3c}=1$

$\therefore\ V=\dfrac{1}{3}\times\dfrac{1}{2}\cdot 3a\cdot 3b\times 3c=\dfrac{9}{2}abc$

　　　$=\dfrac{9}{2}$　（一定）

2 (1) $r=\sqrt{x^2+y^2+z^2}$ より

$\dfrac{\partial r}{\partial x}=\dfrac{x}{\sqrt{x^2+y^2+z^2}}=\dfrac{x}{r}$

$\dfrac{\partial f}{\partial x}=g'(r)\times\dfrac{\partial r}{\partial x}=g'(r)\times\dfrac{x}{r}$

$\dfrac{\partial^2 f}{\partial x^2}=\dfrac{\partial}{\partial x}\left(\dfrac{\partial f}{\partial x}\right)=\dfrac{\partial}{\partial x}\left\{g'(r)\times\dfrac{x}{r}\right\}$

　　$=\dfrac{\partial}{\partial x}\{g'(r)\}\times\dfrac{x}{r}+g'(r)\times\dfrac{\partial}{\partial x}\left(\dfrac{x}{r}\right)$

　　$=\left\{g''(r)\cdot\dfrac{\partial r}{\partial x}\right\}\times\dfrac{x}{r}+g'(r)\times\dfrac{r-x\cdot\dfrac{x}{r}}{r^2}$

　　$=\left\{g''(r)\cdot\dfrac{x}{r}\right\}\times\dfrac{x}{r}+g'(r)\times\dfrac{r^2-x^2}{r^3}$

　　$=g''(r)\cdot\dfrac{x^2}{r^2}+g'(r)\cdot\dfrac{r^2-x^2}{r^3}$

よって、

$\Delta f=\dfrac{\partial^2 f}{\partial x^2}+\dfrac{\partial^2 f}{\partial y^2}+\dfrac{\partial^2 f}{\partial z^2}$

　　$=g''(r)\cdot\dfrac{x^2+y^2+z^2}{r^2}$

　　　$+g'(r)\cdot\dfrac{3r^2-x^2-y^2-z^2}{r^3}$

　　$=g''(r)\cdot\dfrac{r^2}{r^2}+g'(r)\cdot\dfrac{3r^2-r^2}{r^3}$

　　$=g''(r)+g'(r)\cdot\dfrac{2}{r}$

(2) $\Delta f=0$ より、

　　$g''(r)+g'(r)\cdot\dfrac{2}{r}=0$

$y=g'(r)$ とおくと、

　　$\dfrac{dy}{dr}+y\cdot\dfrac{2}{r}=0$　　$\therefore\ \dfrac{1}{y}\dfrac{dy}{dr}=-\dfrac{2}{r}$

両辺を r で積分すると、

　　$\displaystyle\int\dfrac{1}{y}\dfrac{dy}{dr}dr=\int\left(-\dfrac{2}{r}\right)dr$

$\therefore\ \displaystyle\int\dfrac{1}{y}dy=\int\left(-\dfrac{2}{r}\right)dr$

　　$\log|y|=-2\log r+C=\log\dfrac{e^C}{r^2}$

$\therefore\ y=\dfrac{A}{r^2}$　（A は任意定数）

$g'(1)=2$ より、$A=2$　　$\therefore\ g'(r)=\dfrac{2}{r^2}$

$\therefore\ g(r)=\displaystyle\int\dfrac{2}{r^2}dr=-\dfrac{2}{r}+D$

　　　　　　　　　　　　　（D は任意定数）

$g(1)=1$ より、$-2+D=1$　　$\therefore\ D=3$

よって、$g(r)=-\dfrac{2}{r}+3$

3 (1) $\dfrac{\partial\varphi}{\partial x}=1+e^y\cos x,\ \dfrac{\partial\varphi}{\partial y}=-1+e^y\sin x$

(2) $\varphi(x,\ f(x))=0$ の両辺を x で微分すると、

$\dfrac{\partial\varphi}{\partial x}(x,\ f(x))\cdot\dfrac{dx}{dx}+\dfrac{\partial\varphi}{\partial y}(x,\ f(x))\cdot\dfrac{df}{dx}=0$

$\therefore\ (1+e^{f(x)}\cos x)+(-1+e^{f(x)}\sin x)f'(x)$
　$=0$

$x=0$ を代入すると、

$1+e^{f(0)}-f'(0)=0$　　$\therefore\ f'(0)=1+e^{f(0)}$

一方、$\varphi(x,\ f(x))=0$ より、

　　$x-f(x)+e^{f(x)}\sin x=0$

$x=0$ を代入すると、$f(0)=0$

よって、$f'(0)=1+e^0=2$

同様に、$g(x)=\phi(x,\ f(x))$ より、

$$g'(x) = \frac{\partial \psi}{\partial x}(x, \ f(x)) \cdot \frac{dx}{dx} + \frac{\partial \psi}{\partial y}(x, \ f(x)) \cdot \frac{df}{dx}$$

$$= \frac{\partial \psi}{\partial x}(x, \ f(x)) \cdot 1 + \frac{\partial \psi}{\partial y}(x, \ f(x)) \cdot f'(x)$$

よって，

$$g'(0) = \frac{\partial \psi}{\partial x}(0, \ f(0)) + \frac{\partial \psi}{\partial y}(0, \ f(0)) \cdot f'(0)$$

$$= \frac{\partial \psi}{\partial x}(0, \ 0) + \frac{\partial \psi}{\partial y}(0, \ 0) \cdot f'(0)$$

$$= a + 2b$$

4 (i) $z = z(x, \ y)$ の値が積 xy の値だけによって決まるとする。

$u = xy$ とおくと，$z = f(u)$

よって，

$$\frac{\partial z}{\partial x} = f'(u) \cdot \frac{\partial u}{\partial x} = f'(u) \cdot y = y \cdot f'(u)$$

$$\frac{\partial z}{\partial y} = f'(u) \cdot \frac{\partial u}{\partial y} = f'(u) \cdot x = x \cdot f'(u)$$

$$\therefore \ x\frac{\partial z}{\partial x} = y\frac{\partial z}{\partial y} \quad (= xy \cdot f'(u))$$

(ii) $x\dfrac{\partial z}{\partial x} = y\dfrac{\partial z}{\partial y}$ とする。

$u = xy$ とおくと，

$z = \varphi(x, \ u)$ または $z = \phi(y, \ u)$ と表せる。

$z = \varphi(x, \ u)$ として証明は一般性を失わない。

$$\frac{\partial z}{\partial x} = \varphi_x(x, \ u) + \varphi_u(x, \ u) \cdot y$$

$$\therefore \ x\frac{\partial z}{\partial x} = \varphi_x(x, \ u) \cdot x + \varphi_u(x, \ u) \cdot xy$$

$$\frac{\partial z}{\partial y} = \varphi_u(x, \ u) \cdot x$$

$$\therefore \ y\frac{\partial z}{\partial y} = \varphi_u(x, \ u) \cdot xy$$

$x\dfrac{\partial z}{\partial x} = y\dfrac{\partial z}{\partial y}$ より，

$$\varphi_x(x, \ u) \cdot x + \varphi_u(x, \ u) \cdot xy = \varphi_u(x, \ u) \cdot xy$$

$$\therefore \ \varphi_x(x, \ u) \cdot x = 0$$

これがすべての x について成り立つから，

$$\varphi_x(x, \ u) = 0$$

よって，$z = z(x, \ y)$ の値は積 xy の値だけによって決まる。

(i)，(ii)より，題意は示された。

5 $x + 4y + 9z = 6$ より，$z = \dfrac{6-x-4y}{9}$

$$\therefore \ f(x, \ y, \ z) = \frac{1}{x} + \frac{1}{y} + \frac{9}{6-x-4y} + 1$$

これを $g(x, \ y)$ とおく。

$g_x(x, \ y) = -\dfrac{1}{x^2} + \dfrac{9}{(6-x-4y)^2} = 0$ とすると，

$$x^2 = \frac{(6-x-4y)^2}{9}$$

$x > 0$，$z = \dfrac{6-x-4y}{9} > 0$ に注意すると，

$$x = \frac{6-x-4y}{3}$$

$$\therefore \ 4x + 4y = 6 \quad \therefore \ 2x + 2y = 3 \quad \cdots\cdots①$$

$g_y(x, \ y) = -\dfrac{1}{y^2} + \dfrac{36}{(6-x-4y)^2} = 0$ とすると，

$$y^2 = \frac{(6-x-4y)^2}{36}$$

$y > 0$，$z = \dfrac{6-x-4y}{9} > 0$ に注意すると，

$$y = \frac{6-x-4y}{6}$$

$$\therefore \ x + 10y = 6 \quad \cdots\cdots②$$

①，②を解くと，$x = 1$，$y = \dfrac{1}{2}$

よって，$g(x, \ y)$ の停留点は $\left(1, \ \dfrac{1}{2}\right)$ のみ。

一方，$x > 0$，$y > 0$，$z = \dfrac{6-x-4y}{9} > 0$

より，$x > 0$，$y > 0$，$x + 4y < 6$

この領域を D とすると，

$$g(x, \ y) = \frac{1}{x} + \frac{1}{y} + \frac{9}{6-x-4y} + 1$$

は D の内部に最小値をもち，そこで極小となっていることが分かる。

極小となりうる点は $\left(1, \ \dfrac{1}{2}\right)$ のみであるから，$g(x, \ y)$ は $\left(1, \ \dfrac{1}{2}\right)$ で極小値をとる。

すなわち，$f(x, \ y, \ z)$ は $\left(1, \ \dfrac{1}{2}, \ \dfrac{1}{3}\right)$ で極小値をとる。

極小値は，$f\left(1, \ \dfrac{1}{2}, \ \dfrac{1}{3}\right) = 1 + 2 + 3 + 1 = 7$

第7章　重積分

類題 7 − 1

(1) $D : 0 \leqq x \leqq 1,$
$\qquad 0 \leqq y \leqq x^2$

$\displaystyle \iint_D \frac{x}{1+y} dx dy$

$\displaystyle = \int_0^1 \left(\int_0^{x^2} \frac{x}{1+y} dy \right) dx$

$\displaystyle = \int_0^1 \Big[x \log|1+y| \Big]_{y=0}^{y=x^2} dx$

$\displaystyle = \int_0^1 x \log(1+x^2) dx$

$\displaystyle = \left[\frac{x^2}{2} \log(1+x^2) \right]_0^1 - \int_0^1 \frac{x^2}{2} \frac{2x}{1+x^2} dx$

$\displaystyle = \frac{1}{2} \log 2 - \int_0^1 \frac{x(1+x^2-1)}{1+x^2} dx$

$\displaystyle = \frac{1}{2} \log 2 - \int_0^1 \left(x - \frac{x}{1+x^2} \right) dx$

$\displaystyle = \frac{1}{2} \log 2 - \left[\frac{x^2}{2} - \frac{1}{2} \log(1+x^2) \right]_0^1$

$\displaystyle = \frac{1}{2} \log 2 - \left(\frac{1}{2} - \frac{1}{2} \log 2 \right) = \log 2 - \frac{1}{2}$

(2) 領域 D は
図のようになる。

$\displaystyle \iint_D y dx dy$

$\displaystyle = \int_0^1 \left(\int_0^{2y+1} y dx \right) dy$

$\displaystyle \quad + \int_1^2 \left(\int_0^{-y+4} y dx \right) dy$

$\displaystyle = \int_0^1 \Big[yx \Big]_{x=0}^{x=2y+1} dy + \int_1^2 \Big[yx \Big]_{x=0}^{x=-y+4} dy$

$\displaystyle = \int_0^1 y(2y+1) dy + \int_1^2 y(-y+4) dy$

$\displaystyle = \left[\frac{2}{3} y^3 + \frac{1}{2} y^2 \right]_0^1 + \left[-\frac{1}{3} y^3 + 2y^2 \right]_1^2$

$\displaystyle = \frac{2}{3} + \frac{1}{2} - \frac{8-1}{3} + 2(4-1) = \frac{29}{6}$

類題 7 − 2

(1) $x^2 + 2xy + 2y^2 \leqq 1$ より，$(x+y)^2 + y^2 \leqq 1$
$u = x+y, \ v = y$ とおくと，
D は $E : u^2 + v^2 \leqq 1$ に移る。
$x = u-v, \ y = v$ より，$\displaystyle \frac{\partial(x, \ y)}{\partial(u, \ v)} = \begin{vmatrix} 1 & -1 \\ 0 & 1 \end{vmatrix} = 1$
よって，

$\displaystyle \iint_D (x+y)^4 dx dy = \iint_E u^4 \cdot 1 \, du dv$

$\displaystyle = 4 \int_0^1 \left(\int_0^{\sqrt{1-u^2}} u^4 dv \right) du = 4 \int_0^1 u^4 \sqrt{1-u^2} \, du$

$u = \sin \theta$ とおくと，$du = \cos \theta d\theta$

$\displaystyle \therefore \quad 4 \int_0^1 u^4 \sqrt{1-u^2} \, du = 4 \int_0^{\frac{\pi}{2}} \sin^4 \theta \cos^2 \theta d\theta$

$\displaystyle = 4 \int_0^{\frac{\pi}{2}} \sin^2 \theta (\sin \theta \cos \theta)^2 d\theta$

$\displaystyle = 4 \int_0^{\frac{\pi}{2}} \frac{1-\cos 2\theta}{2} \left(\frac{\sin 2\theta}{2} \right)^2 d\theta$

$\displaystyle = \frac{1}{2} \int_0^{\frac{\pi}{2}} (1-\cos 2\theta) \sin^2 2\theta d\theta$

$\displaystyle = \frac{1}{2} \int_0^{\frac{\pi}{2}} (\sin^2 2\theta - \cos 2\theta \sin^2 2\theta) d\theta$

$\displaystyle = \frac{1}{2} \int_0^{\frac{\pi}{2}} \left(\frac{1-\cos 4\theta}{2} - \cos 2\theta \sin^2 2\theta \right) d\theta$

$\displaystyle = \frac{1}{2} \left[\frac{1}{2} \theta - \frac{1}{8} \sin 4\theta - \frac{1}{6} \sin^3 2\theta \right]_0^{\frac{\pi}{2}} = \frac{\pi}{8}$

(2) $D : 0 \leqq x \leqq 1, \ 0 \leqq y \leqq 1-x$ は次と同じ。
$D : x \geqq 0, \ y \geqq 0, \ x+y \leqq 1$
$x+y = u, \ y = v$ とおくと，$x = u-v, \ y = v$
$\therefore \ x \geqq 0, \ y \geqq 0, \ x+y \leqq 1$ のとき
$u-v \geqq 0, \ v \geqq 0, \ u \leqq 1 \quad \therefore \ 0 \leqq v \leqq u, \ u \leqq 1$
よって，D は $E : 0 \leqq v \leqq u, \ u \leqq 1$ に移る。
また，$x = u-v, \ y = v$ のとき

$\displaystyle \frac{\partial(x, \ y)}{\partial(u, \ v)} = \begin{vmatrix} 1 & -1 \\ 0 & 1 \end{vmatrix} = 1$

したがって，

$\displaystyle \iint_D e^{(x+y)^2} dx dy = \iint_E e^{u^2} \cdot 1 \, du dv$

$\displaystyle = \int_0^1 \left(\int_0^u e^{u^2} dv \right) du = \int_0^1 u e^{u^2} du$

$\displaystyle = \left[\frac{1}{2} e^{u^2} \right]_0^1 = \frac{e-1}{2}$

類題 7 − 3

(1) $x = r \cos \theta, \ y = r \sin \theta$ とおくと，
D は $E : 0 \leqq r \leqq 2\sqrt{2}, \ 0 \leqq \theta \leqq \pi$ に移る。
また，$\displaystyle \left| \frac{\partial(x, \ y)}{\partial(r, \ \theta)} \right| = r$ より，

$\displaystyle \iint_D \frac{x^2}{\sqrt{1+x^2+y^2}} dx dy$

$\displaystyle = \iint_E \frac{r^2 \cos^2 \theta}{\sqrt{1+r^2}} \cdot r dr d\theta$

$\displaystyle = \int_0^\pi \left(\int_0^{2\sqrt{2}} \frac{r^3}{\sqrt{1+r^2}} \cos^2 \theta dr \right) d\theta$

$\displaystyle = \int_0^{2\sqrt{2}} \frac{r^3}{\sqrt{1+r^2}} dr \cdot \int_0^\pi \cos^2 \theta d\theta$

ここで，

$$\int_0^{2\sqrt{2}}\frac{r^3}{\sqrt{1+r^2}}dr=\int_0^{2\sqrt{2}}\frac{r(1+r^2)-r}{\sqrt{1+r^2}}dr$$

$$=\int_0^{2\sqrt{2}}\left(r\sqrt{1+r^2}-\frac{r}{\sqrt{1+r^2}}\right)dr$$

$$=\left[\frac{1}{3}(1+r^2)^{\frac{3}{2}}-(1+r^2)^{\frac{1}{2}}\right]_0^{2\sqrt{2}}=\frac{20}{3}$$

また，

$$\int_0^\pi\cos^2\theta d\theta=\int_0^\pi\frac{1+\cos2\theta}{2}d\theta$$

$$=\frac{1}{2}\left[\theta+\frac{1}{2}\sin2\theta\right]_0^\pi=\frac{\pi}{2}$$

以上より，

$$\iint_D\frac{x^2}{\sqrt{1+x^2+y^2}}dxdy=\frac{20}{3}\cdot\frac{\pi}{2}=\frac{10}{3}\pi$$

(2) $x=r\cos\theta,\ y=r\sin\theta$ とおくと，
D は $E:0\leqq r\leqq\sqrt{\pi},\ 0\leqq\theta\leqq2\pi$ に移る。

また，$\left|\dfrac{\partial(x,\ y)}{\partial(r,\ \theta)}\right|=r$ より，

$$\iint_D x^2\sin(x^2+y^2)dxdy$$

$$=\iint_E(r\cos\theta)^2\cdot\sin r^2\cdot rdrd\theta$$

$$=\iint_E r^3\sin r^2\cos^2\theta drd\theta$$

$$=\int_0^{2\pi}\cos^2\theta d\theta\cdot\int_0^{\sqrt{\pi}}r^3\sin r^2dr$$

ここで，

$$\int_0^{2\pi}\cos^2\theta d\theta=\int_0^{2\pi}\frac{1+\cos2\theta}{2}d\theta$$

$$=\left[\frac{1}{2}\theta+\frac{1}{4}\sin2\theta\right]_0^{2\pi}=\pi$$

$$\int_0^{\sqrt{\pi}}r^3\sin r^2dr=\int_0^{\sqrt{\pi}}r^2\cdot r\sin r^2dr$$

$$=\left[r^2\left(-\frac{1}{2}\cos r^2\right)\right]_0^{\sqrt{\pi}}$$

$$-\int_0^{\sqrt{\pi}}2r\left(-\frac{1}{2}\cos r^2\right)dr$$

$$=-\frac{1}{2}\pi\cos\pi+\int_0^{\sqrt{\pi}}r\cos r^2dr$$

$$=-\frac{1}{2}\pi\cdot(-1)+\left[\frac{1}{2}\sin r^2\right]_0^{\sqrt{\pi}}=\frac{1}{2}\pi$$

以上より，

$$\iint_D x^2\sin(x^2+y^2)dxdy=\pi\cdot\frac{1}{2}\pi=\frac{1}{2}\pi^2$$

類題 7－4

(1) $D_a:x^2+y^2\leqq a^2$
$(a>0)$ とおく。
このとき，

$$\iint_D\frac{1}{\sqrt{1-x^2-y^2}}dxdy$$

$$=\lim_{a\to1-0}\iint_{D_a}\frac{1}{\sqrt{1-x^2-y^2}}dxdy$$

$x=r\cos\theta,\ y=r\sin\theta$ とおくと，
D_a は $E_a:0\leqq r\leqq a,\ 0\leqq\theta\leqq2\pi$ に移る。

また，$\left|\dfrac{\partial(x,\ y)}{\partial(r,\ \theta)}\right|=r$

$\therefore\ \ \displaystyle\iint_{D_a}\frac{1}{\sqrt{1-x^2-y^2}}dxdy$

$$=\iint_{E_a}\frac{1}{\sqrt{1-r^2}}rdrd\theta=\int_0^{2\pi}\left(\int_0^a\frac{r}{\sqrt{1-r^2}}dr\right)d\theta$$

$$=2\pi\int_0^a\frac{r}{\sqrt{1-r^2}}dr=2\pi\left[-\sqrt{1-r^2}\right]_0^a$$

$$=2\pi(1-\sqrt{1-a^2})$$

よって，

$$\iint_D\frac{1}{\sqrt{1-x^2-y^2}}dxdy$$

$$=\lim_{a\to1-0}\iint_{D_a}\frac{1}{\sqrt{1-x^2-y^2}}dxdy=2\pi$$

(2) $D_a:0\leqq y\leqq x-a,\ a\leqq x\leqq1\ (a>0)$ とおく。
このとき，

$$\iint_D\frac{1}{\sqrt{x-y}}dxdy$$

$$=\lim_{a\to+0}\iint_{D_a}\frac{1}{\sqrt{x-y}}dxdy$$

ここで，

$$\iint_{D_a}\frac{1}{\sqrt{x-y}}dxdy$$

$$=\int_a^1\left(\int_0^{x-a}\frac{1}{\sqrt{x-y}}dy\right)dx$$

$$=\int_a^1\left[-2\sqrt{x-y}\right]_{y=0}^{y=x-a}dx$$

$$=\int_a^1(-2\sqrt{a}+2\sqrt{x})dx$$

$$=\left[-2\sqrt{a}\,x+\frac{4}{3}x^{\frac{3}{2}}\right]_a^1$$

$$=\left(-2\sqrt{a}+\frac{4}{3}\right)-\left(-2a\sqrt{a}+\frac{4}{3}a\sqrt{a}\right)$$

$$=\frac{4}{3}-2\sqrt{a}+\frac{2}{3}a\sqrt{a}$$

よって，

$$\iint_D \frac{1}{\sqrt{x-y}}\,dx\,dy$$

$$=\lim_{a\to+0}\iint_{D_a}\frac{1}{\sqrt{x-y}}\,dx\,dy=\frac{4}{3}$$

類題 7－5

$D_n : 0\le x\le n,\ \ 0\le y\le n$
とおくと、

$$\iint_D \frac{1}{(x+y+1)^3}\,dx\,dy$$

$$=\lim_{n\to\infty}\iint_{D_n}\frac{1}{(x+y+1)^3}\,dx\,dy$$

ここで、

$$\iint_{D_n}\frac{1}{(x+y+1)^3}\,dx\,dy$$

$$=\int_0^n\left(\int_0^n\frac{1}{(x+y+1)^3}\,dy\right)dx$$

$$=\int_0^n\left[-\frac{1}{2}\frac{1}{(x+y+1)^2}\right]_{y=0}^{y=n}dx$$

$$=\int_0^n\left\{-\frac{1}{2}\frac{1}{(x+n+1)^2}+\frac{1}{2}\frac{1}{(x+1)^2}\right\}dx$$

$$=\left[\frac{1}{2}\frac{1}{x+n+1}-\frac{1}{2}\frac{1}{x+1}\right]_0^n$$

$$=\frac{1}{2}\left(\frac{1}{2n+1}-\frac{1}{n+1}\right)-\frac{1}{2}\left(\frac{1}{n+1}-1\right)$$

$$\to\frac{1}{2}\qquad(n\to\infty)$$

よって、

$$\iint_D\frac{1}{(x+y+1)^3}\,dx\,dy$$

$$=\lim_{n\to\infty}\iint_{D_n}\frac{1}{(x+y+1)^3}\,dx\,dy=\frac{1}{2}$$

類題 7－6

$x^2+y^2=2x$ とすると、$(x-1)^2+y^2=1$
$D : (x-1)^2+y^2\le1$ とおく。
求める体積を V とおくと、

$$V=\iint_D\{2x-(x^2+y^2)\}\,dx\,dy$$

$x=r\cos\theta,\ y=r\sin\theta$ とおくと、D は
$E : 0\le r\le 2\cos\theta,\ -\dfrac{\pi}{2}\le\theta\le\dfrac{\pi}{2}$ に移る。

よって、

$$V=\iint_D\{2x-(x^2+y^2)\}\,dx\,dy$$

$$=\iint_E(2r\cos\theta-r^2)\cdot r\,dr\,d\theta$$

$$=\int_{-\frac{\pi}{2}}^{\frac{\pi}{2}}\left(\int_0^{2\cos\theta}(2r^2\cos\theta-r^3)\,dr\right)d\theta$$

$$=\int_{-\frac{\pi}{2}}^{\frac{\pi}{2}}\left[\frac{2}{3}r^3\cos\theta-\frac{r^4}{4}\right]_{r=0}^{r=2\cos\theta}d\theta$$

$$=\int_{-\frac{\pi}{2}}^{\frac{\pi}{2}}\left(\frac{16}{3}\cos^4\theta-4\cos^4\theta\right)d\theta$$

$$=\frac{8}{3}\int_0^{\frac{\pi}{2}}\cos^4\theta\,d\theta=\frac{8}{3}\int_0^{\frac{\pi}{2}}\left(\frac{1+\cos2\theta}{2}\right)^2d\theta$$

$$=\frac{2}{3}\int_0^{\frac{\pi}{2}}(1+2\cos2\theta+\cos^2 2\theta)\,d\theta$$

$$=\frac{2}{3}\int_0^{\frac{\pi}{2}}\left(1+2\cos2\theta+\frac{1+\cos4\theta}{2}\right)d\theta$$

$$=\frac{2}{3}\left[\frac{3}{2}\theta+\sin2\theta+\frac{1}{8}\sin4\theta\right]_0^{\frac{\pi}{2}}=\frac{\pi}{2}$$

類題 7－7

$D : \dfrac{x^2}{a^2}+\dfrac{y^2}{b^2}+\dfrac{z^2}{c^2}\le1$ とおくと、

求める体積は、$V=\iiint_D dx\,dy\,dz$

$x=ar\sin\theta\cos\varphi,\ y=br\sin\theta\sin\varphi,$
$z=cr\cos\theta$ とおくと、D は
$E : 0\le r\le1,\ 0\le\theta\le\pi,\ 0\le\varphi\le2\pi$ に移る。

また、$\left|\dfrac{\partial(x,\ y,\ z)}{\partial(r,\ \theta,\ \varphi)}\right|=abcr^2\sin\theta$

$$\therefore\quad V=\iiint_E abcr^2\sin\theta\,dr\,d\theta\,d\varphi$$

$$=abc\int_0^1 r^2\,dr\cdot\int_0^\pi\sin\theta\,d\theta\cdot\int_0^{2\pi}d\varphi$$

$$=abc\cdot\frac{1}{3}\cdot2\cdot2\pi=\frac{4}{3}\pi abc$$

第7章　章末問題　解答

1　$\displaystyle\iint_D\frac{x\,dx\,dy}{\sqrt{4x^2-y^2}}$

$$=\int_{\frac{\pi}{6}}^{\frac{\pi}{2}}\left(\int_x^{2x\sin x}\frac{x}{\sqrt{4x^2-y^2}}\,dy\right)dx$$

$$=\int_{\frac{\pi}{6}}^{\frac{\pi}{2}}\left(\int_x^{2x\sin x}\frac{1}{2\sqrt{1-\left(\frac{y}{2x}\right)^2}}\,dy\right)dx$$

$$=\int_{\frac{\pi}{6}}^{\frac{\pi}{2}}\left(x\left[\sin^{-1}\frac{y}{2x}\right]_{y=x}^{y=2x\sin x}\right)dx$$

$$= \int_{\frac{\pi}{6}}^{\frac{\pi}{2}} x \left\{ \sin^{-1}(\sin x) - \sin^{-1}\frac{1}{2} \right\} dx$$

$$= \int_{\frac{\pi}{6}}^{\frac{\pi}{2}} x \left(x - \frac{\pi}{6} \right) dx = \int_{\frac{\pi}{6}}^{\frac{\pi}{2}} \left(x^2 - \frac{\pi}{6}x \right) dx$$

$$= \left[\frac{1}{3}x^3 - \frac{\pi}{12}x^2 \right]_{\frac{\pi}{6}}^{\frac{\pi}{2}} = \frac{7}{324}\pi^3$$

2　(1) $\displaystyle\iint_D x^2 dxdy$

$$= \int_0^1 \left(\int_{-x+1}^{\sqrt{1-x^2}} x^2 dy \right) dx = \int_0^1 \left[x^2 y \right]_{y=-x+1}^{y=\sqrt{1-x^2}} dx$$

$$= \int_0^1 \{ x^2\sqrt{1-x^2} - x^2(-x+1) \} dx$$

$$= \int_0^1 (x^2\sqrt{1-x^2} + x^3 - x^2) dx$$

$\displaystyle\int_0^1 x^2\sqrt{1-x^2}\,dx$ について

$x=\sin\theta$ とおくと，$dx=\cos\theta d\theta$

また，$x:0\to 1$ のとき $\theta:0\to\dfrac{\pi}{2}$

$$\therefore \int_0^1 x^2\sqrt{1-x^2}\,dx$$

$$= \int_0^{\frac{\pi}{2}} \sin^2\theta\sqrt{1-\sin^2\theta}\cos\theta d\theta$$

$$= \int_0^{\frac{\pi}{2}} \sin^2\theta\cos^2\theta d\theta$$

$$= \int_0^{\frac{\pi}{2}} \left(\frac{\sin 2\theta}{2} \right)^2 d\theta = \frac{1}{4}\int_0^{\frac{\pi}{2}} \sin^2 2\theta d\theta$$

$$= \frac{1}{4}\int_0^{\frac{\pi}{2}} \frac{1-\cos 4\theta}{2}d\theta = \frac{1}{8}\left[\theta - \frac{1}{4}\sin 4\theta \right]_0^{\frac{\pi}{2}}$$

$$= \frac{\pi}{16}$$

一方，$\displaystyle\int_0^1 (x^3-x^2)dx = \left[\frac{x^4}{4} - \frac{x^3}{3} \right]_0^1 = -\frac{1}{12}$

よって，$\displaystyle\iint_D x^2 dxdy = \frac{\pi}{16} - \frac{1}{12}$

(2) $u=xy$，$v=\dfrac{y}{x}$ より，$uv=y^2$，$\dfrac{u}{v}=x^2$

$$\therefore \quad x = \left(\frac{u}{v} \right)^{\frac{1}{2}}, \quad y = (uv)^{\frac{1}{2}}$$

このとき，D は
$E = \{ (u,\ v) \mid 1\leqq v\leqq 4,\ 1\leqq u\leqq 3 \}$ に移る。
また，

$x = \left(\dfrac{u}{v} \right)^{\frac{1}{2}}$ より，$x_u = \dfrac{1}{2\sqrt{uv}}$，$x_v = -\dfrac{\sqrt{u}}{2v\sqrt{v}}$

$y = (uv)^{\frac{1}{2}}$ より，$y_u = \dfrac{\sqrt{v}}{2\sqrt{u}}$，$y_v = \dfrac{\sqrt{u}}{2\sqrt{v}}$

$$\therefore \quad \frac{\partial(x,\ y)}{\partial(u,\ v)} = \begin{vmatrix} x_u & x_v \\ y_u & y_v \end{vmatrix} = x_u \cdot y_v - x_v \cdot y_u$$

$$= \frac{1}{2\sqrt{uv}} \cdot \frac{\sqrt{u}}{2\sqrt{v}} - \left(-\frac{\sqrt{u}}{2v\sqrt{v}} \right) \cdot \frac{\sqrt{v}}{2\sqrt{u}} = \frac{1}{2v}$$

よって，

$$\iint_D x^2 e^{-x^2 y^2} dxdy = \iint_E \frac{u}{v} e^{-u^2} \frac{1}{2v} dudv$$

$$= \int_1^3 \left(\int_1^4 \frac{1}{2v^2} u e^{-u^2} dv \right) du$$

$$= \int_1^3 u e^{-u^2} du \cdot \int_1^4 \frac{1}{2v^2} dv$$

$$= \left[-\frac{1}{2}e^{-u^2} \right]_1^3 \cdot \left[-\frac{1}{2v} \right]_1^4$$

$$= -\frac{1}{2}(e^{-9} - e^{-1}) \cdot \left(-\frac{1}{8} + \frac{1}{2} \right) = \frac{3}{16}(e^{-1} - e^{-9})$$

$$= \frac{3(e^8 - 1)}{16e^9}$$

3　(1) $\displaystyle\int_0^{\frac{\pi}{2}} \cos^6\theta d\theta = \int_0^{\frac{\pi}{2}} \left(\frac{1+\cos 2\theta}{2} \right)^3 d\theta$

$$= \frac{1}{8}\int_0^{\frac{\pi}{2}} (1 + 3\cos 2\theta + 3\cos^2 2\theta + \cos^3 2\theta) d\theta$$

$$= \frac{1}{8}\int_0^{\frac{\pi}{2}} \left(\frac{5}{2} + 4\cos 2\theta + \frac{3}{2}\cos 4\theta \right.$$
$$\left. - \sin^2 2\theta\cos 2\theta \right) d\theta$$

$$= \frac{1}{8}\left[\frac{5}{2}\theta + 2\sin 2\theta + \frac{3}{8}\sin 4\theta - \frac{1}{6}\sin^3 2\theta \right]_0^{\frac{\pi}{2}}$$

$$= \frac{5}{32}\pi$$

(2) $x^2 + y^2 \leqq x$ より，$\left(x - \dfrac{1}{2} \right)^2 + y^2 \leqq \dfrac{1}{4}$

$\therefore$　$x = r\cos\theta$，$y = r\sin\theta$ とおくと，D は

$E = \left\{ (r,\ \theta) \,\middle|\, 0\leqq r\leqq\cos\theta,\ -\dfrac{\pi}{2}\leqq\theta\leqq\dfrac{\pi}{2} \right\}$ に

移る。

また，$\dfrac{\partial(x,\ y)}{\partial(r,\ \theta)} = \begin{vmatrix} \cos\theta & -r\sin\theta \\ \sin\theta & r\cos\theta \end{vmatrix} = r$

よって，

$$\iint_D x^2 dxdy = \iint_E r^2\cos^2\theta \cdot r dr d\theta$$

$$= \int_{-\frac{\pi}{2}}^{\frac{\pi}{2}} \left(\int_0^{\cos\theta} r^3\cos^2\theta dr \right) d\theta$$

$$= \int_{-\frac{\pi}{2}}^{\frac{\pi}{2}} \left[\frac{r^4}{4}\cos^2\theta \right]_{r=0}^{r=\cos\theta} d\theta = \int_{-\frac{\pi}{2}}^{\frac{\pi}{2}} \frac{1}{4}\cos^6\theta d\theta$$

$$=\frac{1}{2}\int_0^{\frac{\pi}{2}}\cos^6\theta\,d\theta=\frac{5}{64}\pi$$

$\boxed{4}$ 曲線 C を図示すると次のようになる。

$x=3r\cos\theta,\ y=2r\sin\theta$ とおくと、
D は $E:0\leqq r\leqq 1,\ 0\leqq\theta\leqq 2\pi$ に移る。
また、$\dfrac{\partial(x,\ y)}{\partial(r,\ \theta)}=\begin{vmatrix}3\cos\theta & -3r\sin\theta\\ 2\sin\theta & 2r\cos\theta\end{vmatrix}=6r$

$$\therefore\ \iint_D(xy+1)\,dx\,dy$$
$$=\iint_E(3r\cos\theta\cdot 2r\sin\theta+1)\cdot 6r\,dr\,d\theta$$
$$=\iint_E(6r^2\sin\theta\cos\theta+1)\cdot 6r\,dr\,d\theta$$
$$=6\iint_E(6r^3\sin\theta\cos\theta+r)\,dr\,d\theta$$
$$=6\int_0^{2\pi}\left(\int_0^1(6r^3\sin\theta\cos\theta+r)\,dr\right)d\theta$$
$$=6\int_0^{2\pi}\left[\frac{3}{2}r^4\sin\theta\cos\theta+\frac{r^2}{2}\right]_{r=0}^{r=1}d\theta$$
$$=6\int_0^{2\pi}\left(\frac{3}{2}\sin\theta\cos\theta+\frac{1}{2}\right)d\theta$$
$$=6\left[\frac{3}{4}\sin^2\theta+\frac{1}{2}\theta\right]_0^{2\pi}=6\pi$$

$\boxed{5}$ (1) D は四面体 OABC の境界および内部

(2) $\displaystyle\int x\sin(a+x)\,dx$
$$=x\{-\cos(a+x)\}-\int\{-\cos(a+x)\}\,dx$$
$$=-x\cos(a+x)+\sin(a+x)+C$$
$$(C\ \text{は積分定数})$$

(3) (2)において、$a=x+y,\ x=z$ とすると、
$$\int_0^{\frac{\pi}{2}-x-y}z\sin(x+y+z)\,dz$$
$$=\left[-z\cos(x+y+z)+\sin(x+y+z)\right]_{z=0}^{z=\frac{\pi}{2}-x-y}$$
$$=1-\sin(x+y)$$

よって、
$$E=\left\{(x,\ y)\,\middle|\,x,\ y\geqq 0,\ x+y\leqq\frac{\pi}{2}\right\}\ \text{とおくと、}$$
$$\iiint_D z\sin(x+y+z)\,dx\,dy\,dz$$
$$=\iint_E\{1-\sin(x+y)\}\,dx\,dy$$
$$=\int_0^{\frac{\pi}{2}}\left(\int_0^{\frac{\pi}{2}-x}\{1-\sin(x+y)\}\,dy\right)dx$$
$$=\int_0^{\frac{\pi}{2}}\left[y+\cos(x+y)\right]_{y=0}^{y=\frac{\pi}{2}-x}dx$$
$$=\int_0^{\frac{\pi}{2}}\left(\frac{\pi}{2}-x-\cos x\right)dx=\left[\frac{\pi}{2}x-\frac{x^2}{2}-\sin x\right]_0^{\frac{\pi}{2}}$$
$$=\frac{\pi^2}{8}-1$$

第8章　微分方程式

類題 8－1

(1) $(1+x)y'+(1+y)=0$ より、
$$(1+x)\frac{dy}{dx}=-(1+y)$$
$$\therefore\ \frac{1}{1+y}\frac{dy}{dx}=-\frac{1}{1+x}$$
両辺を x で積分すると、
$$\int\frac{1}{1+y}\,dy=\int\left(-\frac{1}{1+x}\right)dx$$
$$\therefore\ \log|y+1|=-\log(x+1)+C$$
$$=\log e^C\frac{1}{1+x}$$
$$\therefore\ y+1=\pm e^C\frac{1}{1+x}$$
よって、$y=A\dfrac{1}{1+x}-1$

(2) $y'+2xy=x$
まず、$y'+2xy=0$ を考える。
$$\frac{dy}{dx}=-2xy\ \text{より、}\ \frac{1}{y}\frac{dy}{dx}=-2x$$
両辺を x で積分すると、
$$\int\frac{1}{y}\,dy=\int(-2x)\,dx$$
$$\therefore\ \log|y|=-x^2+C$$
$$\therefore\ y=\pm e^C e^{-x^2}$$
よって、$y=Ae^{-x^2}$
次に関数 $y=A(x)e^{-x^2}$ を考える。
(注：どんな関数でもこのような形に表せる。)

233

$$y' = A'(x)e^{-x^2} + A(x)(-2xe^{-x^2})$$
$$= A'(x)e^{-x^2} - 2xy$$

$\therefore \quad y' + 2xy = A'(x)e^{-x^2}$

そこで，$y = A(x)e^{-x^2}$ が $y' + 2xy = x$ を満たすとすると，

$$A'(x)e^{-x^2} = x \quad \therefore \quad A'(x) = xe^{x^2}$$

よって，$A(x) = \int xe^{x^2}dx = \dfrac{1}{2}e^{x^2} + C$

以上より，

$$y = \left(\dfrac{1}{2}e^{x^2} + C\right)e^{-x^2} = \dfrac{1}{2} + Ce^{-x^2}$$

類題 8 − 2

(1) $z = y^{-1}$ とおくと，$z' = -y^{-2}y'$

$y' + (\sin x)y = (\sin x)y^2$ より，

$$-y^{-2}y' - (\sin x)y^{-1} = -\sin x$$

$\therefore \quad z' - (\sin x)z = -\sin x$

$z' - (\sin x)z = 0$ とすると，$\dfrac{1}{z}\dfrac{dz}{dx} = \sin x$

$\therefore \quad \displaystyle\int \dfrac{1}{z}dz = \int \sin x\, dx$

$$\log|z| = -\cos x + C \qquad z = Ae^{-\cos x}$$

$z = A(x)e^{-\cos x}$ とすると，

$$z' - (\sin x)z = A'(x)e^{-\cos x}$$

よって，$A'(x)e^{-\cos x} = -\sin x$ とすれば，

$$A'(x) = -(\sin x)e^{\cos x}$$

$\therefore \quad A(x) = e^{\cos x} + C$

$\therefore \quad z = (e^{\cos x} + C)e^{-\cos x} = 1 + Ce^{-\cos x}$

以上より，$y = \dfrac{1}{z} = \dfrac{1}{1 + Ce^{-\cos x}}$

(2) $z = y^{-1}$ とおくと，$z' = -y^{-2}y'$

$xy' + y = y^2\log x$ より，$xy^{-2}y' + y^{-1} = \log x$

$\therefore \quad -xz' + z = \log x$

$\therefore \quad z' - \dfrac{1}{x}z = -\dfrac{\log x}{x}$

$z' - \dfrac{1}{x}z = 0$ とすると，$\dfrac{1}{z}\dfrac{dz}{dx} = \dfrac{1}{x}$

$\therefore \quad \displaystyle\int \dfrac{1}{z}dz = \int \dfrac{1}{x}dx$

$$\log|z| = \log x + C$$

$\therefore \quad z = Ax$

$z = A(x)x$ とすれば，

$$z' = A'(x)x + A(x) = A'(x)x + \dfrac{1}{x}z$$

$\therefore \quad z' - \dfrac{1}{x}z = A'(x)x$

よって，$A'(x)x = -\dfrac{\log x}{x}$ とすれば，

$$A'(x) = -\dfrac{1}{x^2}\log x$$

$\therefore \quad A(x) = \displaystyle\int \left(-\dfrac{1}{x^2}\log x\right)dx$

$$= \dfrac{1}{x}\log x - \int \dfrac{1}{x}\dfrac{1}{x}dx = \dfrac{1}{x}\log x - \int \dfrac{1}{x^2}dx$$

$$= \dfrac{1}{x}\log x + \dfrac{1}{x} + C$$

よって，

$$z = \left(\dfrac{1}{x}\log x + \dfrac{1}{x} + C\right)x = \log x + 1 + Cx$$

以上より，

$$y = \dfrac{1}{z} = \dfrac{1}{\log x + 1 + Cx}$$

類題 8 − 3

以下，C_1, C_2 は任意定数を表す。

(1) 特性方程式は，$t^2 - 2t - 2 = 0$

$\therefore \quad t = 1 \pm \sqrt{3}$

よって，求める一般解は，

$$y = C_1 e^{(1+\sqrt{3})x} + C_2 e^{(1-\sqrt{3})x}$$

(2) 特性方程式は，$t^2 - 2t + 1 = 0$

$\therefore \quad (t-1)^2 = 0 \quad \therefore \quad t = 1$ （重解）

よって，求める一般解は，

$$y = C_1 e^x + C_2 xe^x$$

(3) 特性方程式は，$t^2 + 3 = 0$

$\therefore \quad t = \pm\sqrt{3}\,i = 0 \pm \sqrt{3}\,i$ （虚数解）

よって，求める一般解は，

$$y = C_1 \cos\sqrt{3}\,x + C_2 \sin\sqrt{3}\,x$$

類題 8 − 4

以下，C_1, C_2 は任意定数を表す。

(1) まず，$y'' - y' - 2y = 0$ の一般解を求める。

$t^2 - t - 2 = 0$ とすると，

$$(t+1)(t-2) = 0 \quad \therefore \quad t = -1,\ 2$$

よって，$y'' - y' - 2y = 0$ の一般解は，

$$y = C_1 e^{-x} + C_2 e^{2x}$$

次に，$y'' - y' - 2y = 6e^{2x}$ の特殊解を求める。

$y = Axe^{2x}$ とおくと，

$$y' = A(e^{2x} + 2xe^{2x}) = A(1+2x)e^{2x}$$
$$y'' = A(2e^{2x} + 2e^{2x} + 4xe^{2x}) = A(4+4x)e^{2x}$$

$\therefore \quad y'' - y' - 2y$

$$= A\{(4+4x) - (1+2x) - 2x\}e^{2x} = 3Ae^{2x}$$

$\therefore \quad 3A = 6$ とすれば，$A = 2$

よって，$y'' - y' - 2y = 6e^{2x}$ の特殊解は，

$$y = 2xe^{2x}$$

以上より，求める一般解は，

$$y = C_1 e^{-x} + C_2 e^{2x} + 2xe^{2x}$$

(**注**) 本問では $y = Ae^{2x}$ の形の特殊解は出

235

てこない。そのようなときは $y=Axe^{2x}$ の形
で探す。

(2) まず，$y''+4y=0$ の一般解を求める。

$t^2+4=0$ とすると，$t=\pm2i$

よって，$y''+4y=0$ の一般解は，
$$y=C_1\cos2x+C_2\sin2x$$

次に，$y''+4y=4\cos2x$ の特殊解を求める。

$y=x(A\cos2x+B\sin2x)$ とおくと，

$y'=(A+2Bx)\cos2x+(B-2Ax)\sin2x$

$y''=2B\cos2x-2(A+2Bx)\sin2x$
$\qquad +(-2A)\sin2x+2(B-2Ax)\cos2x$
$\qquad =(-4Ax+4B)\cos2x$
$\qquad\quad +(-4A-4Bx)\sin2x$

$\therefore\ \ y''+4y=4B\cos2x-4A\sin2x$

$\therefore\ \ 4B=4,\ -4A=0$ とすれば，
$\qquad A=0,\ B=1$

よって，$y''+4y=4\cos2x$ の特殊解は，
$$y=x\sin2x$$

以上より，求める一般解は，
$$y=C_1\cos2x+C_2\sin2x+x\sin2x$$

（注） 本問では $y=A\cos2x+B\sin2x$ の形
の特殊解は出てこない。そのようなときは
$y=x(A\cos2x+B\sin2x)$ の形で探す。

類題 8－5

以下，$C_1,\ C_2$ は任意定数を表す。

(1) $x=e^u$ とおくと，
$$x\frac{dy}{dx}=\frac{dy}{du},\ \ x^2\frac{d^2y}{dx^2}=\frac{d^2y}{du^2}-\frac{dy}{du}$$

これを $x^2y''+xy'+y=0$ に代入して，
$$\left(\frac{d^2y}{du^2}-\frac{dy}{du}\right)+\frac{dy}{du}+y=0$$

$\therefore\ \ \dfrac{d^2y}{du^2}+y=0$

$t^2+1=0$ とすると，$t=\pm i$

よって，求める一般解は，
$$y=C_1\cos u+C_2\sin u$$
$$=C_1\cos(\log x)+C_2\sin(\log x)$$

(2) $x=e^u$ とおくと，
$$x\frac{dy}{dx}=\frac{dy}{du},\ \ x^2\frac{d^2y}{dx^2}=\frac{d^2y}{du^2}-\frac{dy}{du}$$

これを $x^2y''-xy'+y=\log x$ に代入して，
$$\left(\frac{d^2y}{du^2}-\frac{dy}{du}\right)-\frac{dy}{du}+y=u$$

$\therefore\ \ \dfrac{d^2y}{du^2}-2\dfrac{dy}{du}+y=u$

$\dfrac{d^2y}{du^2}-2\dfrac{dy}{du}+y=0$ の一般解は，

$t^2-2t+1=0$ が $t=1$ を重解にもつことから，
$$y=C_1e^u+C_2ue^u$$

また，$y=Au+B$ とおくと，
$$y'=A,\ \ y''=0$$

$\therefore\ \ \dfrac{d^2y}{du^2}-2\dfrac{dy}{du}+y=Au+(-2A+B)$

$A=1,\ -2A+B=0$ とすれば，$A=1,\ B=2$

よって，$y=u+2$ は，

$\dfrac{d^2y}{du^2}-2\dfrac{dy}{du}+y=u$ の特殊解

以上より，求める一般解は，
$$y=C_1e^u+C_2ue^u+u+2$$
$$=C_1x+C_2x\log x+\log x+2$$

類題 8－6

(1) $y\sqrt{1+x^2}\,y'=-x\sqrt{1+y^2}$ より，
$$\frac{y}{\sqrt{1+y^2}}\frac{dy}{dx}=-\frac{x}{\sqrt{1+x^2}}$$

両辺を x で積分すると，
$$\int\frac{y}{\sqrt{1+y^2}}dy=\int\left(-\frac{x}{\sqrt{1+x^2}}\right)dx$$

$\therefore\ \ \sqrt{1+y^2}=-\sqrt{1+x^2}+C$

$\therefore\ \ \sqrt{1+x^2}+\sqrt{1+y^2}=C$ （C は任意定数）

(2) $(1+x^2)y'+x\tan y=0$ より，
$$(1+x^2)\frac{dy}{dx}=-x\tan y$$

$\therefore\ \ \dfrac{1}{\tan y}\dfrac{dy}{dx}=-\dfrac{x}{1+x^2}$

両辺を x で積分すると，
$$\int\frac{1}{\tan y}dy=\int\left(-\frac{x}{1+x^2}\right)dx$$

$\therefore\ \ \log|\sin y|=-\dfrac{1}{2}\log(1+x^2)+C$
$$=\log\frac{e^C}{\sqrt{1+x^2}}$$

$\therefore\ \ \sin y=\dfrac{A}{\sqrt{1+x^2}}$ （A は任意定数）

類題 8－7

(1) $(x^2-y^2)y'=2xy$ より，
$$y'=\frac{2xy}{x^2-y^2}=\frac{2\cdot\dfrac{y}{x}}{1-\left(\dfrac{y}{x}\right)^2}$$

$\dfrac{y}{x}=z$ とおくと，$y=xz$

$\therefore\ \ \dfrac{dy}{dx}=z+x\dfrac{dz}{dx}$

$\therefore \quad z + x\dfrac{dz}{dx} = \dfrac{2z}{1-z^2}$

$\qquad x\dfrac{dz}{dx} = \dfrac{2z}{1-z^2} - z = \dfrac{z+z^3}{1-z^2}$

$\therefore \quad \dfrac{1-z^2}{z+z^3}\dfrac{dz}{dx} = \dfrac{1}{x}$

両辺を x で積分すると，

$$\int \dfrac{1-z^2}{z+z^3}dz = \int \dfrac{1}{x}dx$$

$\therefore \quad \displaystyle\int\left(\dfrac{1}{z} - \dfrac{2z}{1+z^2}\right)dz = \int\dfrac{1}{x}dx$

$\therefore \quad \log|z| - \log(1+z^2) = \log x + C$

$\qquad \log\dfrac{|z|}{1+z^2} = \log e^C x \quad \therefore \quad \dfrac{z}{1+z^2} = Ax$

$\therefore \quad \dfrac{\dfrac{y}{x}}{1+\left(\dfrac{y}{x}\right)^2} = Ax \qquad \dfrac{xy}{x^2+y^2} = Ax$

よって，$y = A(x^2+y^2)$ （A は任意定数）

(2) $y' = \tan(x+y) - 1$

$z = x+y$ とおくと，$\dfrac{dz}{dx} = 1 + \dfrac{dy}{dx}$

$\dfrac{dy}{dx} = \tan(x+y) - 1$ より，$\dfrac{dz}{dx} = \tan z$

$\therefore \quad \dfrac{1}{\tan z}\dfrac{dz}{dx} = 1$

両辺を x で積分すると，

$$\int \dfrac{1}{\tan z}dz = \int dx$$

$\therefore \quad \displaystyle\int\dfrac{\cos z}{\sin z}dz = \int dx$

$\qquad \log|\sin z| = x + C$

$\therefore \quad \sin z = Ae^x$

$\therefore \quad \sin(x+y) = Ae^x$ （A は任意定数）

第 8 章　章末問題　解答

1 (1) 定数変化法により公式を導く。

まず，$\dfrac{dy}{dx} + P(x)y = 0$ を考える。

$\dfrac{dy}{dx} = -P(x)y$ より，$\dfrac{1}{y}\dfrac{dy}{dx} = -P(x)$

両辺を x で積分すると，

$$\int \dfrac{1}{y}dy = -\int P(x)dx$$

$\therefore \quad \log|y| = -\displaystyle\int P(x)dx + C$

$\therefore \quad y = \pm e^C e^{-\int P(x)dx}$

$\therefore \quad y = Ae^{-\int P(x)dx}$ （A は任意定数）

ここで，$\displaystyle\int P(x)dx$ は $P(x)$ の不定積分の 1 つを表すものとする。

次に，$\dfrac{dy}{dx} + P(x)y = Q(x)$ を考える。

$y = A(x)e^{-\int P(x)dx}$ とおくと，

$y' = A'(x)e^{-\int P(x)dx}$
$\qquad + A(x)\{e^{-\int P(x)dx}\cdot(-P(x))\}$
$\quad = A'(x)e^{-\int P(x)dx} - P(x)\cdot A(x)e^{-\int P(x)dx}$
$\quad = A'(x)e^{-\int P(x)dx} - P(x)y$

$\therefore \quad y' + P(x)y = A'(x)e^{-\int P(x)dx}$

よって，$A'(x)e^{-\int P(x)dx} = Q(x)$ であればよい。

$\therefore \quad A'(x) = Q(x)e^{\int P(x)dx}$

$\therefore \quad A(x) = \displaystyle\int Q(x)e^{\int P(x)dx}dx + c$

ここで，$\displaystyle\int Q(x)e^{\int P(x)dx}dx$ は $Q(x)e^{\int P(x)dx}$ の不定積分の 1 つを表すものとする。

以上より，

$$y = \left(\int Q(x)e^{\int P(x)dx}dx + c\right)e^{-\int P(x)dx}$$

(参考) なおこの公式を示すだけなら次の簡単な計算もある。

$\dfrac{dy}{dx} + P(x)y = Q(x)$ の両辺に $e^{\int P(x)dx}$ をかけて

$\dfrac{dy}{dx}e^{\int P(x)dx} + yP(x)e^{\int P(x)dx} = Q(x)e^{\int P(x)dx}$

$\therefore \quad \left(ye^{\int P(x)dx}\right)' = Q(x)e^{\int P(x)dx}$

$\therefore \quad ye^{\int P(x)dx} = \displaystyle\int Q(x)e^{\int P(x)dx}dx + C$

$\therefore \quad y = \left(\displaystyle\int Q(x)e^{\int P(x)dx}dx + C\right)e^{-\int P(x)dx}$

(2) $x\dfrac{dy}{dx} - y = x(1+2x^2)$ より，

$\qquad \dfrac{dy}{dx} - \dfrac{1}{x}y = 1 + 2x^2$

よって，(1)で示した公式より，

$y = \left(\displaystyle\int(1+2x^2)e^{\int\left(-\frac{1}{x}\right)dx}dx + c\right)e^{-\int\left(-\frac{1}{x}\right)dx}$

$\quad = \left(\displaystyle\int(1+2x^2)e^{-\log x}dx + c\right)e^{\log x}$

$\quad = \left(\displaystyle\int(1+2x^2)\dfrac{1}{x}dx + c\right)x$ 　（注）　$a^{\log_a b} = b$

$\quad = \left(\displaystyle\int\left(\dfrac{1}{x} + 2x\right)dx + c\right)x = (\log x + x^2 + c)x$

$$=x\log x+x^3+cx$$

(3) $z=y^{-2}$ とおくと， $\dfrac{dz}{dx}=-2y^{-3}\dfrac{dy}{dx}$

$$\dfrac{dy}{dx}-\dfrac{y}{2x}=\dfrac{\log x}{2x}y^3 \ \text{より，}$$

$$-2y^{-3}\dfrac{dy}{dx}+\dfrac{1}{x}y^{-2}=-\dfrac{\log x}{x}$$

$$\therefore \ \dfrac{dz}{dx}+\dfrac{1}{x}z=-\dfrac{\log x}{x}$$

よって，(1)で示した公式より，

$$z=\left(\int\left(-\dfrac{\log x}{x}\right)e^{\int\frac{1}{x}dx}dx+c\right)e^{-\int\frac{1}{x}dx}$$

$$=\left(\int\left(-\dfrac{\log x}{x}\right)e^{\log x}dx+c\right)e^{-\log x}$$

$$=\left(\int\left(-\dfrac{\log x}{x}\right)x\,dx+c\right)\dfrac{1}{x} \quad \text{(注)} \quad a^{\log_a b}=b$$

$$=\left(-\int\log x\,dx+c\right)\dfrac{1}{x}=(-x\log x+x+c)\dfrac{1}{x}$$

$$=-\log x+1+\dfrac{c}{x}$$

$$\therefore \ \dfrac{1}{y^2}=-\log x+1+\dfrac{c}{x}$$

さらに，$x=1$ のとき $y=1$ となるとすると，

$$1+c=1 \quad \therefore \quad c=0$$

よって，$y=\dfrac{1}{\sqrt{-\log x+1}}$

2 (1) 特性方程式 $t^2+3t+2=0$ より，

$$(t+2)(t+1)=0 \quad \therefore \quad t=-2,\ -1$$

よって，求める一般解は，

$$y=C_1e^{-2x}+C_2e^{-x} \quad (C_1,\ C_2 \ \text{は任意定数})$$

(2) 定数関数 $y=A$ が $\dfrac{d^2y}{dx^2}+3\dfrac{dy}{dx}+2y=1$

の解であるとすると，

$$0+3\cdot0+2\cdot A=1 \quad \therefore \quad A=\dfrac{1}{2}$$

$\therefore \ y=\dfrac{1}{2}$ は特殊解である。

したがって，$\dfrac{d^2y}{dx^2}+3\dfrac{dy}{dx}+2y=1$ の一般解は，

$$y=\dfrac{1}{2}+C_1e^{-2x}+C_2e^{-x}$$

このとき，$y'=-2C_1e^{-2x}-C_2e^{-x}$

$y(0)=1$ より，$\dfrac{1}{2}+C_1+C_2=1$

$$\therefore \ C_1+C_2=\dfrac{1}{2} \quad \cdots\cdots①$$

$y'(0)=0$ より，$-2C_1-C_2=0$

$$\therefore \ C_2=-2C_1 \quad \cdots\cdots②$$

①，②より，$C_1=-\dfrac{1}{2}$，$C_2=1$

よって，求める解は，

$$y=\dfrac{1}{2}-\dfrac{1}{2}e^{-2x}+e^{-x}$$

3 (1) 特性方程式 $u^2+2u+1=0$ より，

$$(u+1)^2=0 \quad \therefore \quad u=-1 \quad \text{（重解）}$$

よって，求める一般解は，

$$y=C_1e^{-x}+C_2xe^{-x} \quad (C_1,\ C_2 \ \text{は任意定数})$$

(2) $x=e^t$ のとき，

$$w(t)=z(x) \quad \cdots\cdots①$$

$$\therefore \ \dfrac{dw}{dt}=\dfrac{dz}{dx}\cdot\dfrac{dx}{dt}=\dfrac{dz}{dx}\cdot e^t=\dfrac{dz}{dx}\cdot x$$

$$\therefore \ \dfrac{dw}{dt}=x\dfrac{dz}{dx} \quad \cdots\cdots②$$

また，$\dfrac{d^2w}{dt^2}=\dfrac{d}{dt}\left(\dfrac{dz}{dx}\right)\cdot x+\dfrac{dz}{dx}\cdot\dfrac{dx}{dt}$

$$=\dfrac{d}{dx}\left(\dfrac{dz}{dx}\right)\dfrac{dx}{dt}\cdot x+\dfrac{dz}{dx}\cdot e^t$$

$$=\dfrac{d^2z}{dx^2}e^t\cdot x+\dfrac{dz}{dx}\cdot x=x^2\dfrac{d^2z}{dx^2}+x\dfrac{dz}{dx}$$

$$\therefore \ \dfrac{d^2w}{dt^2}=x^2\dfrac{d^2z}{dx^2}+x\dfrac{dz}{dx} \quad \cdots\cdots③$$

③$+$②$\times2+$① より，

$$\dfrac{d^2w}{dt^2}+2\dfrac{dw}{dt}+w=x^2\dfrac{d^2z}{dx^2}+3x\dfrac{dz}{dx}+z=0$$

$$\therefore \ w''+2w'+w=0$$

(3) (1)の結果より，$w(t)=C_1e^{-t}+C_2te^{-t}$

$$\therefore \ z(x)=C_1\dfrac{1}{x}+C_2(\log x)\dfrac{1}{x}$$

$$=C_1\dfrac{1}{x}+C_2\dfrac{\log x}{x}$$

(4) $z(1)=0$ より，$C_1=0$

$$\therefore \ z(x)=C_2\dfrac{\log x}{x}$$

さらに，$\displaystyle\int_1^e z(x)dx=1$ より，

$$\int_1^e C_2\dfrac{\log x}{x}dx=1$$

$$\therefore \ C_2\left[\dfrac{1}{2}(\log x)^2\right]_1^e=1$$

$$\therefore \ C_2\cdot\dfrac{1}{2}=1 \quad \therefore \quad C_2=2$$

よって，$z(x)=\dfrac{2\log x}{x}$

4 (1) $\mathrm{P}(X,\ f(X))$ とする。

点 P における C の法線の方程式は，

$$y - f(X) = -\frac{1}{f'(X)}(x - X)$$

$$\therefore\quad x + f'(X)y - X - f'(X)f(X) = 0$$

これと原点との距離は，

$$\frac{|-X - f'(X)f(X)|}{\sqrt{1 + \{f'(X)\}^2}}$$

条件より，

$$\frac{|-X - f'(X)f(X)|}{\sqrt{1 + \{f'(X)\}^2}} = |f(X)|$$

$$\therefore\quad \frac{\{X + f'(X)f(X)\}^2}{1 + \{f'(X)\}^2} = \{f(X)\}^2$$

$$\{X + f'(X)f(X)\}^2 = \{f(X)\}^2(1 + \{f'(X)\}^2)$$

$$\therefore\quad X^2 + 2X \cdot f'(X)f(X) = \{f(X)\}^2$$

よって，$y = f(x)$ は次の微分方程式を満たす．

$$x^2 + 2x \cdot \frac{dy}{dx}y = y^2$$

すなわち，$\dfrac{dy}{dx} = \dfrac{y^2 - x^2}{2xy}$

(2) $u = \dfrac{y}{x}$ とおくと，$y = xu$

$$\therefore\quad \frac{dy}{dx} = u + x\frac{du}{dx}$$

$$\frac{dy}{dx} = \frac{y^2 - x^2}{2xy} = \frac{\left(\dfrac{y}{x}\right)^2 - 1}{2 \cdot \dfrac{y}{x}} \quad \text{より，}$$

$$u + x\frac{du}{dx} = \frac{u^2 - 1}{2u}$$

$$\therefore\quad x\frac{du}{dx} = \frac{u^2 - 1}{2u} - u = -\frac{1 + u^2}{2u}$$

すなわち，$x\dfrac{du}{dx} = -\dfrac{1 + u^2}{2u}$

(3) $x\dfrac{du}{dx} = -\dfrac{1 + u^2}{2u}$ より，$\dfrac{2u}{1 + u^2}\dfrac{du}{dx} = -\dfrac{1}{x}$

両辺を x で積分すると，

$$\int \frac{2u}{1 + u^2}\,du = \int\left(-\frac{1}{x}\right)dx$$

$$\therefore\quad \log(1 + u^2) = -\log x + C = \log \frac{e^c}{x}$$

$$\therefore\quad 1 + u^2 = \frac{A}{x}$$

$u = \dfrac{y}{x}$ より，$1 + \dfrac{y^2}{x^2} = \dfrac{A}{x}$

$$\therefore\quad y^2 = Ax - x^2 \qquad y = \pm\sqrt{Ax - x^2}$$

曲線 C が点 $(1,\ 1)$ を通ることより，

$$1 = \sqrt{A - 1} \qquad \therefore\quad A = 2$$

よって，曲線 C の方程式は，$y = \sqrt{2x - x^2}$

第 9 章　行列

類題 9 − 1

(1) $\begin{pmatrix} 1 & 2 & 3 \\ 4 & 5 & 6 \end{pmatrix}\begin{pmatrix} 2 & 1 \\ 1 & 0 \\ 0 & 2 \end{pmatrix} = \begin{pmatrix} 4 & 7 \\ 13 & 16 \end{pmatrix}$

(2) $\begin{pmatrix} 2 & 1 \\ 1 & 0 \\ 0 & 2 \end{pmatrix}\begin{pmatrix} 1 & 2 & 3 \\ 4 & 5 & 6 \end{pmatrix} = \begin{pmatrix} 6 & 9 & 12 \\ 1 & 2 & 3 \\ 8 & 10 & 12 \end{pmatrix}$

(3) $\begin{pmatrix} 1 \\ 8 \\ 3 \end{pmatrix}(1 \ \ -3 \ \ 4) = \begin{pmatrix} 1 & -3 & 4 \\ 8 & -24 & 32 \\ 3 & -9 & 12 \end{pmatrix}$

類題 9 − 2

(1) $A = \begin{pmatrix} 0 & 1 & 3 & 1 \\ 1 & 0 & 1 & 1 \\ 1 & -2 & -5 & -1 \end{pmatrix}$

$\xrightarrow{②\leftrightarrow①} \begin{pmatrix} 1 & 0 & 1 & 1 \\ 0 & 1 & 3 & 1 \\ 1 & -2 & -5 & -1 \end{pmatrix}$

$\xrightarrow{③-①} \begin{pmatrix} 1 & 0 & 1 & 1 \\ 0 & 1 & 3 & 1 \\ 0 & -2 & -6 & -2 \end{pmatrix}$

$\xrightarrow{③\div(-2)} \begin{pmatrix} 1 & 0 & 1 & 1 \\ 0 & 1 & 3 & 1 \\ 0 & 1 & 3 & 1 \end{pmatrix} \xrightarrow{③-②} \begin{pmatrix} 1 & 0 & 1 & 1 \\ 0 & 1 & 3 & 1 \\ 0 & 0 & 0 & 0 \end{pmatrix}$

rank $A = 2$

(注)　②↔①は①と②の入れ替えを表す．

(2) $A = \begin{pmatrix} 1 & 0 & -2 \\ 2 & -3 & 2 \\ 0 & 3 & -6 \end{pmatrix}$

$\xrightarrow{②-①\times 2} \begin{pmatrix} 1 & 0 & -2 \\ 0 & -3 & 6 \\ 0 & 3 & -6 \end{pmatrix}$

$\xrightarrow{③+②} \begin{pmatrix} 1 & 0 & -2 \\ 0 & -3 & 6 \\ 0 & 0 & 0 \end{pmatrix} \xrightarrow{②\div(-3)} \begin{pmatrix} 1 & 0 & -2 \\ 0 & 1 & -2 \\ 0 & 0 & 0 \end{pmatrix}$

rank $A = 2$

類題 9 − 3

(1) 与式を行列を用いて表すと，

$$\begin{pmatrix} 1 & 2 & -1 & 3 \\ 2 & 3 & 0 & 4 \\ 0 & 1 & -2 & 2 \end{pmatrix}\begin{pmatrix} x \\ y \\ z \\ w \end{pmatrix} = \begin{pmatrix} -3 \\ -2 \\ -4 \end{pmatrix}$$

拡大係数行列：$\begin{pmatrix} 1 & 2 & -1 & 3 & -3 \\ 2 & 3 & 0 & 4 & -2 \\ 0 & 1 & -2 & 2 & -4 \end{pmatrix}$

$\xrightarrow[②-①×2]{} \begin{pmatrix} 1 & 2 & -1 & 3 & -3 \\ 0 & -1 & 2 & -2 & 4 \\ 0 & 1 & -2 & 2 & -4 \end{pmatrix}$

$\xrightarrow[\substack{①+②×2 \\ ③+② \\ ②×(-1)}]{} \begin{pmatrix} 1 & 0 & 3 & -1 & 5 \\ 0 & 1 & -2 & 2 & -4 \\ 0 & 0 & 0 & 0 & 0 \end{pmatrix}$

よって，与式は次のようになる。

$\begin{pmatrix} 1 & 0 & 3 & -1 \\ 0 & 1 & -2 & 2 \\ 0 & 0 & 0 & 0 \end{pmatrix}\begin{pmatrix} x \\ y \\ z \\ w \end{pmatrix} = \begin{pmatrix} 5 \\ -4 \\ 0 \end{pmatrix}$

すなわち，$\begin{cases} x +3z- w=5 \\ y-2z+2w=-4 \end{cases}$

よって，求める解は，

$\begin{pmatrix} x \\ y \\ z \\ w \end{pmatrix} = \begin{pmatrix} -3a+b+5 \\ 2a-2b-4 \\ a \\ b \end{pmatrix}$

$= a\begin{pmatrix} -3 \\ 2 \\ 1 \\ 0 \end{pmatrix} + b\begin{pmatrix} 1 \\ -2 \\ 0 \\ 1 \end{pmatrix} + \begin{pmatrix} 5 \\ -4 \\ 0 \\ 0 \end{pmatrix}$

（a，b は任意）

(2) 与式を行列を用いて表すと，

$\begin{pmatrix} 1 & 3 & 5 \\ 2 & -1 & -4 \\ 3 & 1 & -1 \end{pmatrix}\begin{pmatrix} x \\ y \\ z \end{pmatrix} = \begin{pmatrix} -8 \\ 5 \\ 1 \end{pmatrix}$

拡大係数行列：$\begin{pmatrix} 1 & 3 & 5 & -8 \\ 2 & -1 & -4 & 5 \\ 3 & 1 & -1 & 1 \end{pmatrix}$

$\xrightarrow[\substack{②-①×2 \\ ③-①×3}]{} \begin{pmatrix} 1 & 3 & 5 & -8 \\ 0 & -7 & -14 & 21 \\ 0 & -8 & -16 & 25 \end{pmatrix}$

$\xrightarrow[②÷(-7)]{} \begin{pmatrix} 1 & 3 & 5 & -8 \\ 0 & 1 & 2 & -3 \\ 0 & -8 & -16 & 25 \end{pmatrix}$

$\xrightarrow[\substack{①-②×3 \\ ③+②×8}]{} \begin{pmatrix} 1 & 0 & -1 & 1 \\ 0 & 1 & 2 & -3 \\ 0 & 0 & 0 & 1 \end{pmatrix}$

$\xrightarrow[\substack{①-③ \\ ②+③×3}]{} \begin{pmatrix} 1 & 0 & -1 & 0 \\ 0 & 1 & 2 & 0 \\ 0 & 0 & 0 & 1 \end{pmatrix}$

よって，与式は次のようになる。

$\begin{pmatrix} 1 & 0 & -1 \\ 0 & 1 & 2 \\ 0 & 0 & 0 \end{pmatrix}\begin{pmatrix} x \\ y \\ z \end{pmatrix} = \begin{pmatrix} 0 \\ 0 \\ 1 \end{pmatrix}$

すなわち，$\begin{cases} x - z=0 \\ y+ 2z=0 \\ 0x+0\cdot y+0\cdot z=1 \end{cases}$

第3式を満たす x，y，z が存在しないので，この連立1次方程式は，解なし。

(注) 拡大係数行列の行基本変形は原則として階段行列になるまで進めるが，解なしと判断できた時点で変形を中断してもかまわない。

類題 9 − 4

(1) 与式を行列を用いて表すと，

$\begin{pmatrix} 3 & 1 & 4 & 2 \\ 2 & -1 & 1 & -2 \\ 8 & 1 & 9 & 2 \end{pmatrix}\begin{pmatrix} x \\ y \\ z \\ w \end{pmatrix} = \begin{pmatrix} 0 \\ 0 \\ 0 \end{pmatrix}$

係数行列：$A = \begin{pmatrix} 3 & 1 & 4 & 2 \\ 2 & -1 & 1 & -2 \\ 8 & 1 & 9 & 2 \end{pmatrix}$

$\xrightarrow[①-②]{} \begin{pmatrix} 1 & 2 & 3 & 4 \\ 2 & -1 & 1 & -2 \\ 8 & 1 & 9 & 2 \end{pmatrix}$

$\xrightarrow[\substack{②-①×2 \\ ③-①×8}]{} \begin{pmatrix} 1 & 2 & 3 & 4 \\ 0 & -5 & -5 & -10 \\ 0 & -15 & -15 & -30 \end{pmatrix}$

$\xrightarrow[\substack{②÷(-5) \\ ③÷(-15)}]{} \begin{pmatrix} 1 & 2 & 3 & 4 \\ 0 & 1 & 1 & 2 \\ 0 & 1 & 1 & 2 \end{pmatrix}$

$\xrightarrow[\substack{①-②×2 \\ ③-②}]{} \begin{pmatrix} 1 & 0 & 1 & 0 \\ 0 & 1 & 1 & 2 \\ 0 & 0 & 0 & 0 \end{pmatrix}$

よって，与式は

$\begin{pmatrix} 1 & 0 & 1 & 0 \\ 0 & 1 & 1 & 2 \\ 0 & 0 & 0 & 0 \end{pmatrix}\begin{pmatrix} x \\ y \\ z \\ w \end{pmatrix} = \begin{pmatrix} 0 \\ 0 \\ 0 \end{pmatrix}$

すなわち，$\begin{cases} x +z =0 \\ y+z+2w=0 \end{cases}$

よって，求める解は，

$\begin{pmatrix} x \\ y \\ z \\ w \end{pmatrix} = \begin{pmatrix} -a \\ -a-2b \\ a \\ b \end{pmatrix} = a\begin{pmatrix} -1 \\ -1 \\ 1 \\ 0 \end{pmatrix} + b\begin{pmatrix} 0 \\ -2 \\ 0 \\ 1 \end{pmatrix}$

（a，b は任意）

(2) 与式を行列を用いて表すと，

$$\begin{pmatrix} 2 & -1 & 3 \\ 3 & -2 & 4 \\ 1 & -4 & 10 \end{pmatrix} \begin{pmatrix} x \\ y \\ z \end{pmatrix} = \begin{pmatrix} 0 \\ 0 \\ 0 \end{pmatrix}$$

係数行列：$A = \begin{pmatrix} 2 & -1 & 3 \\ 3 & -2 & 4 \\ 1 & -4 & 10 \end{pmatrix}$

$$\xrightarrow[②-①]{} \begin{pmatrix} 2 & -1 & 3 \\ 1 & -1 & 1 \\ 1 & -4 & 10 \end{pmatrix} \xrightarrow[①\leftrightarrow②]{} \begin{pmatrix} 1 & -1 & 1 \\ 2 & -1 & 3 \\ 1 & -4 & 10 \end{pmatrix}$$

$$\xrightarrow[\substack{②-①\times2 \\ ③-①}]{} \begin{pmatrix} 1 & -1 & 1 \\ 0 & 1 & 1 \\ 0 & -3 & 9 \end{pmatrix}$$

$$\xrightarrow[③\div(-3)]{} \begin{pmatrix} 1 & -1 & 1 \\ 0 & 1 & 1 \\ 0 & 1 & -3 \end{pmatrix} \xrightarrow[\substack{①+② \\ ③-②}]{} \begin{pmatrix} 1 & 0 & 2 \\ 0 & 1 & 1 \\ 0 & 0 & -4 \end{pmatrix}$$

$$\xrightarrow[③\div(-4)]{} \begin{pmatrix} 1 & 0 & 2 \\ 0 & 1 & 1 \\ 0 & 0 & 1 \end{pmatrix} \xrightarrow[\substack{①-③\times2 \\ ②-③}]{} \begin{pmatrix} 1 & 0 & 0 \\ 0 & 1 & 0 \\ 0 & 0 & 1 \end{pmatrix}$$

よって，与式は $\begin{pmatrix} 1 & 0 & 0 \\ 0 & 1 & 0 \\ 0 & 0 & 1 \end{pmatrix} \begin{pmatrix} x \\ y \\ z \end{pmatrix} = \begin{pmatrix} 0 \\ 0 \\ 0 \end{pmatrix}$

すなわち，求める解は，$\begin{pmatrix} x \\ y \\ z \end{pmatrix} = \begin{pmatrix} 0 \\ 0 \\ 0 \end{pmatrix}$

類題 9 − 5

拡大係数行列：$\begin{pmatrix} 1 & -1 & 1 & 1 \\ 1 & 3 & k & 2 \\ 2 & k & 3 & 3 \end{pmatrix}$

$$\xrightarrow[\substack{②-① \\ ③-①\times2}]{} \begin{pmatrix} 1 & -1 & 1 & 1 \\ 0 & 4 & k-1 & 1 \\ 0 & k+2 & 1 & 1 \end{pmatrix}$$

$$\xrightarrow[②\div4]{} \begin{pmatrix} 1 & -1 & 1 & 1 \\ 0 & 1 & \dfrac{k-1}{4} & \dfrac{1}{4} \\ 0 & k+2 & 1 & 1 \end{pmatrix} \xrightarrow[\substack{①+② \\ ③-②\times(k+2)}]{}$$

$$\begin{pmatrix} 1 & 0 & 1+\dfrac{k-1}{4} & 1+\dfrac{1}{4} \\ 0 & 1 & \dfrac{k-1}{4} & \dfrac{1}{4} \\ 0 & 0 & 1-\dfrac{k-1}{4}(k+2) & 1-\dfrac{1}{4}(k+2) \end{pmatrix}$$

$$= \begin{pmatrix} 1 & 0 & 1+\dfrac{k-1}{4} & 1+\dfrac{1}{4} \\ 0 & 1 & \dfrac{k-1}{4} & \dfrac{1}{4} \\ 0 & 0 & -\dfrac{1}{4}(k+3)(k-2) & -\dfrac{1}{4}(k-2) \end{pmatrix}$$

よって，与式は次のようになる。

$$\begin{pmatrix} 1 & 0 & 1+\dfrac{k-1}{4} \\ 0 & 1 & \dfrac{k-1}{4} \\ 0 & 0 & -\dfrac{1}{4}(k+3)(k-2) \end{pmatrix} \begin{pmatrix} x \\ y \\ z \end{pmatrix}$$

$$= \begin{pmatrix} 1+\dfrac{1}{4} \\ \dfrac{1}{4} \\ -\dfrac{1}{4}(k-2) \end{pmatrix}$$

よって，これが解をもたないための条件は，

$$k = -3$$

類題 9 − 6

(1) $A = \begin{pmatrix} 2 & -1 & 0 & 0 \\ -1 & 2 & -1 & 0 \\ 0 & -1 & 2 & -1 \\ 0 & 0 & -1 & 1 \end{pmatrix}$

$(A \ E)$

$$= \begin{pmatrix} 2 & -1 & 0 & 0 & 1 & 0 & 0 & 0 \\ -1 & 2 & -1 & 0 & 0 & 1 & 0 & 0 \\ 0 & -1 & 2 & -1 & 0 & 0 & 1 & 0 \\ 0 & 0 & -1 & 1 & 0 & 0 & 0 & 1 \end{pmatrix}$$

$$\xrightarrow[\substack{①+② \\ ③\times(-1) \\ ④\times(-1)}]{} \begin{pmatrix} 1 & 1 & -1 & 0 & 1 & 1 & 0 & 0 \\ -1 & 2 & -1 & 0 & 0 & 1 & 0 & 0 \\ 0 & 1 & -2 & 1 & 0 & 0 & -1 & 0 \\ 0 & 0 & 1 & -1 & 0 & 0 & 0 & -1 \end{pmatrix}$$

$$\xrightarrow[②+①]{} \begin{pmatrix} 1 & 1 & -1 & 0 & 1 & 1 & 0 & 0 \\ 0 & 3 & -2 & 0 & 1 & 2 & 0 & 0 \\ 0 & 1 & -2 & 1 & 0 & 0 & -1 & 0 \\ 0 & 0 & 1 & -1 & 0 & 0 & 0 & -1 \end{pmatrix}$$

$$\xrightarrow[②\leftrightarrow③]{} \begin{pmatrix} 1 & 1 & -1 & 0 & 1 & 1 & 0 & 0 \\ 0 & 1 & -2 & 1 & 0 & 0 & -1 & 0 \\ 0 & 3 & -2 & 0 & 1 & 2 & 0 & 0 \\ 0 & 0 & 1 & -1 & 0 & 0 & 0 & -1 \end{pmatrix}$$

$$\xrightarrow[③\leftrightarrow④]{} \begin{pmatrix} 1 & 1 & -1 & 0 & 1 & 1 & 0 & 0 \\ 0 & 1 & -2 & 1 & 0 & 0 & -1 & 0 \\ 0 & 0 & 1 & -1 & 0 & 0 & 0 & -1 \\ 0 & 3 & -2 & 0 & 1 & 2 & 0 & 0 \end{pmatrix}$$

$$\xrightarrow[\substack{①-② \\ ④-②×3}]{} \begin{pmatrix} 1 & 0 & 1 & -1 & 1 & 1 & 1 & 0 \\ 0 & 1 & -2 & 1 & 0 & 0 & -1 & 0 \\ 0 & 0 & 1 & -1 & 0 & 0 & 0 & -1 \\ 0 & 0 & 4 & -3 & 1 & 2 & 3 & 0 \end{pmatrix}$$

$$\xrightarrow[\substack{①-③ \\ ②+③×2 \\ ④-③×4}]{} \begin{pmatrix} 1 & 0 & 0 & 0 & 1 & 1 & 1 & 1 \\ 0 & 1 & 0 & -1 & 0 & 0 & -1 & -2 \\ 0 & 0 & 1 & -1 & 0 & 0 & 0 & -1 \\ 0 & 0 & 0 & 1 & 1 & 2 & 3 & 4 \end{pmatrix}$$

$$\xrightarrow[\substack{②+④ \\ ③+④}]{} \begin{pmatrix} 1 & 0 & 0 & 0 & 1 & 1 & 1 & 1 \\ 0 & 1 & 0 & 0 & 1 & 2 & 2 & 2 \\ 0 & 0 & 1 & 0 & 1 & 2 & 3 & 3 \\ 0 & 0 & 0 & 1 & 1 & 2 & 3 & 4 \end{pmatrix}$$

よって，$A^{-1} = \begin{pmatrix} 1 & 1 & 1 & 1 \\ 1 & 2 & 2 & 2 \\ 1 & 2 & 3 & 3 \\ 1 & 2 & 3 & 4 \end{pmatrix}$

(2) $(A \ E) = \begin{pmatrix} 5 & -2 & 4 & 1 & 0 & 0 \\ -2 & 1 & -2 & 0 & 1 & 0 \\ 4 & -2 & 5 & 0 & 0 & 1 \end{pmatrix}$

$$\xrightarrow[①-③]{} \begin{pmatrix} 1 & 0 & -1 & 1 & 0 & -1 \\ -2 & 1 & -2 & 0 & 1 & 0 \\ 4 & -2 & 5 & 0 & 0 & 1 \end{pmatrix}$$

$$\xrightarrow[\substack{②+①×2 \\ ③-①×4}]{} \begin{pmatrix} 1 & 0 & -1 & 1 & 0 & -1 \\ 0 & 1 & -4 & 2 & 1 & -2 \\ 0 & -2 & 9 & -4 & 0 & 5 \end{pmatrix}$$

$$\xrightarrow[③+②×2]{} \begin{pmatrix} 1 & 0 & -1 & 1 & 0 & -1 \\ 0 & 1 & -4 & 2 & 1 & -2 \\ 0 & 0 & 1 & 0 & 2 & 1 \end{pmatrix}$$

$$\xrightarrow[\substack{①+③ \\ ②+③×4}]{} \begin{pmatrix} 1 & 0 & 0 & 1 & 2 & 0 \\ 0 & 1 & 0 & 2 & 9 & 2 \\ 0 & 0 & 1 & 0 & 2 & 1 \end{pmatrix}$$

よって，$A^{-1} = \begin{pmatrix} 1 & 2 & 0 \\ 2 & 9 & 2 \\ 0 & 2 & 1 \end{pmatrix}$

類題 9－7

$\begin{pmatrix} A & B \\ O & D \end{pmatrix}\begin{pmatrix} P & Q \\ R & S \end{pmatrix} = \begin{pmatrix} AP+BR & AQ+BS \\ DR & DS \end{pmatrix}$

そこで，$P, \ Q, \ R, \ S$ を

$\quad P = A^{-1}, \ S = D^{-1}, \ R = O,$

$\quad Q = -A^{-1}BS = -A^{-1}BD^{-1}$

と定めると，

$\begin{pmatrix} AP+BR & AQ+BS \\ DR & DS \end{pmatrix}$

$= \begin{pmatrix} AA^{-1}+O & A(-A^{-1}BD^{-1})+BD^{-1} \\ O & DD^{-1} \end{pmatrix}$

$= \begin{pmatrix} E & -BD^{-1}+BD^{-1} \\ O & E \end{pmatrix} = \begin{pmatrix} E & O \\ O & E \end{pmatrix} = E$

すなわち，

$$\begin{pmatrix} A & B \\ O & D \end{pmatrix}\begin{pmatrix} A^{-1} & -A^{-1}BD^{-1} \\ O & D^{-1} \end{pmatrix} = E$$

よって，X は正則であり，

$$X^{-1} = \begin{pmatrix} A^{-1} & -A^{-1}BD^{-1} \\ O & D^{-1} \end{pmatrix}$$

第9章 章末問題 解答

1 $A = (a_{ij}), \ B = (b_{ij})$ とする。

AB の $(i, \ j)$ 成分 c_{ij} は，$c_{ij} = \sum_{k=1}^{n} a_{ik}b_{kj}$

$\therefore \ \mathrm{tr}(AB) = c_{11}+c_{22}+\cdots+c_{nn}$

$= \sum_{k=1}^{n} a_{1k}b_{k1} + \sum_{k=1}^{n} a_{2k}b_{k2} + \cdots + \sum_{k=1}^{n} a_{nk}b_{kn}$

$= \sum_{k,\,l=1}^{n} a_{lk}b_{kl} \quad \cdots\cdots ①$

BA の $(i, \ j)$ 成分 d_{ij} は，$d_{ij} = \sum_{k=1}^{n} b_{ik}a_{kj}$

$\therefore \ \mathrm{tr}(BA) = d_{11}+d_{22}+\cdots+d_{nn}$

$= \sum_{k=1}^{n} b_{1k}a_{k1} + \sum_{k=1}^{n} b_{2k}a_{k2} + \cdots + \sum_{k=1}^{n} b_{nk}a_{kn}$

$= \sum_{k,\,l=1}^{n} b_{lk}a_{kl} \quad \cdots\cdots ②$

①②より，$\mathrm{tr}(AB) = \mathrm{tr}(BA)$

2 与式を行列を用いて表すと，

$$\begin{pmatrix} 1 & 2 & 1 \\ 2 & 3 & -1 \\ 3 & a & -12 \end{pmatrix}\begin{pmatrix} x \\ y \\ z \end{pmatrix} = \begin{pmatrix} a \\ -1 \\ -12 \end{pmatrix}$$

拡大係数行列を行基本変形する。

$$\begin{pmatrix} 1 & 2 & 1 & a \\ 2 & 3 & -1 & -1 \\ 3 & a & -12 & -12 \end{pmatrix}$$

$$\xrightarrow[\substack{②-①×2 \\ ③-①×3}]{} \begin{pmatrix} 1 & 2 & 1 & a \\ 0 & -1 & -3 & -2a-1 \\ 0 & a-6 & -15 & -3a-12 \end{pmatrix}$$

$$\xrightarrow[②×(-1)]{} \begin{pmatrix} 1 & 2 & 1 & a \\ 0 & 1 & 3 & 2a+1 \\ 0 & a-6 & -15 & -3a-12 \end{pmatrix}$$

$$\xrightarrow[\substack{①-②×2 \\ ③-②×(a-6)}]{} \begin{pmatrix} 1 & 0 & -5 & -3a-2 \\ 0 & 1 & 3 & 2a+1 \\ 0 & 0 & -3(a-1) & -2(a-1)(a-3) \end{pmatrix} \quad (*)$$

(i) $a=1$ のとき

$$(*) = \begin{pmatrix} 1 & 0 & -5 & -5 \\ 0 & 1 & 3 & 3 \\ 0 & 0 & 0 & 0 \end{pmatrix}$$

$$\therefore \quad \begin{pmatrix} 1 & 0 & -5 \\ 0 & 1 & 3 \\ 0 & 0 & 0 \end{pmatrix} \begin{pmatrix} x \\ y \\ z \end{pmatrix} = \begin{pmatrix} -5 \\ 3 \\ 0 \end{pmatrix}$$

$$\therefore \quad \begin{cases} x - 5z = -5 \\ y + 3z = 3 \end{cases}$$

よって，$\begin{pmatrix} x \\ y \\ z \end{pmatrix} = \begin{pmatrix} -5+5t \\ 3-3t \\ t \end{pmatrix}$ （t は任意）

(ii) $a \neq 1$ のとき

$$\begin{pmatrix} 1 & 0 & -5 & -3a-2 \\ 0 & 1 & 3 & 2a+1 \\ 0 & 0 & -3(a-1) & -2(a-1)(a-3) \end{pmatrix}$$

$$\overset{\longrightarrow}{\text{③}\div\{-3(a-1)\}} \begin{pmatrix} 1 & 0 & -5 & -3a-2 \\ 0 & 1 & 3 & 2a+1 \\ 0 & 0 & 1 & \dfrac{2(a-3)}{3} \end{pmatrix}$$

$$\overset{\longrightarrow}{\underset{\text{②}-\text{③}\times 3}{\text{①}+\text{③}\times 5}} \begin{pmatrix} 1 & 0 & 0 & -3a-2+5\dfrac{2(a-3)}{3} \\ 0 & 1 & 0 & 2a+1-2(a-3) \\ 0 & 0 & 1 & \dfrac{2(a-3)}{3} \end{pmatrix}$$

$$= \begin{pmatrix} 1 & 0 & 0 & \dfrac{a-36}{3} \\ 0 & 1 & 0 & 7 \\ 0 & 0 & 1 & \dfrac{2(a-3)}{3} \end{pmatrix}$$

$$\therefore \quad \begin{pmatrix} 1 & 0 & 0 \\ 0 & 1 & 0 \\ 0 & 0 & 1 \end{pmatrix} \begin{pmatrix} x \\ y \\ z \end{pmatrix} = \begin{pmatrix} \dfrac{a-36}{3} \\ 7 \\ \dfrac{2(a-3)}{3} \end{pmatrix}$$

よって，$\begin{pmatrix} x \\ y \\ z \end{pmatrix} = \begin{pmatrix} \dfrac{a-36}{3} \\ 7 \\ \dfrac{2(a-3)}{3} \end{pmatrix}$

3 (1) A に行基本変形を施す．

$$A = \begin{pmatrix} 1 & 1 & a+1 & 2 \\ 1 & 0 & a & 3 \\ 1 & 2 & a+2 & a \end{pmatrix}$$

$$\overset{\longrightarrow}{\underset{\text{③}-\text{①}}{\text{②}-\text{①}}} \begin{pmatrix} 1 & 1 & a+1 & 2 \\ 0 & -1 & -1 & 1 \\ 0 & 1 & 1 & a-2 \end{pmatrix}$$

$$\overset{\longrightarrow}{\underset{\substack{\text{①}+\text{②} \\ \text{③}+\text{②} \\ \text{②}\times(-1)}}{}} \begin{pmatrix} 1 & 0 & a & 3 \\ 0 & 1 & 1 & -1 \\ 0 & 0 & 0 & a-1 \end{pmatrix}$$

よって，
　$a=1$ のとき rank $A=2$,
　$a \neq 1$ のとき rank $A=3$

(2) 与式を行列で表すと，

$$\begin{pmatrix} 1 & 1 & a+1 \\ 1 & 0 & a \\ 1 & 2 & a+2 \end{pmatrix} \begin{pmatrix} x \\ y \\ z \end{pmatrix} = \begin{pmatrix} 2 \\ 3 \\ a \end{pmatrix}$$

(1)の計算から，$\begin{pmatrix} 1 & 0 & a \\ 0 & 1 & 1 \\ 0 & 0 & 0 \end{pmatrix} \begin{pmatrix} x \\ y \\ z \end{pmatrix} = \begin{pmatrix} 3 \\ -1 \\ a-1 \end{pmatrix}$

よって，
この連立1次方程式が解をもつための条件は，
　$a=1$
このとき，

$$\begin{pmatrix} 1 & 0 & 1 \\ 0 & 1 & 1 \\ 0 & 0 & 0 \end{pmatrix} \begin{pmatrix} x \\ y \\ z \end{pmatrix} = \begin{pmatrix} 3 \\ -1 \\ 0 \end{pmatrix}$$

より，$\begin{cases} x+z=3 \\ y+z=-1 \end{cases}$

よって，求める解は，$\begin{pmatrix} x \\ y \\ z \end{pmatrix} = \begin{pmatrix} 3-t \\ -1-t \\ t \end{pmatrix}$

（t は任意）

4 (1) (a) 最大次数，(b) 1次独立，
　　　　(c) 1次独立，(d) 次元
(2) 行基本変形を施す．

$$A = \begin{pmatrix} 1 & 0 & 4 & 2 \\ 3 & 1 & 2 & 6 \\ 1 & -2 & -1 & 2 \end{pmatrix}$$

$$\overset{\longrightarrow}{\underset{\text{③}-\text{①}}{\text{②}-\text{①}\times 3}} \begin{pmatrix} 1 & 0 & 4 & 2 \\ 0 & 1 & -10 & 0 \\ 0 & -2 & -5 & 0 \end{pmatrix}$$

$$\overset{\longrightarrow}{\text{③}+\text{②}\times 2} \begin{pmatrix} 1 & 0 & 4 & 2 \\ 0 & 1 & -10 & 0 \\ 0 & 0 & -25 & 0 \end{pmatrix}$$

$$\overset{\longrightarrow}{\text{③}\div(-25)} \begin{pmatrix} 1 & 0 & 4 & 2 \\ 0 & 1 & -10 & 0 \\ 0 & 0 & 1 & 0 \end{pmatrix}$$

$$\overset{\longrightarrow}{\underset{\text{②}+\text{③}\times 10}{\text{①}-\text{③}\times 4}} \begin{pmatrix} 1 & 0 & 0 & 2 \\ 0 & 1 & 0 & 0 \\ 0 & 0 & 1 & 0 \end{pmatrix}$$

よって，rank $A=3$

(3) 与式を行列を用いて表すと，

$$\begin{pmatrix} 1 & 0 & 4 & 2 \\ 3 & 1 & 2 & 6 \\ 1 & -2 & -1 & 2 \end{pmatrix}\begin{pmatrix} x_1 \\ x_2 \\ x_3 \\ x_4 \end{pmatrix}=\begin{pmatrix} 2 \\ 3 \\ -1 \end{pmatrix}$$

拡大係数行列：$\begin{pmatrix} 1 & 0 & 4 & 2 & 2 \\ 3 & 1 & 2 & 6 & 3 \\ 1 & -2 & -1 & 2 & -1 \end{pmatrix}$

$\xrightarrow[\substack{②-①\times3 \\ ③-①}]{}\begin{pmatrix} 1 & 0 & 4 & 2 & 2 \\ 0 & 1 & -10 & 0 & -3 \\ 0 & -2 & -5 & 0 & -3 \end{pmatrix}$

$\xrightarrow[③+②\times2]{}\begin{pmatrix} 1 & 0 & 4 & 2 & 2 \\ 0 & 1 & -10 & 0 & -3 \\ 0 & 0 & -25 & 0 & -9 \end{pmatrix}$

$\xrightarrow[③\div(-25)]{}\begin{pmatrix} 1 & 0 & 4 & 2 & 2 \\ 0 & 1 & -10 & 0 & -3 \\ 0 & 0 & 1 & 0 & \dfrac{9}{25} \end{pmatrix}$

$\xrightarrow[\substack{①-③\times4 \\ ②+③\times10}]{}\begin{pmatrix} 1 & 0 & 0 & 2 & \dfrac{14}{25} \\ 0 & 1 & 0 & 0 & \dfrac{3}{5} \\ 0 & 0 & 1 & 0 & \dfrac{9}{25} \end{pmatrix}$

よって，与式は

$$\begin{pmatrix} 1 & 0 & 0 & 2 \\ 0 & 1 & 0 & 0 \\ 0 & 0 & 1 & 0 \end{pmatrix}\begin{pmatrix} x_1 \\ x_2 \\ x_3 \\ x_4 \end{pmatrix}=\begin{pmatrix} \dfrac{14}{25} \\ \dfrac{3}{5} \\ \dfrac{9}{25} \end{pmatrix}$$

すなわち，$\begin{cases} x_1 \quad\quad +2x_4=\dfrac{14}{25} \\ \quad x_2 \quad\quad =\dfrac{3}{5} \\ \quad\quad x_3 \quad =\dfrac{9}{25} \end{cases}$

求める解は，

$$\begin{pmatrix} x_1 \\ x_2 \\ x_3 \\ x_4 \end{pmatrix}=\begin{pmatrix} -2a+\dfrac{14}{25} \\ \dfrac{3}{5} \\ \dfrac{9}{25} \\ a \end{pmatrix}\quad (a\text{ は任意})$$

第10章　行列式

類題10－1

(1) $\begin{vmatrix} 6 & -2 \\ 3 & 5 \end{vmatrix}=30-(-6)=36$

(2) $\begin{vmatrix} 1 & 5 & 2 \\ 4 & -3 & 6 \\ -1 & 2 & 1 \end{vmatrix}$

$=(-3)+(-30)+16-6-20-12=-55$

(3) $\begin{vmatrix} 3 & -1 & -2 \\ -5 & 2 & 0 \\ 0 & -1 & 8 \end{vmatrix}$

$=48+0+(-10)-0-40-0=-2$

類題10－2

(1) $\begin{vmatrix} 1 & 2 & 0 & 1 \\ 3 & 4 & 1 & -4 \\ 1 & 0 & 1 & 2 \\ -4 & 1 & 3 & 4 \end{vmatrix}$

$\underset{\substack{②-①\times2 \\ ④-①}}{=}\begin{vmatrix} 1 & 0 & 0 & 0 \\ 3 & -2 & 1 & -7 \\ 1 & -2 & 1 & 1 \\ -4 & 9 & 3 & 8 \end{vmatrix}$

$=\begin{vmatrix} -2 & 1 & -7 \\ -2 & 1 & 1 \\ 9 & 3 & 8 \end{vmatrix}\underset{①+②\times2}{=}\begin{vmatrix} 0 & 1 & -7 \\ 0 & 1 & 1 \\ 15 & 3 & 8 \end{vmatrix}$

$=0+15+0-(-105)-0-0=120$

(2) $\begin{vmatrix} 1 & 2 & 3 & 4 \\ 2 & 3 & 4 & 1 \\ 3 & 4 & 1 & 2 \\ 4 & 1 & 2 & 3 \end{vmatrix}$

$\underset{①+(②+③+④)}{=}\begin{vmatrix} 10 & 10 & 10 & 10 \\ 2 & 3 & 4 & 1 \\ 3 & 4 & 1 & 2 \\ 4 & 1 & 2 & 3 \end{vmatrix}$

$=10\begin{vmatrix} 1 & 1 & 1 & 1 \\ 2 & 3 & 4 & 1 \\ 3 & 4 & 1 & 2 \\ 4 & 1 & 2 & 3 \end{vmatrix}$

$\underset{\substack{②-① \\ ③-① \\ ④-①}}{=}10\begin{vmatrix} 1 & 0 & 0 & 0 \\ 2 & 1 & 2 & -1 \\ 3 & 1 & -2 & -1 \\ 4 & -3 & -2 & -1 \end{vmatrix}$

$=10\begin{vmatrix} 1 & 2 & -1 \\ 1 & -2 & -1 \\ -3 & -2 & -1 \end{vmatrix}$

$$\underset{\boxed{3}+\boxed{1}}{=} 10 \begin{vmatrix} 1 & 2 & 0 \\ 1 & -2 & 0 \\ -3 & -2 & -4 \end{vmatrix}$$

$$= 10\{8+0+0-0-(-8)-0\} = 160$$

類題10-3

(1)
$$\begin{vmatrix} x & 1 & a & b \\ y^2 & y & 1 & c \\ yzt & z^2 & z & 1 \\ yzt & zt & t & 1 \end{vmatrix}$$

$$\underset{\boxed{1}-\boxed{2}\times y}{=} \begin{vmatrix} x-y & 1 & a & b \\ 0 & y & 1 & c \\ 0 & z^2 & z & 1 \\ 0 & zt & t & 1 \end{vmatrix}$$

$$= (x-y)\begin{vmatrix} y & 1 & c \\ z^2 & z & 1 \\ zt & t & 1 \end{vmatrix}$$

$$\underset{\boxed{1}-\boxed{2}\times z}{=} (x-y)\begin{vmatrix} y-z & 1 & c \\ 0 & z & 1 \\ 0 & t & 1 \end{vmatrix}$$

$$= (x-y)(y-z)\begin{vmatrix} z & 1 \\ t & 1 \end{vmatrix}$$

$$= (x-y)(y-z)(z-t)$$

(2)
$$\begin{vmatrix} a & b & \cdots & b \\ b & a & \cdots & b \\ \vdots & \vdots & \ddots & \vdots \\ b & b & \cdots & a \end{vmatrix}$$

$$\underset{\boxed{1}+(\boxed{2}+\cdots+\boxed{n})}{=} \begin{vmatrix} a+(n-1)b & b & \cdots & b \\ a+(n-1)b & a & \cdots & b \\ \vdots & \vdots & \ddots & \vdots \\ a+(n-1)b & b & \cdots & a \end{vmatrix}$$

$$= \{a+(n-1)b\}\begin{vmatrix} 1 & b & \cdots & b \\ 1 & a & \cdots & b \\ \vdots & \vdots & \ddots & \vdots \\ 1 & b & \cdots & a \end{vmatrix} \underset{\substack{\boxed{2}-\boxed{1}, \cdots \\ \boxed{n}-\boxed{1}}}{}$$

$$\{a+(n-1)b\}\begin{vmatrix} 1 & b & \cdots & b \\ 0 & a-b & & O \\ \vdots & & \ddots & \\ 0 & O & & a-b \end{vmatrix}$$

$$= \{a+(n-1)b\}(a-b)^{n-1}$$

類題10-4

$$|AB| = \begin{vmatrix} \begin{pmatrix} a & b & c \\ c & a & b \\ b & c & a \end{pmatrix}\begin{pmatrix} 1 & 1 & 1 \\ 1 & \omega & \omega^2 \\ 1 & \omega^2 & \omega \end{pmatrix}\end{vmatrix}$$

$$= \begin{vmatrix} a+b+c & a+b\omega+c\omega^2 & a+b\omega^2+c\omega \\ c+a+b & c+a\omega+b\omega^2 & c+a\omega^2+b\omega \\ b+c+a & b+c\omega+a\omega^2 & b+c\omega^2+a\omega \end{vmatrix}$$

$$= (a+b+c)\begin{vmatrix} 1 & a+b\omega+c\omega^2 & a+b\omega^2+c\omega \\ 1 & c+a\omega+b\omega^2 & c+a\omega^2+b\omega \\ 1 & b+c\omega+a\omega^2 & b+c\omega^2+a\omega \end{vmatrix}$$

ここで，$\omega^3=1$ であることに注意すると，

$$\begin{vmatrix} 1 & a+b\omega+c\omega^2 & a+b\omega^2+c\omega \\ 1 & c+a\omega+b\omega^2 & c+a\omega^2+b\omega \\ 1 & b+c\omega+a\omega^2 & b+c\omega^2+a\omega \end{vmatrix}$$

$$= \begin{vmatrix} 1 & a+b\omega+c\omega^2 & a+b\omega^2+c\omega \\ 1 & \omega(a+b\omega+c\omega^2) & \omega^2(a+b\omega^2+c\omega) \\ 1 & \omega^2(a+b\omega+c\omega^2) & \omega(a+b\omega^2+c\omega) \end{vmatrix}$$

$$= (a+b\omega+c\omega^2)(a+b\omega^2+c\omega)\begin{vmatrix} 1 & 1 & 1 \\ 1 & \omega & \omega^2 \\ 1 & \omega^2 & \omega \end{vmatrix}$$

$$= (a+b\omega+c\omega^2)(a+b\omega^2+c\omega)|B|$$

よって，

$$|A||B|$$
$$= (a+b+c)(a+b\omega+c\omega^2)(a+b\omega^2+c\omega)|B|$$

ここで，

$$|B| = \begin{vmatrix} 1 & 1 & 1 \\ 1 & \omega & \omega^2 \\ 1 & \omega^2 & \omega \end{vmatrix}$$

$$= \omega^2+\omega^2+\omega^2-\omega-\omega-\omega^4$$
$$= 3\omega^2-3\omega = 3\omega(\omega-1) \neq 0$$

であることから，

$$|A| = (a+b+c)(a+b\omega+c\omega^2)(a+b\omega^2+c\omega)$$

類題10-5

(1) $\begin{cases} x-2y+z=0 \\ x+y-z=1 \\ 2x-y+3z=2 \end{cases}$ を行列で表すと，

$$\begin{pmatrix} 1 & -2 & 1 \\ 1 & 1 & -1 \\ 2 & -1 & 3 \end{pmatrix}\begin{pmatrix} x \\ y \\ z \end{pmatrix} = \begin{pmatrix} 0 \\ 1 \\ 2 \end{pmatrix}$$

ここで，

$$\begin{vmatrix} 1 & -2 & 1 \\ 1 & 1 & -1 \\ 2 & -1 & 3 \end{vmatrix} = 9 \neq 0$$

$$\begin{vmatrix} 0 & -2 & 1 \\ 1 & 1 & -1 \\ 2 & -1 & 3 \end{vmatrix} = 7 \qquad \therefore \ x = \frac{7}{9}$$

$$\begin{vmatrix} 1 & 0 & 1 \\ 1 & 1 & -1 \\ 2 & 2 & 3 \end{vmatrix} = 5 \qquad \therefore \ y = \frac{5}{9}$$

$$\begin{vmatrix} 1 & -2 & 0 \\ 1 & 1 & 1 \\ 2 & -1 & 2 \end{vmatrix} = 3 \qquad \therefore \ z = \frac{3}{9} = \frac{1}{3}$$

よって，$(x, y, z) = \left(\dfrac{7}{9}, \dfrac{5}{9}, \dfrac{1}{3}\right)$

(2) $\begin{cases} x + y + z = 1 \\ ax + by + cz = d \\ a^2x + b^2y + c^2z = d^2 \end{cases}$ を行列で表すと

$$\begin{pmatrix} 1 & 1 & 1 \\ a & b & c \\ a^2 & b^2 & c^2 \end{pmatrix} \begin{pmatrix} x \\ y \\ z \end{pmatrix} = \begin{pmatrix} 1 \\ d \\ d^2 \end{pmatrix}$$

ここで，

$$\begin{vmatrix} 1 & 1 & 1 \\ a & b & c \\ a^2 & b^2 & c^2 \end{vmatrix} = \begin{vmatrix} 1 & 0 & 0 \\ a & b-a & c-a \\ a^2 & b^2-a^2 & c^2-a^2 \end{vmatrix}$$

$$= \begin{vmatrix} b-a & c-a \\ b^2-a^2 & c^2-a^2 \end{vmatrix}$$

$$= (b-a)(c-a)\begin{vmatrix} 1 & 1 \\ b+a & c+a \end{vmatrix}$$

$$= (b-a)(c-a)\{(c+a)-(b+a)\}$$

$$= (b-a)(c-a)(c-b)$$

$$= (a-b)(b-c)(c-a) \neq 0$$

$(\because a, b, c は互いに異なる)$

同様に，

$$\begin{vmatrix} 1 & 1 & 1 \\ d & b & c \\ d^2 & b^2 & c^2 \end{vmatrix} = (d-b)(b-c)(c-d)$$

$$\therefore x = \frac{(d-b)(b-c)(c-d)}{(a-b)(b-c)(c-a)}$$

$$= \frac{(d-b)(c-d)}{(a-b)(c-a)}$$

$$\begin{vmatrix} 1 & 1 & 1 \\ a & d & c \\ a^2 & d^2 & c^2 \end{vmatrix} = (a-d)(d-c)(c-a)$$

$$\therefore y = \frac{(a-d)(d-c)(c-a)}{(a-b)(b-c)(c-a)}$$

$$= \frac{(a-d)(d-c)}{(a-b)(b-c)}$$

$$\begin{vmatrix} 1 & 1 & 1 \\ a & b & d \\ a^2 & b^2 & d^2 \end{vmatrix} = (a-b)(b-d)(d-a)$$

$$\therefore z = \frac{(a-b)(b-d)(d-a)}{(a-b)(b-c)(c-a)}$$

$$= \frac{(b-d)(d-a)}{(b-c)(c-a)}$$

類題10-6

まず，行列 A の行列式を計算する。

$$|A| = \begin{vmatrix} 2 & 4 & 1 \\ 1 & -2 & 1 \\ 0 & 5 & -1 \end{vmatrix}$$

$$= 4 + 0 + 5 - 0 - (-4) - 10 = 3 \neq 0$$

次に，9つの**余因子**を計算し**余因子行列**を求める。

$$A_{11} = (-1)^{1+1}\begin{vmatrix} -2 & 1 \\ 5 & -1 \end{vmatrix} = -3$$

$$A_{12} = (-1)^{1+2}\begin{vmatrix} 1 & 1 \\ 0 & -1 \end{vmatrix} = 1$$

$$A_{13} = (-1)^{1+3}\begin{vmatrix} 1 & -2 \\ 0 & 5 \end{vmatrix} = 5$$

$$A_{21} = (-1)^{2+1}\begin{vmatrix} 4 & 1 \\ 5 & -1 \end{vmatrix} = 9$$

$$A_{22} = (-1)^{2+2}\begin{vmatrix} 2 & 1 \\ 0 & -1 \end{vmatrix} = -2$$

$$A_{23} = (-1)^{2+3}\begin{vmatrix} 2 & 4 \\ 0 & 5 \end{vmatrix} = -10$$

$$A_{31} = (-1)^{3+1}\begin{vmatrix} 4 & 1 \\ -2 & 1 \end{vmatrix} = 6$$

$$A_{32} = (-1)^{3+2}\begin{vmatrix} 2 & 1 \\ 1 & 1 \end{vmatrix} = -1$$

$$A_{33} = (-1)^{3+3}\begin{vmatrix} 2 & 4 \\ 1 & -2 \end{vmatrix} = -8$$

よって，行列 A の余因子行列は，

$$\widetilde{A} = \begin{pmatrix} A_{11} & A_{21} & A_{31} \\ A_{12} & A_{22} & A_{32} \\ A_{13} & A_{23} & A_{33} \end{pmatrix}$$

$$= \begin{pmatrix} -3 & 9 & 6 \\ 1 & -2 & -1 \\ 5 & -10 & -8 \end{pmatrix}$$

したがって，

$$A^{-1} = \frac{1}{|A|}\widetilde{A} = \frac{1}{3}\begin{pmatrix} -3 & 9 & 6 \\ 1 & -2 & -1 \\ 5 & -10 & -8 \end{pmatrix}$$

類題10-7

n に関する**数学的帰納法**により示す。
証明したい等式を$(*)$とする。

[I] $n=1$ のとき

$$(左辺) = \begin{vmatrix} a_0 & -1 \\ a_1 & x \end{vmatrix} = a_0 x + a_1$$

よって，$n=1$ のとき$(*)$は成り立つ。

[II] $n=k-1$ のとき$(*)$が成り立つと仮定する。

$n=k$ のとき

$$\begin{vmatrix} a_0 & -1 & 0 & \cdots & 0 \\ a_1 & x & -1 & \cdots & 0 \\ a_2 & 0 & x & \cdots & 0 \\ \vdots & \vdots & \vdots & \ddots & \vdots \\ a_k & 0 & 0 & \cdots & x \end{vmatrix}$$

$$= a_0(-1)^{1+1} \begin{vmatrix} x & -1 & \cdots & 0 \\ 0 & x & \cdots & 0 \\ \vdots & \vdots & \ddots & \vdots \\ 0 & 0 & \cdots & x \end{vmatrix}$$

$$+ (-1)(-1)^{1+2} \begin{vmatrix} a_1 & -1 & \cdots & 0 \\ a_2 & x & \cdots & 0 \\ \vdots & \vdots & \ddots & \vdots \\ a_k & 0 & \cdots & x \end{vmatrix}$$

（∵　第1行で**余因子展開**）

$$= a_0 \begin{vmatrix} x & -1 & \cdots & 0 \\ 0 & x & \cdots & 0 \\ \vdots & \vdots & \ddots & \vdots \\ 0 & 0 & \cdots & x \end{vmatrix} + \begin{vmatrix} a_1 & -1 & \cdots & 0 \\ a_2 & x & \cdots & 0 \\ \vdots & \vdots & \ddots & \vdots \\ a_k & 0 & \cdots & x \end{vmatrix}$$

$$= a_0 x^k + \underbrace{(a_1 x^{k-1} + \cdots + a_k)}_{}$$

（∵　帰納法の仮定）

$$= a_0 x^k + a_1 x^{k-1} + \cdots + a_k$$

よって，$n = k-1$ のとき成り立てば $n = k$ のときも成り立つ。

［Ⅰ］［Ⅱ］よりすべての自然数 n に対して$(*)$は成り立つ。

類題10−8

$$\begin{vmatrix} a & b & b & b \\ b & a & b & b \\ b & b & a & b \\ b & b & b & a \end{vmatrix}$$

$$\underset{\boxed{1}+(\boxed{2}+\boxed{3}+\boxed{4})}{=} \begin{vmatrix} a+3b & b & b & b \\ a+3b & a & b & b \\ a+3b & b & a & b \\ a+3b & b & b & a \end{vmatrix}$$

$$= (a+3b) \begin{vmatrix} 1 & b & b & b \\ 1 & a & b & b \\ 1 & b & a & b \\ 1 & b & b & a \end{vmatrix}$$

$$\underset{\substack{\boxed{2}-\boxed{1}\\\boxed{3}-\boxed{1}\\\boxed{4}-\boxed{1}}}{=} (a+3b) \begin{vmatrix} 1 & b & b & b \\ 0 & a-b & 0 & 0 \\ 0 & 0 & a-b & 0 \\ 0 & 0 & 0 & a-b \end{vmatrix}$$

$$= (a+3b)(a-b)^3$$

よって，

(i) $a \ne -3b$ かつ $a \ne b$ のとき

　　(行列式)$\ne 0$ より，階数は 4

(ii)　$a \ne -3b$ かつ $a = b$ のとき

$$(与式) = \begin{pmatrix} b & b & b & b \\ b & b & b & b \\ b & b & b & b \\ b & b & b & b \end{pmatrix}$$

$$\underset{\substack{\boxed{2}-\boxed{1}\\\boxed{3}-\boxed{1}\\\boxed{4}-\boxed{1}}}{\longrightarrow} \begin{pmatrix} b & b & b & b \\ 0 & 0 & 0 & 0 \\ 0 & 0 & 0 & 0 \\ 0 & 0 & 0 & 0 \end{pmatrix}$$

$$\underset{\boxed{1}\div b}{\longrightarrow} \begin{pmatrix} 1 & 1 & 1 & 1 \\ 0 & 0 & 0 & 0 \\ 0 & 0 & 0 & 0 \\ 0 & 0 & 0 & 0 \end{pmatrix} \quad (\because \ このとき\ b \ne 0)$$

∴　階数は 1

(iii)　$a = -3b$ かつ $a \ne b$ のとき

$$(与式) = \begin{pmatrix} -3b & b & b & b \\ b & -3b & b & b \\ b & b & -3b & b \\ b & b & b & -3b \end{pmatrix}$$

$$\underset{\substack{\boxed{1}\div b\\\boxed{2}\div b\\\boxed{3}\div b\\\boxed{4}\div b}}{\longrightarrow} \begin{pmatrix} -3 & 1 & 1 & 1 \\ 1 & -3 & 1 & 1 \\ 1 & 1 & -3 & 1 \\ 1 & 1 & 1 & -3 \end{pmatrix}$$

$$(\because \ このとき\ b \ne 0)$$

$$\underset{\boxed{1}\leftrightarrow\boxed{4}}{\longrightarrow} \begin{pmatrix} 1 & 1 & 1 & -3 \\ 1 & -3 & 1 & 1 \\ 1 & 1 & -3 & 1 \\ -3 & 1 & 1 & 1 \end{pmatrix}$$

$$\underset{\boxed{4}+(\boxed{1}+\boxed{2}+\boxed{3})}{\longrightarrow} \begin{pmatrix} 1 & 1 & 1 & -3 \\ 1 & -3 & 1 & 1 \\ 1 & 1 & -3 & 1 \\ 0 & 0 & 0 & 0 \end{pmatrix}$$

$$\underset{\substack{\boxed{2}-\boxed{1}\\\boxed{3}-\boxed{1}}}{\longrightarrow} \begin{pmatrix} 1 & 1 & 1 & -3 \\ 0 & -4 & 0 & 4 \\ 0 & 0 & -4 & 4 \\ 0 & 0 & 0 & 0 \end{pmatrix}$$

$$\underset{\substack{\boxed{2}\div(-4)\\\boxed{3}\div(-4)}}{\longrightarrow} \begin{pmatrix} 1 & 1 & 1 & -3 \\ 0 & 1 & 0 & -1 \\ 0 & 0 & 1 & -1 \\ 0 & 0 & 0 & 0 \end{pmatrix}$$

$$\underset{\boxed{1}-(\boxed{2}+\boxed{3})}{\longrightarrow} \begin{pmatrix} 1 & 0 & 0 & -1 \\ 0 & 1 & 0 & -1 \\ 0 & 0 & 1 & -1 \\ 0 & 0 & 0 & 0 \end{pmatrix} \quad \therefore \ 階数は 3$$

(iv)　$a = -3b$ かつ $a = b$ のとき

このとき $a = b = 0$ であるから，

（与式）$=0$　∴　階数は 0

以上より，求める階数は，

 (i) $a \neq -3b$ かつ $a \neq b$ のとき …… 4

 (ii) $a \neq -3b$ かつ $a = b$ のとき …… 1

 (iii) $a = -3b$ かつ $a \neq b$ のとき …… 3

 (iv) $a = -3b$ かつ $a = b$ のとき …… 0

類題10-9

(1)　ブロック分割に注意して，

$$\begin{vmatrix} 10 & 12 & 13 & 17 \\ 4 & 5 & 7 & 11 \\ 0 & 0 & -5 & 7 \\ 0 & 0 & 2 & -3 \end{vmatrix}$$

$$= \begin{vmatrix} 10 & 12 \\ 4 & 5 \end{vmatrix} \begin{vmatrix} -5 & 7 \\ 2 & -3 \end{vmatrix}$$

$$= (50-48) \times (15-14) = 2$$

(2)　ブロック分割に注意して，

$$\begin{vmatrix} A & -A \\ B & B \end{vmatrix} = \begin{vmatrix} A & O \\ B & 2B \end{vmatrix}$$

（第 2 列ブロックに第 1 列ブロックを足した。）

$= |A||2B| = |A| \cdot 2^n |B|$

（$|2B|$ の第 1 行～第 n 行から 2 を括り出した。）

$= 2^n |A||B|$

第10章　章末問題　解答

1　(1)　拡大係数行列を行基本変形すると，

$$\begin{pmatrix} 0 & 1 & -2 & 1 \\ 2 & 2 & a & b \\ 4 & 3 & 0 & b \\ 2 & 1 & 1 & c \end{pmatrix} \longrightarrow \cdots$$

$$\longrightarrow \begin{pmatrix} 1 & 0 & \frac{1}{2}a+2 & \frac{1}{2}b-1 \\ 0 & 1 & -2 & 1 \\ 0 & 0 & -(a+1) & -b+c+1 \\ 0 & 0 & -2(a+1) & -b+1 \end{pmatrix} \cdots \text{①}$$

よって，解がただ 1 つ存在するための条件は，

 $a+1 \neq 0$ かつ $-b+1 = 2(-b+c+1)$

 ∴　$a \neq -1$ かつ $b = 2c+1$

このとき，①はさらに行基本変形できて，

$$\text{①} = \begin{pmatrix} 1 & 0 & \frac{1}{2}a+2 & c-\frac{1}{2} \\ 0 & 1 & -2 & 1 \\ 0 & 0 & -(a+1) & -c \\ 0 & 0 & -2(a+1) & -2c \end{pmatrix} \longrightarrow \cdots$$

$$\longrightarrow \begin{pmatrix} 1 & 0 & 0 & c-\frac{1}{2}-\frac{(a+4)c}{2(a+1)} \\ 0 & 1 & 0 & \frac{a+2c+1}{a+1} \\ 0 & 0 & 1 & \frac{c}{a+1} \\ 0 & 0 & 0 & 0 \end{pmatrix}$$

よって，その解は，

$x = c - \dfrac{1}{2} - \dfrac{(a+4)c}{2(a+1)}$, $y = \dfrac{a+2c+1}{a+1}$,

$z = \dfrac{c}{a+1}$

(2)　方程式（*）の解の全体が 3 次元ユークリッド空間内の直線になっているとき，

 $a+1=0$ かつ $-b+1=2(-b+c+1)=0$

 ∴　$a=-1$ かつ $b=1$ かつ $c=0$

このとき，

$$\text{①} = \begin{pmatrix} 1 & 0 & \frac{3}{2} & -\frac{1}{2} \\ 0 & 1 & -2 & 1 \\ 0 & 0 & 0 & 0 \\ 0 & 0 & 0 & 0 \end{pmatrix}$$

$$\therefore \begin{cases} x + \dfrac{3}{2}z = -\dfrac{1}{2} \\ y - 2z = 1 \end{cases}$$

よって，$x = -3t+1$, $y = 4t-1$, $z = 2t-1$

t を消去すれば，求める直線の方程式は，

$$\frac{x-1}{-3} = \frac{y+1}{4} = \frac{z+1}{2}$$

2　(1)　$|A| = \begin{vmatrix} 1+\lambda_1 & \lambda_1 & \cdots & \lambda_1 \\ \lambda_2 & 1+\lambda_2 & \cdots & \lambda_2 \\ \vdots & \vdots & \ddots & \vdots \\ \lambda_n & \lambda_n & \cdots & 1+\lambda_n \end{vmatrix}$

$\overset{=}{\underset{①+(②+\cdots+Ⓝ)}{}}$

$$\begin{vmatrix} 1+\cdots+\lambda_n & 1+\cdots+\lambda_n & \cdots & 1+\cdots+\lambda_n \\ \lambda_2 & 1+\lambda_2 & \cdots & \lambda_2 \\ \vdots & \vdots & \ddots & \vdots \\ \lambda_n & \lambda_n & \cdots & 1+\lambda_n \end{vmatrix}$$

$$= (1+\lambda_1+\cdots+\lambda_n) \begin{vmatrix} 1 & 1 & \cdots & 1 \\ \lambda_2 & 1+\lambda_2 & \cdots & \lambda_2 \\ \vdots & \vdots & \ddots & \vdots \\ \lambda_n & \lambda_n & \cdots & 1+\lambda_n \end{vmatrix}$$

$$\overset{=}{\underset{\substack{②-① \\ \cdots\cdots \\ Ⓝ-①}}{}} (1+\lambda_1+\cdots+\lambda_n) \begin{vmatrix} 1 & 0 & \cdots & 0 \\ \lambda_2 & 1 & \cdots & 0 \\ \vdots & \vdots & \ddots & \vdots \\ \lambda_n & 0 & \cdots & 1 \end{vmatrix}$$

$=(1+\lambda_1+\cdots+\lambda_n)|E|=1+\lambda_1+\cdots+\lambda_n$

(2) クラーメルの公式より,

$$x_1=\frac{1}{1+\lambda_1+\cdots+\lambda_n}\begin{vmatrix}\lambda_1 & \lambda_1 & \cdots & \lambda_1 \\ \lambda_2 & 1+\lambda_2 & \cdots & \lambda_2 \\ \vdots & \vdots & \ddots & \vdots \\ \lambda_n & \lambda_n & \cdots & 1+\lambda_n\end{vmatrix}$$

$$\underset{\boxed{n}-\boxed{1}}{\overset{\boxed{2}-\boxed{1}}{=}}\frac{1}{1+\lambda_1+\cdots+\lambda_n}\begin{vmatrix}\lambda_1 & 0 & \cdots & 0 \\ \lambda_2 & 1 & \cdots & 0 \\ \vdots & \vdots & \ddots & \vdots \\ \lambda_n & 0 & \cdots & 1\end{vmatrix}$$

$$=\frac{1}{1+\lambda_1+\cdots+\lambda_n}\cdot\lambda_1(-1)^{1+1}|E|$$

$$=\frac{\lambda_1}{1+\lambda_1+\cdots+\lambda_n}$$

$$x_2=\frac{1}{1+\lambda_1+\cdots+\lambda_n}\begin{vmatrix}1+\lambda_1 & \lambda_1 & \cdots & \lambda_1 \\ \lambda_2 & \lambda_2 & \cdots & \lambda_2 \\ \vdots & \vdots & \ddots & \vdots \\ \lambda_n & \lambda_n & \cdots & 1+\lambda_n\end{vmatrix}$$

$$\underset{\substack{\cdots\cdots \\ \boxed{n}-\boxed{2}}}{\overset{\boxed{1}-\boxed{2}}{=}}\frac{1}{1+\lambda_1+\cdots+\lambda_n}\begin{vmatrix}1 & \lambda_1 & \cdots & 0 \\ 0 & \lambda_2 & \cdots & 0 \\ \vdots & \vdots & \ddots & \vdots \\ 0 & \lambda_n & \cdots & 1\end{vmatrix}$$

$$=\frac{1}{1+\lambda_1+\cdots+\lambda_n}\cdot\lambda_2(-1)^{2+2}|E|$$

$$=\frac{\lambda_2}{1+\lambda_1+\cdots+\lambda_n}$$

$\cdots\cdots\cdots\cdots\cdots\cdots\cdots\cdots\cdots$

$$x_n=\frac{1}{1+\lambda_1+\cdots+\lambda_n}\begin{vmatrix}1+\lambda_1 & \lambda_1 & \cdots & \lambda_1 \\ \lambda_2 & 1+\lambda_2 & \cdots & \lambda_2 \\ \vdots & \vdots & \ddots & \vdots \\ \lambda_n & \lambda_n & \cdots & \lambda_n\end{vmatrix}$$

$$\underset{\substack{\cdots\cdots \\ \boxed{n-1}-\boxed{n}}}{\overset{\boxed{1}-\boxed{n}}{=}}\frac{1}{1+\lambda_1+\cdots+\lambda_n}\begin{vmatrix}1 & 0 & \cdots & \lambda_1 \\ 0 & 1 & \cdots & \lambda_2 \\ \vdots & \vdots & \ddots & \vdots \\ 0 & 0 & \cdots & \lambda_n\end{vmatrix}$$

$$=\frac{1}{1+\lambda_1+\cdots+\lambda_n}\cdot\lambda_n(-1)^{n+n}|E|$$

$$=\frac{\lambda_n}{1+\lambda_1+\cdots+\lambda_n}$$

以上より, 求める解は,

$$\begin{pmatrix}x_1 \\ x_2 \\ \vdots \\ x_n\end{pmatrix}=\frac{1}{1+\lambda_1+\cdots+\lambda_n}\begin{pmatrix}\lambda_1 \\ \lambda_2 \\ \vdots \\ \lambda_n\end{pmatrix}$$

3 (1) 行基本変形は, その行基本変形に 対応するある行列を左からかけることに相当する。

そこで, $Q[A\,|\,E]=[B\,|\,P]$ とすると, 行列の演算の性質より,

$QA=B$ ……① かつ $QE=P$ ……②

②より, $Q=P$ これを①に代入すると,

$PA=B$

(2) (a) $PA=B$ より, $|P||A|=|B|$

ここで, B, P が三角行列であることから,

$|B|=2\cdot1\cdot1\cdot(-2)\cdot1=-4$

$|P|=1\cdot1\cdot(-2)\cdot3=-6$

$\therefore\ (-6)|A|=-4$　よって, $|A|=\dfrac{2}{3}$

(b) $A\boldsymbol{x}={}^t(1\ \ 0\ \ 1\ \ 0\ \ 1)$ より,

$PA\boldsymbol{x}=P\,{}^t(1\ \ 0\ \ 1\ \ 0\ \ 1)$

$\therefore\ B\boldsymbol{x}=P\,{}^t(1\ \ 0\ \ 1\ \ 0\ \ 1)\ (\because\ PA=B)$

ここで,

$P\,{}^t(1\ \ 0\ \ 1\ \ 0\ \ 1)$

$$=\begin{pmatrix}1 & 0 & 0 & 0 & 0 \\ 2 & 1 & 0 & 0 & 0 \\ 1 & -5 & -2 & 0 & 0 \\ \frac{2}{3} & 1 & \frac{1}{3} & 1 & 0 \\ 1 & 4 & -1 & 1 & 3\end{pmatrix}\begin{pmatrix}1 \\ 0 \\ 1 \\ 0 \\ 1\end{pmatrix}=\begin{pmatrix}1 \\ 2 \\ -1 \\ 1 \\ 3\end{pmatrix}$$

だから, $\boldsymbol{x}={}^t(x\ \ y\ \ z\ \ w\ \ v)$ とすると,

$$\begin{cases}2x+y-\ z+\ w-v=1 \\ y-2z-\ w+v=2 \\ z+\ w-v=-1 \\ -2w+v=1 \\ v=3\end{cases}$$

よって, $\boldsymbol{x}=\begin{pmatrix}1 \\ 2 \\ 1 \\ 1 \\ 3\end{pmatrix}$

第11章　ベクトル空間と線形写像

類題11-1

(1) $V_1=\{X\in\boldsymbol{M}\,|\,AX=XA\}$　$(A\in\boldsymbol{M})$

(i) $AO=OA=O$ より, $O\in V_1$

(ii) X, $Y\in V_1$ とする。

$A(X+Y)=AX+AY$

$=XA+YA=(X+Y)A$

$\therefore\ X+Y\in V_1$

(ⅲ) $X \in V_1$ とする。
$$A(kX) = kAX = kXA = (kX)A$$
$$\therefore \quad kX \in V_1$$

(ⅰ)～(ⅲ)より，V_1 は M の部分空間である。

(2) $V_2 = \{X \in M \mid \det X = 0\}$

$X = \begin{pmatrix} 1 & 0 \\ 0 & 0 \end{pmatrix}$, $Y = \begin{pmatrix} 0 & 0 \\ 0 & 1 \end{pmatrix}$ とおくと，

$\det X = 0$, $\det Y = 0$ だから，X, $Y \in V_2$

しかし，$X + Y = \begin{pmatrix} 1 & 0 \\ 0 & 1 \end{pmatrix}$ より，

$\det(X+Y) = 1 \neq 0$　$\therefore$　$X + Y \notin V_2$

よって，条件(ⅱ)を満たしていないので，
V_2 は M の部分空間ではない。

類題11－2

$kx + ly + mz = 0$ とする。
$x = a + b - 2c$, $y = a - b - c$, $z = a + c$ より，
　$k(a+b-2c) + l(a-b-c) + m(a+c) = 0$
$\therefore$　$(k+l+m)a + (k-l)b$
　　　　$+ (-2k-l+m)c = 0$

ここで，a, b, c が1次独立であることから，
$$\begin{cases} k+l+m = 0 \\ k-l = 0 \\ -2k-l+m = 0 \end{cases}$$

$\therefore$　$\begin{pmatrix} 1 & 1 & 1 \\ 1 & -1 & 0 \\ -2 & -1 & 1 \end{pmatrix} \begin{pmatrix} k \\ l \\ m \end{pmatrix} = \begin{pmatrix} 0 \\ 0 \\ 0 \end{pmatrix}$　……①

$\begin{vmatrix} 1 & 1 & 1 \\ 1 & -1 & 0 \\ -2 & -1 & 1 \end{vmatrix}$

$= (-1) + 0 + (-1) - 2 - 1 - 0 = -5 \neq 0$

よって，①は自明な解しかもたない。
すなわち，$k = l = m = 0$
以上より，x, y, z は1次独立である。

類題11－3

(1)(2)まとめて。

行基本変形により，
$$(a_1 \ \ a_2 \ \ a_3 \ \ b_1 \ \ b_2)$$
$$= \begin{pmatrix} 1 & -1 & 2 & 1 & 0 \\ 0 & 1 & 0 & 2 & 1 \\ 0 & -1 & 1 & 1 & -2 \\ -1 & 1 & -3 & 3 & 1 \end{pmatrix}$$
$$\rightarrow \cdots \rightarrow \begin{pmatrix} 1 & 0 & 0 & 0 & 3 \\ 0 & 1 & 0 & 0 & 1 \\ 0 & 0 & 1 & 0 & -1 \\ 0 & 0 & 0 & 1 & 0 \end{pmatrix}$$

最後の階段行列を $(a_1' \ \ a_2' \ \ a_3' \ \ b_1' \ \ b_2')$ と

おくと，明らかに，
　a_1', a_2', a_3', b_1' が1次独立であり，
　$b_2' = 3a_1' + a_2' - a_3'$

行基本変形によって各列の間の1次関係は変化しないから，
　a_1, a_2, a_3, b_1 が1次独立であり，
　$b_2 = 3a_1 + a_2 - a_3$

したがって，a_1, a_2, a_3 は1次独立である。
また，
　b_1 は a_1, a_2, a_3 の1次結合で表されない。
　b_2 は $b_2 = 3a_1 + a_2 - a_3$ と表される。

類題11－4

係数行列を行基本変形すると，
$$\begin{pmatrix} 5 & 1 & 8 & 6 & 3 \\ 1 & 1 & 3 & 2 & 1 \\ 3 & -1 & 2 & 2 & 1 \end{pmatrix}$$
$$\rightarrow \cdots \rightarrow \begin{pmatrix} 1 & 0 & \frac{5}{4} & 1 & \frac{1}{2} \\ 0 & 1 & \frac{7}{4} & 1 & \frac{1}{2} \\ 0 & 0 & 0 & 0 & 0 \end{pmatrix}$$

よって，与式は，
$$\begin{cases} x + \frac{5}{4}z + v + \frac{1}{2}w = 0 \\ y + \frac{7}{4}z + v + \frac{1}{2}w = 0 \end{cases}$$

したがって，連立方程式の解は，
$$\begin{pmatrix} x \\ y \\ z \\ v \\ w \end{pmatrix} = \begin{pmatrix} -5a-b-c \\ -7a-b-c \\ 4a \\ b \\ 2c \end{pmatrix}$$
$$= a\begin{pmatrix} -5 \\ -7 \\ 4 \\ 0 \\ 0 \end{pmatrix} + b\begin{pmatrix} -1 \\ -1 \\ 0 \\ 1 \\ 0 \end{pmatrix} + c\begin{pmatrix} -1 \\ -1 \\ 0 \\ 0 \\ 2 \end{pmatrix}$$

$\qquad\qquad$ (a, b, c は任意)

以上より，

W の基底は $\left\{ \begin{pmatrix} -5 \\ -7 \\ 4 \\ 0 \\ 0 \end{pmatrix}, \begin{pmatrix} -1 \\ -1 \\ 0 \\ 1 \\ 0 \end{pmatrix}, \begin{pmatrix} -1 \\ -1 \\ 0 \\ 0 \\ 2 \end{pmatrix} \right\},$

次元は 3

類題11－5

$$f\left(\begin{pmatrix}1\\2\end{pmatrix}\right)=\begin{pmatrix}1&2\\1&1\\4&-3\end{pmatrix}\begin{pmatrix}1\\2\end{pmatrix}=\begin{pmatrix}5\\3\\-2\end{pmatrix}$$

$$f\left(\begin{pmatrix}3\\1\end{pmatrix}\right)=\begin{pmatrix}1&2\\1&1\\4&-3\end{pmatrix}\begin{pmatrix}3\\1\end{pmatrix}=\begin{pmatrix}5\\4\\9\end{pmatrix}$$

よって, 表現行列の定義より,

$$\begin{pmatrix}5&5\\3&4\\-2&9\end{pmatrix}=\begin{pmatrix}1&3&2\\0&2&1\\1&0&1\end{pmatrix}F$$

$$\therefore \quad F=\begin{pmatrix}1&3&2\\0&2&1\\1&0&1\end{pmatrix}^{-1}\begin{pmatrix}5&5\\3&4\\-2&9\end{pmatrix}$$

ここで,

$$A=\begin{pmatrix}1&3&2\\0&2&1\\1&0&1\end{pmatrix} \text{とおくと,}$$

$$|A|=2+3+0-4-0-0=1$$

また, 各余因子は,

$$A_{11}=2, \quad A_{12}=-(-1)=1, \quad A_{13}=-2$$
$$A_{21}=-3, \quad A_{22}=-1, \quad A_{23}=-(-3)=3$$
$$A_{31}=-1, \quad A_{32}=-1, \quad A_{33}=2$$

$$\therefore \quad A^{-1}=\frac{1}{|A|}\tilde{A}=\begin{pmatrix}2&-3&-1\\1&-1&-1\\-2&3&2\end{pmatrix}$$

（注：3次の逆行列は余因子の利用がよい。）
よって,

$$F=\begin{pmatrix}1&3&2\\0&2&1\\1&0&1\end{pmatrix}^{-1}\begin{pmatrix}5&5\\3&4\\-2&9\end{pmatrix}$$

$$=\begin{pmatrix}2&-3&-1\\1&-1&-1\\-2&3&2\end{pmatrix}\begin{pmatrix}5&5\\3&4\\-2&9\end{pmatrix}$$

$$=\begin{pmatrix}3&-11\\4&-8\\-5&20\end{pmatrix}$$

類題11－6

$x\in R^3$ の座標を $\begin{pmatrix}x\\y\\z\end{pmatrix}$ とする。すなわち,

$$x=x a_1+y a_2+z a_3$$

このとき, f の線形性に注意して,

$$f(x)=f(x a_1+y a_2+z a_3)$$
$$=x(a_1-a_3)+y(a_1+a_2)+z(a_2+a_3)$$

$$=(x+y)a_1+(y+z)a_2+(-x+z)a_3$$

よって, $f(x)$ の座標は $\begin{pmatrix}x+y\\y+z\\-x+z\end{pmatrix}$

ここで,

$$\begin{pmatrix}x+y\\y+z\\-x+z\end{pmatrix}=\begin{pmatrix}1&1&0\\0&1&1\\-1&0&1\end{pmatrix}\begin{pmatrix}x\\y\\z\end{pmatrix}$$

よって, 求める表現行列は,

$$A=\begin{pmatrix}1&1&0\\0&1&1\\-1&0&1\end{pmatrix}$$

類題11－7

$$\begin{pmatrix}1&-4&2&1\\0&1&2&-3\\1&-3&4&-2\end{pmatrix}\begin{pmatrix}x\\y\\z\\w\end{pmatrix}=\begin{pmatrix}0\\0\\0\end{pmatrix}$$

の解を求める。
係数行列を行基本変形して,

$$\begin{pmatrix}1&-4&2&1\\0&1&2&-3\\1&-3&4&-2\end{pmatrix}\rightarrow\begin{pmatrix}1&-4&2&1\\0&1&2&-3\\0&1&2&-3\end{pmatrix}$$

$$\rightarrow\begin{pmatrix}1&0&10&-11\\0&1&2&-3\\0&0&0&0\end{pmatrix}$$

$$\therefore \quad \begin{cases}x \quad +10z-11w=0\\ \quad y+2z-3w=0\end{cases}$$

よって, 連立方程式の解は,

$$\begin{pmatrix}x\\y\\z\\w\end{pmatrix}=\begin{pmatrix}-10a+11b\\-2a+3b\\a\\b\end{pmatrix}$$

$$=a\begin{pmatrix}-10\\-2\\1\\0\end{pmatrix}+b\begin{pmatrix}11\\3\\0\\1\end{pmatrix} \quad (a, \ b \text{ は任意})$$

したがって, 核 $\mathrm{Ker}f$ の基底は

$$\left\{\begin{pmatrix}-10\\-2\\1\\0\end{pmatrix}, \begin{pmatrix}11\\3\\0\\1\end{pmatrix}\right\} \text{であり, 次元は 2}$$

類題11－8

R^4 の標準基底 $\{e_1, \ e_2, \ e_3, \ e_4\}$ をとる。

$$v=x e_1+y e_2+z e_3+w e_4\in R^4 \text{ とすると,}$$
$$f(v)=f(x e_1+y e_2+z e_3+w e_4)$$
$$=x f(e_1)+y f(e_2)+z f(e_3)+w f(e_4)$$

よって，$\{f(\boldsymbol{e}_1),\ f(\boldsymbol{e}_2),\ f(\boldsymbol{e}_3),\ f(\boldsymbol{e}_4)\}$ の 1 次関係を求めればよい。

ところで，$\{\boldsymbol{e}_1,\ \boldsymbol{e}_2,\ \boldsymbol{e}_3,\ \boldsymbol{e}_4\}$ が標準基底であることから，次が成り立つ。

$(f(\boldsymbol{e}_1)\ \ f(\boldsymbol{e}_2)\ \ f(\boldsymbol{e}_3)\ \ f(\boldsymbol{e}_4))$

$$=\begin{pmatrix}1 & -4 & 2 & 1\\ 0 & 1 & 2 & -3\\ 1 & -3 & 4 & -2\end{pmatrix}$$

$$\to\cdots\to\begin{pmatrix}1 & 0 & 10 & -11\\ 0 & 1 & 2 & -3\\ 0 & 0 & 0 & 0\end{pmatrix}$$

行基本変形によって，各列の間の 1 次関係は変化しないので，

$\{f(\boldsymbol{e}_1),\ f(\boldsymbol{e}_2)\}$ が 1 次独立で，
$f(\boldsymbol{e}_3)=10f(\boldsymbol{e}_1)+2f(\boldsymbol{e}_2)$,
$f(\boldsymbol{e}_4)=-11f(\boldsymbol{e}_1)-3f(\boldsymbol{e}_2)$

よって，像 ${\rm Im}f$ の基底は

$\{f(\boldsymbol{e}_1),\ f(\boldsymbol{e}_2)\}=\left\{\begin{pmatrix}1\\0\\1\end{pmatrix},\ \begin{pmatrix}-4\\1\\-3\end{pmatrix}\right\}$，次元は 2

類題11－9

$\begin{pmatrix}\cos45° & -\sin45°\\ \sin45° & \cos45°\end{pmatrix}$ は原点のまわりの 45°回転を表す。

$\begin{pmatrix}X\\Y\end{pmatrix}=\begin{pmatrix}\cos45° & -\sin45°\\ \sin45° & \cos45°\end{pmatrix}\begin{pmatrix}x\\y\end{pmatrix}$ とすると，

$\begin{pmatrix}x\\y\end{pmatrix}=\begin{pmatrix}\cos(-45°) & -\sin(-45°)\\ \sin(-45°) & \cos(-45°)\end{pmatrix}\begin{pmatrix}X\\Y\end{pmatrix}$

$\qquad=\dfrac{1}{\sqrt{2}}\begin{pmatrix}1 & 1\\ -1 & 1\end{pmatrix}\begin{pmatrix}X\\Y\end{pmatrix}$

$\therefore\quad x=\dfrac{X+Y}{\sqrt{2}},\ \ y=\dfrac{-X+Y}{\sqrt{2}}$

これを $x^2+6xy+y^2=4$ に代入すると，

$\left(\dfrac{X+Y}{\sqrt{2}}\right)^2+6\dfrac{X+Y}{\sqrt{2}}\dfrac{-X+Y}{\sqrt{2}}+\left(\dfrac{-X+Y}{\sqrt{2}}\right)^2$
$=4$

$\dfrac{(X+Y)^2}{2}+6\dfrac{-X^2+Y^2}{2}+\dfrac{(-X+Y)^2}{2}=4$

$-2X^2+4Y^2=4\quad\therefore\quad \dfrac{X^2}{2}-Y^2=-1$

よって，求める図形は，

双曲線：$\dfrac{X^2}{2}-Y^2=-1$

(参考) 与えられた 1 次変換の内容は原点のまわりの45°回転であったから，もとの図形

は双曲線：$\dfrac{x^2}{2}-y^2=-1$ を原点のまわりに $-45°$回転したものであることが分かる。すなわち，曲線 $C:x^2+6xy+y^2=4$ がどのような曲線であるのかが分かる。

第11章　章末問題　解答

1 (1) 部分空間の条件を確認する。

(i) $AO=O$ だから，${\rm tr}(AO)=0$
$\therefore\quad O\in W$

(ii) $X=\begin{pmatrix}x_{11} & x_{12}\\ x_{21} & x_{22}\end{pmatrix}\in W$,

$Y=\begin{pmatrix}y_{11} & y_{12}\\ y_{21} & y_{22}\end{pmatrix}\in W$　とする。

$AX=\begin{pmatrix}x_{11}-2x_{21} & x_{12}-2x_{22}\\ -2x_{11}+x_{21} & -2x_{12}+x_{22}\end{pmatrix}$ より，
$\quad{\rm tr}(AX)=(x_{11}-2x_{21})+(-2x_{12}+x_{22})=0$
$AY=\begin{pmatrix}y_{11}-2y_{21} & y_{12}-2y_{22}\\ -2y_{11}+y_{21} & -2y_{12}+y_{22}\end{pmatrix}$ より，
$\quad{\rm tr}(AY)=(y_{11}-2y_{21})+(-2y_{12}+y_{22})=0$
$\therefore\quad {\rm tr}(A(X+Y))$
$=(x_{11}-2x_{21})+(y_{11}-2y_{21})$
$\quad+(-2x_{12}+x_{22})+(-2y_{12}+y_{22})$
$=(x_{11}-2x_{21})+(-2x_{12}+x_{22})$
$\quad+(y_{11}-2y_{21})+(-2y_{12}+y_{22})$
$={\rm tr}(AX)+{\rm tr}(AY)=0+0=0$
よって，$X+Y\in W$

(iii) $X=\begin{pmatrix}x_{11} & x_{12}\\ x_{21} & x_{22}\end{pmatrix}\in W$ とすると，

$A(kX)=\begin{pmatrix}k(x_{11}-2x_{21}) & k(x_{12}-2x_{22})\\ k(-2x_{11}+x_{21}) & k(-2x_{12}+x_{22})\end{pmatrix}$
$\therefore\quad {\rm tr}(A(kX))$
$\quad=k(x_{11}-2x_{21})+k(-2x_{12}+x_{22})$
$\quad=k\{(x_{11}-2x_{21})+(-2x_{12}+x_{22})\}=k\cdot0$
$\quad=0$
よって，$kX\in W$

(i)～(iii)より，W は M_2 の部分空間である。

(2) T が線形性を満たすことは明らか（省略）。
$X\in W$ が T によって W の中に移されることだけ確認しておく。

$X=\begin{pmatrix}x_{11} & x_{12}\\ x_{21} & x_{22}\end{pmatrix}\in W$ とすると，

$T(X)={}^{t}X=\begin{pmatrix}x_{11} & x_{21}\\ x_{12} & x_{22}\end{pmatrix}$

$\therefore\quad AT(X)=\begin{pmatrix}x_{11}-2x_{12} & x_{21}-2x_{22}\\ -2x_{11}+x_{12} & -2x_{21}+x_{22}\end{pmatrix}$

$\mathrm{tr}(A\,T(X))=(x_{11}-2x_{12})+(-2x_{21}+x_{22})$
$=(x_{11}-2x_{21})+(-2x_{12}+x_{22})=\mathrm{tr}(AX)=0$
$\therefore\ T(X)\in W$
したがって，T は W の線形変換である。

(3) $X=\begin{pmatrix} a & b \\ c & d \end{pmatrix}\in W$ とすると，

$AX=\begin{pmatrix} 1 & -2 \\ -2 & 1 \end{pmatrix}\begin{pmatrix} a & b \\ c & d \end{pmatrix}$

$=\begin{pmatrix} a-2c & b-2d \\ -2a+c & -2b+d \end{pmatrix}$

$\mathrm{tr}(AX)=(a-2c)+(-2b+d)=0$ より，
$d=-a+2b+2c$

$\therefore\ X=\begin{pmatrix} a & b \\ c & -a+2b+2c \end{pmatrix}$

$=a\begin{pmatrix} 1 & 0 \\ 0 & -1 \end{pmatrix}+b\begin{pmatrix} 0 & 1 \\ 0 & 2 \end{pmatrix}+c\begin{pmatrix} 0 & 0 \\ 1 & 2 \end{pmatrix}$

したがって，部分空間 W の次元は 3 である。
(**参考**) 部分空間 W の基底は，

$\left\{\begin{pmatrix} 1 & 0 \\ 0 & -1 \end{pmatrix},\ \begin{pmatrix} 0 & 1 \\ 0 & 2 \end{pmatrix},\ \begin{pmatrix} 0 & 0 \\ 1 & 2 \end{pmatrix}\right\}$

2 (1) 係数行列を行基本変形する。
$\begin{pmatrix} 1 & 1 & 1 & 0 \\ 2 & 5 & -1 & 3 \\ 1 & 3 & -1 & 2 \\ 2 & 3 & 1 & 1 \end{pmatrix}$ を $(\boldsymbol{a}_1\ \ \boldsymbol{a}_2\ \ \boldsymbol{a}_3\ \ \boldsymbol{a}_4)$ とおく。

$\begin{pmatrix} 1 & 1 & 1 & 0 \\ 2 & 5 & -1 & 3 \\ 1 & 3 & -1 & 2 \\ 2 & 3 & 1 & 1 \end{pmatrix} \rightarrow \begin{pmatrix} 1 & 1 & 1 & 0 \\ 0 & 3 & -3 & 3 \\ 0 & 2 & -2 & 2 \\ 0 & 1 & -1 & 1 \end{pmatrix}$

$\rightarrow \begin{pmatrix} 1 & 1 & 1 & 0 \\ 0 & 1 & -1 & 1 \\ 0 & 0 & 0 & 0 \\ 0 & 0 & 0 & 0 \end{pmatrix} \rightarrow \begin{pmatrix} 1 & 0 & 2 & -1 \\ 0 & 1 & -1 & 1 \\ 0 & 0 & 0 & 0 \\ 0 & 0 & 0 & 0 \end{pmatrix}$

最後の階段行列を $(\boldsymbol{b}_1\ \ \boldsymbol{b}_2\ \ \boldsymbol{b}_3\ \ \boldsymbol{b}_4)$ とおくと，
$\{\boldsymbol{b}_1,\ \boldsymbol{b}_2\}$ が 1 次独立で，
$\boldsymbol{b}_3=2\boldsymbol{b}_1-\boldsymbol{b}_2,\ \ \boldsymbol{b}_4=-\boldsymbol{b}_1+\boldsymbol{b}_2$
行基本変形によって各列の間の 1 次関係は変化しないので，
$\{\boldsymbol{a}_1,\ \boldsymbol{a}_2\}$ が 1 次独立で，
$\boldsymbol{a}_3=2\boldsymbol{a}_1-\boldsymbol{a}_2,\ \ \boldsymbol{a}_4=-\boldsymbol{a}_1+\boldsymbol{a}_2$
(2) (1)の計算より，与えられた連立 1 次方程式は，
$\begin{cases} x_1\ \ +2x_3-x_4=0 \\ \quad x_2-x_3+x_4=0 \end{cases}$

$\therefore\ \begin{pmatrix} x_1 \\ x_2 \\ x_3 \\ x_4 \end{pmatrix}=\begin{pmatrix} -2a+b \\ a-b \\ a \\ b \end{pmatrix}$ （a, b は任意）

よって，
$(x_1-1)^2+(x_2-1)^2+(x_3-1)^2+(x_4-1)^2$
$=(-2a+b-1)^2+(a-b-1)^2+(a-1)^2$
$\qquad +(b-1)^2$
$=6a^2+3b^2-6ab-2b+4$
$=6\left(a-\dfrac{b}{2}\right)^2+\dfrac{3}{2}b^2-2b+4$
$=6\left(a-\dfrac{b}{2}\right)^2+\dfrac{3}{2}\left(b-\dfrac{2}{3}\right)^2+\dfrac{10}{3}$

これが最小値をとるのは，$a=\dfrac{1}{3}$, $b=\dfrac{2}{3}$ のときである。このとき，
$x_1=0,\ x_2=-\dfrac{1}{3},\ x_3=\dfrac{1}{3},\ x_4=\dfrac{2}{3}$

3 (1) $f(X)$
$=\begin{pmatrix} 1 & 2 \\ -1 & 2 \end{pmatrix}\begin{pmatrix} x & y \\ z & w \end{pmatrix}-\begin{pmatrix} x & y \\ z & w \end{pmatrix}\begin{pmatrix} 1 & 2 \\ -1 & 2 \end{pmatrix}$
$=\begin{pmatrix} y+2z & -2x-y+2w \\ -x+z+w & -y-2z \end{pmatrix}$

(2) $X=\begin{pmatrix} x & y \\ z & w \end{pmatrix}$
$=xE_1+yE_2+zE_3+wE_4$ より，
X の座標は $\begin{pmatrix} x \\ y \\ z \\ w \end{pmatrix}$

同様に，
$f(X)$ の座標は $\begin{pmatrix} y+2z \\ -2x-y+2w \\ -x+z+w \\ -y-2z \end{pmatrix}$

$\begin{pmatrix} y+2z \\ -2x-y+2w \\ -x+z+w \\ -y-2z \end{pmatrix}$
$=\begin{pmatrix} 0 & 1 & 2 & 0 \\ -2 & -1 & 0 & 2 \\ -1 & 0 & 1 & 1 \\ 0 & -1 & -2 & 0 \end{pmatrix}\begin{pmatrix} x \\ y \\ z \\ w \end{pmatrix}$

であることから，$F = \begin{pmatrix} 0 & 1 & 2 & 0 \\ -2 & -1 & 0 & 2 \\ -1 & 0 & 1 & 1 \\ 0 & -1 & -2 & 0 \end{pmatrix}$

(3) 次の同次連立1次方程式を解けばよい。

$$\begin{pmatrix} 0 & 1 & 2 & 0 \\ -2 & -1 & 0 & 2 \\ -1 & 0 & 1 & 1 \\ 0 & -1 & -2 & 0 \end{pmatrix} \begin{pmatrix} x \\ y \\ z \\ w \end{pmatrix} = \begin{pmatrix} 0 \\ 0 \\ 0 \\ 0 \end{pmatrix}$$

係数行列：$F = \begin{pmatrix} 0 & 1 & 2 & 0 \\ -2 & -1 & 0 & 2 \\ -1 & 0 & 1 & 1 \\ 0 & -1 & -2 & 0 \end{pmatrix}$

$\rightarrow \cdots \rightarrow \begin{pmatrix} 1 & 0 & -1 & -1 \\ 0 & 1 & 2 & 0 \\ 0 & 0 & 0 & 0 \\ 0 & 0 & 0 & 0 \end{pmatrix}$

同次連立1次方程式は次のようになる。

$$\begin{cases} x & -z-w=0 \\ y+2z & =0 \end{cases}$$

$\therefore \begin{pmatrix} x \\ y \\ z \\ w \end{pmatrix} = \begin{pmatrix} a+b \\ -2a \\ a \\ b \end{pmatrix}$ （a, b は任意）

$\therefore \begin{pmatrix} x & y \\ z & w \end{pmatrix} = \begin{pmatrix} a+b & -2a \\ a & b \end{pmatrix}$

$\qquad = a \begin{pmatrix} 1 & -2 \\ 1 & 0 \end{pmatrix} + b \begin{pmatrix} 1 & 0 \\ 0 & 1 \end{pmatrix}$

よって，$\mathrm{Ker}\, f$ の基底は

$\left\{ \begin{pmatrix} 1 & -2 \\ 1 & 0 \end{pmatrix}, \begin{pmatrix} 1 & 0 \\ 0 & 1 \end{pmatrix} \right\}$ であり，次元は2である。

（参考） $\mathrm{Im}\, f$ も求めてみよう。

$X = xE_1 + yE_2 + zE_3 + wE_4$ とすると，

$f(X) = f(xE_1 + yE_2 + zE_3 + wE_4)$
$\qquad = xf(E_1) + yf(E_2) + zf(E_3) + wf(E_4)$

よって，$f(E_1)$, $f(E_2)$, $f(E_3)$, $f(E_4)$ の1次関係を求めればよい。

$f(E_1)$, $f(E_2)$, $f(E_3)$, $f(E_4)$ の座標をそれぞれ $\boldsymbol{a}_1$, $\boldsymbol{a}_2$, $\boldsymbol{a}_3$, $\boldsymbol{a}_4$ とすると，

$(\boldsymbol{a}_1 \quad \boldsymbol{a}_2 \quad \boldsymbol{a}_3 \quad \boldsymbol{a}_4)$

$= F = \begin{pmatrix} 0 & 1 & 2 & 0 \\ -2 & -1 & 0 & 2 \\ -1 & 0 & 1 & 1 \\ 0 & -1 & -2 & 0 \end{pmatrix}$

$\rightarrow \begin{pmatrix} 1 & 0 & -1 & -1 \\ 0 & 1 & 2 & 0 \\ 0 & 0 & 0 & 0 \\ 0 & 0 & 0 & 0 \end{pmatrix}$

最後の階段行列を $(\boldsymbol{b}_1 \quad \boldsymbol{b}_2 \quad \boldsymbol{b}_3 \quad \boldsymbol{b}_4)$ とおく。

$\{\boldsymbol{b}_1, \boldsymbol{b}_2\}$ が1次独立で，

$\boldsymbol{b}_3 = -\boldsymbol{b}_1 + 2\boldsymbol{b}_2$, $\boldsymbol{b}_4 = -\boldsymbol{b}_1$,

行基本変形によって各列の間の1次関係は変化しないから，

$\{\boldsymbol{a}_1, \boldsymbol{a}_2\}$ が1次独立で，

$\boldsymbol{a}_3 = -\boldsymbol{a}_1 + 2\boldsymbol{a}_2$, $\boldsymbol{a}_4 = -\boldsymbol{a}_1$

よって，

$\{f(E_1), f(E_2)\}$ が1次独立で，

$f(E_3) = -f(E_1) + 2f(E_2)$, $f(E_4) = -f(E_1)$

したがって，$\mathrm{Im}\, f$ の基底は

$\{f(E_1), f(E_2)\}$

$= \left\{ \begin{pmatrix} 0 & -2 \\ -1 & 0 \end{pmatrix}, \begin{pmatrix} 1 & -1 \\ 0 & -1 \end{pmatrix} \right\}$,

次元は2

第12章 固有値とその応用

類題12－1

(1) $|A - tE| = \begin{vmatrix} 1-t & 2 \\ 4 & 3-t \end{vmatrix}$

$= (1-t)(3-t) - 8 = t^2 - 4t - 5$

$= (t-5)(t+1)$ 固有値は5，-1

(i) 固有値5に対する固有ベクトル

$A - 5E = \begin{pmatrix} -4 & 2 \\ 4 & -2 \end{pmatrix} \rightarrow \begin{pmatrix} 1 & -\dfrac{1}{2} \\ 0 & 0 \end{pmatrix}$

$\therefore x - \dfrac{1}{2}y = 0$

よって，固有ベクトルは

$\begin{pmatrix} x \\ y \end{pmatrix} = \begin{pmatrix} a \\ 2a \end{pmatrix} = a \begin{pmatrix} 1 \\ 2 \end{pmatrix}$ （$a \neq 0$）

(ii) 固有値 -1 に対する固有ベクトル

$A - (-1)E = \begin{pmatrix} 2 & 2 \\ 4 & 4 \end{pmatrix} \rightarrow \begin{pmatrix} 1 & 1 \\ 0 & 0 \end{pmatrix}$

$\therefore x + y = 0$

よって，固有ベクトルは

$\begin{pmatrix} x \\ y \end{pmatrix} = \begin{pmatrix} -b \\ b \end{pmatrix} = b \begin{pmatrix} -1 \\ 1 \end{pmatrix}$ （$b \neq 0$）

(2) $|A - tE| = \begin{vmatrix} -t & 2 & -1 \\ 2 & -3-t & 2 \\ -1 & 2 & -t \end{vmatrix}$

$= -t^3 - 3t^2 + 9t - 5 = -(t^3 + 3t^2 - 9t + 5)$
$= -(t-1)^2(t+5)$

固有値は，1（重解）と-5

(i)　固有値1に対する固有ベクトル

$A - 1 \cdot E$

$= \begin{pmatrix} -1 & 2 & -1 \\ 2 & -4 & 2 \\ -1 & 2 & -1 \end{pmatrix} \rightarrow \begin{pmatrix} 1 & -2 & 1 \\ 0 & 0 & 0 \\ 0 & 0 & 0 \end{pmatrix}$

$\therefore \ x - 2y + z = 0$

よって，固有ベクトルは

$\begin{pmatrix} x \\ y \\ z \end{pmatrix} = \begin{pmatrix} 2a - b \\ a \\ b \end{pmatrix}$

$= a \begin{pmatrix} 2 \\ 1 \\ 0 \end{pmatrix} + b \begin{pmatrix} -1 \\ 0 \\ 1 \end{pmatrix} \quad ((a, \ b) \neq (0, \ 0))$

(ii)　固有値-5に対する固有ベクトル

$A - (-5)E = \begin{pmatrix} 5 & 2 & -1 \\ 2 & 2 & 2 \\ -1 & 2 & 5 \end{pmatrix}$

$\cdots \rightarrow \begin{pmatrix} 1 & 0 & -1 \\ 0 & 1 & 2 \\ 0 & 0 & 0 \end{pmatrix} \quad \therefore \ \begin{cases} x - z = 0 \\ y + 2z = 0 \end{cases}$

よって，固有ベクトルは

$\begin{pmatrix} x \\ y \\ z \end{pmatrix} = \begin{pmatrix} c \\ -2c \\ c \end{pmatrix} = c \begin{pmatrix} 1 \\ -2 \\ 1 \end{pmatrix} \quad (c \neq 0)$

類題12－2

$|A - tE| = \begin{vmatrix} 1-t & 1 & 2 & 2 \\ 1 & 1-t & 2 & 2 \\ 0 & 0 & -1-t & 1 \\ 0 & 0 & -3 & 3-t \end{vmatrix}$

$= \begin{vmatrix} 1-t & 1 \\ 1 & 1-t \end{vmatrix} \begin{vmatrix} -1-t & 1 \\ -3 & 3-t \end{vmatrix}$

$= \{(1-t)^2 - 1\}\{(-1-t)(3-t) + 3\}$

$= (t^2 - 2t)(t^2 - 2t) = t^2(t-2)^2$

よって，固有値は，0（重解）と2（重解）

(i)　$W(0)$

$A - 0 \cdot E$

$= \begin{pmatrix} 1 & 1 & 2 & 2 \\ 1 & 1 & 2 & 2 \\ 0 & 0 & -1 & 1 \\ 0 & 0 & -3 & 3 \end{pmatrix} \rightarrow \begin{pmatrix} 1 & 1 & 0 & 4 \\ 0 & 0 & 1 & -1 \\ 0 & 0 & 0 & 0 \\ 0 & 0 & 0 & 0 \end{pmatrix}$

$\therefore \ \begin{cases} x + y + 4w = 0 \\ z - w = 0 \end{cases}$

$\therefore \begin{pmatrix} x \\ y \\ z \\ w \end{pmatrix} = \begin{pmatrix} -a - 4b \\ a \\ b \\ b \end{pmatrix}$

$= a \begin{pmatrix} -1 \\ 1 \\ 0 \\ 0 \end{pmatrix} + b \begin{pmatrix} -4 \\ 0 \\ 1 \\ 1 \end{pmatrix}$

よって，

$W(0) = \left\{ a \begin{pmatrix} -1 \\ 1 \\ 0 \\ 0 \end{pmatrix} + b \begin{pmatrix} -4 \\ 0 \\ 1 \\ 1 \end{pmatrix} \middle| \ a, \ b \in \mathbf{R} \right\}$

(ii)　$W(2)$

$A - 2E = \begin{pmatrix} -1 & 1 & 2 & 2 \\ 1 & -1 & 2 & 2 \\ 0 & 0 & -3 & 1 \\ 0 & 0 & -3 & 1 \end{pmatrix}$

$\rightarrow \cdots \rightarrow \begin{pmatrix} 1 & -1 & 0 & 0 \\ 0 & 0 & 1 & 0 \\ 0 & 0 & 0 & 1 \\ 0 & 0 & 0 & 0 \end{pmatrix}$

$\therefore \ \begin{cases} x - y = 0 \\ z = 0 \\ w = 0 \end{cases} \quad \therefore \begin{pmatrix} x \\ y \\ z \\ w \end{pmatrix} = \begin{pmatrix} c \\ c \\ 0 \\ 0 \end{pmatrix} = c \begin{pmatrix} 1 \\ 1 \\ 0 \\ 0 \end{pmatrix}$

よって，$W(2) = \left\{ c \begin{pmatrix} 1 \\ 1 \\ 0 \\ 0 \end{pmatrix} \middle| \ c \in \mathbf{R} \right\}$

類題12－3

(1)　$|A - tE| = (1-t)(2-t)(3-t)$ となり，
　　　固有値は1，2，3

異なる固有値に対する固有ベクトルは1次独立になるので，ここで1次独立な3つの固有ベクトルが存在することが分かり，対角化可能。

(i)　固有値1に対する固有ベクトル

$A - 1 \cdot E$

$= \begin{pmatrix} 0 & 0 & -1 \\ 1 & 1 & 1 \\ 2 & 2 & 2 \end{pmatrix} \rightarrow \begin{pmatrix} 1 & 1 & 0 \\ 0 & 0 & 1 \\ 0 & 0 & 0 \end{pmatrix}$

$\therefore \ \begin{cases} x + y = 0 \\ z = 0 \end{cases}$

$$\therefore \quad \begin{pmatrix} x \\ y \\ z \end{pmatrix} = \begin{pmatrix} -a \\ a \\ 0 \end{pmatrix} = a \begin{pmatrix} -1 \\ 1 \\ 0 \end{pmatrix} \quad (a \neq 0)$$

(ii) 固有値 2 に対する固有ベクトル

$$A - 2E = \begin{pmatrix} -1 & 0 & -1 \\ 1 & 0 & 1 \\ 2 & 2 & 1 \end{pmatrix}$$

$$\to \cdots \to \begin{pmatrix} 1 & 0 & 1 \\ 0 & 1 & -\dfrac{1}{2} \\ 0 & 0 & 0 \end{pmatrix}$$

$$\therefore \quad \begin{cases} x + z = 0 \\ y - \dfrac{1}{2}z = 0 \end{cases}$$

$$\therefore \quad \begin{pmatrix} x \\ y \\ z \end{pmatrix} = \begin{pmatrix} -2b \\ b \\ 2b \end{pmatrix} = b \begin{pmatrix} -2 \\ 1 \\ 2 \end{pmatrix} \quad (b \neq 0)$$

(iii) 固有値 3 に対する固有ベクトル

$$A - 3E = \begin{pmatrix} -2 & 0 & -1 \\ 1 & -1 & 1 \\ 2 & 2 & 0 \end{pmatrix}$$

$$\to \cdots \to \begin{pmatrix} 1 & 0 & \dfrac{1}{2} \\ 0 & 1 & -\dfrac{1}{2} \\ 0 & 0 & 0 \end{pmatrix}$$

$$\therefore \quad \begin{cases} x + \dfrac{1}{2}z = 0 \\ y - \dfrac{1}{2}z = 0 \end{cases}$$

$$\therefore \quad \begin{pmatrix} x \\ y \\ z \end{pmatrix} = \begin{pmatrix} -c \\ c \\ 2c \end{pmatrix} = c \begin{pmatrix} -1 \\ 1 \\ 2 \end{pmatrix} \quad (c \neq 0)$$

以上より，A は 1 次独立な 3 つの固有ベクトル

$$\begin{pmatrix} -1 \\ 1 \\ 0 \end{pmatrix}, \begin{pmatrix} -2 \\ 1 \\ 2 \end{pmatrix}, \begin{pmatrix} -1 \\ 1 \\ 2 \end{pmatrix}$$

をもち，

$$P = \begin{pmatrix} -1 & -2 & -1 \\ 1 & 1 & 1 \\ 0 & 2 & 2 \end{pmatrix} \quad \text{とおくと } P \text{ は正則行}$$

列で，

$$P^{-1}AP = \begin{pmatrix} 1 & 0 & 0 \\ 0 & 2 & 0 \\ 0 & 0 & 3 \end{pmatrix}$$

(2) $$|A - tE| = \begin{vmatrix} 2-t & -1 & 2 \\ 1 & -t & 2 \\ -2 & 2 & -1-t \end{vmatrix}$$

$$= -t^3 + t^2 + t - 1 = -(t-1)^2(t+1)$$

よって，固有値は，1（重解）と -1

(i) 固有値 1 に対する固有ベクトル

$$A - 1 \cdot E = \begin{pmatrix} 1 & -1 & 2 \\ 1 & -1 & 2 \\ -2 & 2 & -2 \end{pmatrix}$$

$$\to \cdots \to \begin{pmatrix} 1 & -1 & 0 \\ 0 & 0 & 1 \\ 0 & 0 & 0 \end{pmatrix} \quad \therefore \quad \begin{cases} x - y = 0 \\ z = 0 \end{cases}$$

よって，固有ベクトルは

$$\begin{pmatrix} x \\ y \\ z \end{pmatrix} = \begin{pmatrix} a \\ a \\ 0 \end{pmatrix} = a \begin{pmatrix} 1 \\ 1 \\ 0 \end{pmatrix} \quad (a \neq 0)$$

固有値 1（重解）に対する固有ベクトルで 1 次独立なものとしては $\begin{pmatrix} 1 \\ 1 \\ 0 \end{pmatrix}$ だけしかない。

もう 1 つの固有値 -1 に対する固有ベクトルで 1 次独立なものは明らかに 1 つしかないので，A は 1 次独立な 3 つの固有ベクトルをもたない。したがって，A は **対角化不可能** である。

類題12－4

$$|A - tE| = \begin{vmatrix} 1-t & 0 & 0 \\ -1 & 2-t & 2 \\ 0 & 0 & 1-t \end{vmatrix}$$

$$= (1-t)^2(2-t)$$

$\therefore$ 固有値は，1（重解）と 2

(i) 固有値 1 に対する固有ベクトル

$$A - E = \begin{pmatrix} 0 & 0 & 0 \\ -1 & 1 & 2 \\ 0 & 0 & 0 \end{pmatrix} \to \begin{pmatrix} 1 & -1 & -2 \\ 0 & 0 & 0 \\ 0 & 0 & 0 \end{pmatrix}$$

$\therefore \quad x - y - 2z = 0$

$$\therefore \quad \begin{pmatrix} x \\ y \\ z \end{pmatrix} = \begin{pmatrix} a+2b \\ a \\ b \end{pmatrix} = a \begin{pmatrix} 1 \\ 1 \\ 0 \end{pmatrix} + b \begin{pmatrix} 2 \\ 0 \\ 1 \end{pmatrix}$$

(ii) 固有値 2 に対する固有ベクトル

$$A - 2E = \begin{pmatrix} -1 & 0 & 0 \\ -1 & 0 & 2 \\ 0 & 0 & -1 \end{pmatrix}$$

$$\rightarrow \cdots \rightarrow \begin{pmatrix} 1 & 0 & 0 \\ 0 & 0 & 1 \\ 0 & 0 & 0 \end{pmatrix}$$

$$\therefore \ \begin{cases} x=0 \\ z=0 \end{cases} \quad \therefore \ \begin{pmatrix} x \\ y \\ z \end{pmatrix} = \begin{pmatrix} 0 \\ c \\ 0 \end{pmatrix} = c \begin{pmatrix} 0 \\ 1 \\ 0 \end{pmatrix}$$

$P = \begin{pmatrix} 1 & 2 & 0 \\ 1 & 0 & 1 \\ 0 & 1 & 0 \end{pmatrix}$ とおくと,

$$P^{-1} = \begin{pmatrix} 1 & 0 & -2 \\ 0 & 0 & 1 \\ -1 & 1 & 2 \end{pmatrix}$$

$$P^{-1}AP = \begin{pmatrix} 1 & 0 & 0 \\ 0 & 1 & 0 \\ 0 & 0 & 2 \end{pmatrix}$$

両辺を n 乗すると,

$$(P^{-1}AP)^n = \begin{pmatrix} 1 & 0 & 0 \\ 0 & 1 & 0 \\ 0 & 0 & 2 \end{pmatrix}^n$$

$$\therefore \ P^{-1}A^nP = \begin{pmatrix} 1 & 0 & 0 \\ 0 & 1 & 0 \\ 0 & 0 & 2^n \end{pmatrix}$$

よって,

$$A^n = P \begin{pmatrix} 1 & 0 & 0 \\ 0 & 1 & 0 \\ 0 & 0 & 2^n \end{pmatrix} P^{-1}$$

$$= \begin{pmatrix} 1 & 2 & 0 \\ 1 & 0 & 1 \\ 0 & 1 & 0 \end{pmatrix} \begin{pmatrix} 1 & 0 & 0 \\ 0 & 1 & 0 \\ 0 & 0 & 2^n \end{pmatrix} \begin{pmatrix} 1 & 0 & -2 \\ 0 & 0 & 1 \\ -1 & 1 & 2 \end{pmatrix}$$

$$= \begin{pmatrix} 1 & 0 & 0 \\ 1-2^n & 2^n & -2+2^{n+1} \\ 0 & 0 & 1 \end{pmatrix}$$

類題12－5

$A = \begin{pmatrix} 0 & 1 \\ -2 & 3 \end{pmatrix}$ とおくと与式は次のようになる。

$$\frac{d}{dx} \begin{pmatrix} y_1 \\ y_2 \end{pmatrix} = \begin{pmatrix} 0 & 1 \\ -2 & 3 \end{pmatrix} \begin{pmatrix} y_1 \\ y_2 \end{pmatrix}$$

すなわち, $\dfrac{d}{dx} \begin{pmatrix} y_1 \\ y_2 \end{pmatrix} = A \begin{pmatrix} y_1 \\ y_2 \end{pmatrix}$

そこで, $A = \begin{pmatrix} 0 & 1 \\ -2 & 3 \end{pmatrix}$ を対角化する。

$$|A-tE| = \begin{vmatrix} -t & 1 \\ -2 & 3-t \end{vmatrix} = t^2-3t+2$$

$$= (t-1)(t-2)$$

$\therefore$　固有値は, 1, 2

(i)　固有値 1 に対する固有ベクトル

$$A-1 \cdot E = \begin{pmatrix} -1 & 1 \\ -2 & 2 \end{pmatrix} \rightarrow \begin{pmatrix} 1 & -1 \\ 0 & 0 \end{pmatrix}$$

$\therefore$　固有ベクトルは, $a \begin{pmatrix} 1 \\ 1 \end{pmatrix}$　$(a \neq 0)$

(ii)　固有値 2 に対する固有ベクトル

$$A-2 \cdot E = \begin{pmatrix} -2 & 1 \\ -2 & 1 \end{pmatrix} \rightarrow \begin{pmatrix} 1 & -\dfrac{1}{2} \\ 0 & 0 \end{pmatrix}$$

$\therefore$　固有ベクトルは, $b \begin{pmatrix} 1 \\ 2 \end{pmatrix}$　$(b \neq 0)$

よって, $P = \begin{pmatrix} 1 & 1 \\ 1 & 2 \end{pmatrix}$ とおくと,

$$P^{-1}AP = \begin{pmatrix} 1 & 0 \\ 0 & 2 \end{pmatrix}$$

$\dfrac{d}{dx} \begin{pmatrix} y_1 \\ y_2 \end{pmatrix} = A \begin{pmatrix} y_1 \\ y_2 \end{pmatrix}$ の両辺に左側から P^{-1} を

かけると, $\dfrac{d}{dx} P^{-1} \begin{pmatrix} y_1 \\ y_2 \end{pmatrix} = P^{-1}A \begin{pmatrix} y_1 \\ y_2 \end{pmatrix}$

ここで, $\begin{pmatrix} y_1 \\ y_2 \end{pmatrix} = P \begin{pmatrix} z_1 \\ z_2 \end{pmatrix}$ とおくと,

$$\frac{d}{dx} \begin{pmatrix} z_1 \\ z_2 \end{pmatrix} = P^{-1}AP \begin{pmatrix} z_1 \\ z_2 \end{pmatrix}$$

$$\therefore \ \frac{d}{dx} \begin{pmatrix} z_1 \\ z_2 \end{pmatrix} = \begin{pmatrix} 1 & 0 \\ 0 & 2 \end{pmatrix} \begin{pmatrix} z_1 \\ z_2 \end{pmatrix}$$

よって, $\dfrac{d}{dx}z_1 = z_1$, $\dfrac{d}{dx}z_2 = 2z_2$

これらの一般解は明らかに,

$z_1 = C_1 e^x$, $z_2 = C_2 e^{2x}$　$(C_1,\ C_2$ は任意定数$)$

$$\therefore \ \begin{pmatrix} y_1 \\ y_2 \end{pmatrix} = P \begin{pmatrix} z_1 \\ z_2 \end{pmatrix} = \begin{pmatrix} 1 & 1 \\ 1 & 2 \end{pmatrix} \begin{pmatrix} C_1 e^x \\ C_2 e^{2x} \end{pmatrix}$$

$$= \begin{pmatrix} C_1 e^x + C_2 e^{2x} \\ C_1 e^x + 2C_2 e^{2x} \end{pmatrix}$$

したがって, 求める一般解は,

$y_1 = C_1 e^x + C_2 e^{2x}$, $y_2 = C_1 e^x + 2C_2 e^{2x}$

$(C_1,\ C_2$ は任意定数$)$

類題12－6

$$|A-tE| = \begin{vmatrix} 1-t & -3 \\ 3 & -5-t \end{vmatrix}$$

$$= (1-t)(-5-t)+9 = t^2+4t+4$$

よって, ケーリー・ハミルトンの定理より,

$$A^2+4A+4E = O$$

さて, x^n を x^2+4x+4 で割ったときの商を $g(x)$, 余りを $ax+b$ とすると,

$$x^n = (x^2+4x+4)g(x)+ax+b$$

$\therefore$ $x^n=(x+2)^2g(x)+ax+b$ ……(*)

$x=-2$ を代入することにより,

$$-2a+b=(-2)^n \quad ……①$$

次に, (*)の両辺を x で微分すると,

$$nx^{n-1}=2(x+2)g(x)+(x+2)^2g'(x)+a$$

ここに $x=-2$ を代入することにより,

$$a=n(-2)^{n-1} \quad ……②$$

①, ②より, $a=n(-2)^{n-1}$,

$$b=(-n+1)(-2)^n$$

$x^n=(x^2+4x+4)g(x)+ax+b$ より,

$$A^n=(A^2+4A+4E)g(A)+aA+bE$$
$$=aA+bE \quad (\because A^2+4A+4E=O)$$
$$=n(-2)^{n-1}\begin{pmatrix}1 & -3 \\ 3 & -5\end{pmatrix}$$
$$\quad +(-n+1)(-2)^n\begin{pmatrix}1 & 0 \\ 0 & 1\end{pmatrix}$$
$$=\begin{pmatrix}(3n-2)(-2)^{n-1} & -3n(-2)^{n-1} \\ 3n(-2)^{n-1} & -(3n+2)(-2)^{n-1}\end{pmatrix}$$

類題12－7

余因子展開を利用して計算していく。

$|A-tE|=D_n$

$$=\begin{vmatrix}1-t & 0 & \cdots & 0 & 1 \\ 0 & 1-t & \cdots & 1 & 0 \\ \vdots & \vdots & \ddots & \vdots & \vdots \\ 0 & 1 & \cdots & 1-t & 0 \\ 1 & 0 & \cdots & 0 & 1-t\end{vmatrix} \quad (n\,次)$$

$$=(1-t)\begin{vmatrix}1-t & \cdots & 1 & 0 \\ \vdots & \ddots & \vdots & \vdots \\ 1 & \cdots & 1-t & 0 \\ 0 & \cdots & 0 & 1-t\end{vmatrix}$$

$$\quad +(-1)^{1+n}\begin{vmatrix}0 & 1-t & \cdots & 1 \\ \vdots & \vdots & \ddots & \vdots \\ 0 & 1 & \cdots & 1-t \\ 1 & 0 & \cdots & 0\end{vmatrix}$$
$$\quad\quad\quad\quad\quad\quad\quad (n-1\,次)$$

$$=(1-t)\cdot(1-t)(-1)^{(n-1)+(n-1)}\begin{vmatrix}1-t & \cdots & 1 \\ \vdots & \ddots & \vdots \\ 1 & \cdots & 1-t\end{vmatrix}$$

$$\quad +(-1)^{1+n}\cdot(-1)^{(n-1)+1}\begin{vmatrix}1-t & \cdots & 1 \\ \vdots & \ddots & \vdots \\ 1 & \cdots & 1-t\end{vmatrix}$$
$$\quad\quad\quad\quad\quad\quad\quad (n-2\,次)$$

$$=(1-t)^2\begin{vmatrix}1-t & \cdots & 1 \\ \vdots & \ddots & \vdots \\ 1 & \cdots & 1-t\end{vmatrix}-\begin{vmatrix}1-t & \cdots & 1 \\ \vdots & \ddots & \vdots \\ 1 & \cdots & 1-t\end{vmatrix}$$
$$=(1-t)^2D_{n-2}-D_{n-2}=(t^2-2t)D_{n-2}$$

$$=t(t-2)D_{n-2} \quad \therefore \underset{\sim\sim\sim\sim\sim\sim}{D_n=t(t-2)D_{n-2}}$$

よって,

$$D_{2m-1}=(1-t)\{t(t-2)\}^{m-1} \quad (\because D_1=1-t)$$
$$=-(t-1)t^{m-1}(t-2)^{m-1}$$
$$D_{2m}=t(t-2)\{t(t-2)\}^{m-1} \quad (\because D_2=t(t-2))$$
$$=t^m(t-2)^m$$

よって, n 次正方行列 A の固有値は,

(i) $n=1$ のとき　　　　　1

(ii) $n=3,\ 5,\ 7,\ \cdots$ のときは 0, 1, 2

(iii) $n=2,\ 4,\ 6,\ \cdots$ のときは 0, 2

（例題12－7の計算の補足）

$$|A-tE|=\begin{vmatrix}2-t & 1 & \cdots & 1 \\ 1 & 2-t & \cdots & 1 \\ \vdots & \vdots & \ddots & \vdots \\ 1 & 1 & \cdots & 2-t\end{vmatrix}$$

$$\underset{①+②+\cdots+⑩}{=}\begin{vmatrix}n+1-t & 1 & \cdots & 1 \\ n+1-t & 2-t & \cdots & 1 \\ \vdots & \vdots & \ddots & \vdots \\ n+1-t & 1 & \cdots & 2-t\end{vmatrix}$$

$$=(n+1-t)\begin{vmatrix}1 & 1 & \cdots & 1 \\ 1 & 2-t & \cdots & 1 \\ \vdots & \vdots & \ddots & \vdots \\ 1 & 1 & \cdots & 2-t\end{vmatrix}$$

$$\underset{\substack{②-① \\ \cdots\cdots \\ ⑩-①}}{=}(n+1-t)\begin{vmatrix}1 & 1 & \cdots & 1 \\ 0 & 1-t & \cdots & 0 \\ \vdots & \vdots & \ddots & \vdots \\ 0 & 0 & \cdots & 1-t\end{vmatrix}$$

$$=(n+1-t)\begin{vmatrix}1-t & \cdots & 0 \\ \vdots & \ddots & \vdots \\ 0 & \cdots & 1-t\end{vmatrix}$$

$$=(n+1-t)(1-t)^{n-1}$$

第12章　章末問題　解答

1 (1) $|A-tE|=\begin{vmatrix}-t & -1 & 1 \\ 0 & 1-t & 0 \\ -2 & -2 & 3-t\end{vmatrix}$

$$=-(t-1)^2(t-2)$$

$\therefore$ 固有値は 1（重解）と 2

(2) 次に, 固有ベクトルを求める。

(i) 固有値1（重解）に対する固有ベクトル

$A-1\cdot E$

$$=\begin{pmatrix}-1 & -1 & 1 \\ 0 & 0 & 0 \\ -2 & -2 & 2\end{pmatrix}\to\begin{pmatrix}1 & 1 & -1 \\ 0 & 0 & 0 \\ 0 & 0 & 0\end{pmatrix}$$

$\therefore$ $x+y-z=0$

固有ベクトルは

$$\begin{pmatrix} x \\ y \\ z \end{pmatrix} = \begin{pmatrix} -a+b \\ a \\ b \end{pmatrix} = a\begin{pmatrix} -1 \\ 1 \\ 0 \end{pmatrix} + b\begin{pmatrix} 1 \\ 0 \\ 1 \end{pmatrix}$$

$$((a,\ b) \neq (0,\ 0))$$

(ii)　固有値 2 に対する固有ベクトル

$$A - 2E = \begin{pmatrix} -2 & -1 & 1 \\ 0 & -1 & 0 \\ -2 & -2 & 1 \end{pmatrix}$$

$$\to \cdots \to \begin{pmatrix} 1 & 0 & -\dfrac{1}{2} \\ 0 & 1 & 0 \\ 0 & 0 & 0 \end{pmatrix}$$

$$\therefore \quad \begin{cases} x - \dfrac{1}{2}z = 0 \\ y = 0 \end{cases}$$

固有ベクトルは

$$\begin{pmatrix} x \\ y \\ z \end{pmatrix} = \begin{pmatrix} c \\ 0 \\ 2c \end{pmatrix} = c\begin{pmatrix} 1 \\ 0 \\ 2 \end{pmatrix} \quad (c \neq 0)$$

以上より,

固有値 1, 1, 2 に対する固有ベクトルとして,

$$\begin{pmatrix} -1 \\ 1 \\ 0 \end{pmatrix},\ \begin{pmatrix} 1 \\ 0 \\ 1 \end{pmatrix},\ \begin{pmatrix} 1 \\ 0 \\ 2 \end{pmatrix}$$

がとれる。

よって, $P = \begin{pmatrix} -1 & 1 & 1 \\ 1 & 0 & 0 \\ 0 & 1 & 2 \end{pmatrix}$ とおけば,

P は正則行列で, $P^{-1}AP = \begin{pmatrix} 1 & 0 & 0 \\ 0 & 1 & 0 \\ 0 & 0 & 2 \end{pmatrix}$

2 (1) (a) $|A - tE| = \begin{vmatrix} -t & 1 & 1 \\ 1 & -t & 1 \\ 1 & 1 & -t \end{vmatrix}$

$$= -(t+1)^2(t-2)$$

$\therefore$ 固有値は, -1 (重解) と 2

(b) (i)　固有値 -1 (重解) に対する固有ベクトル

$$A - (-1)E = \begin{pmatrix} 1 & 1 & 1 \\ 1 & 1 & 1 \\ 1 & 1 & 1 \end{pmatrix} \to \begin{pmatrix} 1 & 1 & 1 \\ 0 & 0 & 0 \\ 0 & 0 & 0 \end{pmatrix}$$

$\therefore$ $x + y + z = 0$

$$\therefore \begin{pmatrix} x \\ y \\ z \end{pmatrix} = \begin{pmatrix} -a-b \\ a \\ b \end{pmatrix} = a\begin{pmatrix} -1 \\ 1 \\ 0 \end{pmatrix} + b\begin{pmatrix} -1 \\ 0 \\ 1 \end{pmatrix}$$

$$((a,\ b) \neq (0,\ 0))$$

(ii)　固有値 2 に対する固有ベクトル

$$A - 2E = \begin{pmatrix} -2 & 1 & 1 \\ 1 & -2 & 1 \\ 1 & 1 & -2 \end{pmatrix}$$

$$\to \cdots \to \begin{pmatrix} 1 & 0 & -1 \\ 0 & 1 & -1 \\ 0 & 0 & 0 \end{pmatrix} \quad \therefore \begin{cases} x - z = 0 \\ y - z = 0 \end{cases}$$

$$\therefore \begin{pmatrix} x \\ y \\ z \end{pmatrix} = \begin{pmatrix} c \\ c \\ c \end{pmatrix} = c\begin{pmatrix} 1 \\ 1 \\ 1 \end{pmatrix} \quad (c \neq 0)$$

(c) $P = \begin{pmatrix} -1 & -1 & 1 \\ 1 & 0 & 1 \\ 0 & 1 & 1 \end{pmatrix}$ とおくと, P^{-1} が存

在して,

$$P^{-1}AP = \begin{pmatrix} -1 & 0 & 0 \\ 0 & -1 & 0 \\ 0 & 0 & 2 \end{pmatrix}$$

(2) $k_1\boldsymbol{x}_1 + k_2\boldsymbol{x}_2 + k_3\boldsymbol{x}_3 = \boldsymbol{0}$ ……① とする。

両辺に左側から A をかけると,

$k_1A\boldsymbol{x}_1 + k_2A\boldsymbol{x}_2 + k_3A\boldsymbol{x}_3 = \boldsymbol{0}$

$\therefore$ $2k_1\boldsymbol{x}_1 + 2k_2\boldsymbol{x}_2 + 3k_3\boldsymbol{x}_3 = \boldsymbol{0}$ ……②

②$-$①$\times 2$ より, $k_3\boldsymbol{x}_3 = \boldsymbol{0}$

$\boldsymbol{x}_3 \neq \boldsymbol{0}$ であるから, $k_3 = 0$

よって, ①は, $k_1\boldsymbol{x}_1 + k_2\boldsymbol{x}_2 = \boldsymbol{0}$

$\boldsymbol{x}_1$ と $\boldsymbol{x}_2$ は 1 次独立であることから,

$k_1 = k_2 = 0$ 以上より, $k_1 = k_2 = k_3 = 0$

したがって, $\boldsymbol{x}_1,\ \boldsymbol{x}_2,\ \boldsymbol{x}_3$ は 1 次独立である。

3 (1) $|A - tE|$

$$= \begin{vmatrix} 1-t & a-1 & 0 \\ -a+1 & 2a-1-t & 0 \\ -a+1 & 2a & -1-t \end{vmatrix}$$

$$= -(t+1)(t-a)^2$$

$\therefore$ 固有値は, a (重解) と -1

(2) $a \neq \pm 1$ より, 固有値は, a と -1 の 2 つ

(i)　固有値 a (2 重解) に属する固有空間 $W(a)$

$$A - aE = \begin{pmatrix} 1-a & a-1 & 0 \\ -a+1 & a-1 & 0 \\ -a+1 & 2a & -1-a \end{pmatrix}$$

$$\to \begin{pmatrix} 1 & -1 & 0 \\ 1 & -1 & 0 \\ -a+1 & 2a & -1-a \end{pmatrix} \quad (\because \underline{\underline{a \neq 1}})$$

$$\rightarrow \begin{pmatrix} 1 & -1 & 0 \\ 0 & 0 & 0 \\ 0 & a+1 & -1-a \end{pmatrix}$$

$$\rightarrow \begin{pmatrix} 1 & -1 & 0 \\ 0 & 0 & 0 \\ 0 & 1 & -1 \end{pmatrix} \quad (\because \ \underwave{a \neq -1})$$

$$\rightarrow \begin{pmatrix} 1 & 0 & -1 \\ 0 & 1 & -1 \\ 0 & 0 & 0 \end{pmatrix} \quad \therefore \ \begin{cases} x-z=0 \\ y-z=0 \end{cases}$$

$$\therefore \ \begin{pmatrix} x \\ y \\ z \end{pmatrix} = \alpha \begin{pmatrix} 1 \\ 1 \\ 1 \end{pmatrix}$$

よって，$W(a)$ の基底は，$\left\{ \begin{pmatrix} 1 \\ 1 \\ 1 \end{pmatrix} \right\}$

(ii) 固有値 -1 に属する固有空間 $W(-1)$

$$A-(-1)E = \begin{pmatrix} 2 & a-1 & 0 \\ -a+1 & 2a & 0 \\ -a+1 & 2a & 0 \end{pmatrix}$$

$$\rightarrow \begin{pmatrix} 2 & a-1 & 0 \\ -a+1 & 2a & 0 \\ 0 & 0 & 0 \end{pmatrix} \rightarrow \begin{pmatrix} 2 & a-1 & 0 \\ 0 & \dfrac{(a+1)^2}{2} & 0 \\ 0 & 0 & 0 \end{pmatrix}$$

$$\rightarrow \begin{pmatrix} 2 & a-1 & 0 \\ 0 & 1 & 0 \\ 0 & 0 & 0 \end{pmatrix} \quad (\because \ \underwave{a \neq -1})$$

$$\rightarrow \begin{pmatrix} 2 & 0 & 0 \\ 0 & 1 & 0 \\ 0 & 0 & 0 \end{pmatrix} \rightarrow \begin{pmatrix} 1 & 0 & 0 \\ 0 & 1 & 0 \\ 0 & 0 & 0 \end{pmatrix} \quad \therefore \ \begin{cases} x=0 \\ y=0 \end{cases}$$

$$\therefore \ \begin{pmatrix} x \\ y \\ z \end{pmatrix} = \beta \begin{pmatrix} 0 \\ 0 \\ 1 \end{pmatrix}$$

よって，$W(-1)$ の基底は，$\left\{ \begin{pmatrix} 0 \\ 0 \\ 1 \end{pmatrix} \right\}$

(3) (2)より，$a \neq \pm 1$ のときは 1 次独立な固有ベクトルが 2 つしかとれないので，対角化不可能。

次に，$a = \pm 1$ の場合を調べる。

（ア） $a=1$ のとき

このとき，固有値は，1（2 重解）と -1

(i) 固有値 1（2 重解）に属する固有ベクトル

$$A-1 \cdot E = \begin{pmatrix} 0 & 0 & 0 \\ 0 & 0 & 0 \\ 0 & 2 & -2 \end{pmatrix} \rightarrow \begin{pmatrix} 0 & 1 & -1 \\ 0 & 0 & 0 \\ 0 & 0 & 0 \end{pmatrix}$$

$$\therefore \ y-z=0$$

$$\therefore \ \begin{pmatrix} x \\ y \\ z \end{pmatrix} = \begin{pmatrix} \alpha \\ \beta \\ \beta \end{pmatrix} = \alpha \begin{pmatrix} 1 \\ 0 \\ 0 \end{pmatrix} + \beta \begin{pmatrix} 0 \\ 1 \\ 1 \end{pmatrix}$$

$$((\alpha, \ \beta) \neq (0, \ 0))$$

(ii) 固有値 -1 に属する固有ベクトル

$$A-(-1)E = \begin{pmatrix} 2 & 0 & 0 \\ 0 & 2 & 0 \\ 0 & 2 & 0 \end{pmatrix} \rightarrow \begin{pmatrix} 1 & 0 & 0 \\ 0 & 1 & 0 \\ 0 & 0 & 0 \end{pmatrix}$$

$$\therefore \ \begin{cases} x=0 \\ y=0 \end{cases}$$

$$\therefore \ \begin{pmatrix} x \\ y \\ z \end{pmatrix} = \begin{pmatrix} 0 \\ 0 \\ \gamma \end{pmatrix} = \gamma \begin{pmatrix} 0 \\ 0 \\ 1 \end{pmatrix} \quad (\gamma \neq 0)$$

以上より，$a=1$ のときは 1 次独立な固有ベクトルとして，

$$\begin{pmatrix} 1 \\ 0 \\ 0 \end{pmatrix}, \ \begin{pmatrix} 0 \\ 1 \\ 1 \end{pmatrix}, \ \begin{pmatrix} 0 \\ 0 \\ 1 \end{pmatrix}$$

の 3 つがとれるので，対角化可能。

（イ） $a=-1$ のとき

このとき，固有値は，-1（3 重解）

固有値 -1（3 重解）に属する固有ベクトル

$$A-(-1)E = \begin{pmatrix} 2 & -2 & 0 \\ 2 & -2 & 0 \\ 2 & -2 & 0 \end{pmatrix} \rightarrow \begin{pmatrix} 1 & -1 & 0 \\ 0 & 0 & 0 \\ 0 & 0 & 0 \end{pmatrix}$$

$$\therefore \ x-y=0$$

$$\therefore \ \begin{pmatrix} x \\ y \\ z \end{pmatrix} = \begin{pmatrix} \alpha \\ \alpha \\ \beta \end{pmatrix} = \alpha \begin{pmatrix} 1 \\ 1 \\ 0 \end{pmatrix} + \beta \begin{pmatrix} 0 \\ 0 \\ 1 \end{pmatrix}$$

$$((\alpha, \ \beta) \neq (0, \ 0))$$

1 次独立な固有ベクトルが 2 つしかとれないので，対角化不可能。

以上より，A が対角化可能であるための条件は，

$$a=1$$

4 (1)

$$f_A(x) = |xE-A| = \begin{vmatrix} x+1 & -1 & 3 \\ -9 & x+2 & -9 \\ -5 & 2 & x-7 \end{vmatrix}$$

$$= (x-1)^2(x-2)$$

$$\therefore \ 固有値は，1（重解）と 2$$

(2) 商を $g(x)$，余りを ax^2+bx+c とおくと，

$$(x-1)^{n+2} = f_A(x)g(x) + ax^2 + bx + c$$

すなわち，

$$(x-1)^{n+2} = (x-1)^2(x-2)g(x) + ax^2 + bx + c$$
$$\cdots\cdots(*)$$

$x=1$ を代入すると，$a+b+c=0$ $\cdots\cdots$①

$x=2$ を代入すると，$4a+2b+c=1$ $\cdots\cdots$②

$(*)$ の両辺を微分すると，

$$(n+2)(x-1)^{n+1}$$
$$= \{(x-1)^2(x-2)\}'g(x)$$
$$\quad + (x-1)^2(x-2)g'(x) + 2ax + b$$
$$= \{2(x-1)(x-2) + (x-1)^2\}g(x)$$
$$\quad + (x-1)^2(x-2)g'(x) + 2ax + b$$

この式に $x=1$ を代入すると，$2a+b=0$
$$\cdots\cdots$$③

①，②，③より，$a=1$，$b=-2$，$c=1$

よって，$(x-1)^{n+2}$ を $f_A(x)$ で割った余りは，

$$x^2 - 2x + 1 = (x-1)^2$$

このとき，

$$(x-1)^{n+2} = f_A(x) \cdot g(x) + (x-1)^2$$

$\therefore$ $(A-E)^{n+2} = f_A(A) \cdot g(A) + (A-E)^2$

ケーリー・ハミルトンの定理より，$f_A(A)=O$

$\therefore$ $(A-E)^{n+2} = (A-E)^2$

$$= \begin{pmatrix} -2 & 1 & -3 \\ 9 & -3 & 9 \\ 5 & -2 & 6 \end{pmatrix} \begin{pmatrix} -2 & 1 & -3 \\ 9 & -3 & 9 \\ 5 & -2 & 6 \end{pmatrix}$$

$$= \begin{pmatrix} -2 & 1 & -3 \\ 0 & 0 & 0 \\ 2 & -1 & 3 \end{pmatrix}$$

5 A の任意の固有値を λ，λ に対する固有ベクトルを $\boldsymbol{x}={}^t(x_1 \quad x_2 \quad \cdots \quad x_n)$ とする。

$A\boldsymbol{x}=\lambda\boldsymbol{x}$ より，

$$\begin{cases} a_{11}x_1 + a_{12}x_2 + \cdots + a_{1n}x_n = \lambda x_1 \\ a_{21}x_1 + a_{22}x_2 + \cdots + a_{2n}x_n = \lambda x_2 \\ \quad\cdots\cdots\cdots\cdots\cdots\cdots\cdots \\ a_{n1}x_1 + a_{n2}x_2 + \cdots + a_{nn}x_n = \lambda x_n \end{cases} \cdots\cdots(*)$$

$|x_1|$，$|x_2|$，$\cdots$，$|x_n|$ の最大のものを $|x_k|$ とする。

$(*)$ の第 k 行に着目すると，

$$a_{k1}x_1 + a_{k2}x_2 + \cdots + a_{kn}x_n = \lambda x_k$$

$\therefore$ $\lambda x_k = a_{k1}x_1 + a_{k2}x_2 + \cdots + a_{kn}x_n$

$\therefore$ $|\lambda x_k| = |a_{k1}x_1 + a_{k2}x_2 + \cdots + a_{kn}x_n|$
$$\leqq |a_{k1}x_1| + |a_{k2}x_2| + \cdots + |a_{kn}x_n|$$
$$= |a_{k1}||x_1| + |a_{k2}||x_2| + \cdots + |a_{kn}||x_n|$$
$$= a_{k1}|x_1| + a_{k2}|x_2| + \cdots + a_{kn}|x_n| \quad (\because \text{ (a)})$$
$$\leqq a_{k1}|x_k| + a_{k2}|x_k| + \cdots + a_{kn}|x_k|$$
$$= (a_{k1} + a_{k2} + \cdots + a_{kn})|x_k| = |x_k| \quad (\because \text{ (b)})$$

$\therefore$ $|\lambda||x_k| \leqq |x_k|$

$|x_k|>0$ であることに注意すると，

$|\lambda| \leqq 1$

6 (1) $|A-tE| = \begin{vmatrix} 1-p-t & q \\ p & 1-q-t \end{vmatrix}$

$$= t^2 - (2-p-q)t + 1 - p - q$$
$$= (t-1)\{t - (1-p-q)\}$$

よって，$\lambda=1$，$1-p-q$

（ⅰ）$\lambda=1$ に対する固有ベクトル

$$A - 1\cdot E = \begin{pmatrix} -p & q \\ p & -q \end{pmatrix}$$

$\therefore$ $\boldsymbol{x} = s\begin{pmatrix} q \\ p \end{pmatrix}$ $(s \neq 0)$

（ⅱ）$\lambda=1-p-q$ に対する固有ベクトル

$$A - (1-p-q)E = \begin{pmatrix} q & q \\ p & p \end{pmatrix}$$

$\therefore$ $\boldsymbol{x} = t\begin{pmatrix} -1 \\ 1 \end{pmatrix}$ $(t \neq 0)$

(2) 与式より，

$$\begin{pmatrix} a_{n+1} \\ b_{n+1} \end{pmatrix} = \begin{pmatrix} 1-p & q \\ p & 1-q \end{pmatrix} \begin{pmatrix} a_n \\ b_n \end{pmatrix} = A\begin{pmatrix} a_n \\ b_n \end{pmatrix}$$

$\therefore$ $\begin{pmatrix} a_n \\ b_n \end{pmatrix} = A^n \begin{pmatrix} a_0 \\ b_0 \end{pmatrix}$ A^n を求めればよい。

(1)より，$P = \begin{pmatrix} q & -1 \\ p & 1 \end{pmatrix}$ とおくと，

$$P^{-1} = \frac{1}{p+q}\begin{pmatrix} 1 & 1 \\ -p & q \end{pmatrix},$$

$$P^{-1}AP = \begin{pmatrix} 1 & 0 \\ 0 & 1-p-q \end{pmatrix}$$

$\alpha = 1-p-q$ とおくと，$P^{-1}AP = \begin{pmatrix} 1 & 0 \\ 0 & \alpha \end{pmatrix}$

$\therefore$ $(P^{-1}AP)^n = \begin{pmatrix} 1 & 0 \\ 0 & \alpha \end{pmatrix}^n$

$\therefore$ $P^{-1}A^nP = \begin{pmatrix} 1 & 0 \\ 0 & \alpha^n \end{pmatrix}$

よって，$A^n = P\begin{pmatrix} 1 & 0 \\ 0 & \alpha^n \end{pmatrix}P^{-1}$

$$= \begin{pmatrix} q & -1 \\ p & 1 \end{pmatrix}\begin{pmatrix} 1 & 0 \\ 0 & \alpha^n \end{pmatrix}\frac{1}{p+q}\begin{pmatrix} 1 & 1 \\ -p & q \end{pmatrix}$$
$$= \frac{1}{p+q}\begin{pmatrix} q+p\alpha^n & q-q\alpha^n \\ p-p\alpha^n & p+q\alpha^n \end{pmatrix}$$

$\therefore$ $\begin{pmatrix} a_n \\ b_n \end{pmatrix} = \frac{1}{p+q}\begin{pmatrix} q+p\alpha^n & q-q\alpha^n \\ p-p\alpha^n & p+q\alpha^n \end{pmatrix}\begin{pmatrix} a_0 \\ b_0 \end{pmatrix}$

すなわち，

$$a_n = \frac{1}{p+q}\{(q+p\alpha^n)a_0 + (q-q\alpha^n)b_0\}$$

$$b_n = \frac{1}{p+q}\{(p-p\alpha^n)a_0+(p+q\alpha^n)b_0\}$$

$0<p<1, \ 0<q<1$ より，

$$-1<\alpha<1 \qquad \therefore \ \lim_{n\to\infty}\alpha^n=0$$

よって，

$$\lim_{n\to\infty}a_n = \frac{1}{p+q}(qa_0+qb_0)$$

$$= \frac{q}{p+q}(a_0+b_0)$$

$$\lim_{n\to\infty}b_n = \frac{1}{p+q}(pa_0+pb_0)$$

$$= \frac{p}{p+q}(a_0+b_0)$$

第13章　内　積

類題13-1

$$\boldsymbol{b}_1 = \frac{\boldsymbol{a}_1}{|\boldsymbol{a}_1|} = \frac{1}{\sqrt{2}}\begin{pmatrix}1\\1\\0\end{pmatrix}$$

$$\boldsymbol{b}_2 = \frac{\boldsymbol{a}_2-(\boldsymbol{a}_2, \ \boldsymbol{b}_1)\boldsymbol{b}_1}{|\boldsymbol{a}_2-(\boldsymbol{a}_2, \ \boldsymbol{b}_1)\boldsymbol{b}_1|}$$

ここで，

$$\boldsymbol{a}_2-(\boldsymbol{a}_2, \ \boldsymbol{b}_1)\boldsymbol{b}_1 = \begin{pmatrix}1\\0\\1\end{pmatrix} - \frac{1}{\sqrt{2}}\cdot\frac{1}{\sqrt{2}}\begin{pmatrix}1\\1\\0\end{pmatrix}$$

$$= \begin{pmatrix}\frac{1}{2}\\-\frac{1}{2}\\1\end{pmatrix}$$

$$|\boldsymbol{a}_2-(\boldsymbol{a}_2, \ \boldsymbol{b}_1)\boldsymbol{b}_1| = \frac{\sqrt{6}}{2} \text{ より，}$$

$$\boldsymbol{b}_2 = \frac{2}{\sqrt{6}}\begin{pmatrix}\frac{1}{2}\\-\frac{1}{2}\\1\end{pmatrix} = \frac{1}{\sqrt{6}}\begin{pmatrix}1\\-1\\2\end{pmatrix}$$

$$\boldsymbol{b}_3 = \frac{\boldsymbol{a}_3-(\boldsymbol{a}_3, \ \boldsymbol{b}_1)\boldsymbol{b}_1-(\boldsymbol{a}_3, \ \boldsymbol{b}_2)\boldsymbol{b}_2}{|\boldsymbol{a}_3-(\boldsymbol{a}_3, \ \boldsymbol{b}_1)\boldsymbol{b}_1-(\boldsymbol{a}_3, \ \boldsymbol{b}_2)\boldsymbol{b}_2|}$$

ここで，

$$\boldsymbol{a}_3-(\boldsymbol{a}_3, \ \boldsymbol{b}_1)\boldsymbol{b}_1-(\boldsymbol{a}_3, \ \boldsymbol{b}_2)\boldsymbol{b}_2$$

$$= \begin{pmatrix}0\\1\\1\end{pmatrix} - \frac{1}{\sqrt{2}}\cdot\frac{1}{\sqrt{2}}\begin{pmatrix}1\\1\\0\end{pmatrix} - \frac{1}{\sqrt{6}}\cdot\frac{1}{\sqrt{6}}\begin{pmatrix}1\\-1\\2\end{pmatrix}$$

$$= \begin{pmatrix}-\frac{2}{3}\\\frac{2}{3}\\\frac{2}{3}\end{pmatrix}$$

$$|\boldsymbol{a}_3-(\boldsymbol{a}_3, \ \boldsymbol{b}_1)\boldsymbol{b}_1-(\boldsymbol{a}_3, \ \boldsymbol{b}_2)\boldsymbol{b}_2| = \frac{2}{\sqrt{3}} \text{ より，}$$

$$\boldsymbol{b}_3 = \frac{\sqrt{3}}{2}\begin{pmatrix}-\frac{2}{3}\\\frac{2}{3}\\\frac{2}{3}\end{pmatrix} = \frac{\sqrt{3}}{3}\begin{pmatrix}-1\\1\\1\end{pmatrix}$$

$$= \frac{1}{\sqrt{3}}\begin{pmatrix}-1\\1\\1\end{pmatrix}$$

以上より，正規直交基底 $\{\boldsymbol{b}_1, \ \boldsymbol{b}_2, \ \boldsymbol{b}_3\}$ ができた。

$$\boldsymbol{b}_1 = \frac{1}{\sqrt{2}}\begin{pmatrix}1\\1\\0\end{pmatrix}, \quad \boldsymbol{b}_2 = \frac{1}{\sqrt{6}}\begin{pmatrix}1\\-1\\2\end{pmatrix},$$

$$\boldsymbol{b}_3 = \frac{1}{\sqrt{3}}\begin{pmatrix}-1\\1\\1\end{pmatrix}$$

（参考） グラム・シュミットの直交化について：

$\boldsymbol{a}_2+k\boldsymbol{b}_1$ が $\boldsymbol{b}_1$ と直交するとすれば，

$$(\boldsymbol{a}_2+k\boldsymbol{b}_1, \ \boldsymbol{b}_1)=0$$

$$\therefore \ (\boldsymbol{a}_2, \ \boldsymbol{b}_1)+k(\boldsymbol{b}_1, \ \boldsymbol{b}_1)=0$$

$$(\boldsymbol{a}_2, \ \boldsymbol{b}_1)+k|\boldsymbol{b}_1|^2=0 \quad (\boldsymbol{a}_2, \ \boldsymbol{b}_1)+k=0$$

$$\therefore \ k=-(\boldsymbol{a}_2, \ \boldsymbol{b}_1)$$

すなわち，$\boldsymbol{a}_2-(\boldsymbol{a}_2, \ \boldsymbol{b}_1)\boldsymbol{b}_1$ が $\boldsymbol{b}_1$ と直交する。同様にして，$\boldsymbol{a}_3-(\boldsymbol{a}_3, \ \boldsymbol{b}_1)\boldsymbol{b}_1-(\boldsymbol{a}_3, \ \boldsymbol{b}_2)\boldsymbol{b}_2$ の式も自分ですぐに確認できる。

類題13-2

$\boldsymbol{a}_1=1+x, \ \boldsymbol{a}_2=x+x^2, \ \boldsymbol{a}_3=1$ とおく。

$$|\boldsymbol{a}_1|^2 = |1+x|^2 = (1+x, \ 1+x)$$

$$= \int_{-1}^1 (1+x)^2dx = 2\int_0^1 (1+x^2)dx = \frac{8}{3}$$

$$\therefore \ |\boldsymbol{a}_1| = \frac{2\sqrt{2}}{\sqrt{3}}$$

$$\therefore \ \boldsymbol{b}_1 = \frac{\boldsymbol{a}_1}{|\boldsymbol{a}_1|} = \frac{\sqrt{3}}{2\sqrt{2}}(1+x) = \frac{\sqrt{6}}{4}(x+1)$$

$$\boldsymbol{a}_2-(\boldsymbol{a}_2, \ \boldsymbol{b}_1)\boldsymbol{b}_1$$

$$=x+x^2-\int_{-1}^{1}(x+x^2)\cdot\frac{\sqrt{6}}{4}(x+1)\,dx$$

$$\cdot\frac{\sqrt{6}}{4}(x+1)$$

$$=x+x^2-\frac{\sqrt{6}}{2}\int_{0}^{1}2x^2dx\cdot\frac{\sqrt{6}}{4}(x+1)$$

$$=x+x^2-\frac{\sqrt{6}}{3}\cdot\frac{\sqrt{6}}{4}(1+x)$$

$$=x^2+\frac{1}{2}x-\frac{1}{2}$$

$$\therefore\ |\boldsymbol{a}_2-(\boldsymbol{a}_2,\ \boldsymbol{b}_1)\boldsymbol{b}_1|^2$$

$$=\int_{-1}^{1}\left(x^2+\frac{1}{2}x-\frac{1}{2}\right)^2dx$$

$$=2\int_{0}^{1}\left(x^4+\frac{x^2}{4}+\frac{1}{4}-x^2\right)dx=\frac{2}{5}$$

$$\therefore\ |\boldsymbol{a}_2-(\boldsymbol{a}_2,\ \boldsymbol{b}_1)\boldsymbol{b}_1|=\sqrt{\frac{2}{5}}$$

よって，$\boldsymbol{b}_2=\dfrac{\boldsymbol{a}_2-(\boldsymbol{a}_2,\ \boldsymbol{b}_1)\boldsymbol{b}_1}{|\boldsymbol{a}_2-(\boldsymbol{a}_2,\ \boldsymbol{b}_1)\boldsymbol{b}_1|}$

$$=\sqrt{\frac{5}{2}}\left(x^2+\frac{1}{2}x-\frac{1}{2}\right)=\frac{\sqrt{10}}{4}(2x^2+x-1)$$

$$\boldsymbol{a}_3-(\boldsymbol{a}_3,\ \boldsymbol{b}_1)\boldsymbol{b}_1-(\boldsymbol{a}_3,\ \boldsymbol{b}_2)\boldsymbol{b}_2$$

$$=1-\int_{-1}^{1}\frac{\sqrt{6}}{4}(x+1)\,dx\cdot\frac{\sqrt{6}}{4}(x+1)$$

$$-\int_{-1}^{1}\frac{\sqrt{10}}{4}(2x^2+x-1)\,dx\cdot\frac{\sqrt{10}}{4}(2x^2+x-1)$$

$$=1-\frac{\sqrt{6}}{2}\cdot\frac{\sqrt{6}}{4}(x+1)$$

$$-\frac{\sqrt{10}}{2}\int_{0}^{1}(2x^2-1)\,dx\cdot\frac{\sqrt{10}}{4}(2x^2+x-1)$$

$$=1-\frac{\sqrt{6}}{2}\cdot\frac{\sqrt{6}}{4}(1+x)$$

$$+\frac{\sqrt{10}}{6}\cdot\frac{\sqrt{10}}{4}(2x^2+x-1)$$

$$=\frac{5}{6}x^2-\frac{1}{3}x-\frac{1}{6}=\frac{1}{6}(5x^2-2x-1)$$

$$\therefore\ |\boldsymbol{a}_3-(\boldsymbol{a}_3,\ \boldsymbol{b}_1)\boldsymbol{b}_1-(\boldsymbol{a}_3,\ \boldsymbol{b}_2)\boldsymbol{b}_2|^2$$

$$=\int_{-1}^{1}\frac{1}{36}(5x^2-2x-1)^2dx$$

$$=\frac{1}{18}\int_{0}^{1}(25x^4+4x^2+1-10x^2)\,dx=\frac{2}{9}$$

$$\therefore\ |\boldsymbol{a}_3-(\boldsymbol{a}_3,\ \boldsymbol{b}_1)\boldsymbol{b}_1-(\boldsymbol{a}_3,\ \boldsymbol{b}_2)\boldsymbol{b}_2|=\frac{\sqrt{2}}{3}$$

よって，

$$\boldsymbol{b}_3=\frac{\boldsymbol{a}_3-(\boldsymbol{a}_3,\ \boldsymbol{b}_1)\boldsymbol{b}_1-(\boldsymbol{a}_3,\ \boldsymbol{b}_2)\boldsymbol{b}_2}{|\boldsymbol{a}_3-(\boldsymbol{a}_3,\ \boldsymbol{b}_1)\boldsymbol{b}_1-(\boldsymbol{a}_3,\ \boldsymbol{b}_2)\boldsymbol{b}_2|}$$

$$=\frac{3}{\sqrt{2}}\cdot\frac{1}{6}(5x^2-2x-1)$$

$$=\frac{\sqrt{2}}{4}(5x^2-2x-1)$$

以上より，求める正規直交基底は，

$$\boldsymbol{b}_1=\frac{\sqrt{6}}{4}(x+1),\quad \boldsymbol{b}_2=\frac{\sqrt{10}}{4}(2x^2+x-1),$$

$$\boldsymbol{b}_3=\frac{\sqrt{2}}{4}(5x^2-2x-1)$$

類題13－3

(1)　固有値を求めると，3，-4，0
対応する固有ベクトルとして次のものがとれる。

$$\boldsymbol{a}_1=\begin{pmatrix}1\\1\\1\end{pmatrix},\quad \boldsymbol{a}_2=\begin{pmatrix}0\\-1\\1\end{pmatrix},\quad \boldsymbol{a}_3=\begin{pmatrix}-2\\1\\1\end{pmatrix}$$

これを正規直交化するが，すべて異なる固有値に対する固有ベクトルであるから，正規化（大きさを1にすること）するだけでよい。

$$\boldsymbol{b}_1=\frac{\boldsymbol{a}_1}{|\boldsymbol{a}_1|}=\frac{1}{\sqrt{3}}\begin{pmatrix}1\\1\\1\end{pmatrix}=\begin{pmatrix}\dfrac{1}{\sqrt{3}}\\[4pt]\dfrac{1}{\sqrt{3}}\\[4pt]\dfrac{1}{\sqrt{3}}\end{pmatrix}$$

$$\boldsymbol{b}_2=\frac{\boldsymbol{a}_2}{|\boldsymbol{a}_2|}=\frac{1}{\sqrt{2}}\begin{pmatrix}0\\-1\\1\end{pmatrix}=\begin{pmatrix}0\\[4pt]-\dfrac{1}{\sqrt{2}}\\[4pt]\dfrac{1}{\sqrt{2}}\end{pmatrix}$$

$$\boldsymbol{b}_3=\frac{\boldsymbol{a}_3}{|\boldsymbol{a}_3|}=\frac{1}{\sqrt{6}}\begin{pmatrix}-2\\1\\1\end{pmatrix}=\begin{pmatrix}-\dfrac{2}{\sqrt{6}}\\[4pt]\dfrac{1}{\sqrt{6}}\\[4pt]\dfrac{1}{\sqrt{6}}\end{pmatrix}$$

そこで，

$$P=(\boldsymbol{b}_1\quad \boldsymbol{b}_2\quad \boldsymbol{b}_3)=\begin{pmatrix}\dfrac{1}{\sqrt{3}}&0&-\dfrac{2}{\sqrt{6}}\\[8pt]\dfrac{1}{\sqrt{3}}&-\dfrac{1}{\sqrt{2}}&\dfrac{1}{\sqrt{6}}\\[8pt]\dfrac{1}{\sqrt{3}}&\dfrac{1}{\sqrt{2}}&\dfrac{1}{\sqrt{6}}\end{pmatrix}$$

とおくと，P は直交行列で，

$$P^{-1}AP={}^tPAP=\begin{pmatrix} 3 & 0 & 0 \\ 0 & -4 & 0 \\ 0 & 0 & 0 \end{pmatrix}$$

(2) 固有値を求めると，1（重解）と 7
固有値 1, 1, 7 に対する固有ベクトルとして，次のものがとれる。

$$\boldsymbol{a}_1=\begin{pmatrix} -2 \\ 1 \\ 0 \end{pmatrix}, \ \boldsymbol{a}_2=\begin{pmatrix} 1 \\ 0 \\ 1 \end{pmatrix}, \ \boldsymbol{a}_3=\begin{pmatrix} -1 \\ -2 \\ 1 \end{pmatrix}$$

直交化については $\boldsymbol{a}_1$, $\boldsymbol{a}_2$ の 2 つだけ行えばよい。

$$\boldsymbol{b}_1=\frac{\boldsymbol{a}_1}{|\boldsymbol{a}_1|}=\frac{1}{\sqrt 5}\begin{pmatrix} -2 \\ 1 \\ 0 \end{pmatrix}=\begin{pmatrix} -\dfrac{2}{\sqrt 5} \\ \dfrac{1}{\sqrt 5} \\ 0 \end{pmatrix}$$

$$\boldsymbol{a}_2-(\boldsymbol{a}_2, \ \boldsymbol{b}_1)\boldsymbol{b}_1=\begin{pmatrix} 1 \\ 0 \\ 1 \end{pmatrix}+\frac{2}{\sqrt 5}\cdot\frac{1}{\sqrt 5}\begin{pmatrix} -2 \\ 1 \\ 0 \end{pmatrix}$$

$$=\begin{pmatrix} \dfrac{1}{5} \\ \dfrac{2}{5} \\ 1 \end{pmatrix}$$

$|\boldsymbol{a}_2-(\boldsymbol{a}_2, \ \boldsymbol{b}_1)\boldsymbol{b}_1|=\dfrac{\sqrt{30}}{5}$ より，

$$\boldsymbol{b}_2=\frac{\boldsymbol{a}_2-(\boldsymbol{a}_2, \ \boldsymbol{b}_1)\boldsymbol{b}_1}{|\boldsymbol{a}_2-(\boldsymbol{a}_2, \ \boldsymbol{b}_1)\boldsymbol{b}_1|}$$

$$=\frac{5}{\sqrt{30}}\begin{pmatrix} \dfrac{1}{5} \\ \dfrac{2}{5} \\ 1 \end{pmatrix}=\begin{pmatrix} \dfrac{1}{\sqrt{30}} \\ \dfrac{2}{\sqrt{30}} \\ \dfrac{5}{\sqrt{30}} \end{pmatrix}$$

$$\boldsymbol{b}_3=\frac{\boldsymbol{a}_3}{|\boldsymbol{a}_3|}=\frac{1}{\sqrt 6}\begin{pmatrix} -1 \\ -2 \\ 1 \end{pmatrix}=\begin{pmatrix} -\dfrac{1}{\sqrt 6} \\ -\dfrac{2}{\sqrt 6} \\ \dfrac{1}{\sqrt 6} \end{pmatrix}$$

そこで，

$$P=(\boldsymbol{b}_1 \ \ \boldsymbol{b}_2 \ \ \boldsymbol{b}_3)=\begin{pmatrix} -\dfrac{2}{\sqrt 5} & \dfrac{1}{\sqrt{30}} & -\dfrac{1}{\sqrt 6} \\ \dfrac{1}{\sqrt 5} & \dfrac{2}{\sqrt{30}} & -\dfrac{2}{\sqrt 6} \\ 0 & \dfrac{5}{\sqrt{30}} & \dfrac{1}{\sqrt 6} \end{pmatrix}$$

とおくと，P は直交行列で，

$$P^{-1}AP={}^tPAP=\begin{pmatrix} 1 & 0 & 0 \\ 0 & 1 & 0 \\ 0 & 0 & 7 \end{pmatrix}$$

類題13-4

$$Q(x, \ y, \ z)$$
$$=(x \ \ y \ \ z)\begin{pmatrix} 5 & 1 & 1 \\ 1 & 1 & 3 \\ 1 & 3 & 1 \end{pmatrix}\begin{pmatrix} x \\ y \\ z \end{pmatrix} \ \text{より，}$$

2 次形式の行列は，$A=\begin{pmatrix} 5 & 1 & 1 \\ 1 & 1 & 3 \\ 1 & 3 & 1 \end{pmatrix}$

固有値を求めると，$-2, 3, 6$
固有値 $-2, 3, 6$ に対する固有ベクトルとして，次のものがとれる。

$$\boldsymbol{a}_1=\begin{pmatrix} 0 \\ -1 \\ 1 \end{pmatrix}, \ \boldsymbol{a}_2=\begin{pmatrix} -1 \\ 1 \\ 1 \end{pmatrix}, \ \boldsymbol{a}_3=\begin{pmatrix} 2 \\ 1 \\ 1 \end{pmatrix}$$

固有値がすべて異なるので正規化だけ行えばよい。

$$\boldsymbol{b}_1=\frac{\boldsymbol{a}_1}{|\boldsymbol{a}_1|}=\frac{1}{\sqrt 2}\begin{pmatrix} 0 \\ -1 \\ 1 \end{pmatrix}=\begin{pmatrix} 0 \\ -\dfrac{1}{\sqrt 2} \\ \dfrac{1}{\sqrt 2} \end{pmatrix}$$

$$\boldsymbol{b}_2=\frac{\boldsymbol{a}_2}{|\boldsymbol{a}_2|}=\frac{1}{\sqrt 3}\begin{pmatrix} -1 \\ 1 \\ 1 \end{pmatrix}=\begin{pmatrix} -\dfrac{1}{\sqrt 3} \\ \dfrac{1}{\sqrt 3} \\ \dfrac{1}{\sqrt 3} \end{pmatrix}$$

$$\boldsymbol{b}_3=\frac{\boldsymbol{a}_3}{|\boldsymbol{a}_3|}=\frac{1}{\sqrt 6}\begin{pmatrix} 2 \\ 1 \\ 1 \end{pmatrix}=\begin{pmatrix} \dfrac{2}{\sqrt 6} \\ \dfrac{1}{\sqrt 6} \\ \dfrac{1}{\sqrt 6} \end{pmatrix}$$

そこで，

$$P=(\boldsymbol{b}_1 \quad \boldsymbol{b}_2 \quad \boldsymbol{b}_3)=\begin{pmatrix} 0 & -\dfrac{1}{\sqrt{3}} & \dfrac{2}{\sqrt{6}} \\ -\dfrac{1}{\sqrt{2}} & \dfrac{1}{\sqrt{3}} & \dfrac{1}{\sqrt{6}} \\ \dfrac{1}{\sqrt{2}} & \dfrac{1}{\sqrt{3}} & \dfrac{1}{\sqrt{6}} \end{pmatrix}$$

とおくと，P は直交行列で，

$${}^{t}PAP=\begin{pmatrix} -2 & 0 & 0 \\ 0 & 3 & 0 \\ 0 & 0 & 6 \end{pmatrix}$$

ここで，$\begin{pmatrix} x \\ y \\ z \end{pmatrix}=P\begin{pmatrix} X \\ Y \\ Z \end{pmatrix}$ とおくと，

$$\begin{pmatrix} {}^t x \\ y \\ z \end{pmatrix}=\begin{pmatrix} {}^t X \\ Y \\ Z \end{pmatrix}{}^{t}P$$

$$\therefore \quad (x \quad y \quad z)=(X \quad Y \quad Z){}^{t}P$$

よって，

$$Q(x, y, z)=(x \quad y \quad z)A\begin{pmatrix} x \\ y \\ z \end{pmatrix}$$

$$=(X \quad Y \quad Z){}^{t}PAP\begin{pmatrix} X \\ Y \\ Z \end{pmatrix}$$

$$=(X \quad Y \quad Z)\begin{pmatrix} -2 & 0 & 0 \\ 0 & 3 & 0 \\ 0 & 0 & 6 \end{pmatrix}\begin{pmatrix} X \\ Y \\ Z \end{pmatrix}$$

$$=-2X^2+3Y^2+6Z^2$$

類題13－5

$$Q(x, y)=x^2+2\sqrt{3}\,xy-y^2$$

$$=(x \quad y)\begin{pmatrix} 1 & \sqrt{3} \\ \sqrt{3} & -1 \end{pmatrix}\begin{pmatrix} x \\ y \end{pmatrix}$$

$A=\begin{pmatrix} 1 & \sqrt{3} \\ \sqrt{3} & -1 \end{pmatrix}$ とおくと，

$$Q(x, y)=(x \quad y)A\begin{pmatrix} x \\ y \end{pmatrix}$$

また，固有値を求めると，$2,\ -2$

固有値 $2,\ -2$ に対する固有ベクトルとして，

$\boldsymbol{a}_1=\begin{pmatrix} \sqrt{3} \\ 1 \end{pmatrix},\ \boldsymbol{a}_2=\begin{pmatrix} -1 \\ \sqrt{3} \end{pmatrix}$ がとれる。

$$\boldsymbol{b}_1=\dfrac{\boldsymbol{a}_1}{|\boldsymbol{a}_1|}=\begin{pmatrix} \dfrac{\sqrt{3}}{2} \\ \dfrac{1}{2} \end{pmatrix},\ \boldsymbol{b}_2=\dfrac{\boldsymbol{a}_2}{|\boldsymbol{a}_2|}\begin{pmatrix} -\dfrac{1}{2} \\ \dfrac{\sqrt{3}}{2} \end{pmatrix}$$

とし，$P=(\boldsymbol{b}_1 \quad \boldsymbol{b}_2)=\begin{pmatrix} \dfrac{\sqrt{3}}{2} & -\dfrac{1}{2} \\ \dfrac{1}{2} & \dfrac{\sqrt{3}}{2} \end{pmatrix}$ とおくと，

$$P=\begin{pmatrix} \cos 30° & -\sin 30° \\ \sin 30° & \cos 30° \end{pmatrix},\ {}^{t}PAP=\begin{pmatrix} 2 & 0 \\ 0 & -2 \end{pmatrix}$$

そこで，$\begin{pmatrix} x \\ y \end{pmatrix}=P\begin{pmatrix} X \\ Y \end{pmatrix}$ とおくと，

$(x \quad y)=(X \quad Y){}^{t}P$ より，

$$Q(x, y)=(x \quad y)A\begin{pmatrix} x \\ y \end{pmatrix}=(X \quad Y){}^{t}PAP\begin{pmatrix} X \\ Y \end{pmatrix}$$

$$=(X \quad Y)\begin{pmatrix} 2 & 0 \\ 0 & -2 \end{pmatrix}\begin{pmatrix} X \\ Y \end{pmatrix}=2X^2-2Y^2$$

よって，

与式は $2X^2-2Y^2=2$　　$\therefore$　$X^2-Y^2=1$

すなわち，与えられた曲線は，双曲線 x^2-y^2 $=1$ を原点の周りに $30°$ 回転した曲線である。

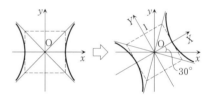

第13章　章末問題　解答

1　$A^{t}A$

$$=\begin{pmatrix} \dfrac{\sqrt{3}}{3} & \dfrac{\sqrt{3}}{3} & \dfrac{\sqrt{3}}{3} \\ \dfrac{\sqrt{2}}{2} & 0 & -\dfrac{\sqrt{2}}{2} \\ p & q & r \end{pmatrix}\begin{pmatrix} \dfrac{\sqrt{3}}{3} & \dfrac{\sqrt{2}}{2} & p \\ \dfrac{\sqrt{3}}{3} & 0 & q \\ \dfrac{\sqrt{3}}{3} & -\dfrac{\sqrt{2}}{2} & r \end{pmatrix}$$

$$=\begin{pmatrix} 1 & 0 & \dfrac{p+q+r}{\sqrt{3}} \\ 0 & 1 & \dfrac{p-r}{\sqrt{2}} \\ \dfrac{p+q+r}{\sqrt{3}} & \dfrac{p-r}{\sqrt{2}} & p^2+q^2+r^2 \end{pmatrix}$$

よって，$A^{t}A=E$ とすると，

$$p+q+r=0 \quad \cdots\cdots①$$
$$p-r=0 \quad \cdots\cdots②$$
$$p^2+q^2+r^2=1 \quad \cdots\cdots③$$

①②より，$r=p,\ q=-2p$

これらを③に代入すると，

$$p^2+(-2p)^2+p^2=1 \quad \therefore\quad p=\pm\dfrac{\sqrt{6}}{6}$$

よって，
$$(p,\ q,\ r)=\pm\left(\frac{\sqrt{6}}{6},\ -\frac{\sqrt{6}}{3},\ \frac{\sqrt{6}}{6}\right)$$

このとき，
$$|A|=\begin{vmatrix}\dfrac{\sqrt{3}}{3} & \dfrac{\sqrt{3}}{3} & \dfrac{\sqrt{3}}{3} \\[2mm] \dfrac{\sqrt{2}}{2} & 0 & -\dfrac{\sqrt{2}}{2} \\[2mm] p & q & r\end{vmatrix}$$
$$=-\frac{\sqrt{6}}{6}p+\frac{\sqrt{6}}{3}q-\frac{\sqrt{6}}{6}r$$
$$=-\frac{\sqrt{6}}{6}p+\frac{\sqrt{6}}{3}(-2p)-\frac{\sqrt{6}}{6}p=-\sqrt{6}\,p$$

よって，$|A|=1$ とすると，$p=-\dfrac{\sqrt{6}}{6}$

以上より，
$$(p,\ q,\ r)=\left(-\frac{\sqrt{6}}{6},\ \frac{\sqrt{6}}{3},\ -\frac{\sqrt{6}}{6}\right)$$

2 (1) $|A-tE|=\begin{vmatrix}5-t & 1 & 2 \\ 1 & 5-t & -2 \\ 2 & -2 & 2-t\end{vmatrix}$

$=-t^3+12t^2-36t=-t(t-6)^2$
よって，固有値は，6（重解）と 0

(2) (1)より，$\lambda_0=6$

$A-6E=\begin{pmatrix}-1 & 1 & 2 \\ 1 & -1 & -2 \\ 2 & -2 & -4\end{pmatrix}\rightarrow\begin{pmatrix}1 & -1 & -2 \\ 0 & 0 & 0 \\ 0 & 0 & 0\end{pmatrix}$

$\therefore\ x-y-2z=0$

$\therefore\ \begin{pmatrix}x \\ y \\ z\end{pmatrix}=\begin{pmatrix}a+2b \\ a \\ b\end{pmatrix}=a\begin{pmatrix}1 \\ 1 \\ 0\end{pmatrix}+b\begin{pmatrix}2 \\ 0 \\ 1\end{pmatrix}$

よって，固有値 $\lambda_0=6$ に対応する 1 次独立な 2 つの固有ベクトルとして次がとれる。
$$\boldsymbol{a}_1=\begin{pmatrix}1 \\ 1 \\ 0\end{pmatrix},\ \boldsymbol{a}_2=\begin{pmatrix}2 \\ 0 \\ 1\end{pmatrix}$$

この 2 つのベクトルを正規直交化する。
$$\boldsymbol{b}_1=\frac{\boldsymbol{a}_1}{|\boldsymbol{a}_1|}=\frac{1}{\sqrt{2}}\begin{pmatrix}1 \\ 1 \\ 0\end{pmatrix}$$

$$\boldsymbol{a}_2-(\boldsymbol{a}_2,\ \boldsymbol{b}_1)\boldsymbol{b}_1=\begin{pmatrix}2 \\ 0 \\ 1\end{pmatrix}-\frac{2}{\sqrt{2}}\cdot\frac{1}{\sqrt{2}}\begin{pmatrix}1 \\ 1 \\ 0\end{pmatrix}$$
$$=\begin{pmatrix}1 \\ -1 \\ 1\end{pmatrix}$$

より，$\boldsymbol{b}_2=\dfrac{\boldsymbol{a}_2-(\boldsymbol{a}_2,\ \boldsymbol{b}_1)\boldsymbol{b}_1}{|\boldsymbol{a}_2-(\boldsymbol{a}_2,\ \boldsymbol{b}_1)\boldsymbol{b}_1|}=\dfrac{1}{\sqrt{3}}\begin{pmatrix}1 \\ -1 \\ 1\end{pmatrix}$

以上より，$\boldsymbol{b}_1=\dfrac{1}{\sqrt{2}}\begin{pmatrix}1 \\ 1 \\ 0\end{pmatrix}$，$\boldsymbol{b}_2=\dfrac{1}{\sqrt{3}}\begin{pmatrix}1 \\ -1 \\ 1\end{pmatrix}$

3 (1) $|A-tE|=\begin{vmatrix}2-t & -2 \\ -2 & 5-t\end{vmatrix}$

$=(2-t)(5-t)-4=t^2-7t+6$
$=(t-1)(t-6)$ よって，固有値は，1 と 6

(i) 固有値 1 に対する固有ベクトル
$$A-1\cdot E=\begin{pmatrix}1 & -2 \\ -2 & 4\end{pmatrix}\rightarrow\begin{pmatrix}1 & -2 \\ 0 & 0\end{pmatrix}$$

$\therefore\ \begin{pmatrix}x \\ y\end{pmatrix}=\begin{pmatrix}2a \\ a\end{pmatrix}=a\begin{pmatrix}2 \\ 1\end{pmatrix}$ $(a\neq 0)$

よって，正規化したものは，$\pm\dfrac{1}{\sqrt{5}}\begin{pmatrix}2 \\ 1\end{pmatrix}$

(ii) 固有値 6 に対する固有ベクトル
$$A-6E=\begin{pmatrix}-4 & -2 \\ -2 & -1\end{pmatrix}\rightarrow\begin{pmatrix}1 & \dfrac{1}{2} \\ 0 & 0\end{pmatrix}$$

$\therefore\ \begin{pmatrix}x \\ y\end{pmatrix}=\begin{pmatrix}-b \\ 2b\end{pmatrix}=b\begin{pmatrix}-1 \\ 2\end{pmatrix}$ $(b\neq 0)$

よって，正規化したものは，$\pm\dfrac{1}{\sqrt{5}}\begin{pmatrix}-1 \\ 2\end{pmatrix}$

(2) $\boldsymbol{a}_1=\begin{pmatrix}\dfrac{2}{\sqrt{5}} \\[2mm] \dfrac{1}{\sqrt{5}}\end{pmatrix}$，$\boldsymbol{a}_2=\begin{pmatrix}-\dfrac{1}{\sqrt{5}} \\[2mm] \dfrac{2}{\sqrt{5}}\end{pmatrix}$ とし，

$P=(\boldsymbol{a}_1\ \ \boldsymbol{a}_2)=\begin{pmatrix}\dfrac{2}{\sqrt{5}} & -\dfrac{1}{\sqrt{5}} \\[2mm] \dfrac{1}{\sqrt{5}} & \dfrac{2}{\sqrt{5}}\end{pmatrix}$ とおくと，

${}^tPAP=\begin{pmatrix}\dfrac{2}{\sqrt{5}} & \dfrac{1}{\sqrt{5}} \\[2mm] -\dfrac{1}{\sqrt{5}} & \dfrac{2}{\sqrt{5}}\end{pmatrix}\begin{pmatrix}2 & -2 \\ -2 & 5\end{pmatrix}$

$\times\begin{pmatrix}\dfrac{2}{\sqrt{5}} & -\dfrac{1}{\sqrt{5}} \\[2mm] \dfrac{1}{\sqrt{5}} & \dfrac{2}{\sqrt{5}}\end{pmatrix}$

$=\dfrac{1}{5}\begin{pmatrix}2 & 1 \\ -1 & 2\end{pmatrix}\begin{pmatrix}2 & -2 \\ -2 & 5\end{pmatrix}\begin{pmatrix}2 & -1 \\ 1 & 2\end{pmatrix}$

$=\dfrac{1}{5}\begin{pmatrix}2 & 1 \\ -6 & 12\end{pmatrix}\begin{pmatrix}2 & -1 \\ 1 & 2\end{pmatrix}$

$$=\frac{1}{5}\begin{pmatrix} 5 & 0 \\ 0 & 30 \end{pmatrix}=\begin{pmatrix} 1 & 0 \\ 0 & 6 \end{pmatrix}$$

(3)　$\boldsymbol{x}=\begin{pmatrix} x \\ y \end{pmatrix}=P\begin{pmatrix} X \\ Y \end{pmatrix}$ とおくと，

$${}^t\boldsymbol{x}=(x \quad y)=(X \quad Y){}^tP$$

よって，${}^t\boldsymbol{x}A\boldsymbol{x}=(X \quad Y){}^tPAP\begin{pmatrix} X \\ Y \end{pmatrix}$

$$=(X \quad Y)\begin{pmatrix} 1 & 0 \\ 0 & 6 \end{pmatrix}\begin{pmatrix} X \\ Y \end{pmatrix}=X^2+6Y^2$$

4　(1)　$|A-tE|=\begin{vmatrix} 3-t & -\sqrt{3} \\ -\sqrt{3} & 5-t \end{vmatrix}$

$$=(3-t)(5-t)-3=t^2-8t+12$$
$$=(t-2)(t-6)$$

よって，$\lambda_1=2$ と $\lambda_2=6$

(i)　$\lambda_1=2$ に対する固有ベクトル

$A-2E=\begin{pmatrix} 1 & -\sqrt{3} \\ -\sqrt{3} & 3 \end{pmatrix} \to \begin{pmatrix} 1 & -\sqrt{3} \\ 0 & 0 \end{pmatrix}$

$\therefore \quad \begin{pmatrix} x \\ y \end{pmatrix}=\begin{pmatrix} \sqrt{3}\,a \\ a \end{pmatrix}=a\begin{pmatrix} \sqrt{3} \\ 1 \end{pmatrix} \quad (a\neq 0)$

$\therefore \quad \boldsymbol{u}_1=\dfrac{1}{2}\begin{pmatrix} \sqrt{3} \\ 1 \end{pmatrix}=\begin{pmatrix} \frac{\sqrt{3}}{2} \\ \frac{1}{2} \end{pmatrix}$ ととれる。

(ii)　$\lambda_2=6$ に対する固有ベクトル

$A-6E=\begin{pmatrix} -3 & -\sqrt{3} \\ -\sqrt{3} & -1 \end{pmatrix} \to \begin{pmatrix} \sqrt{3} & 1 \\ 0 & 0 \end{pmatrix}$

$\therefore \quad \begin{pmatrix} x \\ y \end{pmatrix}=\begin{pmatrix} -b \\ \sqrt{3}\,b \end{pmatrix}=b\begin{pmatrix} -1 \\ \sqrt{3} \end{pmatrix} \quad (b\neq 0)$

$\therefore \quad \boldsymbol{u}_2=\dfrac{1}{2}\begin{pmatrix} -1 \\ \sqrt{3} \end{pmatrix}=\begin{pmatrix} -\frac{1}{2} \\ \frac{\sqrt{3}}{2} \end{pmatrix}$ ととれる。

(2)　$U=(\boldsymbol{u}_1 \quad \boldsymbol{u}_2)=\begin{pmatrix} \frac{\sqrt{3}}{2} & -\frac{1}{2} \\ \frac{1}{2} & \frac{\sqrt{3}}{2} \end{pmatrix}$ とおく。

このとき，${}^tUAU=\begin{pmatrix} 2 & 0 \\ 0 & 6 \end{pmatrix}$

$\boldsymbol{p}=U\boldsymbol{p}'$ より，${}^t\boldsymbol{p}={}^t\boldsymbol{p}'\,{}^tU$

よって，${}^t\boldsymbol{p}A\boldsymbol{p}-18={}^t\boldsymbol{p}'\,{}^tUAU\boldsymbol{p}'-18$

$$=(x' \quad y')\begin{pmatrix} 2 & 0 \\ 0 & 6 \end{pmatrix}\begin{pmatrix} x' \\ y' \end{pmatrix}-18$$
$$=2(x')^2+6(y')^2-18$$

よって，2 次曲線 C の標準形は，

$2(x')^2+6(y')^2-18=0$ より，

$$\frac{(x')^2}{9}+\frac{(y')^2}{3}=1$$

(3)　$U=(\boldsymbol{u}_1 \quad \boldsymbol{u}_2)=\begin{pmatrix} \frac{\sqrt{3}}{2} & -\frac{1}{2} \\ \frac{1}{2} & \frac{\sqrt{3}}{2} \end{pmatrix}$

$$=\begin{pmatrix} \cos 30° & -\sin 30° \\ \sin 30° & \cos 30° \end{pmatrix}$$ より，

2 次曲線 C は楕円 $\dfrac{(x')^2}{9}+\dfrac{(y')^2}{3}=1$ を原点の周りに 30° 回転したもの。よって，x 軸と x' 軸のなす角度は 30° であり，x 軸，y 軸と x' 軸，y' 軸の関係および 2 次曲線 C の概形は図のようになる。

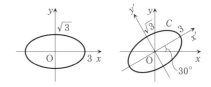

第14章　確　率

類題14－1

1 つのサイコロを投げるので，<u>同じものの区別は関係ない。</u>

次のように，記号を約束する。

　　　　○：3 以下の目
　　　　△：4 または 5 の目
　　　　×：6 の目

このとき，

　　○になる確率は，$\dfrac{3}{6}=\dfrac{1}{2}$

　　△になる確率は，$\dfrac{2}{6}=\dfrac{1}{3}$

　　×になる確率は，$\dfrac{1}{6}$

出た目の内容とその確率は次のようになる。

回	1	2	3	4	5		確率
	○	○	△	△	×		$\left(\frac{1}{2}\right)^2\left(\frac{1}{3}\right)^2\frac{1}{6}$
	○	△	△	×	○		$\left(\frac{1}{2}\right)^2\left(\frac{1}{3}\right)^2\frac{1}{6}$

………

ここで，2 つの○，2 つの△，1 つの×の並べ方は，同じものを含む順列の計算により，

267

$$\frac{5!}{2!\cdot 2!}\ (\text{通り})$$

よって，求める確率は，

$$\frac{5!}{2!\cdot 2!}\times\left(\frac{1}{2}\right)^2\left(\frac{1}{3}\right)^2\frac{1}{6}=\frac{5}{36}$$

類題14－2

(1) 事象 A，B を次のように定める。

事象 A：3人とも「表が出た」と証言する。

事象 B：表が出る。

求めたいものは，条件付確率 $P_A(B)$ である。

乗法定理より，$P(A\cap B)=P(A)\cdot P_A(B)$

ここで，

$$P(A\cap B)=\frac{1}{2}\times\left(\frac{4}{5}\times\frac{4}{5}\times\frac{4}{5}\right)=\frac{32}{125}$$

（表が出て，かつ，3人とも本当のことを証言）

$$P(A)=P(B\cap A)+P(\overline{B}\cap A)$$
$$=\frac{1}{2}\times\left(\frac{4}{5}\right)^3+\frac{1}{2}\times\left(\frac{1}{5}\right)^3=\frac{65}{250}$$

（表が出て3人とも本当のことを言っているか，または，裏が出て3人ともうそをついているか）

よって，

$$P_A(B)=\frac{P(A\cap B)}{P(A)}=\frac{\dfrac{32}{125}}{\dfrac{65}{250}}=\frac{64}{65}$$

(2) 事象 A，B を次のように定める。

事象 A：2回目の玉が赤玉である。

事象 B：1回目の玉が赤玉である。

求めたいものは，条件付確率 $P_A(B)$ である。

乗法定理より，$P(A\cap B)=P(A)\cdot P_A(B)$

ここで，

$$P(A\cap B)=P(B\cap A)=\frac{2}{7}\times\frac{1}{6}=\frac{1}{21}$$

（1回目は赤玉かつ2回目も赤玉）

$$P(A)=P(B\cap A)+P(\overline{B}\cap A)$$
$$=\frac{2}{7}\times\frac{1}{6}+\frac{5}{7}\times\frac{2}{6}=\frac{6}{21}$$

（1回目は赤玉かつ2回目も赤玉，または，1回目は白玉かつ2回目は赤玉）

よって，

$$P_A(B)=\frac{P(A\cap B)}{P(A)}=\frac{\dfrac{1}{21}}{\dfrac{6}{21}}=\frac{1}{6}$$

類題14－3

p_n についての漸化式を導く。

n 回行った時点で，

　　1枚目のカードの数が1である

場合として，次の(i), (ii)が考えられる。

(i) $n-1$ 回行った時点で

　　1枚目のカードの数が1であり，

　次の n 回目で

　　1枚目以外の2枚を入れかえる。

(ii) $n-1$ 回投げた時点で

　　1枚目のカードの数が1でなく，

　次の n 回目で

　　1枚目と数1のカードを入れかえる。

よって，次のような漸化式が成り立つ。

$$p_n=p_{n-1}\times\frac{{}_9C_2}{{}_{10}C_2}+(1-p_{n-1})\times\frac{1}{{}_{10}C_2}$$

$$\therefore\ p_n=p_{n-1}\times\frac{36}{45}+(1-p_{n-1})\times\frac{1}{45}$$

$$\therefore\ p_n=\frac{7}{9}p_{n-1}+\frac{1}{45}$$

あとはこの2項間漸化式を解けばよい。

$$p_n=\frac{7}{9}p_{n-1}+\frac{1}{45}\quad\cdots\cdots①$$

$$\alpha=\frac{7}{9}\alpha+\frac{1}{45}\quad\cdots\cdots②$$

とおく。

①－② より，$p_n-\alpha=\dfrac{7}{9}(p_{n-1}-\alpha)$

よって，数列 $\{p_n-\alpha\}$ は公比 $\dfrac{7}{9}$ の等比数列であるから，

$$p_n-\alpha=(p_1-\alpha)\left(\frac{7}{9}\right)^{n-1}$$

ここで，$p_1=\dfrac{{}_9C_2}{{}_{10}C_2}=\dfrac{4}{5}$ であり，

また，②より $\alpha=\dfrac{1}{10}$ であるから，

$$p_n-\frac{1}{10}=\left(\frac{4}{5}-\frac{1}{10}\right)\left(\frac{7}{9}\right)^{n-1}$$

$$\therefore\ p_n=\frac{1}{10}+\frac{7}{10}\left(\frac{7}{9}\right)^{n-1}$$

類題14－4

n 回繰り返したとき，A が赤いカードを持っている確率を p_n，B が赤いカードを持っている確率を q_n，C が赤いカードを持っている確率を r_n とする。

n 回繰り返したとき，A が赤いカードを持っている場合として，次の(i), (ii)が考えられる。

(i) $n-1$ 回の時点でBが赤いカードを持っ

ていて，n 回目に A と B がカードを交換する。

(ii)　$n-1$ 回の時点で C が赤いカードを持っていて，n 回目に A と C がカードを交換する。

よって，次のような漸化式が成り立つ。

$$p_n = q_{n-1} \times \frac{1}{2} + r_{n-1} \times \frac{1}{2} \quad \cdots\cdots ①$$

ところで，p_n，q_n，r_n の間には明らかに次の関係が成り立つ。

$$p_n + q_n + r_n = 1 \quad \cdots\cdots ②$$
$$q_n = r_n \quad \cdots\cdots ③$$

②③より，$q_{n-1} = r_{n-1} = \frac{1}{2}(1 - p_{n-1})$

これと①より，$p_n = \frac{1}{2}(1 - p_{n-1})$

$$\therefore \quad p_n = -\frac{1}{2}p_{n-1} + \frac{1}{2}$$

$\alpha = -\frac{1}{2}\alpha + \frac{1}{2}$ とおくと，$\alpha = \frac{1}{3}$

また，$p_n - \alpha = -\frac{1}{2}(p_{n-1} - \alpha)$

$$\therefore \quad p_n - \alpha = (p_1 - \alpha)\left(-\frac{1}{2}\right)^{n-1}$$

$$p_n - \frac{1}{3} = \left(0 - \frac{1}{3}\right)\left(-\frac{1}{2}\right)^{n-1}$$

よって，$p_n = \frac{1}{3}\left\{1 - \left(-\frac{1}{2}\right)^{n-1}\right\}$

類題14－5

$$E(X) = \sum_{k=0}^{\infty} k \cdot P(X=k) = \sum_{k=0}^{\infty} k \cdot e^{-\lambda}\frac{\lambda^k}{k!}$$

$$= \sum_{k=1}^{\infty} k \cdot e^{-\lambda}\frac{\lambda^k}{k!} = e^{-\lambda}\sum_{k=1}^{\infty}\frac{\lambda^k}{(k-1)!}$$

$$= e^{-\lambda}\lambda\sum_{k=1}^{\infty}\frac{\lambda^{k-1}}{(k-1)!} = e^{-\lambda}\lambda\sum_{l=0}^{\infty}\frac{\lambda^l}{l!}$$

$$= e^{-\lambda}\lambda\left(1 + \lambda + \frac{\lambda^2}{2!} + \cdots\right) = e^{-\lambda}\lambda e^{\lambda} = \lambda$$

$$V(X) = E(X^2) - \{E(X)\}^2$$

$$= \sum_{k=0}^{\infty} k^2 \cdot P(X=k) - \lambda^2 = \sum_{k=0}^{\infty} k^2 \cdot e^{-\lambda}\frac{\lambda^k}{k!} - \lambda^2$$

$$= \sum_{k=0}^{\infty} k(k-1) \cdot e^{-\lambda}\frac{\lambda^k}{k!} + \sum_{k=0}^{\infty} k \cdot e^{-\lambda}\frac{\lambda^k}{k!} - \lambda^2$$

$$= \sum_{k=2}^{\infty} e^{-\lambda}\frac{\lambda^k}{(k-2)!} + \sum_{k=1}^{\infty} e^{-\lambda}\frac{\lambda^k}{(k-1)!} - \lambda^2$$

$$= \lambda^2\sum_{k=2}^{\infty} e^{-\lambda}\frac{\lambda^{k-2}}{(k-2)!} + \lambda\sum_{k=1}^{\infty} e^{-\lambda}\frac{\lambda^{k-1}}{(k-1)!} - \lambda^2$$

$$= \lambda^2 + \lambda - \lambda^2 = \lambda$$

類題14－6

(1)　$P(X \leq a) = \displaystyle\int_0^a p(x)\,dx$

$$= \int_0^a \frac{\pi}{2}x \cdot e^{-\frac{\pi}{4}x^2}dx = \left[-e^{-\frac{\pi}{4}x^2}\right]_0^a$$

$$= 1 - e^{-\frac{\pi}{4}a^2}$$

(2)　求める下限を a とすると，

$$P(X \leq a) = 1 - \frac{1}{3} = \frac{2}{3}$$

$$\therefore \quad 1 - e^{-\frac{\pi}{4}a^2} = \frac{2}{3} \qquad \therefore \quad e^{-\frac{\pi}{4}a^2} = \frac{1}{3}$$

$$\therefore \quad -\frac{\pi}{4}a^2 = \log\frac{1}{3} = -\log 3$$

よって，求める下限は，$a = \left(\dfrac{4\log 3}{\pi}\right)^{\frac{1}{2}}$

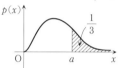

第14章　章末問題　解答

1　事象 A，B を次のように定める。

事象 A：広告メールである。

事象 B：money という単語が入っている。

条件より，

$$P(A) = \frac{1}{3}, \quad P_A(B) = \frac{1}{10}, \quad P_{\overline{A}}(B) = \frac{1}{100}$$

(1)　あるメールが広告メールでない確率は，

$$P(\overline{A}) = 1 - P(A) = 1 - \frac{1}{3} = \frac{2}{3}$$

(2)　あるメールが広告メールであり，かつ money という単語が入っている確率は，

$$P(A \cap B) = P(A) \cdot P_A(B) = \frac{1}{3} \cdot \frac{1}{10} = \frac{1}{30}$$

(3)　あるメールに money という単語が入っている確率は，

$$P(B) = P(A \cap B) + P(\overline{A} \cap B)$$

$$= P(A) \cdot P_A(B) + P(\overline{A})P_{\overline{A}}(B)$$

$$= \frac{1}{3} \cdot \frac{1}{10} + \frac{2}{3} \cdot \frac{1}{100} = \frac{12}{300} = \frac{1}{25}$$

(4)　メールに money という単語が入っていたとき，このメールが広告メールである確率は，

$$P_B(A) = \frac{P(A \cap B)}{P(B)} = \frac{\dfrac{1}{30}}{\dfrac{1}{25}} = \frac{5}{6}$$

2 (1) 1回の操作において：

(i) U に白球が 2 個あるのは，U のつぼから黒球を V のつぼへ，V のつぼから白球を U のつぼへ入れる場合。

$$\therefore \quad p_1 = \frac{1}{2} \times \frac{2}{3} = \frac{1}{3}$$

(ii) U に白球，黒球が 1 個ずつあるのは，

（ア） U のつぼから黒球を V のつぼへ，V のつぼから黒球を U のつぼへ入れる

（イ） U のつぼから白球を V のつぼへ，V のつぼから白球を U のつぼへ入れる

の 2 つの場合。

$$\therefore \quad q_1 = \frac{1}{2} \times \frac{1}{3} + \frac{1}{2} \times \frac{2}{3} = \frac{1}{2}$$

(iii) U に黒球が 2 個あるのは，U のつぼから白球を V のつぼへ，V のつぼから黒球を U のつぼへ入れる場合。

$$\therefore \quad r_1 = \frac{1}{2} \times \frac{1}{3} = \frac{1}{6}$$

(2) $n-1$ 回の時点での U，V の内容によって場合を分けて考える。

(i) $p_n = p_{n-1} \times \dfrac{1}{3} + q_{n-1} \times \dfrac{1}{2} \cdot \dfrac{2}{3} + r_{n-1} \times 0$

$$\therefore \quad p_n = \frac{1}{3} p_{n-1} + \frac{1}{3} q_{n-1}$$

(ii) $q_n = p_{n-1} \times \dfrac{2}{3} + q_{n-1} \times \left(\dfrac{1}{2} \cdot \dfrac{2}{3} + \dfrac{1}{2} \cdot \dfrac{1}{3} \right)$
$$\qquad\qquad + r_{n-1} \times 1$$

$$\therefore \quad q_n = \frac{2}{3} p_{n-1} + \frac{1}{2} q_{n-1} + r_{n-1}$$

(iii) $r_n = p_{n-1} \times 0 + q_{n-1} \times \dfrac{1}{2} \cdot \dfrac{1}{3} + r_{n-1} \times 0$

$$\therefore \quad r_n = \frac{1}{6} q_{n-1}$$

(3) (2)と極限値の存在の仮定より，

$$p = \frac{1}{3} p + \frac{1}{3} q \quad \cdots \cdots ①$$

$$q = \frac{2}{3} p + \frac{1}{2} q + r \quad \cdots \cdots ②$$

$$r = \frac{1}{6} q \quad \cdots \cdots ③$$

①〜③より，$p = \dfrac{1}{2} q$，$r = \dfrac{1}{6} q$

これらを $p+q+r=1$ に代入して，

$$\frac{1}{2} q + q + \frac{1}{6} q = 1 \quad \therefore \quad q = \frac{3}{5}$$

よって，$p = \dfrac{3}{10}$，$q = \dfrac{3}{5}$，$r = \dfrac{1}{10}$

3 (1) 定義より，

$$m = \int_{-\infty}^{\infty} x p(x) dx,$$

$$\sigma^2 = \int_{-\infty}^{\infty} (x-m)^2 p(x) dx$$

よって，

$$\sigma^2 = \int_{-\infty}^{\infty} (x^2 - 2mx + m^2) p(x) dx$$

$$= \int_{-\infty}^{\infty} x^2 p(x) dx$$
$$\quad - 2m \int_{-\infty}^{\infty} x p(x) dx + m^2 \int_{-\infty}^{\infty} p(x) dx$$

$$= \int_{-\infty}^{\infty} x^2 p(x) dx - 2m \cdot m + m^2 \cdot 1$$

$$= \int_{-\infty}^{\infty} x^2 p(x) dx - m^2$$

$$\therefore \quad \int_{-\infty}^{\infty} x^2 p(x) dx = m^2 + \sigma^2$$

(2) $P(Y \leq y) = P(X^2 \leq y)$

(i) $y < 0$ のとき

明らかに，$P(X^2 \leq y) = 0$

$$\therefore \quad P(Y \leq y) = \int_{-\infty}^{y} q(y) dy = 0$$

すなわち，$q(y) = 0$

(ii) $y \geq 0$ のとき

$$P(Y \leq y) = P(X^2 \leq y)$$

$$= P(-\sqrt{y} \leq X \leq \sqrt{y}) = \int_{-\sqrt{y}}^{\sqrt{y}} p(x) dx$$

$$= \int_{-\infty}^{\sqrt{y}} p(x) dx - \int_{-\infty}^{-\sqrt{y}} p(x) dx$$

$$\therefore \quad \int_{-\infty}^{y} q(y) dy = \int_{-\infty}^{\sqrt{y}} p(x) dx - \int_{-\infty}^{-\sqrt{y}} p(x) dx$$

この等式の両辺を y で微分すると，

$$q(y)$$
$$= p(\sqrt{y}) \times (\sqrt{y})' - p(-\sqrt{y}) \times (-\sqrt{y})'$$

$$= p(\sqrt{y}) \times \frac{1}{2\sqrt{y}} - p(-\sqrt{y}) \times \left(-\frac{1}{2\sqrt{y}} \right)$$

$$= \frac{1}{2\sqrt{y}} (p(\sqrt{y}) + p(-\sqrt{y}))$$

以上より，

$$q(y) = \begin{cases} \dfrac{1}{2\sqrt{y}} (p(\sqrt{y}) + p(-\sqrt{y})) & (y \geq 0) \\ 0 & (y < 0) \end{cases}$$

第15章　複素解析

類題15−1

$z^4=-8+8\sqrt{3}\,i$ の解を

$\qquad z=r(\cos\theta+i\sin\theta)$ とおく。

ただし，$r>0$, $0\leqq\theta<2\pi$

このとき，

$\qquad\begin{aligned}z^4&=r^4(\cos\theta+i\sin\theta)^4\\&=r^4(\cos4\theta+i\sin4\theta)\end{aligned}$

また，$-8+8\sqrt{3}\,i=16\left(\cos\dfrac{2\pi}{3}+i\sin\dfrac{2\pi}{3}\right)$

よって，$z^4=-8+8\sqrt{3}\,i$ より，

$\qquad r^4=16$ ……①

$\qquad 4\theta=\dfrac{2\pi}{3}+2n\pi$　（n は整数）……②

①より，$r=2$　（$\because$　$r>0$）

②より，$\theta=\dfrac{\pi}{6}+\dfrac{n}{2}\pi$

$\qquad =\dfrac{\pi}{6},\ \dfrac{2}{3}\pi,\ \dfrac{7}{6}\pi,\ \dfrac{5}{3}\pi$　（$\because$　$0\leqq\theta<2\pi$）

$\therefore\quad z=2\left(\cos\dfrac{\pi}{6}+i\sin\dfrac{\pi}{6}\right),$

$\qquad 2\left(\cos\dfrac{2}{3}\pi+i\sin\dfrac{2}{3}\pi\right),$

$\qquad 2\left(\cos\dfrac{7}{6}\pi+i\sin\dfrac{7}{6}\pi\right),$

$\qquad 2\left(\cos\dfrac{5}{3}\pi+i\sin\dfrac{5}{3}\pi\right)$

$\qquad =2\left(\dfrac{\sqrt{3}}{2}+\dfrac{1}{2}i\right),\ 2\left(-\dfrac{1}{2}+\dfrac{\sqrt{3}}{2}i\right),$

$\qquad\quad 2\left(-\dfrac{\sqrt{3}}{2}-\dfrac{1}{2}i\right),\ 2\left(\dfrac{1}{2}-\dfrac{\sqrt{3}}{2}i\right)$

$\qquad =\sqrt{3}+i,\ -1+\sqrt{3}\,i,\ -\sqrt{3}-i,$

$\qquad\quad 1-\sqrt{3}\,i$

これら4つの解を複素平面に図示すると次のようになる。

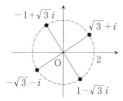

類題15−2

$u(x,\ y)=x^2-y^2-3x+2$, $v(x,\ y)=2xy-3y$

より，

$u_x=2x-3$, $u_y=-2y$, $v_x=2y$, $v_y=2x-3$

よって，「$u_x=v_y$ かつ $u_y=-v_x$」が成り立つので $f(z)$ は正則関数である。

また，導関数は，

$f'(z)=u_x+iv_x=(2x-3)+2yi$　（$=2z-3$）

類題15−3

(1)　$C_1:z=t^2+ti$ $(0\leqq t\leqq1)$ と表せる。

このとき，$\dfrac{dz}{dt}=2t+i$

$\therefore\quad \displaystyle\int_{C_1}f(z)dz=\int_{C_1}\overline{z}\,dz$

$\qquad =\displaystyle\int_0^1(t^2-ti)\cdot(2t+i)dt=\int_0^1\{(2t^3+t)-t^2i\}dt$

$\qquad =\left[\dfrac{t^4}{2}+\dfrac{t^2}{2}\right]_0^1-i\left[\dfrac{t^3}{3}\right]_0^1=1-\dfrac{1}{3}i$

(2)　$C_2=C_2{}'+C_2{}''$,

$\qquad C_2{}':z=t$ $(0\leqq t\leqq1)$

$\qquad C_2{}'':z=1+ti$ $(0\leqq t\leqq1)$

と表せる。

$\qquad\displaystyle\int_{C_2}f(z)dz=\int_{C_2{}'}f(z)dz+\int_{C_2{}''}f(z)dz$

ここで，

$\qquad\displaystyle\int_{C_2{}'}f(z)dz=\int_{C_2{}'}\overline{z}\,dz=\int_0^1 t\cdot1dt=\dfrac{1}{2}$

$\qquad\displaystyle\int_{C_2{}''}f(z)dz=\int_{C_2{}''}\overline{z}\,dz=\int_0^1(1-ti)\cdot idt$

$\qquad\qquad\qquad\quad =\displaystyle\int_0^1(t+i)dt=\dfrac{1}{2}+i$

よって，

$\qquad\displaystyle\int_{C_2}f(z)dz=\dfrac{1}{2}+\left(\dfrac{1}{2}+i\right)=1+i$

類題15−4

(1)　$\dfrac{1}{z^2+1}$ は $z=\pm i$ を除いて正則であり，

円 $|z+i|=\sqrt{3}$ の内部にある特異点は $z=-i$

$\qquad\displaystyle\int_C\dfrac{1}{z^2+1}dz=\int_C\dfrac{1}{2i}\left(\dfrac{1}{z-i}-\dfrac{1}{z+i}\right)dz$

$\qquad =\dfrac{1}{2i}\left(\displaystyle\int_C\dfrac{1}{z-i}dz-\int_C\dfrac{1}{z+i}dz\right)$

$\qquad =\dfrac{1}{2i}(0-2\pi i)=-\pi$

(2)　$\displaystyle\int_C\dfrac{1}{z^4-1}dz=\int_C\dfrac{1}{2}\left(\dfrac{1}{z^2-1}-\dfrac{1}{z^2+1}\right)dz$

$\qquad =\dfrac{1}{2}\left(\displaystyle\int_C\dfrac{1}{z^2-1}dz-\int_C\dfrac{1}{z^2+1}dz\right)$

(1)より，$\displaystyle\int_C\dfrac{1}{z^2+1}dz=-\pi$

$\displaystyle\int_c \frac{1}{z^2-1}dz$ を計算する。

$\dfrac{1}{z^2-1}$ は $z=\pm1$ を除いて正則であり，

円 $|z+i|=\sqrt{3}$ の内部にある特異点は $z=\pm1$

$C_1:|z-1|=\dfrac{3}{2}-\sqrt{2}$, $\ C_2:|z+1|=\dfrac{3}{2}-\sqrt{2}$

とおく。

このとき，
$$\int_c \frac{1}{z^2-1}dz=\int_{c_1}\frac{1}{z^2-1}dz+\int_{c_2}\frac{1}{z^2-1}dz$$
ここで，
$$\int_{c_1}\frac{1}{z^2-1}dz=\int_{c_1}\frac{1}{2}\left(\frac{1}{z-1}-\frac{1}{z+1}\right)dz$$
$$=\frac{1}{2}\left(\int_{c_1}\frac{1}{z-1}dz-\int_{c_1}\frac{1}{z+1}dz\right)$$
$$=\frac{1}{2}(2\pi i-0)=\pi i$$
$$\int_{c_2}\frac{1}{z^2-1}dz=\int_{c_2}\frac{1}{2}\left(\frac{1}{z-1}-\frac{1}{z+1}\right)dz$$
$$=\frac{1}{2}\left(\int_{c_2}\frac{1}{z-1}dz-\int_{c_2}\frac{1}{z+1}dz\right)$$
$$=\frac{1}{2}(0-2\pi i)=-\pi i$$
よって，
$$\int_c \frac{1}{z^2-1}dz=\int_{c_1}\frac{1}{z^2-1}dz+\int_{c_2}\frac{1}{z^2-1}dz$$
$$=\pi i+(-\pi i)=0$$
以上より，
$$\int_c \frac{1}{z^4-1}dz=\frac{1}{2}\left(\int_c\frac{1}{z^2-1}dz-\int_c\frac{1}{z^2+1}dz\right)$$
$$=\frac{1}{2}\{0-(-\pi)\}=\frac{\pi}{2}$$

類題15−5

(1) $f(z)$ は次のような特異点をもつ。
    $z=1$ （1位の極）
    $z=2$ （2位の極）
    $z=3$ （3位の極）

(2) $\mathrm{Res}(1)$
$$=\lim_{z\to1}(z-1)\frac{1}{(z-1)(z-2)^2(z-3)^3}$$

$$=\lim_{z\to1}\frac{1}{(z-2)^2(z-3)^3}=-\frac{1}{8}$$
また，$\mathrm{Res}(2)$
$$=\lim_{z\to2}\left((z-2)^2\frac{1}{(z-1)(z-2)^2(z-3)^3}\right)'$$
$$=\lim_{z\to2}\left(\frac{1}{(z-1)(z-3)^3}\right)'$$
$$=\lim_{z\to2}\{(z-1)^{-1}(z-3)^{-3}\}'$$
$$=\lim_{z\to2}\{-(z-1)^{-2}(z-3)^{-3}$$
$$-3(z-1)^{-1}(z-3)^{-4}\}$$
$$=-2$$

(3) 積分路 C で囲まれた領域の内部に存在する特異点は $z=1$, 2 の2つであるから，留数定理により，
$$\int_C f(z)dz=2\pi i\cdot\{\mathrm{Res}(1)+\mathrm{Res}(2)\}$$
$$=2\pi i\cdot\left\{\left(-\frac{1}{8}\right)+(-2)\right\}=-\frac{17}{4}\pi i$$

類題15−6

次のような積分路を考える。
$\Gamma_R:z=Re^{i\theta}$
$(0\le\theta\le\pi)$
$I_R:z=x$
$(-R\le x\le R)$
$C_R=\Gamma_R+I_R$

R が十分大のとき，

$\dfrac{1}{z^4+1}$ の特異点のうち積分路 C_R で囲まれた領域の内部にあるものは，
$$a_1=\frac{1+i}{\sqrt{2}}=e^{\frac{\pi}{4}i},\ a_2=\frac{-1+i}{\sqrt{2}}=e^{\frac{3\pi}{4}i}$$
の2つであり，いずれも1位の極である。
よって，
$$\mathrm{Res}(a_1)=\lim_{z\to a_1}(z-a_1)\frac{1}{z^4+1}$$
$$=\lim_{z\to a_1}(z-a_1)\frac{1}{z^4-a_1^4}$$
$$=\frac{1}{(z^4)'_{z=a_1}}=\frac{1}{4a_1^3}=-\frac{a_1}{4}$$
$$\mathrm{Res}(a_2)=\lim_{z\to a_2}(z-a_2)\frac{1}{z^4+1}$$
$$=\lim_{z\to a_2}(z-a_2)\frac{1}{z^4-a_2^4}$$
$$=\frac{1}{(z^4)'_{z=a_2}}=\frac{1}{4a_2^3}=-\frac{a_2}{4}$$
よって，留数定理により，

$$\int_{C_R} \frac{1}{z^4+1} dz$$
$$= 2\pi i \cdot \{\text{Res}(a_1) + \text{Res}(a_2)\}$$
$$= 2\pi i \left\{ \left(-\frac{a_1}{4} \right) + \left(-\frac{a_2}{4} \right) \right\}$$
$$= -\frac{2\pi i}{4} \left(\frac{1+i}{\sqrt{2}} + \frac{-1+i}{\sqrt{2}} \right) = \frac{\pi}{\sqrt{2}}$$

一方,

$$\int_{C_R} \frac{1}{z^4+1} dz = \int_{I_R} \frac{1}{z^4+1} dz + \int_{\Gamma_R} \frac{1}{z^4+1} dz$$

であり, $R \to \infty$ のとき,

$$\int_{I_R} \frac{1}{z^4+1} dz = \int_{-R}^{R} \frac{1}{x^4+1} dx$$
$$\to \int_{-\infty}^{\infty} \frac{1}{x^4+1} dx = I$$

また, Γ_R 上で $\left| \dfrac{1}{z^4+1} \right| \leqq \dfrac{1}{R^4-1}$ に注意すると,

$$\left| \int_{\Gamma_R} \frac{1}{z^4+1} dz \right| \leqq \frac{1}{R^4-1} \cdot \pi R \to 0$$

すなわち, $\displaystyle \lim_{R \to \infty} \int_{\Gamma_R} \frac{1}{z^4+1} dz = 0$

したがって,

$$I = \lim_{R \to \infty} \int_{C_R} \frac{1}{z^4+1} dz = \lim_{R \to \infty} \frac{\pi}{\sqrt{2}} = \frac{\pi}{\sqrt{2}}$$

第15章　章末問題　解答

1 (1)　$e^z = e^w$ より, $e^{w-z} = 1$
　　∴　$w - z = 2\pi n i$ （n は整数）

(2)　$z = x + yi$ とすると,
$$e^z = e^x(\cos y + i\sin y)$$
$$= e^x \cos y + e^x \sin y \cdot i$$
$u(x, y) = e^x \cos y$, $v(x, y) = e^x \sin y$ とおくと,
$$u_x = e^x \cos y,\quad u_y = -e^x \sin y$$
$$v_x = e^x \sin y,\quad v_y = e^x \cos y$$
よって, すべての実数 x, y に対して,
「$u_x = v_y$ かつ $u_y = -v_x$」が成り立つ.
したがって, e^z は複素数平面の全域で正則.

(3)　$\dfrac{de^z}{dz} = u_x + iv_x$　◀ 導関数の公式
$$= e^x \cos y + i e^x \sin y$$
$$= e^x(\cos y + i\sin y)$$
$$= e^z$$

2 (1)　$z^6 + 1 = 0$ とすると, $z^6 = -1$
$z = r(\cos\theta + i\sin\theta)$（$= re^{i\theta}$）とおく.
　　ただし, $r > 0$, $0 \leqq \theta < 2\pi$
このとき,

$$z^6 = r^6(\cos\theta + i\sin\theta)^6$$
$$= r^6(\cos 6\theta + i\sin 6\theta)$$
一方,
$$-1 = 1 \cdot (\cos\pi + i\sin\pi)$$
よって, $z^6 = -1$ であるとき,
$$r^6 = 1 \quad \cdots\cdots ①$$
$$6\theta = \pi + 2n\pi \text{（n は整数）} \quad \cdots\cdots ②$$
①より, $r = 1$ （∵ $r > 0$）
②より, $\theta = \dfrac{\pi}{6} + \dfrac{n\pi}{3}$
$$= \frac{\pi}{6}, \frac{\pi}{2}, \frac{5\pi}{6}, \frac{7\pi}{6}, \frac{3\pi}{2}, \frac{11\pi}{6}$$
$$(\because\ 0 \leqq \theta < 2\pi)$$
よって, 求める極は,
$$z = e^{\frac{\pi}{6}i},\ e^{\frac{\pi}{2}i},\ e^{\frac{5\pi}{6}i},\ e^{\frac{7\pi}{6}i},\ e^{\frac{3\pi}{2}i},\ e^{\frac{11\pi}{6}i}$$

(2)　$z = \alpha$ を $f(z)$ の極とする.
すなわち, $\alpha^6 = -1$
(1)より, 極はすべて1位の極であるから,
$f(z)$ の $z = \alpha$ における留数は,
$$\text{Res}(\alpha) = \lim_{z \to \alpha}(z - \alpha)f(z)$$
$$= \lim_{z \to \alpha}(z - \alpha)\frac{z^4}{z^6+1}$$
$$= \lim_{z \to \alpha}(z - \alpha)\frac{z^4}{z^6-\alpha^6}$$
$$= \lim_{z \to \alpha}\frac{z - \alpha}{z^6-\alpha^6}z^4$$
$$= \frac{1}{(z^6)'_{z=\alpha}}\alpha^4 = \frac{1}{6\alpha^5}\alpha^4 = \frac{1}{6\alpha}$$

(3)　次のような積分路を考える.
　$\Gamma_R : z = Re^{i\theta}$
　　$(0 \leqq \theta \leqq \pi)$
　$I_R : z = x$
　　$(-R \leqq x \leqq R)$
　$C_R = \Gamma_R + I_R$

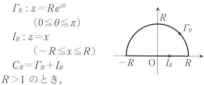

$R > 1$ のとき,

$f(z) = \dfrac{z^4}{z^6+1}$ の特異点のうち積分路 C_R で囲まれた領域の内部にあるものは,
$$z = e^{\frac{\pi}{6}i},\ e^{\frac{\pi}{2}i},\ e^{\frac{5\pi}{6}i}$$
の3つである.
留数定理により,

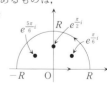

$$\int_{C_R} \frac{z^4}{z^6+1} dz$$

$$= 2\pi i\{\text{Res}(e^{\frac{\pi}{6}i}) + \text{Res}(e^{\frac{\pi}{2}i}) + \text{Res}(e^{\frac{5\pi}{6}i})\}$$
(2)より,

$$\text{Res}(e^{\frac{\pi}{6}i}) = \frac{1}{6e^{\frac{\pi}{6}i}} = \frac{1}{6}e^{-\frac{\pi}{6}i}$$

$$= \frac{1}{6}\left\{\cos\left(-\frac{\pi}{6}\right) + i\sin\left(-\frac{\pi}{6}\right)\right\}$$

$$= \frac{1}{6}\left(\frac{\sqrt{3}}{2} - \frac{1}{2}i\right)$$

$$\text{Res}(e^{\frac{\pi}{2}i}) = \frac{1}{6e^{\frac{\pi}{2}i}} = \frac{1}{6}e^{-\frac{\pi}{2}i}$$

$$= \frac{1}{6}\left\{\cos\left(-\frac{\pi}{2}\right) + i\sin\left(-\frac{\pi}{2}\right)\right\}$$

$$= \frac{1}{6}(-i)$$

$$\text{Res}(e^{\frac{5\pi}{6}i}) = \frac{1}{6e^{\frac{5\pi}{6}i}} = \frac{1}{6}e^{-\frac{5\pi}{6}i}$$

$$= \frac{1}{6}\left\{\cos\left(-\frac{5\pi}{6}\right) + i\sin\left(-\frac{5\pi}{6}\right)\right\}$$

$$= \frac{1}{6}\left(-\frac{\sqrt{3}}{2} - \frac{1}{2}i\right)$$

よって，

$$\int_{C_R}\frac{z^4}{z^6+1}dz$$

$$= 2\pi i\{\text{Res}(e^{\frac{\pi}{6}i}) + \text{Res}(e^{\frac{\pi}{2}i}) + \text{Res}(e^{\frac{5\pi}{6}i})\}$$

$$= 2\pi i \cdot \frac{1}{6}\left\{\left(\frac{\sqrt{3}}{2} - \frac{1}{2}i\right) + (-i)\right.$$

$$\left. + \left(-\frac{\sqrt{3}}{2} - \frac{1}{2}i\right)\right\}$$

$$= -\frac{2}{3}\pi i^2 = \frac{2}{3}\pi$$

一方，

$$\int_{C_R}\frac{z^4}{z^6+1}dz = \int_{l_R}\frac{z^4}{z^6+1}dz + \int_{\Gamma_R}\frac{z^4}{z^6+1}dz$$

であり，$R \to \infty$ のとき，

$$\int_{l_R}\frac{z^4}{z^6+1}dz = \int_{-R}^{R}\frac{x^4}{x^6+1}dx$$

$$\to \int_{-\infty}^{\infty}\frac{x^4}{x^6+1}dx = \int_{-\infty}^{\infty}f(x)\,dx$$

また，Γ_R 上で $\left|\dfrac{z^4}{z^6+1}\right| \leqq \dfrac{R^4}{R^6-1}$ に注意すると，

$$\left|\int_{\Gamma_R}\frac{z^4}{z^6+1}dz\right| \leqq \frac{R^4}{R^6-1} \cdot \pi R \to 0$$

すなわち，$\displaystyle\lim_{R\to\infty}\int_{\Gamma_R}\frac{z^4}{z^6+1}dz = 0$

したがって，

$$\int_{-\infty}^{\infty}f(x)\,dx = \lim_{R\to\infty}\int_{C_R}\frac{z^4}{z^6+1}dz$$

$$= \lim_{R\to\infty}\frac{2}{3}\pi = \frac{2}{3}\pi$$

3 (1) (i) $\displaystyle I = \int_0^{2\pi}\frac{d\theta}{2+\cos\theta}$

$$= \int_0^{\pi}\frac{d\theta}{2+\cos\theta} + \int_{\pi}^{2\pi}\frac{d\theta}{2+\cos\theta}$$

ここで，$\displaystyle\int_{\pi}^{2\pi}\frac{d\theta}{2+\cos\theta}$ において，

$\varphi = 2\pi - \theta$ とおくと，$d\varphi = -d\theta$

また，$\theta : \pi \to 2\pi$ のとき $\varphi : \pi \to 0$

$$\therefore \int_{\pi}^{2\pi}\frac{d\theta}{2+\cos\theta} = \int_{\pi}^{0}\frac{-d\varphi}{2+\cos(2\pi-\varphi)}$$

$$= \int_0^{\pi}\frac{d\varphi}{2+\cos\varphi} = \int_0^{\pi}\frac{d\theta}{2+\cos\theta}$$

よって，$\displaystyle I = 2\int_0^{\pi}\frac{d\theta}{2+\cos\theta}$

(ii) $x = \tan\dfrac{\theta}{2}$ とおくと，

$$dx = \frac{1}{2}\frac{1}{\cos^2\dfrac{\theta}{2}}d\theta = \frac{1}{2}\left(1+\tan^2\frac{\theta}{2}\right)d\theta$$

$$= \frac{1+x^2}{2}d\theta \quad \therefore \quad d\theta = \frac{2}{1+x^2}dx$$

また，$\theta : 0 \to \pi$ のとき $x : 0 \to \infty$

よって，

$$I = 2\int_0^{\pi}\frac{d\theta}{2+\cos\theta}$$

$$= 2\int_0^{\infty}\frac{1}{2+\dfrac{1-x^2}{1+x^2}}\frac{2}{1+x^2}dx = 2\int_0^{\infty}\frac{2}{3+x^2}dx$$

$$= 4\int_0^{\infty}\frac{1}{3+x^2}dx$$

(iii) $\displaystyle I = 4\int_0^{\infty}\frac{1}{3+x^2}dx = \lim_{\beta\to\infty}4\int_0^{\beta}\frac{1}{3+x^2}dx$

$$= \lim_{\beta\to\infty}\frac{4}{3}\int_0^{\beta}\frac{1}{1+\left(\dfrac{x}{\sqrt{3}}\right)^2}dx$$

$$= \lim_{\beta\to\infty}\frac{4}{3}\left[\sqrt{3}\tan^{-1}\frac{x}{\sqrt{3}}\right]_0^{\beta}$$

$$= \lim_{\beta\to\infty}\frac{4\sqrt{3}}{3}\tan^{-1}\frac{\beta}{\sqrt{3}} = \frac{4\sqrt{3}}{3}\cdot\frac{\pi}{2} = \frac{2\sqrt{3}}{3}\pi$$

(2) (i) $z = e^{i\theta} = \cos\theta + i\sin\theta$

$$\frac{1}{z} = e^{-i\theta} = \cos\theta - i\sin\theta$$

より，$z + \dfrac{1}{z} = 2\cos\theta$

(ii) θ が 0 から 2π まで動くとき，$z = e^{i\theta}$ は単

位円を正の方向に 1 周まわる。この積分路を C とする。

$z=e^{i\theta}$ より、

$$dz=ie^{i\theta}d\theta=izd\theta \qquad \therefore \quad d\theta=\frac{1}{iz}dz$$

よって、

$$I=\int_0^{2\pi}\frac{d\theta}{2+\cos\theta}=\int_0^{2\pi}\frac{2}{4+2\cos\theta}d\theta$$

$$=\int_C\frac{2}{4+z+z^{-1}}\frac{1}{iz}dz=\frac{2}{i}\int_C\frac{1}{z^2+4z+1}dz$$

(ⅲ) $z^2+4z+1=0$ とすると、$z=-2\pm\sqrt{3}$

$\alpha=-2-\sqrt{3}$、$\beta=-2+\sqrt{3}$ とおく。

このうち、C で囲まれた領域
の内部にあるのは、
$\beta=-2+\sqrt{3}$ だけ
である。

これは $\dfrac{1}{z^2+4z+1}$

の 1 位の極だから、

$$\mathrm{Res}(\beta)=\lim_{z\to\beta}(z-\beta)\frac{1}{z^2+4z+1}$$

$$=\lim_{z\to\beta}(z-\beta)\frac{1}{(z-\alpha)(z-\beta)}$$

$$=\lim_{z\to\beta}\frac{1}{z-\alpha}=\frac{1}{\beta-\alpha}=\frac{1}{2\sqrt{3}}$$

留数定理により、

$$I=\frac{2}{i}\int_C\frac{1}{z^2+4z+1}dz=\frac{2}{i}\cdot2\pi i\cdot\mathrm{Res}(\beta)$$

$$=\frac{2}{i}\cdot2\pi i\cdot\frac{1}{2\sqrt{3}}=\frac{2\sqrt{3}}{3}\pi$$

4 (1) 　$1+e^z=0$ とすると、$e^z=-1$

ところで、$z=x+yi$（x、y は実数）とすると、

$$e^z=e^x(\cos y+i\sin y)$$

一方、$-1=1\cdot(\cos\pi+i\sin\pi)$ であるから、
$e^z=-1$ のとき、

$$e^x=1 \quad\cdots\cdots ①$$

$$y=\pi+2n\pi \quad(n\text{ は整数}) \quad\cdots\cdots ②$$

①より、$x=0$ 　②より、$y=(2n+1)\pi$

$\therefore \quad z=(2n+1)\pi i$

よって、
積分路 C で囲まれ
る領域内にある特
異点は、
$z=\pi i$ のみ。

次に、$z=\pi i$ における留数 $\mathrm{Res}(\pi i)$ を求
める。

$$\mathrm{Res}(\pi i)=\lim_{z\to\pi i}(z-\pi i)\frac{e^{az}}{1+e^z}$$

$$=\lim_{z\to\pi i}(z-\pi i)\frac{e^{az}}{e^z-(-1)}$$

$$=\lim_{z\to\pi i}(z-\pi i)\frac{e^{az}}{e^z-e^{\pi i}}=\lim_{z\to\pi i}\frac{e^{az}}{\dfrac{e^z-e^{\pi i}}{z-\pi i}}$$

$$=\frac{e^{a\pi i}}{(e^z)'_{z=\pi i}}=\frac{e^{a\pi i}}{e^{\pi i}}=\frac{e^{a\pi i}}{-1}=-e^{a\pi i}$$

(2) 　(1)より、

$$\int_C\frac{e^{az}}{1+e^z}dz=2\pi i\,\mathrm{Res}(\pi i)=-2\pi ie^{a\pi i}$$

一方、

$$\int_C\frac{e^{az}}{1+e^z}dz=\int_{-R\to R}\frac{e^{az}}{1+e^z}dz$$

$$+\int_{R\to R+i2\pi}\frac{e^{az}}{1+e^z}dz$$

$$+\int_{R+i2\pi\to-R+i2\pi}\frac{e^{az}}{1+e^z}dz$$

$$+\int_{-R+i2\pi\to-R}\frac{e^{az}}{1+e^z}dz$$

$$=I_1+I_2+I_3+I_4 \text{ とおく。}$$

ここで、$R\to\infty$ のとき、

$$I_1=\int_{-R\to R}\frac{e^{az}}{1+e^z}dz=\int_{-R}^R\frac{e^{ax}}{1+e^x}dx$$

$$\to\int_{-\infty}^\infty\frac{e^{ax}}{1+e^x}dx$$

$$I_2=\int_{R\to R+i2\pi}\frac{e^{az}}{1+e^z}dz=\int_0^{2\pi}\frac{e^{a(R+yi)}}{1+e^{R+yi}}idy$$

であり、

$$\left|\int_0^{2\pi}\frac{e^{a(R+yi)}}{1+e^{R+yi}}idy\right|\leqq\int_0^{2\pi}\left|\frac{e^{a(R+yi)}}{1+e^{R+yi}}i\right|dy$$

$$=\int_0^{2\pi}\frac{e^{aR}}{|1+e^{R+yi}|}dy \quad(\because \quad|e^{ayi}|=1)$$

$$\leqq\int_0^{2\pi}\frac{e^{aR}}{|1-|e^Re^{yi}||}dy=\int_0^{2\pi}\frac{e^{aR}}{|1-e^R|}dy$$

$$=\int_0^{2\pi}\frac{e^{aR}}{e^R-1}dy$$

$$=2\pi\frac{e^{aR}}{e^R-1}\to0 \quad(\because \quad0<a<1)$$

$$\therefore \quad I_2=\int_0^{2\pi}\frac{e^{a(R+yi)}}{1+e^{R+yi}}idy\to0$$

次に、

$$I_3=\int_{R+i2\pi\to-R+i2\pi}\frac{e^{az}}{1+e^z}dz=-\int_{-R}^R\frac{e^{a(x+i2\pi)}}{1+e^{x+i2\pi}}dx$$

$$=-\int_{-R}^R\frac{e^{ax}e^{2\pi ai}}{1+e^xe^{i2\pi}}dx$$

$$= -e^{2\pi ai}\int_{-R}^{R}\frac{e^{ax}}{1+e^x}dx \quad (\text{注}) \quad e^{i2\pi}=1$$

$$\to -e^{2\pi ai}\int_{-\infty}^{\infty}\frac{e^{ax}}{1+e^x}dx$$

$$I_4=\int_{-R+i2\pi\to -R}\frac{e^{az}}{1+e^z}dz$$

$$=-\int_0^{2\pi}\frac{e^{a(-R+yi)}}{1+e^{-R+yi}}idy$$

I_2 と同様に，$I_4=-\displaystyle\int_0^{2\pi}\frac{e^{a(-R+yi)}}{1+e^{-R+yi}}idy\to 0$

以上より，$R\to\infty$ のとき，

$$\int_C\frac{e^{az}}{1+e^z}dz$$

$$\to \int_{-\infty}^{\infty}\frac{e^{ax}}{1+e^x}dx+0-e^{2\pi ai}\int_{-\infty}^{\infty}\frac{e^{ax}}{1+e^x}dx-0$$

$$=(1-e^{2\pi ai})\int_{-\infty}^{\infty}\frac{e^{ax}}{1+e^x}dx$$

$$\therefore\ (1-e^{2\pi ai})\int_{-\infty}^{\infty}\frac{e^{ax}}{1+e^x}dx=-2\pi ie^{a\pi i}$$

$$\therefore\ \int_{-\infty}^{\infty}\frac{e^{ax}}{1+e^x}dx=\frac{2\pi ie^{a\pi i}}{e^{2\pi ai}-1}$$

$$=\frac{2\pi i}{e^{\pi ai}-e^{-a\pi i}}=\frac{2\pi i}{2i\sin a\pi}$$

$$=\frac{\pi}{\sin a\pi}$$

第16章　フーリエ解析

類題16－1

$$a_n=\frac{1}{l}\int_{-l}^{l}f(x)\cos\frac{n\pi}{l}xdx=0$$

$$b_n=\frac{1}{l}\int_{-l}^{l}f(x)\sin\frac{n\pi}{l}xdx$$

$$=\frac{2}{l}\int_0^{l}1\cdot\sin\frac{n\pi}{l}xdx$$

$$=\frac{2}{l}\left[-\frac{l}{n\pi}\cos\frac{n\pi}{l}x\right]_0^{l}$$

$$=\frac{2}{n\pi}(1-\cos n\pi)=\frac{2}{n\pi}\{1-(-1)^n\}$$

$$=\begin{cases}\dfrac{4}{(2k-1)\pi} & (n=2k-1)\\[2mm] 0 & (n=2k)\end{cases}$$

よって，求めるフーリエ級数は，

$$f(x)\sim\sum_{k=1}^{\infty}\frac{4}{(2k-1)\pi}\sin\frac{(2k-1)\pi}{l}x$$

類題16－2

(1)　$a_0=\dfrac{1}{\pi}\displaystyle\int_{-\pi}^{\pi}x^2dx=\dfrac{2}{\pi}\int_0^{\pi}x^2dx=\dfrac{2\pi^2}{3}$

$n=1,\ 2,\ \cdots$ のとき

$$a_n=\frac{1}{\pi}\int_{-\pi}^{\pi}x^2\cos nxdx=\frac{2}{\pi}\int_0^{\pi}x^2\cos nxdx$$

$$=\frac{2}{\pi}\left(\left[x^2\frac{1}{n}\sin nx\right]_0^{\pi}-\int_0^{\pi}2x\frac{1}{n}\sin nxdx\right)$$

$$=-\frac{4}{n\pi}\int_0^{\pi}x\sin nxdx$$

$$=-\frac{4}{n\pi}\left(\left[x\left(-\frac{1}{n}\cos nx\right)\right]_0^{\pi}\right.$$

$$\left.-\int_0^{\pi}\left(-\frac{1}{n}\cos nx\right)dx\right)$$

$$=\frac{4}{n^2}\cos n\pi=\frac{4(-1)^n}{n^2}$$

また，明らかに，$b_n=\dfrac{1}{\pi}\displaystyle\int_{-\pi}^{\pi}x^2\sin nxdx=0$

よって，$x^2\sim\dfrac{\pi^2}{3}+\displaystyle\sum_{n=1}^{\infty}\frac{4(-1)^n}{n^2}\cos nx$

(2)　$f(x)=x^2\ (-\pi\le x\le\pi)$ を周期 2π で拡張したものは各点で連続であるから，(1)の結果より，

$$x^2=\frac{\pi^2}{3}+\sum_{n=1}^{\infty}\frac{4(-1)^n}{n^2}\cos nx$$

これに $x=\pi$ を代入すると，

$$\pi^2=\frac{\pi^2}{3}+\sum_{n=1}^{\infty}\frac{4(-1)^n}{n^2}\cos n\pi$$

$$=\frac{\pi^2}{3}+\sum_{n=1}^{\infty}\frac{4(-1)^n}{n^2}(-1)^n$$

$$=\frac{\pi^2}{3}+4\sum_{n=1}^{\infty}\frac{1}{n^2}$$

$\therefore\ \dfrac{2\pi^2}{3}=4\displaystyle\sum_{n=1}^{\infty}\frac{1}{n^2}$　　よって，$\displaystyle\sum_{n=1}^{\infty}\frac{1}{n^2}=\frac{\pi^2}{6}$

類題16－3

$f(t)$ のフーリエ変換を計算する。

$$F(u)=\frac{1}{\sqrt{2\pi}}\int_{-\infty}^{\infty}f(t)e^{-iut}dt$$

$$=\frac{1}{\sqrt{2\pi}}\int_{-2}^{2}\left(1-\frac{1}{2}|t|\right)e^{-iut}dt$$

$$=\frac{1}{\sqrt{2\pi}}\int_{-2}^{2}\left(1-\frac{1}{2}|t|\right)(\cos ut-i\sin ut)dt$$

$$=\frac{2}{\sqrt{2\pi}}\int_0^{2}\left(1-\frac{1}{2}t\right)\cos utdt$$

$$=\frac{2}{\sqrt{2\pi}}\left(\left[\left(1-\frac{1}{2}t\right)\frac{1}{u}\sin ut\right]_0^{2}\right.$$

$$+\int_0^2 \frac{1}{2}\frac{1}{u}\sin utdt\Biggr) \qquad (u\neq 0 \text{ のとき})$$

$$=\frac{2}{\sqrt{2\pi}}\left(\frac{1}{2u}\left[-\frac{1}{u}\cos ut\right]_0^2\right)$$

$$=\frac{2}{\sqrt{2\pi}}\left(-\frac{1}{2u^2}(\cos 2u-1)\right)$$

$$=\frac{1}{\sqrt{2\pi}}\frac{1}{u^2}(1-\cos 2u)=\frac{2}{\sqrt{2\pi}}\frac{\sin^2 u}{u^2}$$

反転公式より,

$$f(x)=\frac{1}{\sqrt{2\pi}}\int_{-\infty}^{\infty}F(u)\cdot e^{iux}du$$

$$=\frac{1}{\sqrt{2\pi}}\int_{-\infty}^{\infty}\frac{2}{\sqrt{2\pi}}\frac{\sin^2 u}{u^2}\cdot e^{iux}du$$

$$\therefore \quad f(0)=\frac{1}{\sqrt{2\pi}}\int_{-\infty}^{\infty}\frac{2}{\sqrt{2\pi}}\frac{\sin^2 u}{u^2}du$$

$$\therefore \quad 1=\frac{2}{\pi}\int_0^{\infty}\frac{\sin^2 u}{u^2}du$$

$$\therefore \quad \int_0^{\infty}\frac{\sin^2 u}{u^2}du=\frac{\pi}{2}$$

すなわち, $\displaystyle\int_0^{\infty}\frac{\sin^2 x}{x^2}dx=\frac{\pi}{2}$

第16章　章末問題　解答

1 $\displaystyle a_n=\frac{1}{\pi}\int_{-\pi}^{\pi}f(x)\cos nx\,dx=0$

$$b_n=\frac{1}{\pi}\int_{-\pi}^{\pi}f(x)\sin nx\,dx=\frac{2}{\pi}\int_0^{\pi}1\cdot\sin nx\,dx$$

$$=\frac{2}{\pi}\left[-\frac{1}{n}\cos nx\right]_0^{\pi}$$

$$=\frac{2}{n\pi}(1-\cos n\pi)=\frac{2}{n\pi}\{1-(-1)^n\}$$

$$=\begin{cases}\dfrac{4}{(2k-1)\pi} & (n=2k-1)\\[2mm]0 & (n=2k)\end{cases}$$

よって, 求めるフーリエ級数は,

$$f(x)\sim\sum_{k=1}^{\infty}\frac{4}{(2k-1)\pi}\sin(2k-1)x$$

2 (1) (a) $\displaystyle\int_{-\pi}^{\pi}\sin mx\cos nx\,dx=0$

(b) (i) $m\neq n$ のとき

$$\int_{-\pi}^{\pi}\cos mx\cos nx\,dx$$

$$=\int_{-\pi}^{\pi}\frac{1}{2}\{\cos(m+n)x+\cos(m-n)x\}\,dx$$

$$=\frac{1}{2}\left[\frac{1}{m+n}\sin(m+n)x\right.$$

$$\left.+\frac{1}{m-n}\sin(m-n)x\right]_{-\pi}^{\pi}=0$$

(ii) $m=n$ のとき

$$\int_{-\pi}^{\pi}\cos mx\cos nx\,dx$$

$$=\int_{-\pi}^{\pi}\cos^2 mx\,dx=\int_{-\pi}^{\pi}\frac{1+\cos 2mx}{2}dx$$

$$=\int_0^{\pi}(1+\cos 2mx)\,dx=\left[x+\frac{1}{2m}\sin 2mx\right]_0^{\pi}$$

$$=\pi$$

(c) (i) $m\neq n$ のとき

$$\int_{-\pi}^{\pi}\sin mx\sin nx\,dx$$

$$=-\int_{-\pi}^{\pi}\frac{1}{2}\{\cos(m+n)x-\cos(m-n)x\}\,dx$$

$$=-\frac{1}{2}\left[\frac{1}{m+n}\sin(m+n)x\right.$$

$$\left.-\frac{1}{m-n}\sin(m-n)x\right]_{-\pi}^{\pi}=0$$

(ii) $m=n$ のとき

$$\int_{-\pi}^{\pi}\sin mx\sin nx\,dx$$

$$=\int_{-\pi}^{\pi}\sin^2 mx\,dx=\int_{-\pi}^{\pi}\frac{1-\cos 2mx}{2}dx$$

$$=\int_0^{\pi}(1-\cos 2mx)\,dx=\left[x-\frac{1}{2m}\sin 2mx\right]_0^{\pi}$$

$$=\pi$$

(2) (a)

$$\int_{-\pi}^{\pi}f(x)\,dx$$

$$=\int_{-\pi}^{\pi}\left(\frac{a_0}{2}+\sum_{k=1}^{\infty}(a_k\cos kx+b_k\sin kx)\right)dx$$

$$=\int_{-\pi}^{\pi}\frac{a_0}{2}dx$$

$$+\sum_{k=1}^{\infty}\left(a_k\int_{-\pi}^{\pi}\cos kx\,dx+b_k\int_{-\pi}^{\pi}\sin kx\,dx\right)$$

$$=\pi a_0$$

(b) $\displaystyle\int_{-\pi}^{\pi}f(x)\cos px\,dx$

$$=\int_{-\pi}^{\pi}\frac{a_0}{2}\cos px\,dx$$

$$+\sum_{k=1}^{\infty}\left(a_k\int_{-\pi}^{\pi}\cos kx\cos px\,dx\right.$$

$$\left.+b_k\int_{-\pi}^{\pi}\sin kx\cos px\,dx\right)$$

$$=0+a_p\pi+0=\pi a_p$$

(c) $\displaystyle\int_{-\pi}^{\pi}f(x)\sin px\,dx$

$$= \int_{-\pi}^{\pi} \frac{a_0}{2} \sin px\, dx + \sum_{k=1}^{\infty} \left(a_k \int_{-\pi}^{\pi} \cos kx \sin px\, dx \right.$$
$$\left. + b_k \int_{-\pi}^{\pi} \sin kx \sin px\, dx \right)$$
$$= 0 + 0 + b_p \pi = \pi b_p$$

(3) (2)より，
$$a_0 = \frac{1}{\pi} \int_{-\pi}^{\pi} f(x)\, dx = \frac{1}{\pi} \int_{-\pi}^{\pi} |x|\, dx$$
$$= \frac{2}{\pi} \int_0^{\pi} x\, dx = \frac{2}{\pi} \left[\frac{x^2}{2} \right]_0^{\pi} = \pi$$

$$a_p = \frac{1}{\pi} \int_{-\pi}^{\pi} f(x) \cos px\, dx$$
$$= \frac{1}{\pi} \int_{-\pi}^{\pi} |x| \cos px\, dx = \frac{2}{\pi} \int_0^{\pi} x \cos px\, dx$$
$$= \frac{2}{\pi} \left(\left[x \cdot \frac{1}{p} \sin px \right]_0^{\pi} - \int_0^{\pi} \frac{1}{p} \sin px\, dx \right)$$
$$= \frac{2}{\pi} \left(0 + \left[\frac{1}{p^2} \cos px \right]_0^{\pi} \right)$$
$$= \frac{2}{\pi} \cdot \frac{1}{p^2} (\cos \pi p - \cos 0)$$
$$= \frac{2}{\pi} \cdot \frac{1}{p^2} \{(-1)^p - 1\}$$

$$b_p = \frac{1}{\pi} \int_{-\pi}^{\pi} f(x) \sin px\, dx$$
$$= \frac{1}{\pi} \int_{-\pi}^{\pi} |x| \sin px\, dx = 0$$

よって，求めるフーリエ級数は，
$$f(x) = \frac{a_0}{2} + \sum_{p=1}^{\infty} (a_p \cos px + b_p \sin px)$$
$$= \frac{\pi}{2} + \sum_{p=1}^{\infty} \frac{2}{\pi} \cdot \frac{1}{p^2} \{(-1)^p - 1\} \cos px$$
$$= \frac{\pi}{2} - \frac{4}{\pi} \sum_{k=1}^{\infty} \frac{1}{(2k-1)^2} \cos(2k-1)x$$

(4) (a) (3)より，
$$f(0) = \frac{\pi}{2} - \frac{4}{\pi} \sum_{k=1}^{\infty} \frac{1}{(2k-1)^2}$$
$$\therefore \quad 0 = \frac{\pi}{2} - \frac{4}{\pi} \sum_{k=1}^{\infty} \frac{1}{(2k-1)^2}$$

よって，$\displaystyle \sum_{k=1}^{\infty} \frac{1}{(2k-1)^2} = \frac{\pi^2}{8}$

(b) $\displaystyle \sum_{k=1}^{\infty} \frac{1}{k^2} = \sum_{k=1}^{\infty} \frac{1}{(2k-1)^2} + \sum_{k=1}^{\infty} \frac{1}{(2k)^2}$
$$= \sum_{k=1}^{\infty} \frac{1}{(2k-1)^2} + \frac{1}{4} \sum_{k=1}^{\infty} \frac{1}{k^2}$$
$$\therefore \quad \frac{3}{4} \sum_{k=1}^{\infty} \frac{1}{k^2} = \sum_{k=1}^{\infty} \frac{1}{(2k-1)^2}$$
$$\therefore \quad \sum_{k=1}^{\infty} \frac{1}{k^2} = \frac{4}{3} \sum_{k=1}^{\infty} \frac{1}{(2k-1)^2} = \frac{4}{3} \cdot \frac{\pi^2}{8} = \frac{\pi^2}{6}$$

(c) $\displaystyle \sum_{k=1}^{\infty} \frac{1}{k^2} + \sum_{k=1}^{\infty} \frac{(-1)^{k-1}}{k^2} = 2 \sum_{k=1}^{\infty} \frac{1}{(2k-1)^2}$
（k が偶数のときは打ち消しあう）
$$\therefore \quad \frac{\pi^2}{6} + \sum_{k=1}^{\infty} \frac{(-1)^{k-1}}{k^2} = 2 \cdot \frac{\pi^2}{8}$$
$$\therefore \quad \sum_{k=1}^{\infty} \frac{(-1)^{k-1}}{k^2} = \frac{\pi^2}{4} - \frac{\pi^2}{6} = \frac{\pi^2}{12}$$

3 $\displaystyle F(u) = \frac{1}{\sqrt{2\pi}} \int_{-\infty}^{\infty} f(t) e^{-iut}\, dt$
$$= \frac{1}{\sqrt{2\pi}} \int_{-1}^{1} (1-t^2) e^{-iut}\, dt$$
$$= \frac{1}{\sqrt{2\pi}} \int_{-1}^{1} (1-t^2)(\cos ut - i \sin ut)\, dt$$
$$= \frac{2}{\sqrt{2\pi}} \int_0^{1} (1-t^2) \cos ut\, dt$$
$$= \frac{2}{\sqrt{2\pi}} \left(\left[(1-t^2) \frac{1}{u} \sin ut \right]_0^1 \right.$$
$$\left. + \int_0^1 2t \frac{1}{u} \sin ut\, dt \right)$$
$$= \frac{2}{\sqrt{2\pi}} \frac{2}{u} \int_0^1 t \sin ut\, dt$$
$$= \frac{2}{\sqrt{2\pi}} \frac{2}{u} \left(\left[t \left(-\frac{1}{u} \cos ut \right) \right]_0^1 \right.$$
$$\left. + \int_0^1 \frac{1}{u} \cos ut\, dt \right)$$
$$= \frac{2}{\sqrt{2\pi}} \frac{2}{u} \left(-\frac{1}{u} \cos u + \left[\frac{1}{u^2} \sin ut \right]_0^1 \right)$$
$$= \frac{2}{\sqrt{2\pi}} \frac{2}{u} \left(-\frac{1}{u} \cos u + \frac{1}{u^2} \sin u \right)$$
$$= \frac{4}{\sqrt{2\pi}} \frac{\sin u - u \cos u}{u^3} \quad (u \neq 0)$$

第17章 ラプラス変換

類題17－1

(1) $\displaystyle L[\cos bx](s) = \int_0^{\infty} e^{-sx} \cos bx\, dx$
$$= \lim_{\beta \to \infty} \int_0^{\beta} e^{-sx} \cos bx\, dx$$
$$= \lim_{\beta \to \infty} \left[\frac{1}{b^2+s^2} e^{-sx} (b \sin bx - s \cos bx) \right]_0^{\beta}$$
$$= \frac{s}{b^2+s^2} = \frac{s}{s^2+b^2}$$

（注） 指数関数と三角関数の積の不定積分：
$$(e^{-sx} \sin bx)' = -s e^{-sx} \sin bx + b e^{-sx} \cos bx$$
$$\cdots\cdots①$$

$(e^{-sx}\cos bx)' = -se^{-sx}\cos bx - be^{-sx}\sin bx$
$$\cdots\cdots②$$

①$\times b -$②$\times s$ より，

$\{e^{-sx}(b\sin bx - s\cos bx)\}'$
$= (b^2 + s^2)e^{-sx}\cos bx$

$\therefore \displaystyle\int e^{-sx}\cos bx\,dx$

$= \dfrac{1}{b^2+s^2}e^{-sx}(b\sin bx - s\cos bx) + C$

(2) $L[e^{ax}\cos bx](s)$
$= L[\cos bx](s-a)$　◀ 移動法則
$= \dfrac{s-a}{(s-a)^2 + b^2}$

(3) $L[x^n](s)$
$= \dfrac{1}{s}L[nx^{n-1}](s)$　◀ 積分法則
$= \dfrac{n}{s}L[x^{n-1}](s)$　◀ 線形性
$= \dfrac{n}{s}\cdot\dfrac{n-1}{s}L[x^{n-2}](s)$
$= \cdots\cdots\cdots\cdots$
$= \dfrac{n}{s}\cdot\dfrac{n-1}{s}\cdots\cdots\dfrac{3}{s}\cdot\dfrac{2}{s}\cdot\dfrac{1}{s}L[1](s)$

ここで，$L[1](s) = \displaystyle\int_0^\infty e^{-sx}dx = \dfrac{1}{s}$ だから，

$L[x^n](s) = \dfrac{n}{s}\cdot\dfrac{n-1}{s}\cdots\cdots\cdots\dfrac{3}{s}\cdot\dfrac{2}{s}\cdot\dfrac{1}{s}\times\dfrac{1}{s}$

$= \dfrac{n!}{s^{n+1}}$

(4) $L[e^{ax}x^n](s)$
$= L[x^n](s-a)$　◀ 移動法則
$= \dfrac{n!}{(s-a)^{n+1}}$

類題17－2

(1) $L^{-1}\left[\dfrac{s}{s^2+2s+3}\right](x)$

$= L^{-1}\left[\dfrac{(s+1)-1}{(s+1)^2+2}\right](x)$

$= e^{-x}L^{-1}\left[\dfrac{s-1}{s^2+2}\right](x)$

$(\because$ 移動法則 $L[e^{ax}f(x)](s) = F(s-a))$

$= e^{-x}\left(L^{-1}\left[\dfrac{s}{s^2+2}\right](x) - L^{-1}\left[\dfrac{1}{s^2+2}\right](x)\right)$

$= e^{-x}\left(\cos\sqrt{2}\,x - \dfrac{1}{\sqrt{2}}\sin\sqrt{2}\,x\right)$

（注） 次のラプラス変換は暗記事項。

$L[\sin bx](s) = \dfrac{b}{s^2+b^2}$

$L[\cos bx](s) = \dfrac{s}{s^2+b^2}$

(2) $L^{-1}\left[\dfrac{1}{s^4-1}\right](x)$

$= L^{-1}\left[\dfrac{1}{4}\left(\dfrac{1}{s-1} - \dfrac{1}{s+1} - \dfrac{2}{s^2+1}\right)\right](x)$

$= \dfrac{1}{4}\left\{L^{-1}\left[\dfrac{1}{s-1}\right](x) - L^{-1}\left[\dfrac{1}{s+1}\right](x)\right.$

$\left. - 2L^{-1}\left[\dfrac{1}{s^2+1}\right](x)\right\}$

$= \dfrac{1}{4}\left\{e^x L^{-1}\left[\dfrac{1}{s}\right](x) - e^{-x}L^{-1}\left[\dfrac{1}{s}\right](x)\right.$

$\left. - 2L^{-1}\left[\dfrac{1}{s^2+1}\right](x)\right\}$

$(\because$ 移動法則 $L[e^{ax}f(x)](s) = F(s-a))$

$= \dfrac{1}{4}(e^x\cdot 1 - e^{-x}\cdot 1 - 2\cdot\sin x)$

$= \dfrac{1}{4}(e^x - e^{-x} - 2\sin x)$

（注） 次のラプラス変換は暗記事項。

$L[x^n](s) = \dfrac{n!}{s^{n+1}}$

$\left(n=0 \text{ のとき，} L[1](s) = \dfrac{1}{s}\right)$

類題17－3

$y'' + 2y' + y = \sin x$ より，

$L[y'' + 2y' + y](s) = L[\sin x](s)$

ラプラス変換の線形性より，

$\underline{\underline{L[y''](s) + 2L[y'](s) + L[y](s)}}$
$\underline{\underline{= L[\sin x](s)}}$

ここで，$F(s) = L[y](s)$ とおくと，

$L[y'](s) = sL[y](s) - y(0)$　◀ 微分法則
　　　　　$= sF(s)$　　$(\because y(0)=0)$

$L[y''](s) = sL[y'](s) - y'(0)$　◀ 微分法則
　　　　　$= s^2F(s) - 1$
　　　　　$(\because y'(0)=1,\ L[y'](s)=sF(s))$

また，$L[\sin x](s) = \dfrac{1}{s^2+1}$　だから，

$\underline{\underline{L[y''](s) + 2L[y'](s) + L[y](s)}}$
$\underline{\underline{= L[\sin x](s)}}$
より，

$s^2F(s) - 1 + 2sF(s) + F(s) = \dfrac{1}{s^2+1}$

$\therefore\ (s^2+2s+1)F(s) = \dfrac{1}{s^2+1} + 1$

$$\therefore \quad F(s) = \frac{1}{s^2+2s+1}\left\{\frac{1}{s^2+1}+1\right\}$$

$$= \frac{s^2+2}{(s+1)^2(s^2+1)}$$

$$= \frac{1}{2}\left\{\frac{1}{s+1}+\frac{3}{(s+1)^2}-\frac{s}{s^2+1}\right\} \quad \Leftarrow \text{部分分数}\atop\text{分解}$$

これに**ラプラス逆変換**を施すと，

$$L^{-1}[F(s)](x)$$

$$= L^{-1}\left[\frac{1}{2}\left\{\frac{1}{s+1}+\frac{3}{(s+1)^2}-\frac{s}{s^2+1}\right\}\right](x)$$

$$= \frac{1}{2}\left\{L^{-1}\left[\frac{1}{s+1}\right](x)+3L^{-1}\left[\frac{1}{(s+1)^2}\right](x)\right.$$

$$\left.-L^{-1}\left[\frac{s}{s^2+1}\right](x)\right\}$$

$$= \frac{1}{2}\left\{e^{-x}L^{-1}\left[\frac{1}{s}\right](x)+3e^{-x}L^{-1}\left[\frac{1}{s^2}\right](x)\right.$$

$$\left.-L^{-1}\left[\frac{s}{s^2+1}\right](x)\right\} \quad (\because \text{移動法則})$$

$$= \frac{1}{2}\{e^{-x}\cdot1+3e^{-x}\cdot x-\cos x\} \quad \Leftarrow \text{基本変換}$$

$$= \frac{1}{2}(e^{-x}+3xe^{-x}-\cos x)$$

よって，$y=\dfrac{1}{2}(e^{-x}+3xe^{-x}-\cos x)$

類題17－4

(1) $f(x)=x$, $g(x)=e^{-x}$

$$(f*g)(x)=\int_0^x f(x-u)g(u)du$$

$$= \int_0^x (x-u)e^{-u}du$$

$$= \left[(x-u)(-e^{-u})\right]_0^x-\int_0^x(-1)(-e^{-u})du$$

$$= x-\left[-e^{-u}\right]_0^x=x+e^{-x}-1$$

また，

$$L[f(x)](s)=L[x](s)=\frac{1}{s^2}$$

$$L[g(x)](s)=L[e^{-x}](s)$$

$$=L[1](s+1)=\frac{1}{s+1}$$

より，

$$L[(f*g)](s)=L[f](s)\cdot L[g](s)$$

$$=\frac{1}{s^2}\cdot\frac{1}{s+1}=\frac{1}{s^2(s+1)}$$

(2) $f(x)=e^{2x}$, $g(x)=\sin 3x$

$$(f*g)(x)=\int_0^x f(x-u)g(u)du$$

$$= \int_0^x e^{2(x-u)}\sin 3u\,du=e^{2x}\int_0^x e^{-2u}\sin 3u\,du$$

ここで，

$$(e^{-2u}\sin 3u)'=-2e^{-2u}\sin 3u+3e^{-2u}\cos 3u$$

$$(e^{-2u}\cos 3u)'=-2e^{-2u}\cos 3u-3e^{-2u}\sin 3u$$

$$\therefore \quad \{e^{-2u}(2\sin 3u+3\cos 3u)\}'$$

$$= -13e^{-2u}\sin 3u$$

$$\therefore \quad \int_0^x e^{-2u}\sin 3u\,du$$

$$= -\frac{1}{13}e^{-2u}(2\sin 3u+3\cos 3u)+C$$

よって，

$$(f*g)(x)=e^{2x}\int_0^x e^{-2u}\sin 3u\,du$$

$$= e^{2x}\left[-\frac{1}{13}e^{-2u}(2\sin 3u+3\cos 3u)\right]_0^x$$

$$= -\frac{1}{13}e^{2x}\{e^{-2x}(2\sin 3x+3\cos 3x)-3\}$$

$$= -\frac{1}{13}(2\sin 3x+3\cos 3x-3e^{2x})$$

また，

$$L[f(x)](s)=L[e^{2x}](s)=L[1](s-2)$$

$$=\frac{1}{s-2}$$

$$L[g(x)](s)=L[\sin 3x](s)=\frac{3}{s^2+9}$$

より，

$$L[(f*g)](s)=L[f](s)\cdot L[g](s)$$

$$=\frac{1}{s-2}\cdot\frac{3}{s^2+9}=\frac{3}{(s-2)(s^2+9)}$$

類題17－5

$f(x)-\displaystyle\int_0^x \sin(x-u)f(u)du=\cos 2x$ より，

$$f(x)-\sin x*f(x)=\cos 2x$$

$$L[f(x)-\sin x*f(x)](s)=L[\cos 2x](s)$$

$$L[f(x)](s)-L[\sin x*f(x)](s)$$

$$=L[\cos 2x](s)$$

$$L[f(x)](s)-L[\sin x](s)\cdot L[f(x)](s)$$

$$=L[\cos 2x](s)$$

$$L[f(x)](s)-\frac{1}{s^2+1}\cdot L[f(x)](s)=\frac{s}{s^2+4}$$

$$\therefore \quad \frac{s^2}{s^2+1}\cdot L[f(x)](s)=\frac{s}{s^2+4}$$

$$\therefore \quad L[f(x)](s)=\frac{s^2+1}{s^2}\cdot\frac{s}{s^2+4}$$

$$= \frac{s^2+1}{s(s^2+4)}=\frac{(s^2+4)-3}{s(s^2+4)}$$

$$= \frac{1}{s}-\frac{1}{s}\cdot\frac{3}{s^2+4}$$

$$= L[1](s) - L[1](s) \cdot \frac{3}{2} L[\sin 2x](s)$$

$$= L[1](s) - \frac{3}{2} L[1 * \sin 2x](s)$$

これにラプラス逆変換を施すと，

$$f(x) = 1 - \frac{3}{2}(1 * \sin 2x)$$

ここで，

$$1 * \sin 2x = \int_0^x 1 \cdot \sin 2u\, du$$

$$= \left[-\frac{1}{2}\cos 2u \right]_0^x = \frac{1}{2}(1 - \cos 2x)$$

よって，

$$f(x) = 1 - \frac{3}{2}(1 * \sin 2x)$$

$$= 1 - \frac{3}{2} \cdot \frac{1}{2}(1 - \cos 2x)$$

$$= \frac{3}{4}\cos 2x + \frac{1}{4}$$

第17章　章末問題　解答

1 (1)　$L[\cos \omega t](s) = \int_0^\infty e^{-st} \cos \omega t\, dt$

ここで，

$$(e^{-st}\sin \omega t)' = -se^{-st}\sin \omega t + \omega e^{-st}\cos \omega t$$
$$(e^{-st}\cos \omega t)' = -se^{-st}\cos \omega t - \omega e^{-st}\sin \omega t$$

より，

$$\omega(e^{-st}\sin \omega t)' - s(e^{-st}\cos \omega t)'$$
$$= (\omega^2 + s^2)e^{-st}\cos \omega t$$

$$\therefore \int e^{-st}\cos \omega t\, dt$$

$$= \frac{1}{s^2 + \omega^2} e^{-st}(\omega \sin \omega t - s \cos \omega t) + C$$

よって，

$$L[\cos \omega t](s) = \int_0^\infty e^{-st}\cos \omega t\, dt$$

$$= \left[\frac{1}{s^2+\omega^2} e^{-st}(\omega \sin \omega t - s \cos \omega t) \right]_0^\infty$$

$$= \frac{s}{s^2+\omega^2}$$

(2)　(1)の計算より，

$$s(e^{-st}\sin \omega t)' + \omega(e^{-st}\cos \omega t)'$$
$$= -(s^2+\omega^2)e^{-st}\sin \omega t$$

$$\therefore \int e^{-st}\sin \omega t\, dt$$

$$= -\frac{1}{s^2+\omega^2} e^{-st}(s \sin \omega t + \omega \cos \omega t) + C$$

よって，

$$L[\sin \omega t](s) = \int_0^\infty e^{-st}\sin \omega t\, dt$$

$$= \left[-\frac{1}{s^2+\omega^2} e^{-st}(s \sin \omega t + \omega \cos \omega t) \right]_0^\infty$$

$$= \frac{\omega}{s^2+\omega^2}$$

これを利用して，

$$L[e^{at}\sin \omega t](s) = \int_0^\infty e^{-st}e^{at}\sin \omega t\, dt$$

$$= \int_0^\infty e^{-(s-a)t}\sin \omega t\, dt = L[\sin \omega t](s-a)$$

$$= \frac{\omega}{(s-a)^2+\omega^2}$$

(3)　$\displaystyle \int_0^t f(t-\tau)\cos \omega \tau\, d\tau = e^{at}\sin \omega t$　より，

$$f(t) * \cos \omega t = e^{at}\sin \omega t$$

$$\therefore \ L[f(t) * \cos \omega t](s) = L[e^{at}\sin \omega t](s)$$

$$L[f(t)](s) \cdot L[\cos \omega t](s)$$
$$= L[e^{at}\sin \omega t](s)$$

(1), (2)の結果より，

$$L[f(t)](s) \cdot \frac{s}{s^2+\omega^2} = \frac{\omega}{(s-a)^2+\omega^2}$$

$$\therefore \ L[f(t)](s) = \frac{\omega}{(s-a)^2+\omega^2} \cdot \frac{s^2+\omega^2}{s}$$

ここで，

$$\frac{\omega}{(s-a)^2+\omega^2} \cdot \frac{s^2+\omega^2}{s} = \frac{As+B}{(s-a)^2+\omega^2} + C\frac{1}{s}$$

とおくと，

$$\omega(s^2+\omega^2) = s(As+B) + C\{(s-a)^2+\omega^2\}$$
$$\omega s^2 + \omega^3 = (A+C)s^2 + (B-2Ca)s$$
$$+ C(a^2+\omega^2)$$

これが s の恒等式だとすると，

$$A+C = \omega, \quad B-2Ca = 0, \quad C(a^2+\omega^2) = \omega^3$$

これを解くと，

$$A = \frac{a^2\omega}{a^2+\omega^2}, \quad B = \frac{2a\omega^3}{a^2+\omega^2}, \quad C = \frac{\omega^3}{a^2+\omega^2}$$

よって，

$$L[f(t)](s) = \frac{1}{a^2+\omega^2}\left\{ \frac{a^2\omega s + 2a\omega^3}{(s-a)^2+\omega^2} + \omega^3\frac{1}{s} \right\}$$

$$= \frac{1}{a^2+\omega^2}\left\{ \frac{a^2\omega(s-a) + (a^3\omega + 2a\omega^3)}{(s-a)^2+\omega^2} + \omega^3\frac{1}{s} \right\}$$

$$= \frac{1}{a^2+\omega^2}\left\{ a^2\omega\frac{s-a}{(s-a)^2+\omega^2} \right.$$

$$\left. + (a^3+2a\omega^2)\frac{\omega}{(s-a)^2+\omega^2} + \omega^3\frac{1}{s} \right\}$$

ここでラプラス逆変換を施すと，
線形性と

$$L^{-1}\left[\frac{s-a}{(s-a)^2+\omega^2}\right](t)=e^{at}\cos\omega t$$

$$L^{-1}\left[\frac{\omega}{(s-a)^2+\omega^2}\right](t)=e^{at}\sin\omega t$$

$$L^{-1}\left[\frac{1}{s}\right](t)=1$$

より,

$$f(t)=\frac{1}{a^2+\omega^2}\{a^2\omega e^{at}\cos\omega t$$
$$+(a^3+2a\omega^2)e^{at}\sin\omega t+\omega^3\}$$

2 $g(t)=f(t)*h(t)$ より,

$$L[g(t)](s)=L[f(t)*h(t)](s)$$
$$=L[f(t)](s)\cdot L[h(t)](s)$$

ここで,

$$L[f(t)](s)=\int_0^\infty e^{-st}f(t)dt$$

$$=\int_0^\infty e^{-st}(1-at)dt$$

$$=\left[-\frac{1}{s}e^{-st}(1-at)\right]_0^\infty$$

$$-\int_0^\infty\left(-\frac{1}{s}e^{-st}\right)(-a)dt$$

$$=\frac{1}{s}-\left[-\frac{a}{s^2}e^{-st}\right]_0^\infty=\frac{1}{s}-\frac{a}{s^2}=\frac{s-a}{s^2}$$

また, $L[h(t)](s)=\int_0^\infty e^{-st}h(t)dt$

$$=\int_0^\infty e^{-st}e^{at}dt=\int_0^\infty e^{-(s-a)t}dt$$

$$=\left[-\frac{1}{s-a}e^{-(s-a)t}\right]_0^\infty=\frac{1}{s-a}$$

以上より,

$$L[g(t)](s)=L[f(t)](s)\cdot L[h(t)](s)$$
$$=\frac{s-a}{s^2}\cdot\frac{1}{s-a}=\frac{1}{s^2}$$

最後にラプラス逆変換を施して,

$$g(t)=L^{-1}\left[\frac{1}{s^2}\right](t)=t$$

（参考） このたたみ込みは直接計算のほうが早い。

$$g(t)=f(t)*h(t)$$
$$=\int_0^t f(t-u)h(u)du$$
$$=\int_0^t\{1-a(t-u)\}\exp(au)du$$
$$=\int_0^t\{(1-at)+au\}e^{au}du$$
$$=\left[\{(1-at)+au\}\frac{1}{a}e^{au}\right]_0^t-\int_0^t a\cdot\frac{1}{a}e^{au}du$$

$$=\frac{1}{a}\{e^{at}-(1-at)\}-\left[\frac{1}{a}e^{au}\right]_0^t$$

$$=\frac{1}{a}\{e^{at}-(1-at)\}-\frac{1}{a}(e^{at}-1)=t$$

3 $y''+2y'+5y=H(x)$ より,

$$L[y''+2y'+5y](s)=L[H(x)](s)$$

ここで,

$$L[y''+2y'+5y](s)$$
$$=L[y''](s)+2L[y'](s)+5L[y](s)$$

微分法則：$L[f'(x)](s)=sF(s)-f(0)$ により,

$$L[y'](s)=sL[y](s)-y(0)$$
$$=sL[y](s)-(-1)=sL[y](s)+1$$
$$L[y''](s)=sL[y'](s)-y'(0)$$
$$=sL[y'](s)-0=sL[y'](s)$$
$$=s(sL[y](s)+1)=s^2L[y](s)+s$$

であるから,

$$L[y''+2y'+5y](s)$$
$$=s^2L[y](s)+s+2(sL[y](s)+1)$$
$$+5L[y](s)$$
$$=(s^2+2s+5)L[y](s)+s+2$$

一方, $L[H(x)](s)=\frac{1}{s}$

よって,

$$L[y''+2y'+5y](s)=L[H(x)](s)$$ より,

$$(s^2+2s+5)L[y](s)+s+2=\frac{1}{s}$$

$$(s^2+2s+5)L[y](s)=\frac{1}{s}-s-2$$

$$=\frac{1-s^2-2s}{s}$$

$$=\frac{-(s^2+2s+5)+6}{s}$$

よって,

$$L[y](s)=\frac{1}{s^2+2s+5}\cdot\frac{-(s^2+2s+5)+6}{s}$$

$$=-\frac{1}{s}+\frac{6}{(s^2+2s+5)s}$$

$$=-\frac{1}{s}+\frac{6}{5}\left(\frac{1}{s}-\frac{s+2}{s^2+2s+5}\right)$$

$$=\frac{1}{5}\frac{1}{s}-\frac{6}{5}\left\{\frac{s+1}{(s+1)^2+4}+\frac{1}{(s+1)^2+4}\right\}$$

$$=\frac{1}{5}\frac{1}{s}-\frac{6}{5}\frac{s+1}{(s+1)^2+4}-\frac{3}{5}\frac{2}{(s+1)^2+4}$$

この両辺にラプラス逆変換を施すと,

$$y=L^{-1}\left[\frac{1}{5}\frac{1}{s}-\frac{6}{5}\frac{s+1}{(s+1)^2+4}\right.$$

$$-\frac{3}{5}\frac{2}{(s+1)^2+4}\Bigr](x)$$

$$=\frac{1}{5}L^{-1}\Bigl[\frac{1}{s}\Bigr](x)-\frac{6}{5}L^{-1}\Bigl[\frac{s+1}{(s+1)^2+4}\Bigr](x)$$

$$-\frac{3}{5}L^{-1}\Bigl[\frac{2}{(s+1)^2+4}\Bigr](x)$$

$$=\frac{1}{5}H(x)-\frac{6}{5}e^{-x}\cos 2x-\frac{3}{5}e^{-x}\sin 2x$$

第18章　ベクトル解析

類題18－1

(1) $\boldsymbol{a}=\overrightarrow{\mathrm{OA}}=\begin{pmatrix}2\\2\\0\end{pmatrix}$, $\boldsymbol{b}=\overrightarrow{\mathrm{OB}}=\begin{pmatrix}-1\\1\\1\end{pmatrix}$ より,

$$\boldsymbol{a}\times\boldsymbol{b}=\begin{pmatrix}2\\2\\0\end{pmatrix}\times\begin{pmatrix}-1\\1\\1\end{pmatrix}=\begin{pmatrix}2-0\\0-2\\2-(-2)\end{pmatrix}$$

$$=2\begin{pmatrix}1\\-1\\2\end{pmatrix}$$

よって, $\boldsymbol{a}$ と $\boldsymbol{b}$ に垂直なベクトルは,

$\qquad k(1,\ -1,\ 2)\qquad(k\neq 0)$

(2) 三角形 OAB の面積を S とすると,

$$S=\frac{1}{2}\sqrt{|\boldsymbol{a}|^2|\boldsymbol{b}|^2-(\boldsymbol{a}\cdot\boldsymbol{b})^2}$$

$$=\frac{1}{2}\sqrt{(4+4+0)(1+1+1)-(-2+2+0)^2}$$

$$=\frac{1}{2}\sqrt{24}=\sqrt{6}$$

(3) 直線 l は, 方向ベクトルが $\boldsymbol{a}$ と $\boldsymbol{b}$ に垂直なベクトル $(1,\ -1,\ 2)$ で, 通る点が C $(1,\ 0,\ 2)$ だから,

$$\frac{x-1}{1}=\frac{y-0}{-1}=\frac{z-2}{2}$$

$$\therefore\ x-1=-y=\frac{z-2}{2}$$

(4) 平面 OAB は, 法線ベクトルが $\boldsymbol{a}$ と $\boldsymbol{b}$ に垂直なベクトル $(1,\ -1,\ 2)$ で, 通る点が原点 O だから,

$\qquad 1\cdot(x-0)+(-1)\cdot(y-0)+2\cdot(z-0)=0$

$\therefore\ x-y+2z=0$

一方, $x-1=-y=\dfrac{z-2}{2}=t$ とおくと,

$\qquad x=t+1,\ y=-t,\ z=2t+2$

これを $x-y+2z=0$ に代入すると,

$\qquad(t+1)-(-t)+2(2t+2)=0$

$\therefore\ 6t+5=0\qquad\therefore\ t=-\dfrac{5}{6}$

よって, 求める交点を P とすると,

$$\mathrm{P}\Bigl(\frac{1}{6},\ \frac{5}{6},\ \frac{1}{3}\Bigr)$$

(5) 三角錐 OABC の体積は, $\dfrac{1}{3}\times S\times\mathrm{CP}$

ここで,

$$S=\sqrt{6}$$

$$\mathrm{CP}=\sqrt{\Bigl(\frac{1}{6}-1\Bigr)^2+\Bigl(\frac{5}{6}-0\Bigr)^2+\Bigl(\frac{1}{3}-2\Bigr)^2}$$

$$=\sqrt{\frac{25}{36}+\frac{25}{36}+\frac{25}{9}}=\frac{5}{6}\sqrt{6}$$

よって, 求める体積は,

$$\frac{1}{3}\times\sqrt{6}\times\frac{5}{6}\sqrt{6}=\frac{5}{3}$$

類題18－2

(1) $(f\cdot g)_x=f_x\cdot g+f\cdot g_x$ より,

$\nabla(f\cdot g)=((f\cdot g)_x,\ (f\cdot g)_y,\ (f\cdot g)_z)$

$\qquad\qquad=(f_x,\ f_y,\ f_z)\cdot g+f\cdot(g_x,\ g_y,\ g_z)$

$\qquad\qquad=\nabla f\cdot g+f\cdot\nabla g$

(2) $f(x,\ y,\ z)=x^2z+e^{\frac{y}{x}}$ より,

$$\nabla f=\Bigl(2xz-\frac{y}{x^2}e^{\frac{y}{x}},\ \frac{1}{x}e^{\frac{y}{x}},\ x^2\Bigr)$$

よって, 点 $(1,\ 0,\ -2)$ において,

$\qquad f=-2+1=-1,\ \nabla f=(-4,\ 1,\ 1)$

また, $g(x,\ y,\ z)=2yz^2-xy^2$ より,

$\qquad\nabla g=(-y^2,\ 2z^2-2xy,\ 4yz)$

よって, 点 $(1,\ 0,\ -2)$ において,

$\qquad g=0-0=0,\ \nabla g=(0,\ 8,\ 0)$

以上より, 点 $(1,\ 0,\ -2)$ において,

$\nabla(f\cdot g)=\nabla f\cdot g+f\cdot\nabla g$

$\qquad\qquad=(-4,\ 1,\ 1)\cdot 0+(-1)\cdot(0,\ 8,\ 0)$

$\qquad\qquad=(0,\ -8,\ 0)$

類題18－3

$C:r(t)=(3\cos t,\ 3\sin t,\ 0)\quad(0\leq t\leq 2\pi)$ より,

$$\boldsymbol{A}=\begin{pmatrix}6\cos t-3\sin t\\3\cos t+3\sin t\\9\cos t-6\sin t+4\end{pmatrix},$$

$$\boldsymbol{r}'(t)=\begin{pmatrix}-3\sin t\\3\cos t\\0\end{pmatrix}$$

$\therefore\ \boldsymbol{A}\cdot\boldsymbol{r}'(t)=(6\cos t-3\sin t)(-3\sin t)$

$\qquad\qquad\qquad+(3\cos t+3\sin t)3\cos t$

$$= 9\sin^2 t + 9\cos^2 t - 9\sin t \cos t$$
$$= 9(1 - \sin t \cos t)$$

よって、

$$\oint_C \boldsymbol{A}\cdot d\boldsymbol{r} = \int_0^{2\pi} \boldsymbol{A}\cdot \boldsymbol{r}'(t)\,dt$$
$$= \int_0^{2\pi} 9(1 - \sin t \cos t)\,dt$$
$$= \left[9\left(t - \frac{1}{2}\sin^2 t\right)\right]_0^{2\pi} = 18\pi$$

類題18−4

グリーンの定理を利用する。

$D : x^2 + y^2 \leqq 4$ とおく。

(1) $\displaystyle\int_C \{(x^2+y^2)dx + 3xy^2 dy\}$

$$= \iint_D \left(\frac{\partial(3xy^2)}{\partial x} - \frac{\partial(x^2+y^2)}{\partial y}\right)dxdy$$

$$= \iint_D (3y^2 - 2y)\,dxdy$$

$x = r\cos\theta,\ y = r\sin\theta$ と変数変換すると、
D は $E : 0\leqq r \leqq 2,\ 0\leqq\theta\leqq 2\pi$ に移り、

$$\int_C \{(x^2+y^2)dx + 3xy^2 dy\}$$

$$= \iint_E (3r^2\sin^2\theta - 2r\sin\theta)\cdot r\,drd\theta$$

$$= \iint_E (3r^3\sin^2\theta - 2r^2\sin\theta)\,drd\theta$$

$$= \int_0^{2\pi}\left(\int_0^2 (3r^3\sin^2\theta - 2r^2\sin\theta)\,dr\right)d\theta$$

$$= \int_0^{2\pi}\left[\frac{3}{4}r^4\sin^2\theta - \frac{2}{3}r^3\sin\theta\right]_{r=0}^{r=2}d\theta$$

$$= \int_0^{2\pi}\left(12\sin^2\theta - \frac{16}{3}\sin\theta\right)d\theta$$

$$= \int_0^{2\pi}\left(12\cdot\frac{1-\cos 2\theta}{2} - \frac{16}{3}\sin\theta\right)d\theta$$

$$= \int_0^{2\pi}\left(6 - 6\cos 2\theta - \frac{16}{3}\sin\theta\right)d\theta$$

$$= \left[6\theta - 3\sin 2\theta + \frac{16}{3}\cos\theta\right]_0^{2\pi} = 12\pi$$

(2) $\displaystyle\int_C \{(y^3-y)dx + (3xy^2-x)dy\}$

$$= \iint_D \left(\frac{\partial(3xy^2-x)}{\partial x} - \frac{\partial(y^3-y)}{\partial y}\right)dxdy$$

$$= \iint_D \{(3y^2-1) - (3y^2-1)\}\,dxdy$$

$$= \iint_D 0\,dxdy = 0$$

類題18−5

$x^2+y^2+z^2=1$ より、$z_x = -\dfrac{x}{z},\ z_y = -\dfrac{y}{z}$

$D : x^2+y^2\leqq x$ とおくと、

$$S = \iint_D \sqrt{z_x^2 + z_y^2 + 1}\,dxdy$$

$$= \iint_D \sqrt{\left(-\frac{x}{z}\right)^2 + \left(-\frac{y}{z}\right)^2 + 1}\,dxdy$$

$$= \iint_D \frac{1}{z}\,dxdy = \iint_D \frac{1}{\sqrt{1-x^2-y^2}}\,dxdy$$

$x = r\cos\theta,\ y = r\sin\theta$ とおくと、

D は $E : 0\leqq r\leqq\cos\theta,\ -\dfrac{\pi}{2}\leqq\theta\leqq\dfrac{\pi}{2}$ に移る。

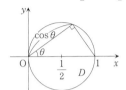

$$\therefore\quad S = \iint_D \frac{1}{\sqrt{1-x^2-y^2}}\,dxdy$$

$$= \iint_E \frac{1}{\sqrt{1-r^2}}\cdot r\,drd\theta$$

$$= \int_{-\frac{\pi}{2}}^{\frac{\pi}{2}}\left(\int_0^{\cos\theta}\frac{1}{\sqrt{1-r^2}}\cdot r\,dr\right)d\theta$$

$$= \int_{-\frac{\pi}{2}}^{\frac{\pi}{2}}\left[-\sqrt{1-r^2}\right]_{r=0}^{r=\cos\theta}d\theta$$

$$= \int_{-\frac{\pi}{2}}^{\frac{\pi}{2}}(1-\sqrt{\sin^2\theta})\,d\theta$$

$$= 2\int_0^{\frac{\pi}{2}}(1-\sin\theta)\,d\theta = 2\left[\theta + \cos\theta\right]_0^{\frac{\pi}{2}} = \pi - 2$$

類題18−6

曲面 S は次のように表せる。

$S : x = \sqrt{4-y^2},\ 0\leqq y\leqq 2,\ 0\leqq z\leqq 2$

$\dfrac{\partial\boldsymbol{r}}{\partial y} = (x_y,\ 1,\ 0),\ \dfrac{\partial\boldsymbol{r}}{\partial z} = (x_z,\ 0,\ 1)$ より、

$$\frac{\partial\boldsymbol{r}}{\partial y}\times\frac{\partial\boldsymbol{r}}{\partial z} = (1,\ -x_y,\ -x_z)$$

$x = \sqrt{4-y^2}$ より、$x_y = -\dfrac{y}{x},\ x_z = 0$

$$\therefore\quad \frac{\partial\boldsymbol{r}}{\partial y}\times\frac{\partial\boldsymbol{r}}{\partial z} = \left(1,\ \frac{y}{x},\ 0\right)$$

よって、

$$A \cdot \left(\frac{\partial \boldsymbol{r}}{\partial y} \times \frac{\partial \boldsymbol{r}}{\partial z}\right) = 2y \cdot 1 + 6zx \cdot \frac{y}{x} + 3x \cdot 0$$
$$= 2y + 6yz$$

yz 平面上の領域 D を
$D : 0 \leqq y \leqq 2,\ 0 \leqq z \leqq 2$ で定めると，

$$\int_S A \cdot \boldsymbol{n}\, dS = \iint_D A \cdot \left(\frac{\partial \boldsymbol{r}}{\partial y} \times \frac{\partial \boldsymbol{r}}{\partial z}\right) dy\, dz$$
$$= \iint_D (2y + 6yz)\, dy\, dz$$
$$= \int_0^2 \left(\int_0^2 (2y + 6yz)\, dz\right) dy$$
$$= \int_0^2 \Big[2yz + 3yz^2\Big]_{z=0}^{z=2}\, dy$$
$$= \int_0^2 16y\, dy = 32$$

第18章　章末問題　解答

1 (1) $\boldsymbol{a} \cdot \boldsymbol{b} = 2 \cdot (-1) + 1 \cdot (-3) + (-3) \cdot 0$
$\qquad\qquad = -5$

(2) $\boldsymbol{a} \times \boldsymbol{b} = \begin{pmatrix} 2 \\ 1 \\ -3 \end{pmatrix} \times \begin{pmatrix} -1 \\ -3 \\ 0 \end{pmatrix}$

$\qquad = \begin{pmatrix} 0 - 9 \\ 3 - 0 \\ (-6) - (-1) \end{pmatrix} = \begin{pmatrix} -9 \\ 3 \\ -5 \end{pmatrix}$

すなわち，$\boldsymbol{a} \times \boldsymbol{b} = (-9,\ 3,\ -5)$

(3) $\dfrac{x-3}{-9} = \dfrac{y-4}{3} = \dfrac{z-7}{-5}$

(4) $\dfrac{x-3}{-9} = \dfrac{y-4}{3} = \dfrac{z-7}{-5} = t$ とおくと，

$\qquad x = -9t + 3,\ y = 3t + 4,\ z = -5t + 7$

これらを $2x + 3y - 2z - 6 = 0$ に代入すると，

$\qquad 2(-9t+3) + 3(3t+4) - 2(-5t+7) - 6 = 0$

$\therefore\ t - 2 = 0 \qquad \therefore\ t = 2$

よって，交点は $(-15,\ 10,\ -3)$

2 (1) $\dfrac{\partial \boldsymbol{r}}{\partial u} = (1,\ 0,\ -2u)$,

$\qquad\quad \dfrac{\partial \boldsymbol{r}}{\partial v} = (0,\ 1,\ -2v)$

よって，点 $\mathrm{P}(1,\ 1,\ -2)$ において，

$\qquad \dfrac{\partial \boldsymbol{r}}{\partial u} = (1,\ 0,\ -2),\ \dfrac{\partial \boldsymbol{r}}{\partial v} = (0,\ 1,\ -2)$

(2) $\dfrac{\partial \boldsymbol{r}}{\partial u} \times \dfrac{\partial \boldsymbol{r}}{\partial v} = \begin{pmatrix} 1 \\ 0 \\ -2 \end{pmatrix} \times \begin{pmatrix} 0 \\ 1 \\ -2 \end{pmatrix}$

$\qquad = \begin{pmatrix} 0 - (-2) \\ 0 - (-2) \\ 1 - 0 \end{pmatrix} = \begin{pmatrix} 2 \\ 2 \\ 1 \end{pmatrix}$

よって，求める平面は，点 $\mathrm{P}(1,\ 1,\ -2)$ を通り，法線ベクトルが $(2,\ 2,\ 1)$ の平面であるから，

$\qquad 2 \cdot (x-1) + 2 \cdot (y-1) + 1 \cdot (z+2) = 0$

$\therefore\ 2x + 2y + z - 2 = 0$

3 (1) $2x + y + 2z = 6$ より，$z = \dfrac{6 - 2x - y}{2}$

$\therefore\ \boldsymbol{r} = x\boldsymbol{i} + y\boldsymbol{j} + \dfrac{6 - 2x - y}{2}\boldsymbol{k}$

すなわち，$a = x,\ b = y,\ c = \dfrac{6 - 2x - y}{2}$

(2) $\dfrac{\partial \boldsymbol{r}}{\partial x} = (1,\ 0,\ -1),\ \dfrac{\partial \boldsymbol{r}}{\partial y} = \left(0,\ 1,\ -\dfrac{1}{2}\right)$

(3) $\dfrac{\partial \boldsymbol{r}}{\partial x} \times \dfrac{\partial \boldsymbol{r}}{\partial y} = \begin{pmatrix} 1 \\ 0 \\ -1 \end{pmatrix} \times \begin{pmatrix} 0 \\ 1 \\ -\dfrac{1}{2} \end{pmatrix}$

$\qquad = \begin{pmatrix} 0 - (-1) \\ 0 - \left(-\dfrac{1}{2}\right) \\ 1 - 0 \end{pmatrix} = \begin{pmatrix} 1 \\ \dfrac{1}{2} \\ 1 \end{pmatrix}$

$\therefore\ d\boldsymbol{S} = \dfrac{\partial \boldsymbol{r}}{\partial x} \times \dfrac{\partial \boldsymbol{r}}{\partial y}\, dx\, dy = \left(1,\ \dfrac{1}{2},\ 1\right) dx\, dy$

$\qquad = \left(\boldsymbol{i} + \dfrac{1}{2}\boldsymbol{j} + \boldsymbol{k}\right) dx\, dy$

(4) $\displaystyle\int_S (x\boldsymbol{i} + 3y^2\boldsymbol{j}) \cdot d\boldsymbol{S}$

$\qquad = \iint_D (x\boldsymbol{i} + 3y^2\boldsymbol{j}) \cdot \left(\boldsymbol{i} + \dfrac{1}{2}\boldsymbol{j} + \boldsymbol{k}\right) dx\, dy$

$\qquad\qquad$ ただし，$D : x \geqq 0,\ y \geqq 0,\ 2x + y \leqq 6$

$\qquad = \iint_D \left(x + \dfrac{3}{2}y^2\right) dx\, dy$

$\qquad = \int_0^3 \left(\int_0^{6-2x} \left(x + \dfrac{3}{2}y^2\right) dy\right) dx$

$\qquad = \int_0^3 \left[xy + \dfrac{1}{2}y^3\right]_{y=0}^{y=6-2x} dx$

$\qquad = \int_0^3 \left\{x(6-2x) + \dfrac{1}{2}(6-2x)^3\right\} dx$

$\qquad = \int_0^3 \{6x - 2x^2 - 4(x-3)^3\}\, dx$

$\qquad = \left[3x^2 - \dfrac{2}{3}x^3 - (x-3)^4\right]_0^3$

$\qquad = (27 - 18) - (-81) = 90$

4 求める流束は，$\displaystyle\int_S \boldsymbol{F} \cdot \boldsymbol{n}\, dS$

ここで，曲面 S は次のように表せる。

$\qquad S : z = \sqrt{1 - y^2}\quad (0 \leqq x \leqq 1,\ -1 \leqq y \leqq 1)$

また，$\displaystyle\int_S \boldsymbol{F}\cdot\boldsymbol{n}\,dS=\iint_D F\cdot\left(\dfrac{\partial \boldsymbol{r}}{\partial x}\times\dfrac{\partial \boldsymbol{r}}{\partial y}\right)dx\,dy$

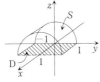

ただし，D は xy 平面上の領域で，
$$D: 0\leqq x\leqq 1,\quad -1\leqq y\leqq 1$$

$$\dfrac{\partial \boldsymbol{r}}{\partial x}\times\dfrac{\partial \boldsymbol{r}}{\partial y}=\begin{pmatrix}1\\0\\0\end{pmatrix}\times\begin{pmatrix}0\\1\\-\dfrac{y}{z}\end{pmatrix}=\begin{pmatrix}0-0\\0-\left(-\dfrac{y}{z}\right)\\1-0\end{pmatrix}$$

$$=\begin{pmatrix}0\\\dfrac{y}{z}\\1\end{pmatrix}$$

$\boldsymbol{F}=yz\boldsymbol{j}+z^2\boldsymbol{k}$ であるから，
$$\boldsymbol{F}\cdot\left(\dfrac{\partial \boldsymbol{r}}{\partial x}\times\dfrac{\partial \boldsymbol{r}}{\partial y}\right)=0+yz\cdot\dfrac{y}{z}+z^2\cdot 1$$
$$=y^2+z^2=1$$

よって，求める流束は，
$$\int_S \boldsymbol{F}\cdot\boldsymbol{n}\,dS=\iint_D dx\,dy=2$$

推 薦 図 書

編入試験対策をしていく上での推薦図書をあげておきます。参考書選びは非常に大切です。安易に学校で使用している本でそのまま勉強しようとすると失敗する危険もあります。下にあげる推薦図書を参考にして選んでください。まず，**標準**にあげた参考書を薦めます。基礎が不安な人は**基礎**にあげた参考書から勉強してください。

＜微分積分＞
標準　『入門微分積分』三宅敏恒　著　培風館
　　　　『やさしく学べる微分方程式』石村園子　著　共立出版
　　　　『明解演習　微分積分』小寺平治　著　共立出版
基礎　『やさしく学べる微分積分』石村園子　著　共立出版
　　　　『すぐわかる微分積分』石村園子　著　東京図書
　　　　『すぐわかる微分方程式』石村園子　著　東京図書

＜線形代数＞
標準　『教養の線形代数』村上正康・佐藤恒雄・野澤宗平・稲葉尚志　著　培風館
　　　　『入門線形代数』三宅敏恒　著　培風館
　　　　『明解演習　線形代数』小寺平治　著　共立出版
基礎　『やさしく学べる線形代数』石村園子　著　共立出版
　　　　『すぐわかる線形代数』石村園子　著　東京図書

＜応用数学＞
標準　『すぐわかる確率・統計』石村園子　著　東京図書
　　　　『すぐわかる複素解析』石村園子　著　東京図書
　　　　『すぐわかるフーリエ解析』石村園子　著　東京図書（ラプラス変換を含む）
　　　　『新応用解析』洲之内治男・網屋正信　著　サイエンス社
　　　　『演習応用解析』洲之内治男・寺田文行・網屋正信・小島清史　著　サイエンス社

本書は，聖文新社より 2009 年に発行された『編入数学徹底研究　頻出問題と過去問題の演習』の復刊であり，同書第 7 刷（2019 年 10 月発行）を底本とし，若干の修正を加えました。

〈著 者 紹 介〉

桜井　基晴（さくらい・もとはる）
大阪大学大学院理学研究科修士課程（数学）修了
大阪市立大学大学院理学研究科博士課程（数学）単位修了
専門は確率論，微分幾何学
現在　ECC 編入学院　数学科チーフ・講師
著書に『編入数学過去問特訓』『編入数学入門』『編入の線形代数 徹底研究』『編入の微分積分 徹底研究』（金子書房），『大学院・大学編入のための応用数学』『統計学の数理』（プレアデス出版），『数学III徹底研究』（科学新興新社）がある。月刊誌『大学への数学』（東京出版）において，超難問『宿題』（学力コンテストよりはるかにハイレベル）を高校生のときにたびたび解答した実績を持つ。余暇のすべては現代数学の勉強。

■大学編入試験対策

編入数学徹底研究
頻出問題と過去問題の演習

2020 年 11 月 30 日　初版第 1 刷発行　　　　　　　［検印省略］
2024 年 3 月 25 日　初版第 7 刷発行

著　　者　　桜 井 基 晴
発 行 者　　金 子 紀 子
発 行 所　㈱式会社　金 子 書 房

〒112-0012　東京都文京区大塚 3-3-7
電話 03-3941-0111（代）FAX 03-3941-0163
振替 00180-9-103376
URL https://www.kanekoshobo.co.jp
印刷・製本　藤原印刷株式会社